BIM 结构设计方法与应用

焦　柯　杨远丰　编著

中国建筑工业出版社

图书在版编目（CIP）数据

BIM结构设计方法与应用/焦柯，杨远丰编著. —北京：中国建筑工业出版社，2016.8
ISBN 978-7-112-19334-9

Ⅰ.①B… Ⅱ.①焦… ②杨… Ⅲ.①建筑设计-计算机辅助设计-应用软件 Ⅳ.①TU201.4

中国版本图书馆CIP数据核字（2016）第075635号

本书总结了作者近几年在结构BIM应用中的工程实践、技术研究、软件开发成果。全书共分为10章，包括：结构BIM技术概述、结构专业Revit模板设置、结构BIM建模技术、结构BIM模型互导技术、结构BIM施工图图面表达、结构可视化检测分析、结构专业内协同设计、结构专业与其他专业之间协同设计、框架结构BIM设计指导、向日葵结构BIM软件简介，并在附录给出了混凝土结构BIM设计总说明参考样式。本书具有较强的实用性、可操作性，能够帮助读者快速全面了解结构BIM设计技术，可供结构专业BIM工程师及相关专业高校师生参考使用。

责任编辑：范业庶 王砾瑶
责任校对：陈晶晶 刘梦然

BIM结构设计方法与应用
焦 柯 杨远丰 编著
*
中国建筑工业出版社出版、发行（北京西郊百万庄）
各地新华书店、建筑书店经销
霸州市顺浩图文科技发展有限公司制版
北京建筑工业印刷厂印刷
*
开本：787×1092毫米 1/16 印张：18½ 字数：459千字
2016年7月第一版 2019年7月第四次印刷
定价：**45.00**元
ISBN 978-7-112-19334-9
（28585）

前　言

随着信息化数字技术在建筑行业的推广应用，掌握 BIM 技术已成为国内先进的建筑设计、施工企业以及地产公司的核心竞争力，并为企业带来显著的经济效益和社会效益。随着大量的工程实践以及新的行业标准和规范的制定，BIM 正在全方位、多维度地影响着建筑业，可以说建筑行业正在经历一次新的变革。

BIM 技术的应用首先改变了建筑设计从业者的工作模式。相对于传统基于 AutoCAD 及其衍生软件的二维设计方式，BIM 技术具有三维可视化、参数化、标准化、信息化、同步协同等优势，可以提升设计价值，显著提高设计质量和效率。但建筑设计各专业的发展是不平衡的，相比建筑专业和设备专业，结构专业 BIM 技术应用相对落后。目前，国内结构专业的 Revit 应用大都停留在模板图阶段，创建的 BIM 模型也大多不符合 BIM 信息共享的理念。结构专业作为建筑设计的重要支柱，同时又是建筑行业的上游专业，迫切需要解决 BIM 的应用落地问题。

除了计算机软硬件的制约外，当前结构 BIM 应用还需要解决两大问题，一是工作效率问题，转型阶段工作方式和绘图平台的改变导致了效率的降低；二是协同工作流程问题，不同专业的配合及协同工作没有建立有效机制，不能发挥出 BIM 的作用。本书针对上述问题展开研究，通过全面的 Revit 模板定制、全过程的技术路线研究、成套插件的开发、多专业协同设计流程的总结，解决了从建模到出图的诸多技术难点，实现基于 Revit 的全过程结构 BIM 设计，可有效提升结构设计质量，充分体现出 BIM 设计的优势。

实用性是本书的特点，也是本书编写的出发点和落脚点。书中总结了作者近几年在结构 BIM 应用中的工程实践、技术研究以及软件开发成果。本书分为结构 BIM 技术概述、结构专业 Revit 模板设置、结构 BIM 建模技术、结构 BIM 模型互导技术、结构 BIM 施工图图面表达、结构可视化检测分析、结构专业内协同设计、结构专业与其他专业之间协同设计、框架结构 BIM 设计指导等章节，方便读者选择阅读和参考使用，希望本书能对正在学习或从事结构 BIM 设计工作的读者有所裨益。

参与本书编写工作的有陈剑佳、廖捷、周凯旋、杨新等同事，他们完成了许多有挑战性的技术工作，在此对他们的创造性工作表示感谢。

本书的配套 Revit 插件“向日葵结构 BIM 设计软件”在广东省建筑设计研究院官网上提供了试用版，读者可进入网址：www. gdadri. com，在“科技成果→软件下载”栏目下载试用。

限于作者水平，书中论述难免有不妥之处，望读者批评指正。

目 录

第 1 章　结构 BIM 技术概述

1.1　BIM 概述

1.1.1　BIM 的定义与特点

BIM（建筑信息模型）技术是当前建筑设计数字化的革命性技术，在全球的建筑设计领域正掀起一场从二维设计转向三维设计的变革。由于 BIM 概念的内涵丰富，外延广阔，因此不同国家、不同组织对 BIM 尚未有统一的定义。

在国标《建筑工程设计信息模型交付标准》① 中，将 BIM 分为两个层次：

1）个体名词“Building Information Model”，包含建筑全生命期或部分阶段的几何信息及非几何信息的数字化模型，建筑信息模型以数据对象的形式组织和表现建筑及其组成部分，并具备数据共享、传递和协同的功能。

2）集合名词“Building Information Modeling”，在项目全生命期或各阶段创建、维护及应用建筑信息模型进行项目计划、决策、设计、建造、运营等的过程（图 1.1-1）。

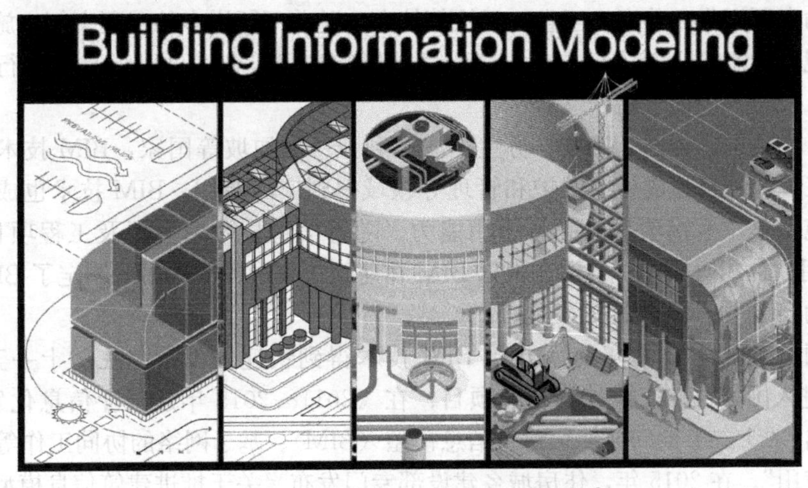

图 1.1-1　建筑全生命期 BIM 示意②

从上述定义中可以看出 BIM 的要素是信息化数字技术在建筑行业的应用，并强调信息在各阶段的共享与传递，使建筑工程在其整个进程中显著提高质量、效率和大量减少风险。一般认为，BIM 具有可视化、协调性、模拟性、优化性和可出图性五大特点③。

---

① 当前仍是征求意见稿。

② 图片来自于网络。

③ 百度百科：http：//baike. baidu. com/view/1281360. htm

1）可视化：BIM 模型本身具有几何可视化的属性，同时模型中的信息也可以通过可视化的方式表现出来，因此具有信息可视化的特性。

2）协调性：BIM 模型将不同专业、不同参与方的模型与信息集成在一个虚拟数字模型中，进行整合与协调，发现并消除冲突。

3）模拟性：BIM 模型除了包含与几何图形及数据有关的数据模型外，还包含与管理有关的行为模型，两者相结合为数据赋予意义，因而可用于模拟施工过程，实现虚拟建筑的行为。

4）优化性：BIM 模型与信息能有效协调建筑设计、施工和管理的全过程，促使加快决策进度、提高决策质量，从而使项目质量提高，收益增加。

5）可出图性：BIM 模型与专业表达是相兼容的，基于 BIM 模型可以进行符合专业习惯的表达。但传统的表达习惯并非基于三维，且目前各种 BIM 软件的本地化程度有限，因此从 BIM 模型直接出图目前仍未完全实现，各专业的实现程度不一。一方面需要软件本身或本地化二次开发进行改进；另一方面，也需要对传统的表达习惯作出变革，以适应信息化时代与新技术的需求。

1.1.2 国内外 BIM 发展概况

BIM 的概念起源于 20 世纪 70 年代，于 2002 年正式提出，发展至今已超过 10 年。与之前单纯技术变革不同的是，BIM 能搭建综合性的系统平台，向项目投资者、规划设计者、施工建设者、监督检查者、管理维护者、运营使用者乃至改扩建、拆除回收等不同业内的从业者提供时间范围涵盖工程项目整个周期的各类信息，并使这些信息具备联动、实时更新、动态可视化、共享、互查、互检等特点。随着不断增多的工程案例实施及新的行业标准和规范的制定，BIM 全方位、多维度地影响着建筑业，可以说是建筑行业的又一次变革。

目前，在美国、英国、挪威、芬兰、澳大利亚、新加坡等国家，BIM 技术已在建筑设计、施工以及项目建成后的维护和管理等领域得到广泛应用，BIM 技术也成为国外大型设计和施工单位承接项目的必备应用能力。随着信息技术的发展及工程项目的实践，BIM 的应用软件相对成熟，各国还根据 BIM 在建筑工程中的应用情况制定了 BIM 标准和规范，推动 BIM 技术在本国的发展。

在中国，大概自 2010 年前后开始 BIM 技术得到快速的发展。在“十一五”期间，BIM 已经进入国家科技支撑计划重点项目；在《2011～2015 年建筑业信息化发展纲要》中明确提出：“十二五期间要加快建筑信息模型（BIM）、基于网络的协同工作等新技术在工程中的应用”。在 2015 年，住房城乡建设部专门发布《关于推进建筑信息模型应用的指导意见》，从政府层面提出明确的推进目标、工作重点与保障措施。各省市也纷纷制定具体的实施措施或导则。随着地方标准的制定，政府投资项目首先成为强制性应用 BIM 的项目；一些系统行业如地铁、航空、电信、电力等已开始部署系统内部的 BIM 应用体系与技术标准。

在国家政策的支持下，国内先进的建筑设计、施工企业以及地产公司积极响应，开始进行 BIM 技术各方面的研究与试点应用。分别从业主、设计、施工这三个相关的子行业角度来看 BIM 技术，会发现由于实施目的、应用需求、技术路线、保障措施等各方面因素的不同，实施效果与发展速度也有显著区别。

1）业主方：许多成熟的地产商经历过 BIM 的试用阶段，认识到 BIM 技术的价值，开始对设计方、施工方的 BIM 能力提出要求；当前业主方提出的 BIM 应用需求已经远超出设计阶段，更着重于建造过程的项目管理及后期维护。但业主本身对 BIM 技术往往并不熟悉或不够专业，越来越多的项目开始寻找第三方的 BIM 专业顾问或咨询服务，以满足业主对建设成本与项目管理日益严格的把控。

2）设计方：BIM 最早可以说是发起于设计阶段的应用，设计企业也是最早对 BIM 寄予厚望、投入最多的一方，应用的项目数也最多，但经历了早期的快速起步后，发展速度一直不尽如人意，有一些难以跨越的制约因素导致 BIM 设计的普及应用仍未实现，目前许多设计企业、设计人员对 BIM 仍保持观望或者被动接受的态度。这其中的原因我们将在下一节作出分析。

3）施工方：BIM 技术在施工阶段的应用晚于设计阶段，但近几年却得到快速的发展。因其避开了三维设计在图面表达等方面的短板，专注于用信息化集成的技术来辅助项目的实施，对软件选择也有更大的灵活性，因此更能发挥它的优势。在施工阶段，BIM 的应用包括工程量统计、碰撞检查、施工过程三维动画展示、预演施工方案、管线综合、虚拟现实、施工模拟、模板放样和备工备料等多个方面，并还在不断扩展当中。

总体来说，不管是设计、施工还是运维，BIM 技术仍处于起步阶段，BIM 技术还远未发挥出其真正的全生命周期的应用价值。可以预见 BIM 应用是今后长时期内工程建设行业实施管理创新、技术创新，提升核心竞争力的有力保障。

1.2 BIM 设计概述

1.2.1 BIM 设计的模式

将 BIM 技术应用于设计过程，一般称之为“BIM 设计”。这是一个相对模糊的概念，对应用的深度、广度、效果、成果交付等均没有明确规定，这是目前处于发展与过渡期间的状态所造成的。从远景来说，设计人员应用 BIM 软件进行全专业协同设计，并直接基于 BIM 模型进行三维及二维的成果交付，将 BIM 模型与信息传递到下一个阶段，这是 BIM 设计的理想与目标，在实现此目标之前，BIM 设计大致有两种模式：

一是设计与 BIM 分离的模式。设计沿用传统的方式，阶段性地将设计成果转为 BIM 模型，以此校核设计成果，通过碰撞检查等方式进行设计查错与优化，并基于 BIM 模型进行管线综合设计。这种模式有多种称谓，所谓的“后 BIM 模式”、“BIM 1.0”等均指这种模式。这种模式的设计人员与 BIM 建模人员相对独立，实施起来难度较小，对设计周期影响较小，对基于 BIM 的图面表达没有要求或要求较低，因此很多设计企业一开始尝试应用 BIM 均采用这种模式。

二是将 BIM 融入设计的模式。设计人员直接应用 BIM 软件进行设计，多专业通过 BIM 模型进行三维的协同设计，并尽可能以 BIM 模型直接出设计图纸。相对应的，“前 BIM 模式”、“BIM 2.0”等即指这种模式。这种模式需要设计人员掌握 BIM 软件，并且需要以 BIM 方式来实现传统二维表达方式的习惯要求，因此实现起来难度较大，在未熟练应用时对设计周期会有影响。

这两种模式相比较，第一种模式更多的是 BIM 辅助设计（也因此有专家认为这种模式不算 BIM 设计），在一定程度上对设计进行完善与优化，并有管线综合的附加价值，但由于设计与 BIM 模型存在异步性，在设计进程中 BIM 模型发现的问题常常滞后，或已被设计所消化，BIM 建模团队没有足够的专业知识或不了解设计意图，导致 BIM 没有充分发挥作用。第二种方式的优势相对明显，各专业可以充分进行三维可视化的协同设计，有效提高设计质量，减少专业冲突，并通过 BIM 模型显著提高沟通效率。

因此，作为设计企业，我们认为应尽快将“设计与 BIM 分离”的模式，转变为“BIM 融入设计”的模式，以充分发挥其技术上的优越性。对于实现过程中的障碍，我们尽可能通过技术上的探索与研究来解决。

1.2.2 BIM 设计的优势

相对于传统基于 AutoCAD 及其衍生软件的二维设计方式，BIM 技术的信息化、参数化、构件化等特点使 BIM 设计有明显的优势，归纳起来有以下几个方面：

1）三维可视化设计确保设计效果

BIM 模型是设计成果的三维体现，设计人员可以随时以三维的方式清晰表达设计意图，直观反映建筑外观、空间、结构构件及设备机械、管道系统。相对传统的效果图展示，BIM 模型可以更全面、准确、实时地展示项目各部位、各阶段的所有构件信息与空间关系，各专业的交流也更加直观快捷（图 1.2-1）。

图 1.2-1　三维可视化的 BIM 模型

2）参数化构件实现数据统一

BIM 通过参数化构件来组织模型，构件的几何参数与形体相关联，可以双向驱动。除几何信息外，还可保存非几何信息（如分类信息、产品信息、施工信息、维护信息等描述性信息），并且构件的组织关系依照建筑逻辑（如门窗构件依附于墙体）。构件同时兼顾了专业表达习惯。

如图 1.2-2 示意的 Revit 梁构件，其属性栏显示了存储在构件中的几何与非几何信息，构件的参数化保证了数据的统一，可以通过与构件关联的标注，避免以往设计常见的图面标注错误，同时对构件进行列表统计的方式也避免了手动统计常见的错漏。

3）图纸与模型同步修改避免图纸错漏

BIM 模型可以任意投影、剖切得出各种视图，也可以进行各种构件的列表统计，这些视图、列表与模型均来自于同一数据库，因此互相之间保持同步，双向关联，避免传统设计

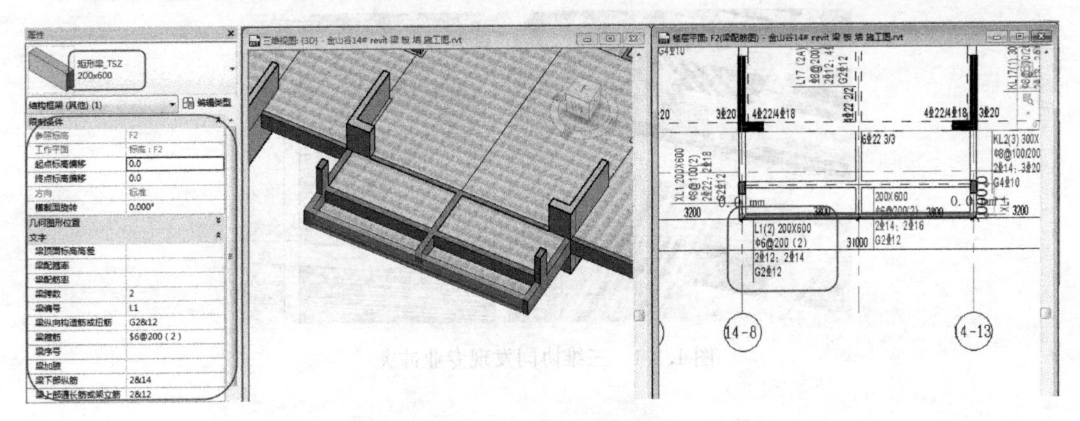

图 1.2-2　参数化构件

方式常见的图纸之间对不上的低级错误，也大大降低了校对审核的工作量（图 1.2-3)。

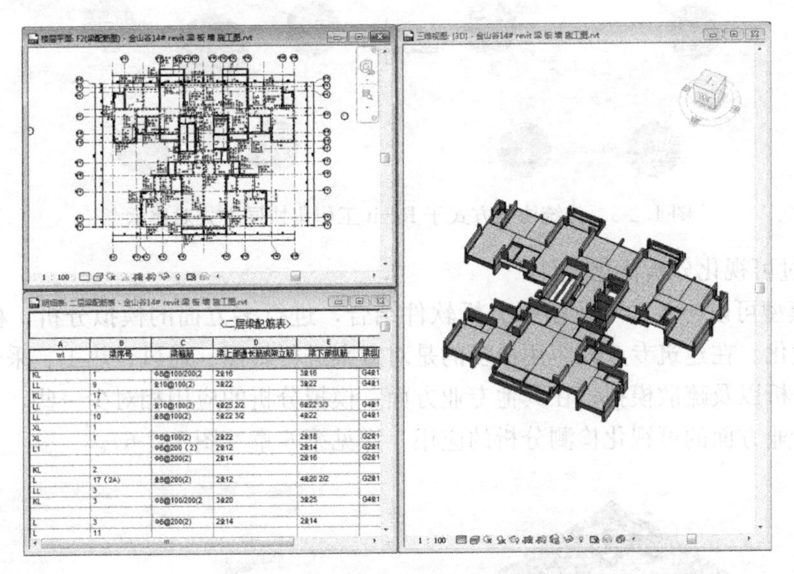

图 1.2-3　图纸与模型同步修改

需注意的是，从模型直接投影或剖切得出的视图，需经过一定的注释性图元编辑才能称为真正的图纸，当模型修改时，这部分注释性图元并不一定会跟随修改，因此还需要设计人员的检视。

4）三维协同设计提高专业协调效果

基于 BIM 的协同设计过程，是多专业以三维方式进行的协同过程，与传统二维方式相比更加全面、直观，更容易将隐藏的专业冲突问题暴露出来并且及时解决（图 1.2-4)。

具体到 Revit 平台，通过其“工作集”的方式进行团队协作，更可以实现多人同时在一个中心文件上工作，随时观察到所有专业设计人员的修改，极大提高专业协调效果（图 1.2-5)。

对于体量较大的项目，为了轻量化 BIM 模型，一般不会多专业一起采用“工作集”的方式协同设计，多采用“工作集”与链接方式相结合，虽然不是真正意义上的实时协同，但不影响三维协同的效果。关于这两种协同方式的介绍，详见本书第 7 章。

图 1.2-4　三维协同发现专业冲突

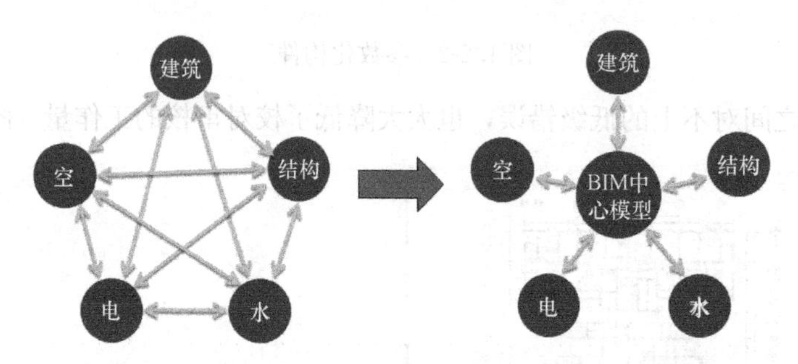

图 1.2-5　传统协同方式于 Revit 工作集协同方式对比示意

5）通过可视化分析优化设计

BIM 模型可以与各种专业模拟分析软件结合，进行多方面的模拟分析，根据结果对设计进行优化。在建筑专业，应用最多的是对方案进行日照、通风、热工、采光等方面的绿色性能分析以及疏散模拟；在其他专业方面，模拟分析的应用相对少一些，本书介绍了多种结构专业方面的可视化检测分析的应用，详见第 6 章（图 1.2-6）。

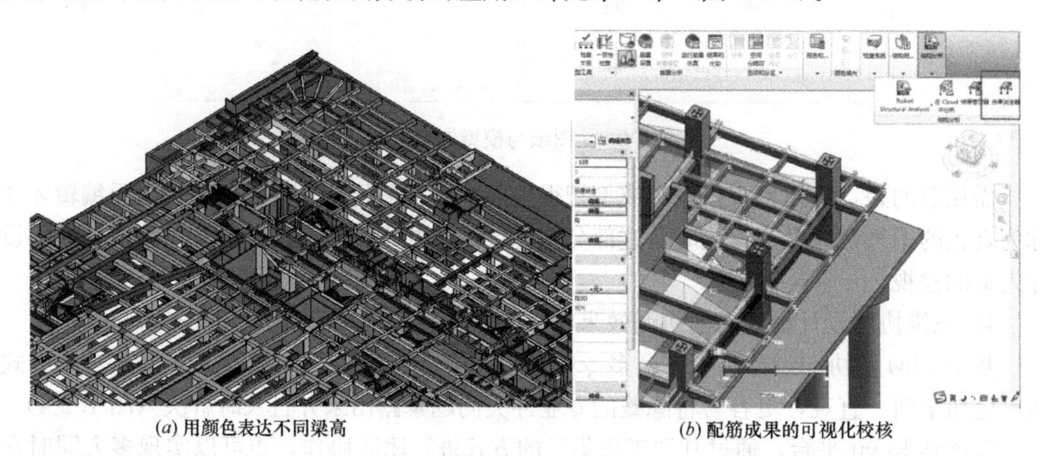

(*a*) 用颜色表达不同梁高　　(*b*) 配筋成果的可视化校核

图 1.2-6　可视化分析示例

6）信息传递提升设计价值

传统二维设计的信息是扁平和离散的，难以充分有效地向下游传递，这不仅造成了大量的重复工作，而且无法进行后期的建筑参数化管理。而 BIM 模型则是个有效的参数化信息载体，其设计阶段的模型与数据信息可供下游软件读取使用，通过局部的细化与补充完善形成施工 BIM 模型，进而得到竣工 BIM 模型供运维阶段应用，提升整个建造环节的工作效率和建筑全生命周期管理效果，因此 BIM 交付的设计成果价值要远高于传统的二维图纸交付。

1.2.3　当前 BIM 设计的缺陷与对策

虽然 BIM 设计有上述优势，但另一方面，它也有不足的地方，影响了它的普及应用。BIM 设计的短板主要体现在：

1）BIM 软件方面的限制：

（1）BIM 软件学习门槛较高，设计人员需专门培训才能掌握。

（2）BIM 软件对硬件要求较高，设计企业需增加相当数量的硬件投入。

（3）BIM 软件不完全满足图面表达要求，有些表达需手动处理，降低了成图效率，部分抵消了 BIM 设计在效率方面的优势。对设计周期的影响大部分因素来源于此。

（4）BIM 软件本地化图库不完善，目前还有很多构件需要临时制作，而制作构件库对设计人员的软件操作能力要求更高。

（5）BIM 软件部分操作效率不高，如 Revit 新建楼层，操作就远没有天正一类软件的效率高。

2）设计流程方面的限制：

（1）设计前期输入信息较多，效率有一定影响，虽然后期的便利可以反超前期的滞后，但设计人员仍需要时间与实践来适应。

（2）基于 BIM 的三维协同设计虽然效果显著，但设计人员可能反而感觉受到束缚。其中的一个原因，也许是传统设计周期太紧，导致对专业协调方面的要求反而降低，设计人员习惯了“分步出图”，把冲突问题延后解决；一旦 BIM 模型把各专业的冲突都暴露出来，必须及时协调解决的时候，反而有些不适应。另一方面的原因，是在设计快速推进的阶段，各专业的设计版本快速迭代，设计人员对于实时协同可能难以适应，必须人为地进行阶段性同步协同。

如何解决上述问题，同样需从软件与流程两方面入手。在软件方面，设计行业比较被动，一般只能等待软件厂商的改进以及本地化厂商的二次开发。经过近几年的发展，BIM 相关软件也有了长足的进步，国内软件厂商也相继进入 BIM 软件二次开发（主要为基于 Revit 的二次开发）的行列，本地化图库方面，也逐渐出现商业化的构件库，因此，软件方面的限制可以说越来越小，BIM 设计的门槛也越来越低了。

如果设计企业拥有自主二次开发的能力，则可以通过编写插件实现更多的功能与更高的效率，效果非常显著。本书介绍的许多技术路线的实现，也有赖于二次开发的技术。

在流程方面，则需要设计企业与设计人员通过项目的实践来不断积累经验，并制定企业级的 BIM 设计流程及标准，才能尽快适应 BIM 设计的流程改变。本书在第 7 章、第 8 章，集中探讨了与结构专业相关的 BIM 设计流程，可供设计企业参考。

1.3　结构专业应用 BIM 的意义

BIM 的推广应用是不可逆转的时代潮流，结构专业作为建筑设计的重要支柱，同时又是建筑行业的上游专业，应率先完成 BIM 的过渡，使其信息参数化、三维可视化、信息管理化。BIM 技术对于结构专业也有着特殊的意义：

1）传统的结构设计也有三维的结构计算模型（并带有结构计算信息），但结构计算模型经过一定程度的简化、归并，与图纸并不完全对应；BIM 模型则是与图纸完全对应的结构三维模型，满足可视化设计需求，可以避免低级错误。

2）传统结构设计基本上采用计算模型与图纸分离的模式进行设计，构件信息与图纸标注无关联；结构 BIM 模型的构件信息与标注相互联动，避免图纸低级错误。

3）结构计算模型仅供专业计算使用，无法提供给其他专业应用；结构 BIM 模型可以参与到多专业的协同过程，整体发挥作用。

4）依赖于 Revit 平台强大的可视化表现能力，可以对结构构件作各种检测分析，并且以直观的方式表现出来，辅助设计人员对结构体系作出优化设计。本书对这方面的应用做了大量的研究与开发，详见第 6 章。

5）结构 BIM 模型可以快速统计工程量，虽然目前主要为混凝土量，准确度也依赖于建模规则，但可以作为对项目造价快速估算与对比的参考依据。

6）结构 BIM 模型对于施工交底作用较大，可视化交底过程可以显著提高沟通效率，减少信息不对等导致的理解错位。

总的来说，结构 BIM 技术打破了传统计算模型＋二维设计的工作方式，直观地表达设计师的意图，能够减少重复沟通的时间，同时可视化的工作方式，辅助设计师更容易发现问题，对提高结构设计质量具有积极意义。

1.4 结构 BIM 设计技术路线研究

1.4.1 结构专业应用 BIM 的特殊性

虽然结构 BIM 设计有上述意义，但相对于其他专业，结构专业有其特殊性，使得结构专业在应用 BIM 技术进行设计时的技术路线与其他专业有很大的区别。

结构专业的特殊性在于：

1）结构专业本身需要建立计算模型，如果另外还需要再建一个结构 BIM 模型，无疑增加了设计人员的工作量，因此尽可能通过软件转换接口将计算模型导出到 BIM 软件。

2）结构普遍采用“平面表示法”（平法）进行施工图表达，这种方法以信息归纳为出发点，大幅减少了设计人员在标注方面的工作量，但该表达方法为我国所独有，国外软件无法直接满足表达需求，需经过本地化处理。

3）结构专业里的钢筋是重要元素，但目前主流的 BIM 软件难以完整地表达钢筋实体。

基于这些方面的特殊性，结构设计人员应用 BIM 的积极性普遍比其他专业要弱一些，结构 BIM 设计相对于其他专业的应用也相对落后，需通过研究与开发打通技术路线，降低技术门槛，才能扭转这个局面。

1.4.2 结构 BIM 设计技术路线

基于上面的分析，结合目前的软件技术发展，我们建议采用如图 1.4-1 所示的技术路

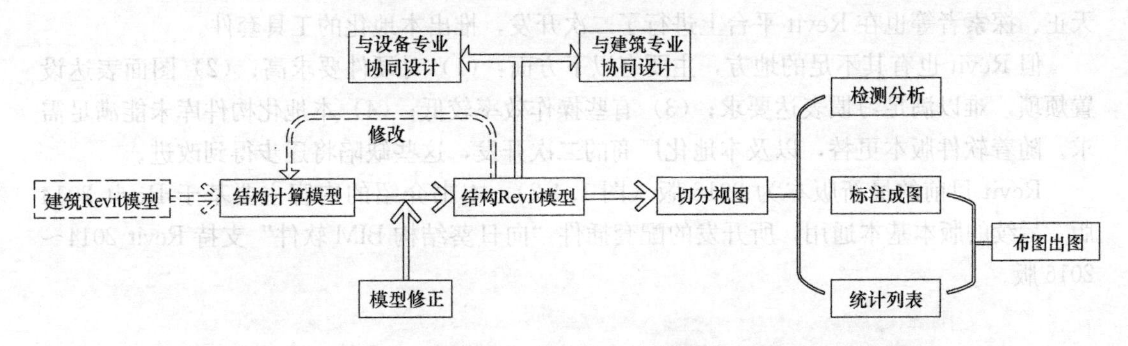

图 1.4-1　结构 BIM 技术路线

线进行结构 BIM 设计：

各步骤说明如下：

1）BIM 建模及绘图平台采用 Autodesk Revit 软件，原因在下一小节进行分析。

2）如果建筑专业有前期的 Revit 模型，可通过接口将建筑的模型导入结构计算软件（如广厦、盈建科等结构计算软件均提供与 Revit 的双向接口），这一步除了引入原有的墙柱模型外，更主要的作用是引入建筑专业的楼层与轴线、坐标等定位信息，以免后续反复互导的模型对位。如果原建筑专业没有 Revit 模型，则需注意结构计算模型的定位，尽量各专业商定一个基点。

3）结构计算模型由于经过一定的简化与归并，与实际模型有一定的区别，因此转换为 Revit 模型后，需要进行局部的修正，对于一些无法转换的异形构件，也需要补充完善。

4）结构 Revit 模型修正后，即可以提供给各专业进行协同设计。在协同设计的过程中如有较大的修改，需回到计算模型修改，然后重新导出 Revit 模型。

5）从结构 Revit 模型切出各种视图，包括各种墙柱、梁板平面视图、剖面视图、大样视图、3D 视图等，根据需要区分为工作视图或正式视图。

6）工作视图可以进行各种可视化的检测分析，正式视图添加各种标注成为正图，另外根据需要对构件进行列表统计。这里涉及结构的平法标注，可通过 Revit 的"共享参数"以及配套的标注方式来实现，详见第 5 章。

7）最后布图出图，完成设计。

1.4.3　软件平台

在上述技术路线图中，涉及结构计算软件与 BIM 建模软件。国内常用的结构计算与分析软件有 PKPM、广厦、盈建科；BIM 建模及绘图软件方面，选用国际通用性较好的 Autodesk Revit 软件。

Revit 系列软件是 Autodesk 公司出品的 BIM 软件，可帮助设计师设计、建造和维护质量更好、能效更高的建筑。Revit 是全球建筑业 BIM 体系中使用最广泛的软件之一，它涵盖建筑、结构、机电三大专业体系，支持全专业的协同设计，具有强大的建模功能与可视化表现功能，较好的用户交互界面与兼容性，通过图形界面进行构件库的创建，同时提供了非常开放的二次开发接口，因此市场接受度较高，国内的多个知名软件厂商如鸿业、天正、探索者等也在 Revit 平台上进行了二次开发，推出本地化的工具套件。

但 Revit 也有其不足的地方，主要有以下方面：(1) 对硬件要求高；(2) 图面表达设置烦琐，难以满足习惯表达要求；(3) 有些操作效率较低；(4) 本地化构件库未能满足需求。随着软件版本更替，以及本地化厂商的二次开发，这些缺陷将逐步得到改进。

Revit 目前的最新版本为 2016 版（图 1.4-2），本书介绍的内容主要基于 Revit 2014 版，后续的版本基本通用，所开发的配套插件“向日葵结构 BIM 软件”支持 Revit 2014～2016 版。

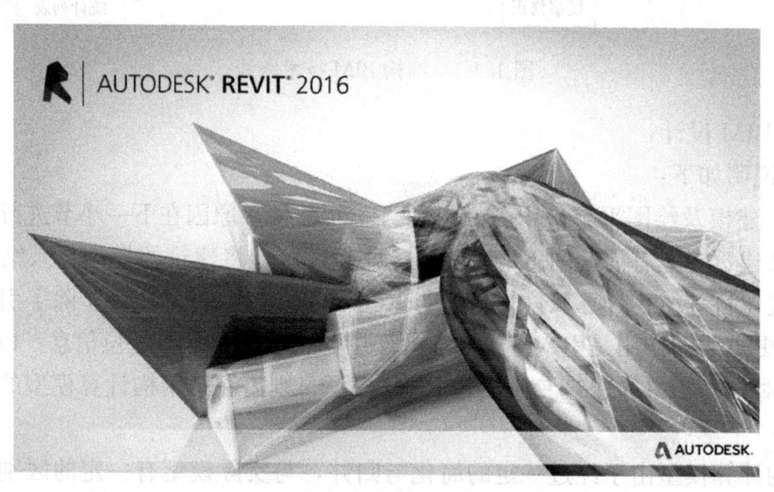

图 1.4-2 Revit 2016 启动界面

对于结构专业来说，Revit 可以满足专业建模及绘图的要求，多个结构专业软件也针对 Revit 开发了转换接口，因此是理想的结构 BIM 设计软件平台。目前常用结构专业软件与 Revit 的数据接口及其实现的功能如表 1.4-1 所示：

相关的数据接口 表 1.4-1

数据接口	功能描述	是否双向接口
广厦数据接口	实现广厦结构模型到 Revit 模型的双向转换	是
YJK 数据接口	实现 YJK 模型与 Revit 模型的双向转换	是
探索者	实现 PKPM 模型与 Revit 模型的相互转换，PKPM 转 Revit 的过程可通过 TSPT 实现配筋信息的转换	是
PDST（长沙恩为公司）	其实现的功能与探索者的 TSPT 基本类似	否
CSIxRevit 数据	实现 Revit 与 ETABS 模型的模型转换	是

1.5 Revit 结构设计现状及问题

在结构 BIM 应用方面，目前国内被广泛应用并能与 Revit 进行数据交换的结构分析软件主要有：PKPM（通过探索者 BIM 软件包或其他软件中转）、广厦和盈建科，且基本仅局限于几何模型的数据交换，距离结构设计的全过程应用还有一定的距离。

在出图方面，部分建筑设计院已经实现使用 Revit 软件出建筑及部分设备专业的施工图，并用于项目实践，但是，对于结构专业，使用 Revit 出结构施工图仍有一定的难度。可见，我国结构 BIM 技术仍处于起步阶段，主要存在的问题为：（1）工作效率问题；（2）协同工作流程问题；（3）结构信息断裂问题。这几方面问题大大降低了结构设计人员的工作热情，使得结构专业 BIM 技术应用落后于建筑专业和设备专业。

1）工作效率问题

Revit 平台下的工作效率问题一直被结构工程师所诟病。原因主要在于它改变了传统的二维绘图方式，转型阶段工作方式的改变导致了效率的降低，Revit 的部分操作也有不理想之处，使得一部分工程师难以接受。另外，未经深化设置的 Revit 平台，存在各种线型问题、表达问题，操作简易程度问题等，其创建的模型难以用于出图，导致设计人员如需回到 AutoCAD 平台进行二维施工图绘制，则增加了设计人员的工作量，没有发挥 BIM 的作用。

2）协同工作流程问题

协同工作是设计人员日常的工作常态。但结构设计人员从传统二维 CAD 设计过渡到三维 BIM 设计时往往都会有协同方法和工作流程方面上的疑虑，不清楚 BIM 下的设计工作应如何安排，流程应如何制定，如何才能发挥出 BIM 的作用，缩短整个设计周期。这些问题如不能有效解决，也会成为结构 BIM 推广道路上的绊脚石。

3）结构信息断裂问题

如前所述，结构分析软件与 Revit 之间的数据交换目前基本上仅限于几何模型，对结构专业意义重大的结构配筋信息还无法顺利对接。这个过程随着国内软件厂商的开发完善，有望得到逐步解决。

另一方面，设计阶段的结构信息如何传递到后续阶段应用，也是需要重点考虑的问题。只有延续到施工阶段，BIM 模型的价值才能充分体现出来，但在当前，设计阶段的 BIM 成果交付往往未能得到后续的充分应用。

1.6 本书的主要内容

BIM 的推广应用是不可逆转的时代潮流，结构专业作为建筑设计的重要支柱，同时又是建筑行业的上游专业，应率先完成 BIM 的过渡，使其信息参数化、三维可视化、信息管理化。

针对当前 Revit 结构设计所遇到的问题，本书进行了系统的研究和技术开发工作，主要包括以下几方面内容：

1）Revit 结构模板的制作

当前 Revit 自带的结构样板文件及所加载的族难以满足设计要求，从而导致工作效率的低下。本书为了解决该问题，同时为了统一模型的质量，对其进行大量的开发补充，使设计人员在该模板的基础上能快速地进入工作，有效地提升了工作效率。本书提供的结构模板主要在以下方面进行完善：

补充大量的族文件。开发制作了大量的异形梁、柱构件，同时对所有的构件族以共享参数的形式添加了大量配筋参数（实例参数），创建了配套使用的标注族，可用于快速施工图绘制。模板中的族文件可满足大部分的工程使用要求，同时其族信息可实现共享，能满足施工图绘制及下游专业的使用要求；

视图样板的制作。BIM模型管理是Revit结构设计的核心，使用Revit的视图样板对结构模型进行三维视图管理能有效提升工作效率、提升结构设计质量。为了实现该效果，本书以实际工程为蓝本，创建了适应各种使用需求的视图样板，设计人员根据需求选用即可，无需二次设定，大大节省了工作时间。模板内置的视图样板包括：结构建模视图样板、结构施工图视图样板、结构专业校审样板和多专业协同校审样板。

2）结构构件建模

为了提升结构专业的建模效率，对Revit每种构件的建模方法及不同建模方法的优缺点进行了详细的比较。部分构件的建模方法有一定的创造性与优越性，如本书介绍的桩基础建模方法可实现桩体自动附着持力层，自动计算桩长；结构坡屋面建模方法可解决以往结构类型坡屋面建模遇到的问题。

3）Revit结构施工图出图

Revit平台下的结构施工图绘制一直存在三大问题，一是Revit平台下施工图的注释效率不高，同时要实现注释与构件信息的参数化联动需要大量的前期族准备和规定；二是线型问题，由于Revit中的每根线都与构件相关联，不能像CAD那样任意更改和删除，故难以满足千变万化的施工图要求；三是Revit下大样图绘制问题。为了解决出图问题，进行了大量的族创建和插件开发，包括：（1）创建与构件信息关联的注释族。使用该族可保持传统的工作方法不变，兼顾效率的同时能满足BIM的信息共享的要求；（2）施工图的线型问题，通过制作“结构施工图视图样板”及开发批量连接插件，从而使其得到了有效解决；（3）Revit下详图绘制困难问题，通过开发详图插件的方法，也得到了很好的解决。

4）通过Revit进行结构可视化检测分析

Revit作为一个三维设计软件，可以通过多种可视化表现方式来直观展现构件之间的组合关系，并进行分类、检测与分析。这些表现手法可以辅助设计人员全面、清晰地展示设计意图，检查设计成果，同时可以更直观地对各专业设计人员以及施工方进行设计交底。本书研究了Revit的多种结构可视化检测分析方法，并通过二次开发拓展多种检测分析功能，实现以下方面的可视化检测分析：（1）结构模型对比；（2）结构板标高区分；（3）结构板厚区分；（4）梁高区分；（5）结构柱对位检测；（6）配筋成果可视化检查；（7）视图同步查看。

5）各专业协同流程的研究

协同的方式和协同的流程很大程度上影响了整个BIM项目的工作效率。为了给结构设计人员提供可行的协同指导，本书对协同方式和多专业的协同方法与流程进行了详细的研究，根据实际的工作需求提出了不同阶段、不同情况下的协同流程，供设计人员参考选用。

6）以案例指导结构BIM设计

本书最后提供了一个框架结构的别墅案例，通过案例的详细介绍，使设计人员快速掌握BIM结构设计的方法。

7）配套插件的介绍

为了提高设计效率，实现Revit模型的快速建模、出图及多种检测分析功能，我们在Revit平台上通过二次开发编写了一套名为“向日葵结构BIM设计软件”的配套插件，在本书各章节有相关命令的介绍，第10章系统地对插件功能做了简介。插件在广东省建筑设计研究院的官网上提供了试用版，读者可下载试用，网址为：

插件在广东省建筑设计研究院官网上提供了试用版，读者可进入网址：www.gdadri.com，在“科技成果→软件下载”栏目下载使用。

本书希望实现基于BIM的结构全过程设计，打通建模与出图的技术障碍，通过技术措施与二次开发提升结构BIM设计的效率，拓展结构BIM的应用价值，降低在结构专业推广BIM技术的门槛，为BIM技术在全专业应用上扫清障碍，从而加快结构专业从传统CAD向BIM的转型，推动结构BIM及建筑业的BIM发展。

第 2 章　结构专业 Revit 模板设置

2.1　Revit 模板概述

Revit 模板是新建 Revit 文件的基础。Revit 自带有各个专业的基本模板文件，但未能满足本地化的要求，需结合本公司的建模及制图标准进行完善，因此 Revit 模板是公司 BIM 标准的重要组成部分。模板设置不但影响设计成果的标准化表达，而且对设计的效率与图面表达的质量也有极大影响，因此一般来说，应在公司层面制作各专业的基本模板文件，并且持续积累完善。

对于结构专业来说，Revit 模板的设置与其他专业相比有共通之处，也有许多特殊的地方，本章系统介绍如何制作一个完善的结构专业 Revit 模板文件。其中 2.2 节“Revit 模板基本设置”为各专业通用的设置，后面两节内容则为结构专业专有的设置。

制作好的模板可以放到硬盘的固定位置，然后把路径添加到 Revit 的“文件位置”设置处，这样启动 Revit 或者新建文件时，就可以直接选择该模板。添加路径的步骤为点击 Revit 界面左上角的大图标，在菜单面板的右下角点“选项”图标，再如图 2.1-1 所示，在“项目样板文件”列表中添加所需模板。注意 Revit 只保留前五个模板文件的直接显示（图 2.1-2）。

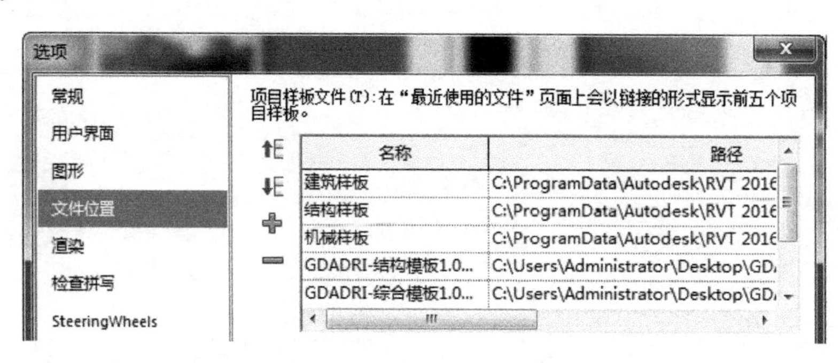

图 2.1-1　添加 Revit 模板路径

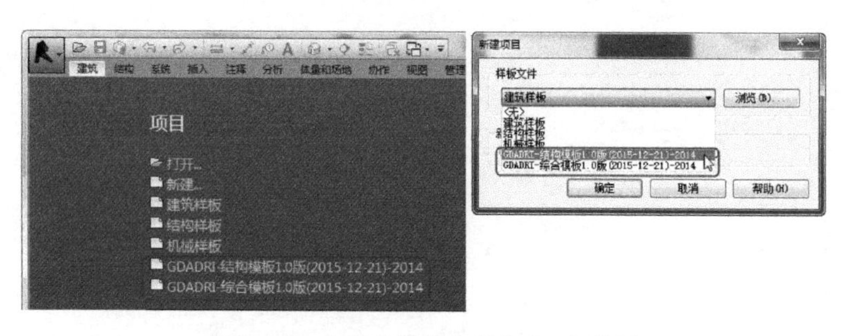

图 2.1-2　自定义模板出现在 Revit 界面

2.2　Revit 模板通用设置

本节介绍的各专业通用设置可作为一个基本的模板，各专业在此基础上进行本专业的相关设置。

2.2.1　视图类型与浏览器组织

浏览器组织决定了 Revit 视图及图纸列表的排列方式，其中图纸基本上按图号排列，因此这里主要考虑视图排列方式。其成组及排序有多种方式，为了实现条理清晰地分类排列，建议按如图 2.2-1、图 2.2-2 所示设置。

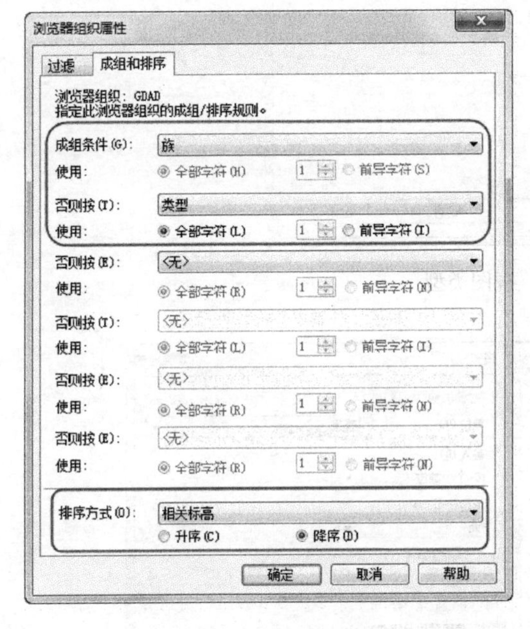

图 2.2-1　浏览器属性

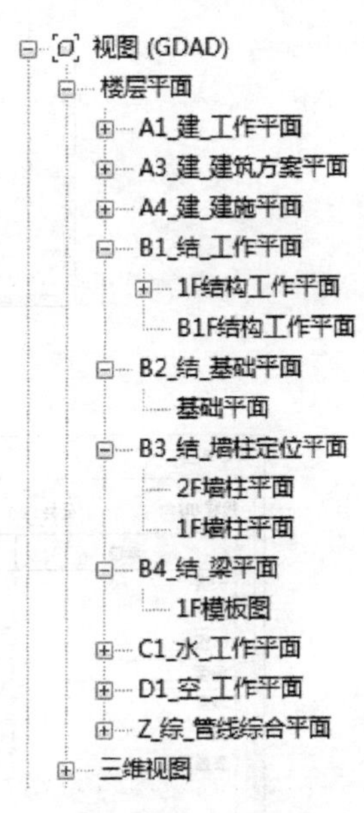

图 2.2-2　视图组织

这里的排序方式为按标高降序排列，这是为了使浏览器里的平面视图与实际楼层的上下关系相对应（如 2F 排在 1F 上方），比较符合思维习惯。

成组条件按视图的“族”与“类型”属性成组，避免树状结构分级太多难以查找，同时有利于按照专业习惯的视图分类进行归类，如结构专业的“梁平面”、“墙柱定位平面”等。为了实现这个目的，要先对各专业的各类视图建立相应的类型，如图 2.2-3 所示。

2.2.2　单位

单位的设置位于“管理”面板，如图 2.2-4 所示，分为“公共”及“结构”等专门类别的各种单位设置，按制图标准及表达习惯设置即可。

需注意的是这里除了影响输入单位，还影响标注的图面表达。如长度的单位符号设为“无”，在格式栏即显示“[mm]”，中括号表示该单位不显示。其他如面积（“m^2”）则会显示单位，如图 2.2-4、图 2.2-5 所示。

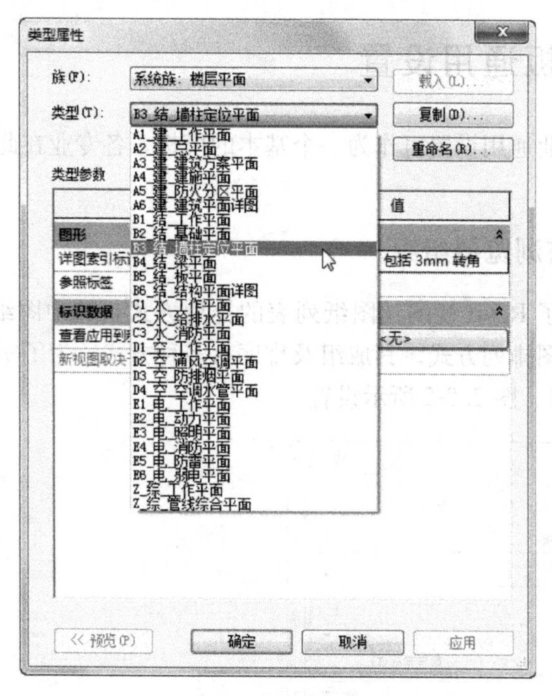

图 2.2-3　视图类型

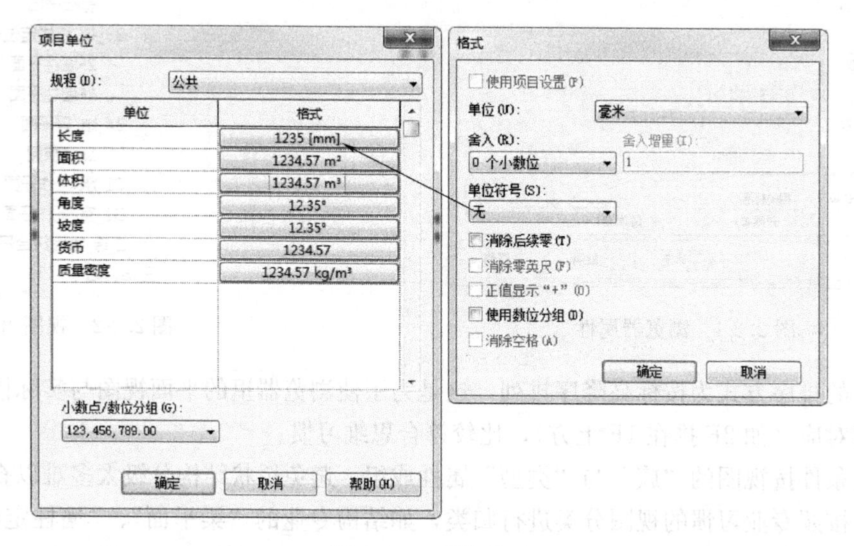

图 2.2-4　单位设置

另外需注意角度、面积、体积等单位应设为精确至小数点后 2 位，才能满足精度要求。

2.2.3　文字样式

文字通过修改系统族类型的参数进行设置，按公司标准预设常用类型即可。注意 Revit 的文字只能使用 Windows 系统的 TrueType 字体，无法像 AutoCAD 那样使用 SHX 格式的单线字体，但采用 TrueType 字体并不会像 AutoCAD 那样影响显示速度，反而避免了 AutoCAD 常见的字体丢失问题。

对于结构专业来说，需注意钢筋符号的输入。由于上面所说的原因，Revit 无法按 AutoCAD 的方法解决钢筋符号输入，为了解决这个问题，Autodesk 发布了一款名字就叫“Revit”的 TrueType 字体。安装该字体后，Revit 可添加一个新的文字类型，设为“Revit”字体，输入时分别用 $、%、&、#四个字符代表四种钢筋符号。该字体其余的英文及数字字符为 Arial 字体，中文字符则为宋体（图 2.2-6、图 2.2-7）。

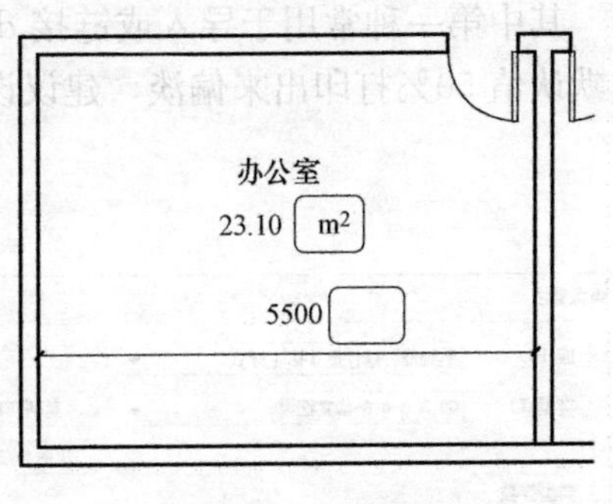

图 2.2-5　单位显示

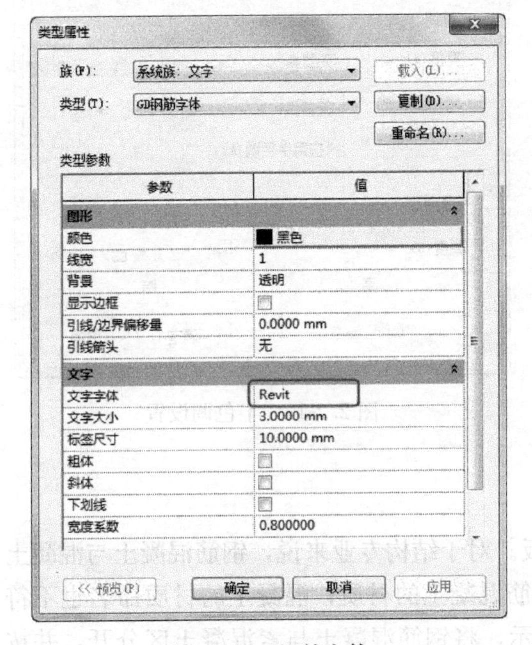

图 2.2-6　钢筋字体

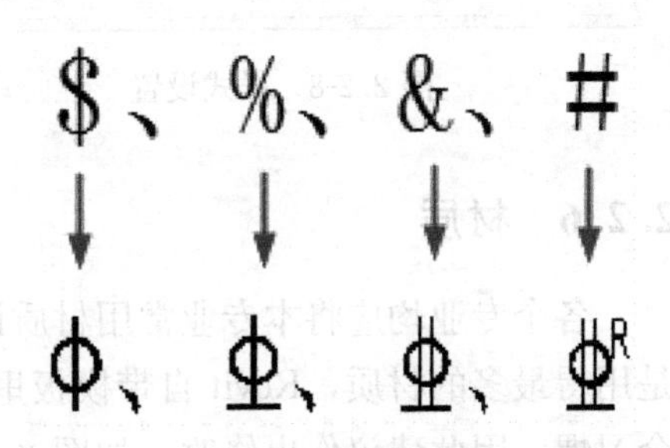

图 2.2-7　字体显示

2.2.4　尺寸标注

尺寸标注样式同样通过修改系统族类型的参数进行设置，按公司标准预设常用类型即可。一般尽量将标注样式设为与天正的样式接近，如图 2.2-8、图 2.2-9 所示。

需注意其中的斜短线，在 Revit 里是通过设置“记号线宽”来实现其宽度的，因此当 Revit 采用“细线”模式显示时，斜短线是不会显示为粗线的，但打印出来仍然为粗线。

2.2.5　半色调

半色调是个简单的设置，主要影响以下几种图元的显示：

1）视图可见性设置中被设为半色调的图元；

2）机械及卫浴等规程下的土建图元；

3）基线图元。

其中第一种常用于导入或链接 dwg 文件作为底图的情形。根据经验，半色调的图元按默认值 50%打印出来偏淡，建议设为 65%较为适宜（图 2.2-10）。

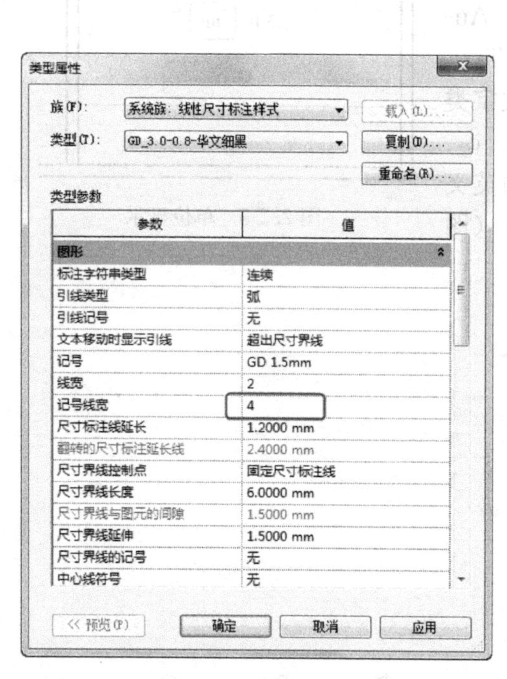

图 2.2-8　样式设置

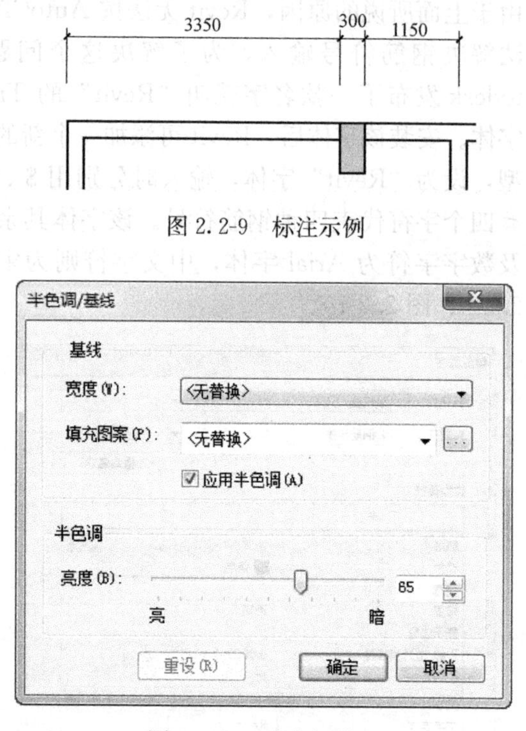

图 2.2-9　标注示例

图 2.2-10　半色调设置

2.2.6　材质

各个专业均应将本专业常用材质设入模板。对于结构专业来说，钢筋混凝土与混凝土是用得最多的材质，Revit 自带模板里没有钢筋混凝土的材质，混凝土的材质命名也不符合习惯，因此建议作出修改，如图 2.2-11 所示，将钢筋混凝土与素混凝土区分开，并按常用的混凝土强度等级分别设定材质。

其中“钢筋混凝土”与“素混凝土”两种材质没有定强度等级，作为通用的材质类型使用。关于混凝土强度等级的设定，以往用 AutoCAD 设计时一般在图纸说明中进行统一的规定，特殊的部位再进行局部标注。基于 BIM 的设计则需考虑模型的构件信息表达，以及模型传递给后续应用（如算量）的需要，因此在设计模型交付时，结构构件的混凝土强度等级应该在构件信息中体现（体现在材质信息上是最直接的方式）；但在前期设计过程中，可笼统用“钢筋混凝土”与“素混凝土”两种通用材质，辅以图纸说明来表达，目的是方便设计过程的修改，结构方案定型之后再进行细分。

材质具体的设置需注意根据专业表达需要设置其图面表达方式，一般需对“表面填充图案”及“截面填充图案”作出设定。如图 2.2-12、图 2.2-13 所示，根据表达习惯对钢筋混凝土及素混凝土的截面填充图案分别作了规定。其中“混凝土-钢砼”填充样式并非 Revit 自带，可从 AutoCAD 中导入。

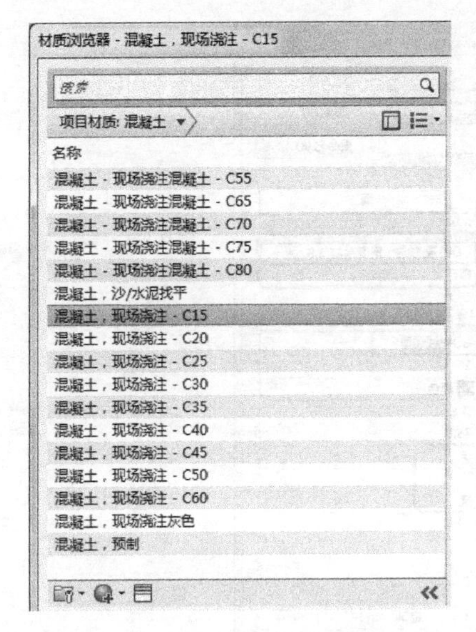

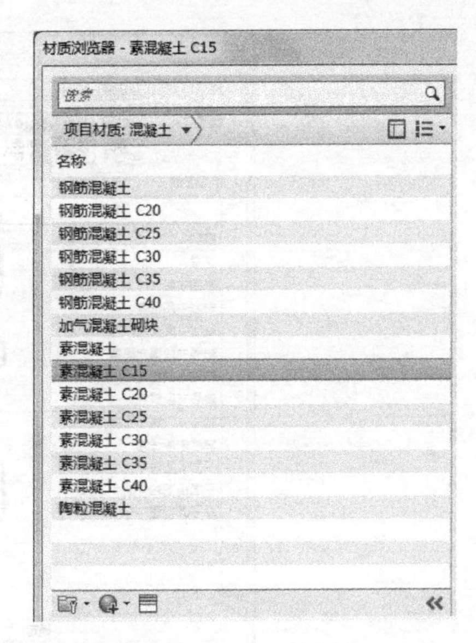

图 2.2-11　混凝土材质

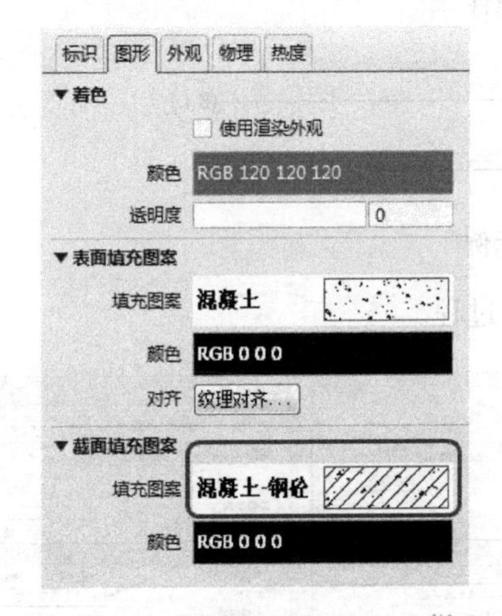

图 2.2-12　“混凝土-钢砼”填充样式

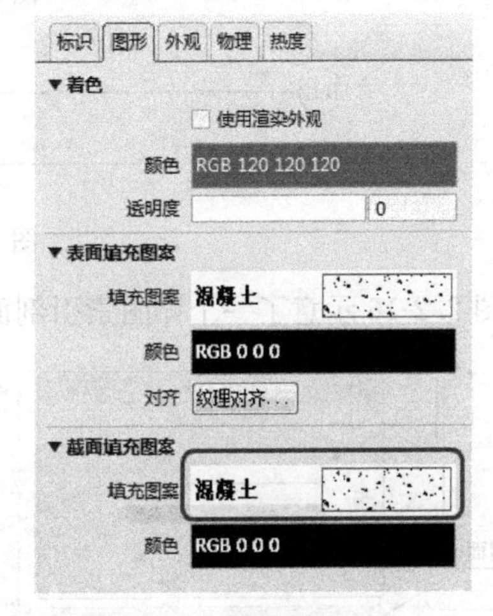

图 2.2-13　混凝土填充样式

2.2.7　轴网

轴网的设定比较简单，按传统表达习惯及公司标准设置，主要设置以下参数：轴网标头符号；轴线线型；轴号两端的勾选；非平面视图符号按习惯设为“底”。另外还需考虑多种宽度系数的轴号，以应对有些轴号字符较多的情形，如图 2.2-14 所示。其中“GD 轴线线型”为参照天正的轴线样式定制。轴网示例见图 2.2-15。

2.2.8　剖切符号

Revit 的剖面符号与天正等软件的做法不一样，需按“剖面线标头”、“剖面线末端”分别制作族，载入后再组合成一个“剖面标记”。按我们习惯的常规剖面符号、详图索引剖面符号、结构断面符号等样式，需分别制作相应的剖面线标头族、剖面线末端族。

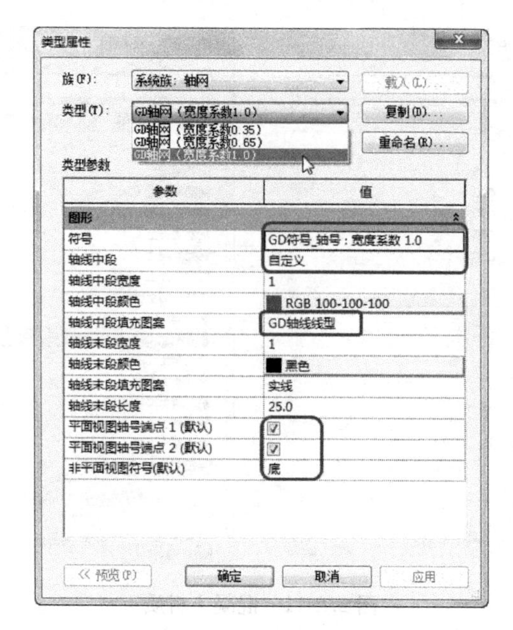

图 2.2-14　轴网属性

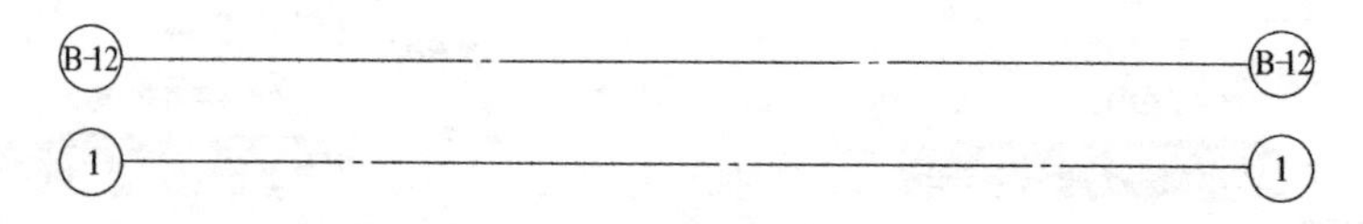

图 2.2-15　轴网示例

图 2.2-16 示意了一个详图索引剖面符号的制作过程。

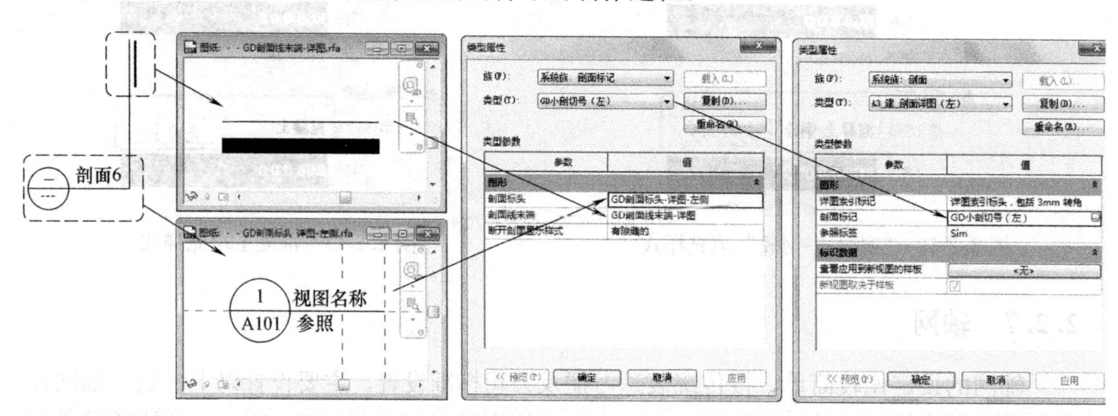

图 2.2-16　详图索引剖面符号制作过程

常用的几种剖面符号如图 2.2-17 所示，其中最右边的断面符号为结构专业所特有。其标头及末端族的做法如图 2.2-18 所示，注意在末端族中，视图名称的位置是反的。

2.2.9　图名

图名、图框是公司标准的基本设置，需在 Revit 里制作相应的族，并载入模板文件中。图名常用的有标准图名、详图图名等样式，需分别制作视图标题族。

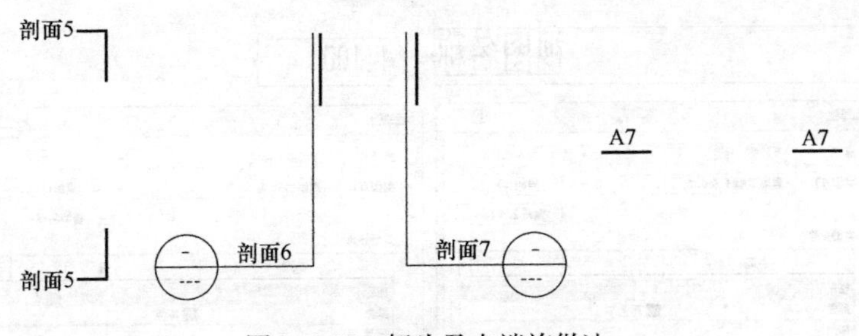

图 2.2-17　标头及末端族做法

图 2.2-18　末端族

对于标准图名，常见的设置为“图名＋比例”，其中图名下方加粗横线或一粗一细两根横线。横线的做法需注意，Revit 没有办法让横线的长度锁定图名字符的长度，因此如图 2.2-19 所示的后面三种做法，当图名的字符数改变时，横线的长度不会自动适应，因此要制作非常多的标题类型，对应不同的图名字符数设定横线长度。

我们建议简化图名标题族的做法，不另外加横线，直接将图名的字体加下划线，这样美观度稍有不足，但可以自动适应图名长短，减少很多麻烦，如图 2.2-19 的第一种样式。

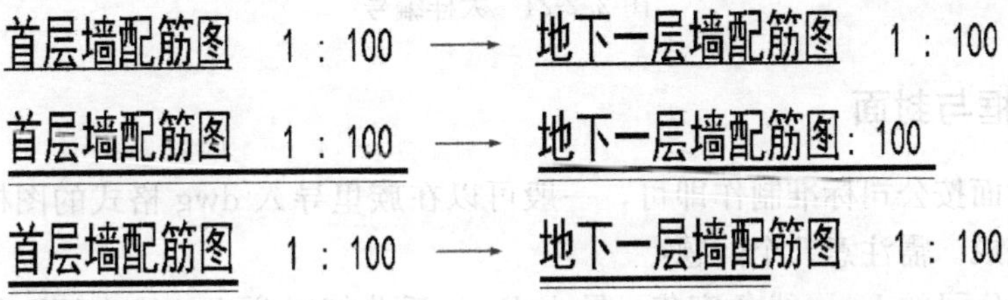

首层墙配筋图　1 : 100　⟶　地下一层墙配筋图　1 : 100

首层墙配筋图　1 : 100　⟶　地下一层墙配筋图: 100

首层墙配筋图　1 : 100　⟶　地下一层墙配筋图　1: 100

首层墙配筋图　1 : 100　⟶　地下一层墙配筋图　1 : 100

图 2.2-19　图名样式

其具体做法如图 2.2-20、图 2.2-21 所示，注意为了图名与比例之间保持相对固定的空隙，需将图名设为右对齐，比例设为左对齐。

另一种常用图名为带有详图编号的详图标题，分为有图名与没有图名两种标题，后者只有详图编号＋比例。对于前者，标题里的横线很难按上述办法去自适应图名长短，因此直接将长度固定下来。

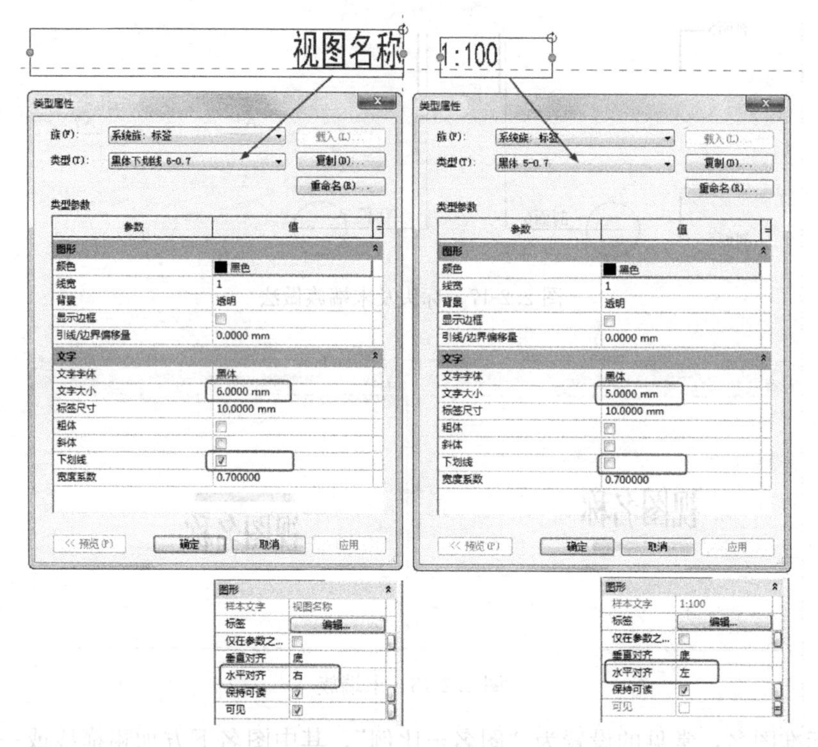

图 2.2-20 属性设置

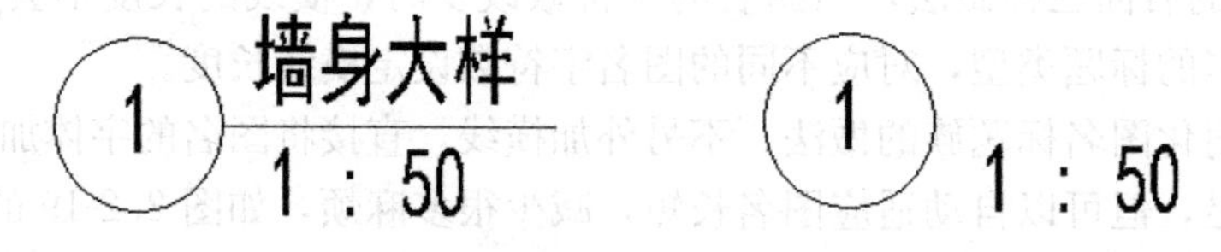

图 2.2-21 大样编号

2.2.10 图框与封面

图框与封面按公司标准制作即可，一般可以在族里导入 dwg 格式的图框与封面，分解后再加工完成。需注意几个问题：

一是有些公司的 Logo 线条密集，导入 Revit 后分解时弹出“线太短”的提示。如图 2.2-22 所示广东省建筑设计研究院的 Logo，这种情况可以单独存一个 Logo 图案的 dwg 文件，导入进来后就不分解了，属性为“导入符号”，也不影响使用（图 2.2-23、图 2.2-24）。

图 2.2-22 广东省建筑设计研究院 Logo

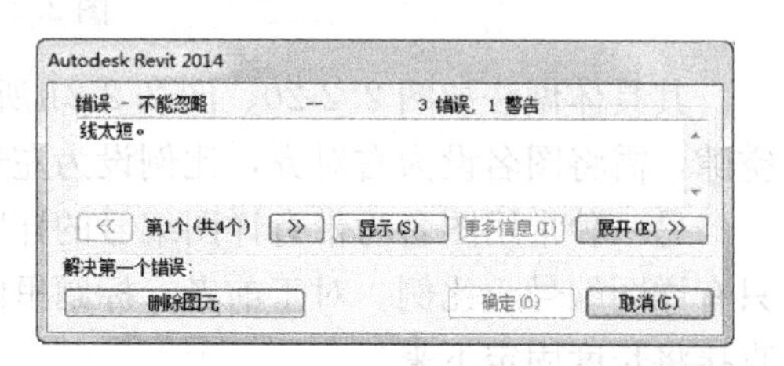

图 2.2-23 警告框

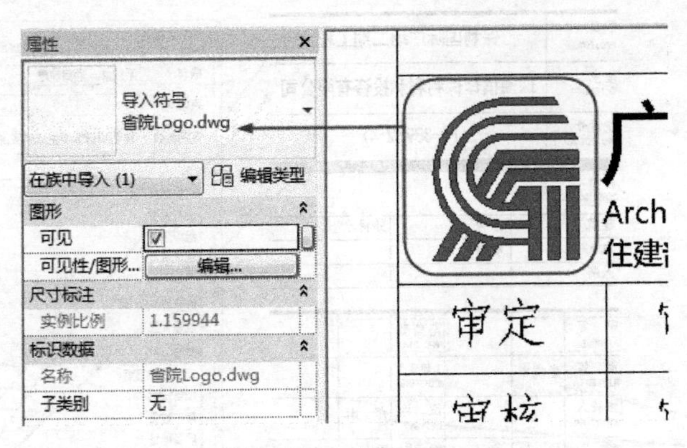

图 2.2-24　导入 Logo

二是原来用 AutoCAD 制作的图框、封面，使用的字体可能是 SHX 字体，导入 Revit 后无法完全还原原样。这种情况有两种方法解决，第一种方法是在 AutoCAD 里使用 ExpressTools 插件里的分解文字命令（txtexp）将文字分解为线条，再导入 Revit，如果出现“线太短”的错误提示，参照上面的方法处理；第二种方法是选择近似的 Windows 自带 TrueType 字体代替。对于要输入的文字，第一种方法就无能为力了，因此建议从公司层面出发，改用 TrueType 字体。如图 2.2-25 所示，用 Windows 自带的“仿宋”字体，代替 AutoCAD 的仿宋单线字体。

三是原来用 AutoCAD 的 Pline 制作的粗线，导入 Revit 后会变成没有宽度的线条，需重新用实体填充绘制。

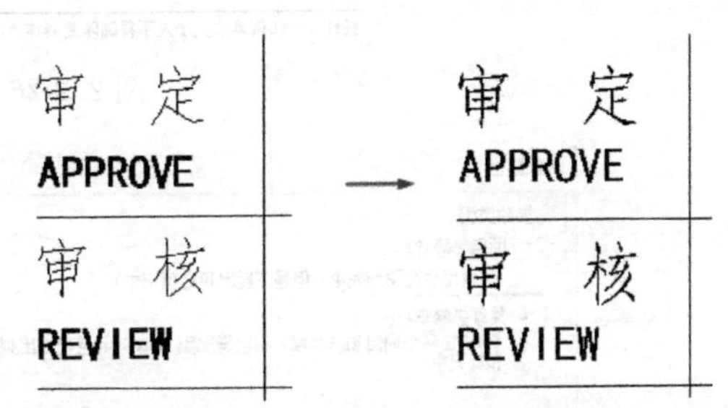

图 2.2-25　True 仿宋字体代替 SHX 字体

四是在图签里需要填写的地方，在 Revit 里尽量用字段来读取参数自动填写。这里涉及的因素比较复杂，下图是广东省建筑设计研究院的图签里需要填写的部分，其中一部分信息来自于图纸参数；一部分信息来自于项目信息参数；剩下的虚线框部分，Revit 没有对应的参数，需自己添加共享参数（而非项目参数图 2.2-26）。

注意项目参数与共享参数的区别：项目参数仅在当前文件中，可以列表统计，不能标注出来；共享参数可以加载到不同的族与项目文件中实现“共享”，不但可以列表统计，如果构件族、标注族、项目文件三者均加载同一共享参数，还可以将参数值标注出来。共享参数在项目中也是通过“管理→项目参数”命令添加的，可以看作是一种特殊的项目参数。

比如图纸的“版本号”信息，因为要在图框族的图签栏里显示，也要在项目文件的图纸目录里显示，需要在图框族与项目文件之间传递参数值，因此需采用共享参数。

共享参数的制作详见 2.3.5 节，图 2.2-27、图 2.2-28 示意了在项目文件中添加“GD_版本号”共享参数的过程，注意其对应的类别选择“图纸”。该共享参数同时也添加到图框族中。添加参数后，图纸的属性栏出现“GD_版本号”，输入参数值“V1.0”，图框里的字段自动更新。

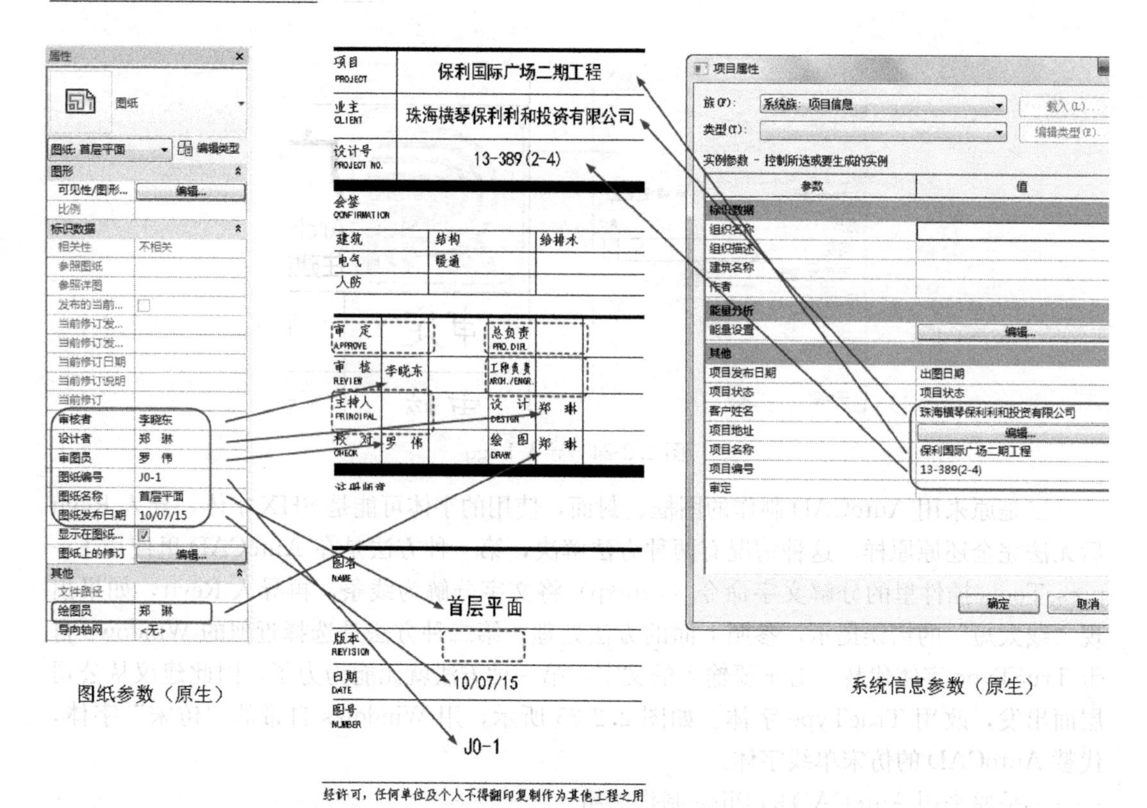

图 2.2-26 图签填写

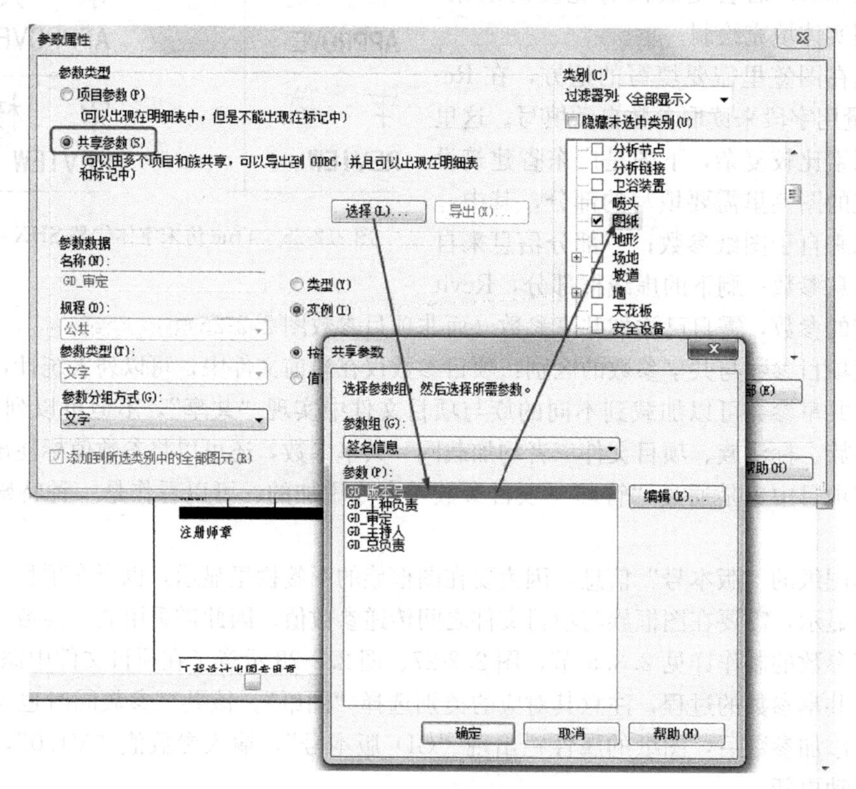

图 2.2-27 图框字段

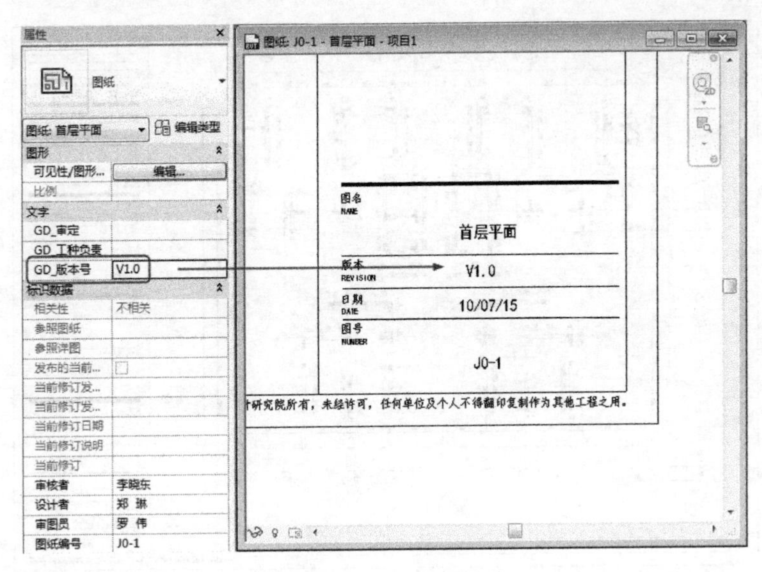

图 2.2-28　版本号

注意“总负责”、“主持人”等全局统一的参数，设为“项目信息”类别（而非“图纸”类别）更合适，只需设置一次就可以适用于所有图纸。

图 2.2-29 为模板文件中加载的各种规格图框与封面族，图 2.2-30 为布图完成后的图框与封面示意。

2.2.11　图纸目录

Revit 的图档管理功能强大，可以在一个文件中包含所有图纸，并且提供了图纸列表的功能，因此制作图纸目录非常简单，但需要对图纸列表的格式作出调整，并且有些参数并非图纸的自带属性，也需要事先添加一些项目参数，才能符合公司标准与实际出图的需要。

需添加的项目参数包括：图纸序号、图幅、备注等，有的公司标准还要求在目录里显示比例、本次出图标记等，也需要添加相应的项目参数。这些参数不需要显示在图框的图签里，不需要与图框族共享参数值，因此不需要用共享参数。

这些项目参数对应的类别均为“图纸”。如图 2.2-31 所示。

这些参数添加以后，在图纸的属性栏里并不会自动赋予正确的参数值，有的时候很难理解，但没有很好的办法。比如图幅，我们直觉会认为 Revit 可以自动识别图纸的尺寸大小并在列表中统计出来，但 Revit 的明细表中“图纸”类的可用字段里，并无与尺寸相关的参数可以添加，因此我们只能添加一个名为“图幅”的项目参数，并手动设置每一张图纸的图幅参数值，最后在明细表中添加这一字段进行统计（图 2.2-32）。

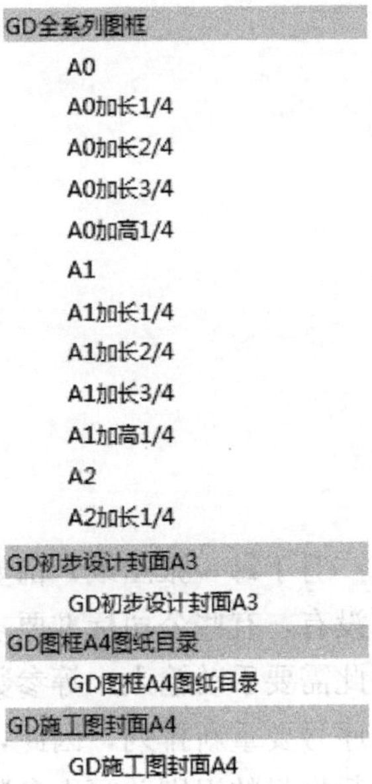

GD全系列图框
A0
A0加长1/4
A0加长2/4
A0加长3/4
A0加高1/4
A1
A1加长1/4
A1加长2/4
A1加长3/4
A1加高1/4
A2
A2加长1/4
GD初步设计封面A3
GD初步设计封面A3
GD图框A4图纸目录
GD图框A4图纸目录
GD施工图封面A4
GD施工图封面A4

图 2.2-29　各种规格图框与封面族

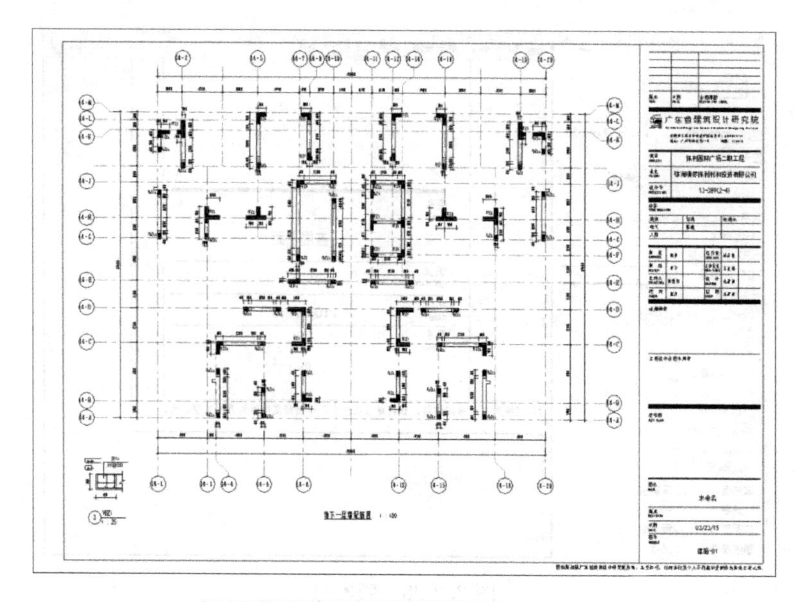

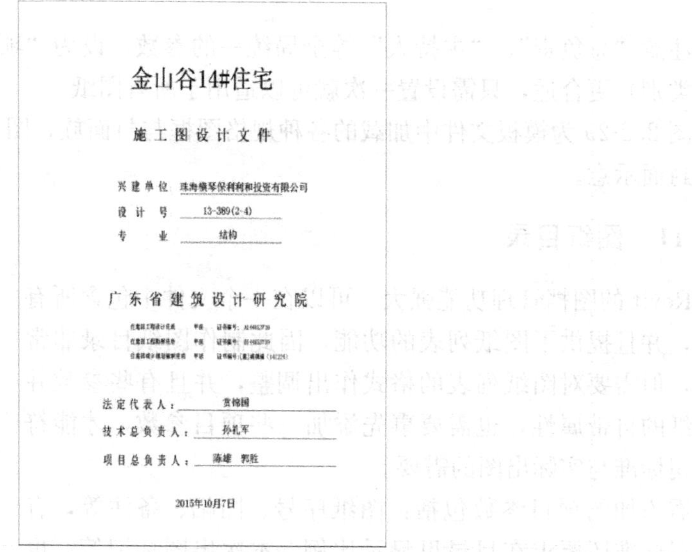

金山谷14#住宅

施工图设计文件

兴建单位 珠海横琴保利利和投资有限公司

设计号 13-389(2-4)

专业 结构

广东省建筑设计研究院

法定代表人：贲锦园

技术总负责人：孙礼军

项目总负责人：陈雄 郭胜

2015年10月7日

图 2.2-30 布图完成后的图框与封面

对于每一张图纸，都要手动设置图幅、序号甚至比例（“视图”有比例属性，“图纸”则没有，有些公司标准要求列出比例，其约定俗成的定义是“图纸里的主要视图的比例”，因此需要手动输入）等参数值，确实有点烦琐，尤其是序号，一旦中间新增加图纸，后面的序号要重新排列，因此，我们建议编写插件或者宏命令，对图幅、序号、比例等参数值进行批量的识别并写入参数值，减少手动操作。由于需要匹配当前文件的参数名称，因此宏命令是比较好的解决方案。关于宏命令的介绍详见 2.3 节。

至于明细表的设置，可根据公司标准添加相应的字段并排序，分别设置列宽、字高即可（行距无法设置，由字高自动确定）。需注意的是，图纸目录应将自身以及封面排除在外，因此需在过滤器里添加一个条件，通过“图纸名称”“不包含”“目录”及“封面”进行过滤，如图 2.2-33 所示。

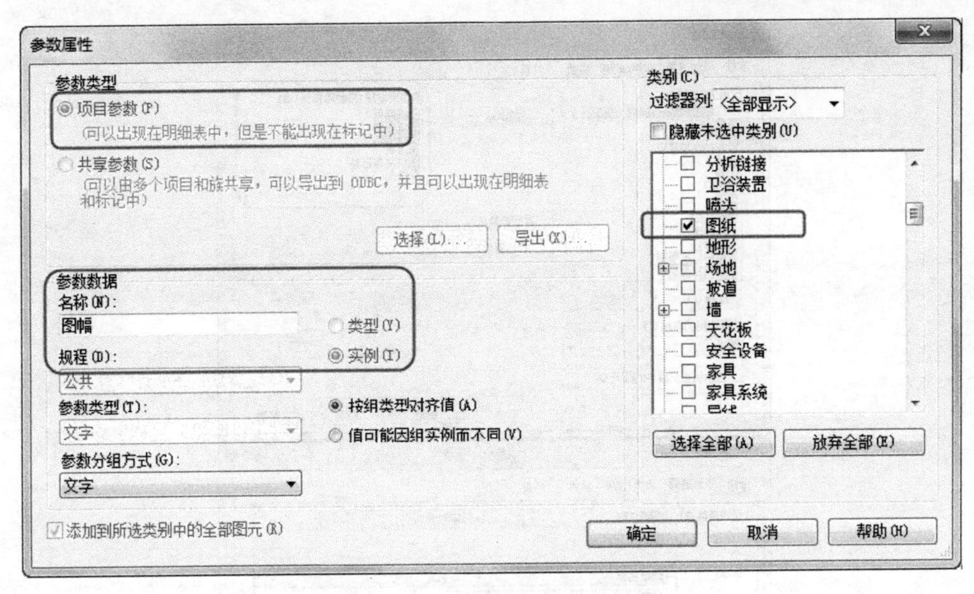

图 2.2-31　项目参数对应的类别

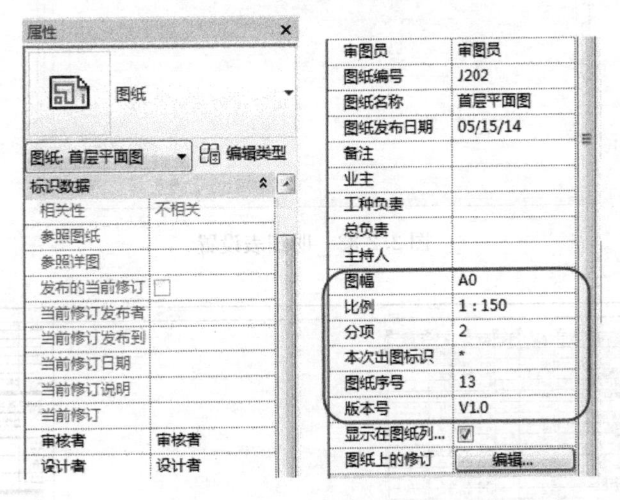

图 2.2-32　图纸参数设置

图纸明细表设置好后，放进新建的图纸中，注意该图纸命名应包含“目录”，以适应上述过滤条件。如果图纸数量较多，超出图框，可以选择该明细表，点击中间的“拆分明细表”符号，即可拆分成两个表，可以分别控制位置与大小，也可以继续拆分。效果如图 2.2-34、图 2.2-35 所示。

2.2.12　宏命令

Revit 可通过“宏命令”实现文档级的批处理。与编写 Revit 插件一样，宏命令通过 Revit API 实现，两者语法基本一样，可实现类似的功能。但宏命令无需安装，可保存在文档中，因此对于某些特定的功能用宏命令比插件更方便。需注意的是宏命令无法直接跨文档传递，只能通过复制代码的形式将宏命令复制到其他文档。

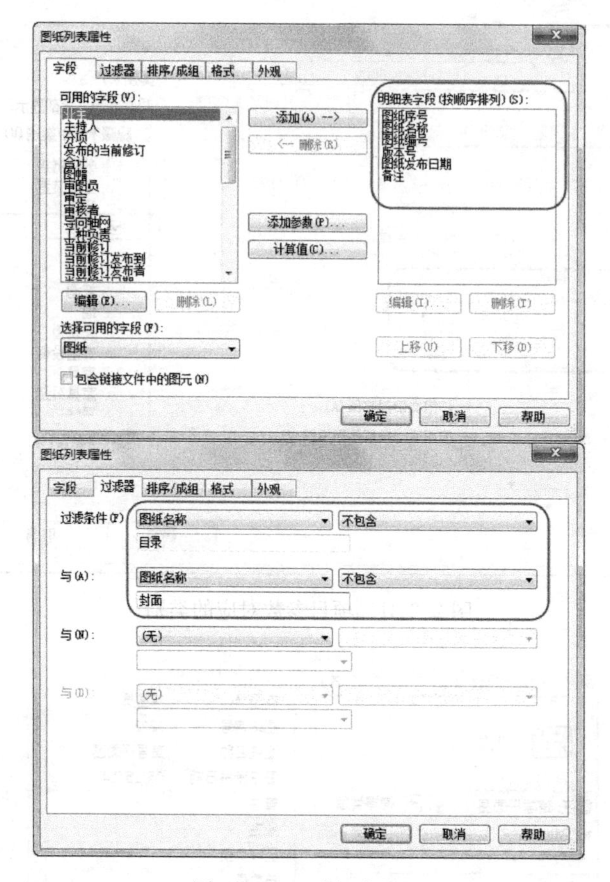

图 2.2-33　明细表设置

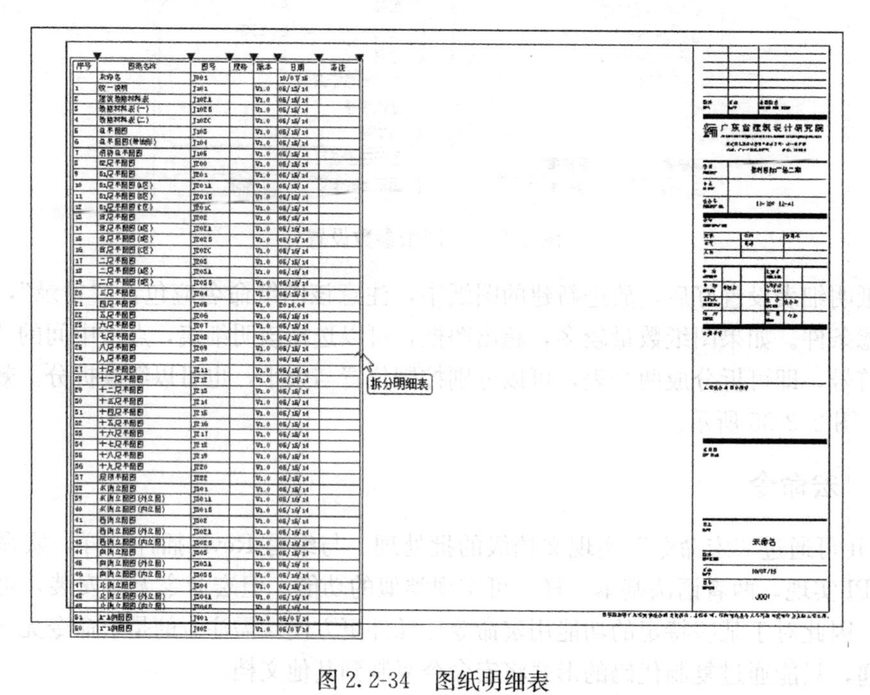

图 2.2-34　图纸明细表

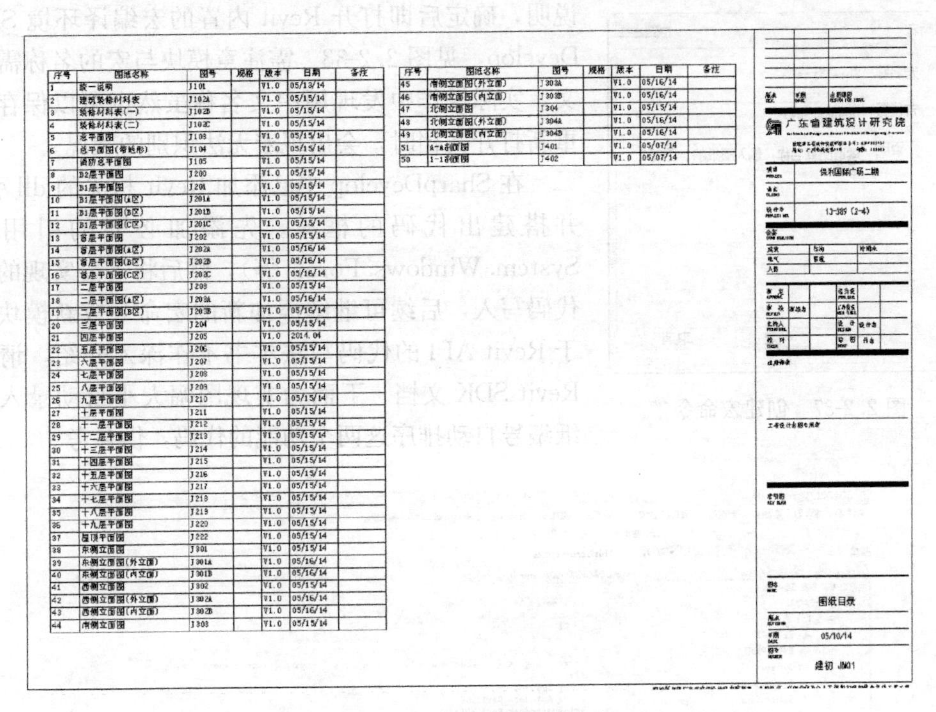

序号	图纸名称	图号	规格	版本	日期	备注
1	统一说明	J101		V1.0	05/13/14	
2	建筑装修材料表	J102A		V1.0	05/15/14	
3	装修材料表(一)	J102B		V1.0	05/15/14	
4	装修材料表(二)	J102C		V1.0	05/15/14	
5	总平面图	J103		V1.0	05/15/14	
6	总平面图(带地形)	J104		V1.0	05/15/14	
7	消防总平面图	J105		V1.0	05/15/14	
8	B2层平面图	J200		V1.0	05/15/14	
9	B1层平面图	J201		V1.0	05/15/14	
10	B1层平面图(A区)	J201A		V1.0	05/15/14	
11	B1层平面图(B区)	J201B		V1.0	05/15/14	
12	B1层平面图(C区)	J201C		V1.0	05/15/14	
13	首层平面图	J202		V1.0	05/15/14	
14	首层平面图(A区)	J202A		V1.0	05/16/14	
15	首层平面图(B区)	J202B		V1.0	05/16/14	
16	首层平面图(C区)	J202C		V1.0	05/16/14	
17	二层平面图	J203		V1.0	05/15/14	
18	二层平面图(A区)	J203A		V1.0	05/16/14	
19	二层平面图(B区)	J203B		V1.0	05/16/14	
20	三层平面图	J204		V1.0	05/15/14	
21	四层平面图	J205		V1.0	2014.04	
22	五层平面图	J206		V1.0	05/15/14	
23	六层平面图	J207		V1.0	05/15/14	
24	七层平面图	J208		V1.0	05/15/14	
25	八层平面图	J209		V1.0	05/15/14	
26	九层平面图	J210		V1.0	05/15/14	
27	十层平面图	J211		V1.0	05/15/14	
28	十一层平面图	J212		V1.0	05/15/14	
29	十二层平面图	J213		V1.0	05/15/14	
30	十三层平面图	J214		V1.0	05/15/14	
31	十四层平面图	J215		V1.0	05/15/14	
32	十五层平面图	J216		V1.0	05/15/14	
33	十六层平面图	J217		V1.0	05/15/14	
34	十七层平面图	J218		V1.0	05/15/14	
35	十八层平面图	J219		V1.0	05/15/14	
36	十九层平面图	J220		V1.0	05/15/14	
37	屋顶平面图	J222		V1.0	05/15/14	
38	东侧立面图	J301		V1.0	05/15/14	
39	东侧立面图(外立面)	J301A		V1.0	05/16/14	
40	东侧立面图(内立面)	J301B		V1.0	05/16/14	
41	西侧立面图	J302		V1.0	05/15/14	
42	西侧立面图(外立面)	J302A		V1.0	05/16/14	
43	西侧立面图(内立面)	J302B		V1.0	05/16/14	
44	南侧立面图	J303		V1.0	05/15/14	
45	南侧立面图(外立面)	J303A		V1.0	05/16/14	
46	南侧立面图(内立面)	J303B		V1.0	05/16/14	
47	北侧立面图	J304		V1.0	05/15/14	
48	北侧立面图(外立面)	J304A		V1.0	05/16/14	
49	北侧立面图(内立面)	J304B		V1.0	05/16/14	
51	A-A剖面图	J401		V1.0	05/07/14	
50	1-1剖面图	J402		V1.0	05/07/14	

图 2.2-35　图纸明细表拆分

宏命令可以内置在模板文件中，以该模板新建的文件均可使用这些宏命令，便于公司层面统一实现某些操作。比如 2.1 节提到的，图幅大小的自动录入与图纸编号的自动排序，由于需读取文档里特定族的特定参数，因此用宏命令比较适宜。下面介绍用宏命令实现这两个功能。

点击“管理”命令面板→“宏管理器”，打开宏管理器，如图 2.2-36 所示，点击“模块”按钮，弹出创建新模块对话框，命名并填写简单说明。

建立模块后再点击“宏”按钮，弹出新建宏命令窗口（图 2.2-37），命名并填写简单

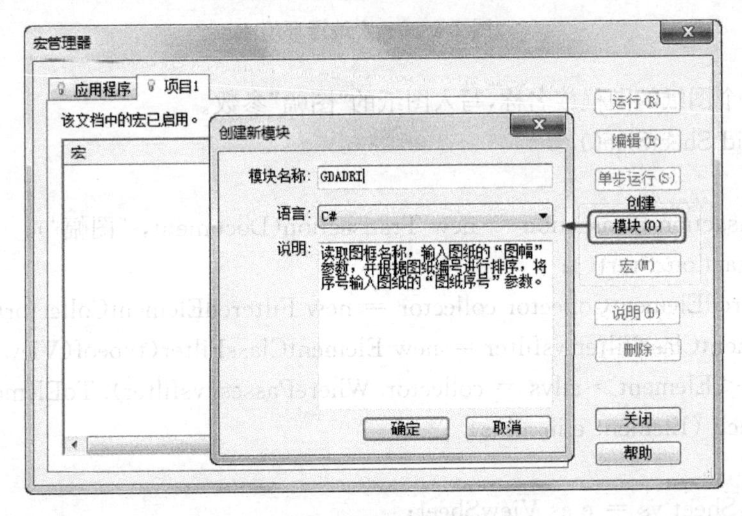

图 2.2-36　宏管理器图

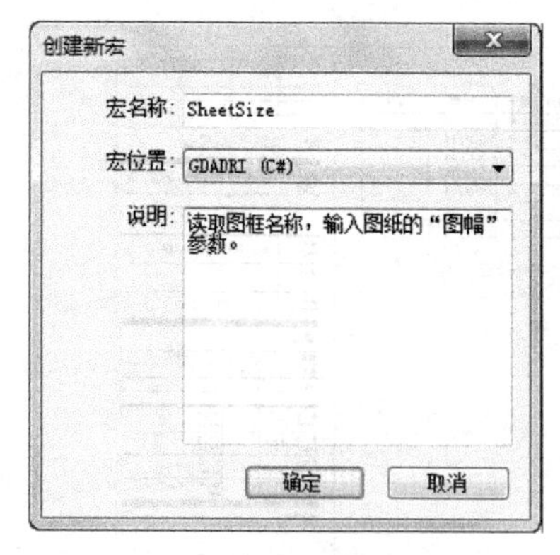

图 2.2-37 创建宏命令

说明，确定后即打开 Revit 内置的宏编译环境 SharpDevelop，见图 2.2-38。需注意模块与宏的名称需用英文，实际操作中发现用中文名称虽然也可以保存，但重新打开文档时，会出现宏无法识别的状况。

在 SharpDevelop 中已添加 Revit 相关的 dll 引用，并搭建出代码的框架。先添加必要的引用（如 System. Windows. Forms 等），然后将需要实现的功能代码写入，后续可继续添加新的宏命令或新模块。关于 Revit API 的代码写法本书不作深入介绍，请参考 Revit SDK 文档。下面为实现图幅大小自动录入与图纸编号自动排序这两个功能的代码，供参考。

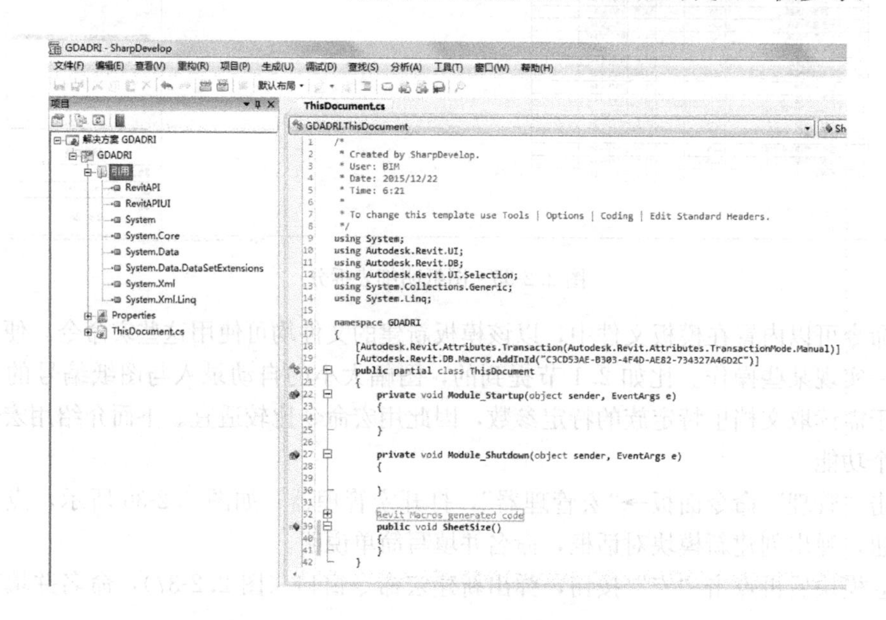

图 2.2-38 宏编译环境

```
//读取每个图纸的图框族名称,写入图纸的“图幅”参数。
public void SheetSize()
{
    Transaction transaction = new Transaction(Document, "图幅");
    transaction.Start();
    FilteredElementCollector collector = new FilteredElementCollector(Document);
    ElementClassFilter vsfilter = new ElementClassFilter(typeof(ViewSheet));
    IList<Element> allvs = collector.WherePasses(vsfilter).ToElements();
    foreach (Element e in allvs)
    {
    ViewSheet vs = e as ViewSheet;
    FilteredElementCollector collector2 = new FilteredElementCollector(Document,vs.Id);
```

```
    ElementClassFilter fifilter = new ElementClassFilter(typeof(FamilyInstance));
    IList<Element> allfi = collector2. WherePasses(fifilter). ToElements();
    string gg = "";
    try { gg = vs. get_Parameter("图幅"). AsString(); }
    catch { }

    foreach (Element ee in allfi)
    {
      FamilyInstance fi = ee as FamilyInstance;
      if (fi. Symbol. Family. FamilyCategory. Name == "图框")
        gg = fi. Name;
    }
    try { vs. get_Parameter("图幅"). Set(gg); }
    catch { }
  }
  transaction. Commit();
  MessageBox. Show("图幅设置已完成。", "向日葵", MessageBoxButtons. OK);

}
//读取每个图纸的图纸编号,排序后,写入图纸的"图纸序号"参数。
public void SheetOrder()
{
  Transaction transaction = new Transaction(Document, "图纸排序");
  transaction. Start();
  List<string> bh_list = new List<string>();
  List<ViewSheet> vs_list = new List<ViewSheet>();
  List<int> int_list = new List<int>();
  FilteredElementCollector collector = new FilteredElementCollector(Document);
  ElementClassFilter vsfilter = new ElementClassFilter(typeof(ViewSheet));
  IList<Element> allvs = collector. WherePasses(vsfilter). ToElements();

  foreach (Element e in allvs)
  {
    ViewSheet vs = e as ViewSheet;
    if (vs. Name. Contains("封面")|| vs. Name. Contains("目录"))
      continue;
    if (vs. get_Parameter("显示在图纸列表中"). AsInteger()== 0)
      continue;
    bh_list. Add(vs. SheetNumber);
    vs_list. Add(vs);
```

```
        }
        for (int i = 0; i<= bh_list. Count -1; i++)
        {
          int_list. Add(1);
          for (int j = 0; j<= i; j++)
          {
            if (i == j)
              continue;
//对多种常见的编号写法如空格、下划线、减号等进行统一处理
                string str_i = bh_list[i]. Replace("  ","-");
                str_i = str_i. Replace(" - ","-");
                str_i = str_i. Replace(" ","-");
                str_i = str_i. Replace("_","-");
                string str_j = bh_list[j]. Replace("   ","-");
                str_j = str_j. Replace(" - ","-");
                str_j = str_j. Replace(" ","-");
                str_j = str_j. Replace("_","-");
                string str_i_pre = str_i;
                string str_i_end = "";
                if (str_i. Contains("-"))
                {
                  str_i_pre = str_i. Split('-')[0];
                  str_i_end = str_i. Split('-')[1];
                }
                  else
                  {
                    MatchCollection ms =
System. Text. RegularExpressions. Regex. Matches(str_i, @"\D+");
                foreach(Match m in ms)
                { {
                  str_i_pre = m. Value;
                  str_i_end = str_i. Remove(0,str_i_pre. Length);
            }
          }
          string str_j_pre = str_j;
          string str_j_end = "";
          if (str_j. Contains("-"))
          {
            str_j_pre = str_j. Split('-')[0];
            str_j_end = str_j. Split('-')[1];
```

```
    }
    else
    {
        MatchCollection ms =
System.Text.RegularExpressions.Regex.Matches(str_j, @"\D+");
        foreach(Match m in ms)
        {
            str_j_pre = m.Value;
            str_j_end = str_j.Remove(0,str_j_pre.Length);
        }
    }
    Boolean jxyi = true;
    if (str_i_pre.CompareTo(str_j_pre)< 0)
        jxyi = false;
    else if (str_i_pre == str_j_pre)
  {
        if (int.Parse(str_i_end)< int.Parse(str_j_end))
            jxyi = false;
    }
    if (! jxyi)
        int_list[j] = int_list[j] +1;
    else
        int_list[i] = int_list[i] +1;
    }
  }
  for (int i = 0; i<= bh_list.Count -1; i++)
  {
    ViewSheet vs = vs_list[i];
    try { vs.get_Parameter("图纸序号").Set(int_list[i]);}
    catch { }
  }
  MessageBox.Show("图纸序号设置完成。","向日葵", MessageBoxButtons.OK);
  transaction.Commit();
}
```

保存后在宏管理器中即列出已添加的宏命令，选择需要的命令，点击“运行”按钮即可实现相应功能，如图 2.2-39 所示，图纸规格与序号均已自动排好。

利用模板内置宏命令的方式，可以对公司标准作出更多的统一操作，有很大的发挥空间。需注意的是，在 Revit 选项设置中有关于宏安全性的设置，需用户选择启用宏才能运行（图 2.2-40）。

A	B	C	D	E	F	G
序号	图纸名称	图号	规格	版本号	日期	备注
	首层结构平面图	结施-02			12/22/15	
	二层结构平面图	结施-03			12/22/15	
	三层结构平面图	结施-04		V1.0	2015-10-9	
	屋顶层结构平面图	结施-10			10/10/15	
	首层结构大样图	结施-12			10/10/15	
	结构施工图统一说明	结施-01			10/16/15	
	未命名	结施-07			10/09/15	
	未命名	结施-08			10/09/15	

↓

A	B	C	D	E	F	G
序号	图纸名称	图号	规格	版本号	日期	备注
1	结构施工图统一说明	结施-01	A1		10/16/15	
2	首层结构平面图	结施-02	A0加长1/4		12/22/15	
3	二层结构平面图	结施-03	A1		12/22/15	
4	三层结构平面图	结施-04	A0	V1.0	2015-10-9	
5	未命名	结施-07			10/09/15	
6	未命名	结施-08			10/09/15	
7	屋顶层结构平面图	结施-10	A1加长1/4		10/10/15	
8	首层结构大样图	结施-12	A0加长3/4		10/10/15	

图 2.2-39 运行效果

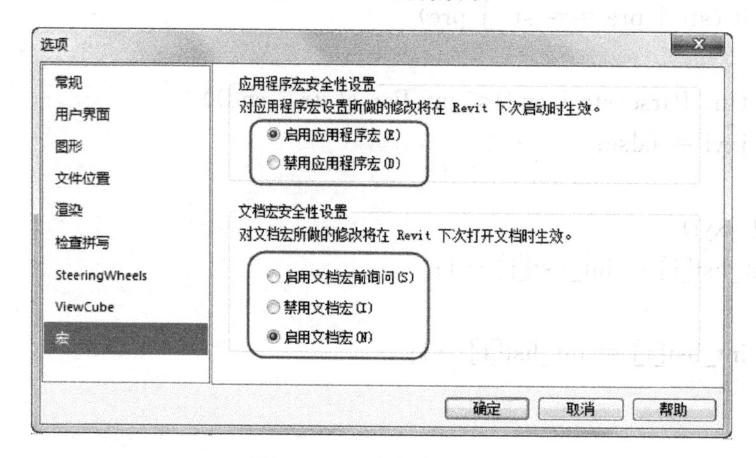

图 2.2-40 宏安全性设置

2.3 Revit 模板结构族与参数

本节及 2.4 节针对结构专业对模板进行深入的设置。本节对各类基本的结构构件及其参数进行设置；2.4 节则对结构各类视图进行设置。

由于结构专业施工图表达的要求，大量的构件信息是非几何信息（如钢筋信息、混凝土标号信息、梁编号、梁跨号等），需通过外加参数进行记录，再用配套的标注族进行标注，这些参数需要在构件族、标注族、项目文件三者中进行统一和传递，因此需通过 Revit 的“共享参数”机制进行设置。

2.3.1 基本结构构件——结构墙

Revit 的墙体属于“系统族”，无法通过外部加载，只能在项目文件中进行类型的添加、删减与参数设置。结构墙在也属于“墙体”类别，与建筑专业的非结构墙一样，区别在于结构墙的“结构”参数是勾选状态，非结构墙则为不勾选状态。注意两者与其墙体族类型没有关系，并非某种类型就一定是结构墙，两者是可以手动修改进行切换的。Revit 的视图规程如果设为“结构”，则不显示建筑墙（图 2.3-1）。

图 2.3-1　结构墙构件

根据协同设计的要求，建筑、结构两个专业应对墙体进行严格的区分，由结构专业负责结构墙的建模，建筑专业负责建筑墙的建模。如果结构剪力墙的外侧需要加面层，该面层应归为非结构墙，由建筑专业建模。尽管 Revit 墙体可以设置包含多个构造层次的复合墙，但从协同设计的角度出发，结构墙应单独分离出来。图 2.3-2 示意了结构剪力墙及其

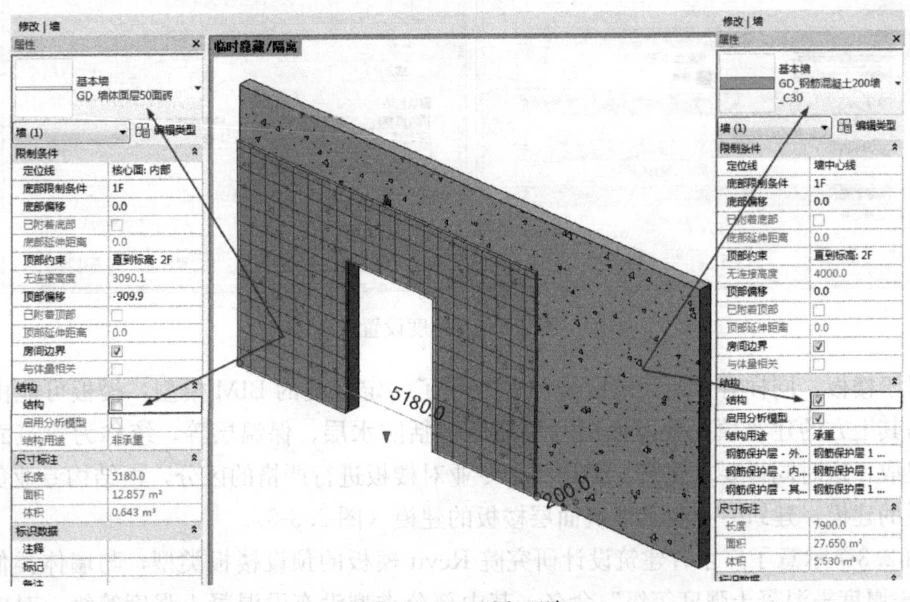

图 2.3-2　面层区别

建筑面层墙的区别。

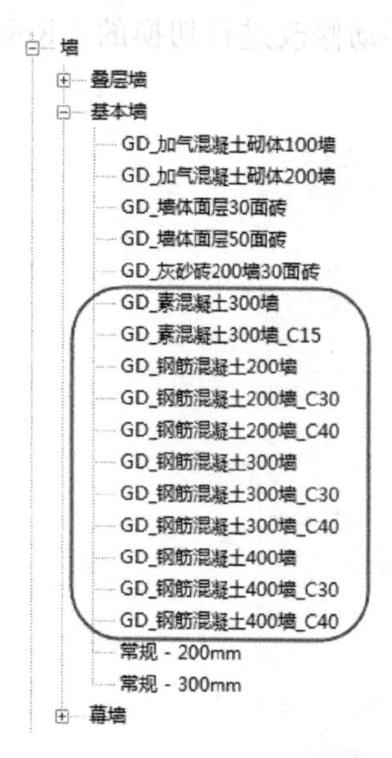

图 2.3-3　预设墙体类型

对于结构专业，墙体的类型设置主要考虑钢筋混凝土墙与素混凝土墙，图 2.3-3 示意了广东省建筑设计研究院 Revit 模板的预设墙体类型，按“材质＋厚度＋混凝土强度等级”命名，其中部分类型没有设混凝土强度等级，对应的材质也是笼统的“钢筋混凝土”或“素混凝土”，原因在 2.2.6 小节说过，目的是方便设计过程的修改，结构方案定型之后再进行细分。

以“GD_钢筋混凝土 200 墙_C30”为例，其构造层次为单层，材质为对应的“钢筋混凝土 C30”厚度为 200（图 2.3-4）。如果需要用到其他厚度或其他强度等级的混凝土，按此复制出新类型并更改设置即可。

2.3.2　基本结构构件——结构板

与墙体类似，楼板也是 Revit 的系统族，同样分为结构楼板与建筑楼板，区别也是“结构”参数是否勾选，两者可以随意切换，因此注意不要误勾选。Revit 的视图规程如果设为“结构”，则不显示建筑楼板（图 2.3-5）。

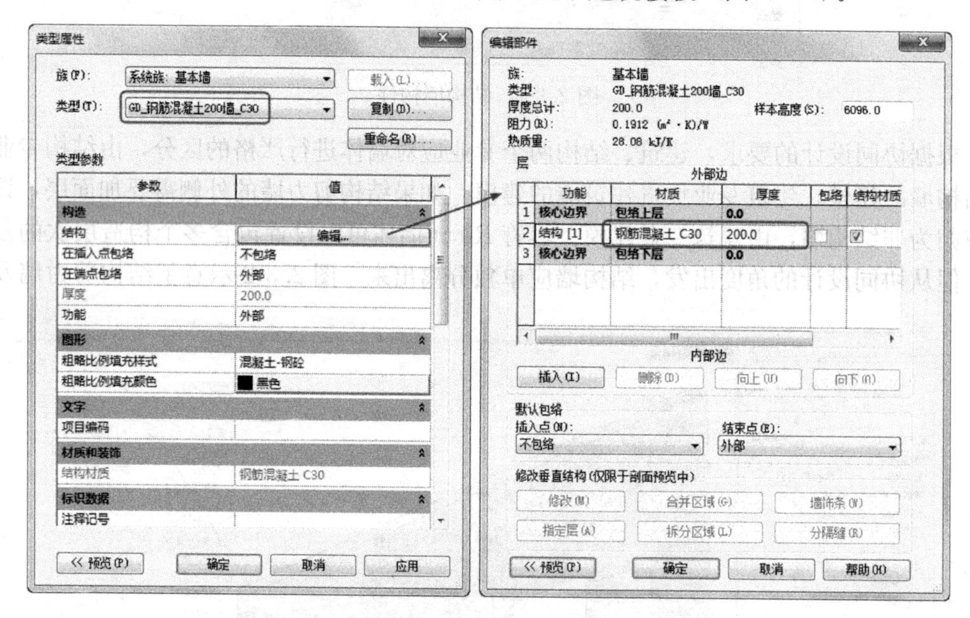

图 2.3-4　厚度设置

对于楼板，同样有专业间的区分问题。到了一定深度的 BIM 模型，楼板可能由结构楼板与其上方的建筑填充层及面层（可能还包括防水层、保温层等，统称为建筑面层楼板）组成，这时同样要求建筑、结构两个专业对楼板进行严格的区分，由结构专业负责结构楼板的建模，建筑专业负责建筑面层楼板的建模（图 2.3-6）。

图 2.3-7 示意了广东省建筑设计研究院 Revit 模板的预设楼板类型，与墙体类似，按“材质＋厚度＋混凝土强度等级”命名，其中部分类型没有设混凝土强度等级，对应的材

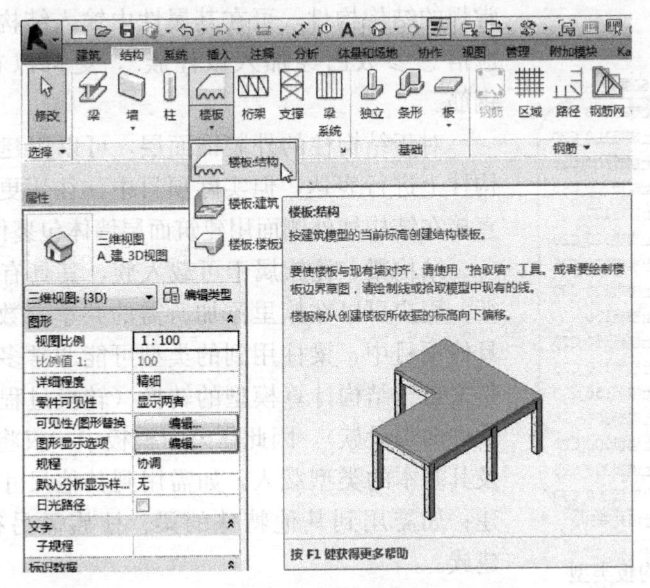

图 2.3-5　结构板

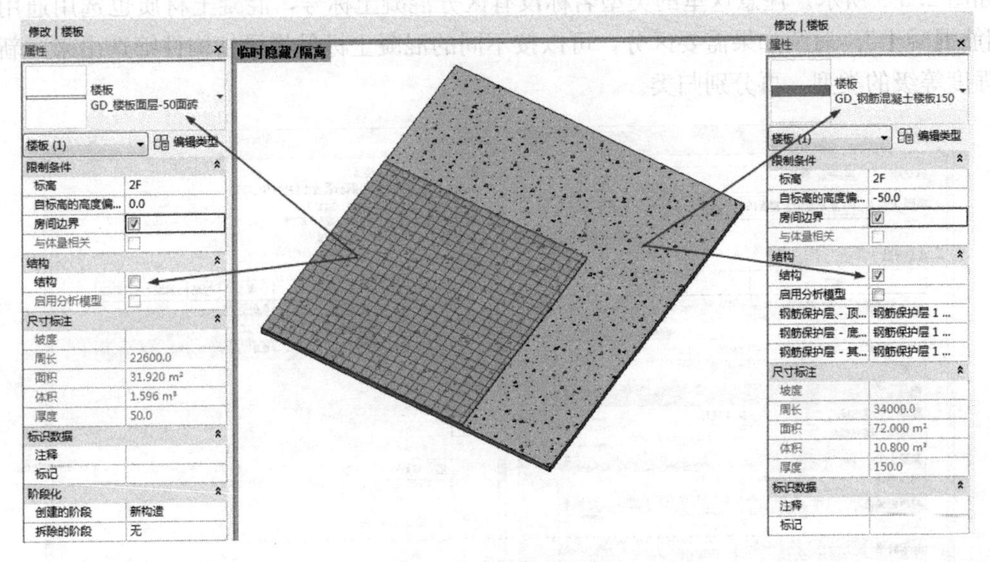

图 2.3-6　结构板面层

质也是笼统的"钢筋混凝土"或"素混凝土"，方便设计过程的修改，结构方案定型之后再进行细分。

以"GD_钢筋混凝土楼板 150_C20"为例，其构造层次为单层，材质为对应的"钢筋混凝土 C20"厚度为 150（图 2.3-8）。如果需要用到其他厚度或其他强度等级的混凝土，按此复制出新类型并更改设置即可。

2.3.3　基本结构构件——结构梁柱

Revit 中柱子可分为结构柱和建筑柱，建筑柱主要用于展示柱子的装饰外形及其构造层类型，或者用来制作非受力的装饰性柱，也有用建筑柱表达构造柱的做法；结构柱则为

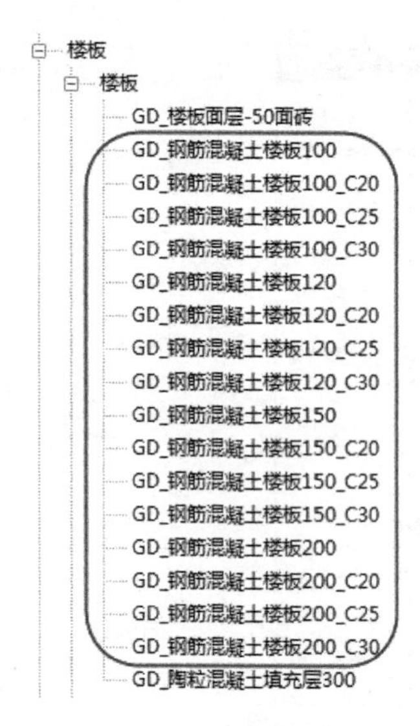

图 2.3-7　结构板类型

常规的结构构件，可在其属性中输入结构信息（前提为相应信息参数已经加入该柱族），更可以在其中绘制三维钢筋。

对于结构柱的外装饰面层，可以用建筑柱直接套在结构柱上进行表达，但实际项目中往往用更简单的方法，即直接在结构柱外侧面用建筑面层墙体包裹作为装饰。

结构梁、柱族属于可载入族，其具有高度的自定义特征，用户可以在族里添加所需的共享参数，详第 4 章。在具体项目中，梁柱用到的类型可能非常多，另外也有可能是来自于结构计算模型的转换（转换过程会自动加载转换软件的预设族），因此在公司模板中，仅将常用的梁、柱族及其基本的类型载入，如需用到其他尺寸的类型可自行新建；如需用到其他特殊的梁、柱族需另行加载或自己新建族。

广东省建筑设计研究院 Revit 模板里预加载的柱族及类型如图 2.3-9 所示。注意这里的类型名称没有区分混凝土标号，混凝土材质也选用通用的“钢筋混凝土”。后续如果需要区分，可以按不同的混凝土标号将梁柱构件筛选出来，新建带强度等级的类型，再分别归类。

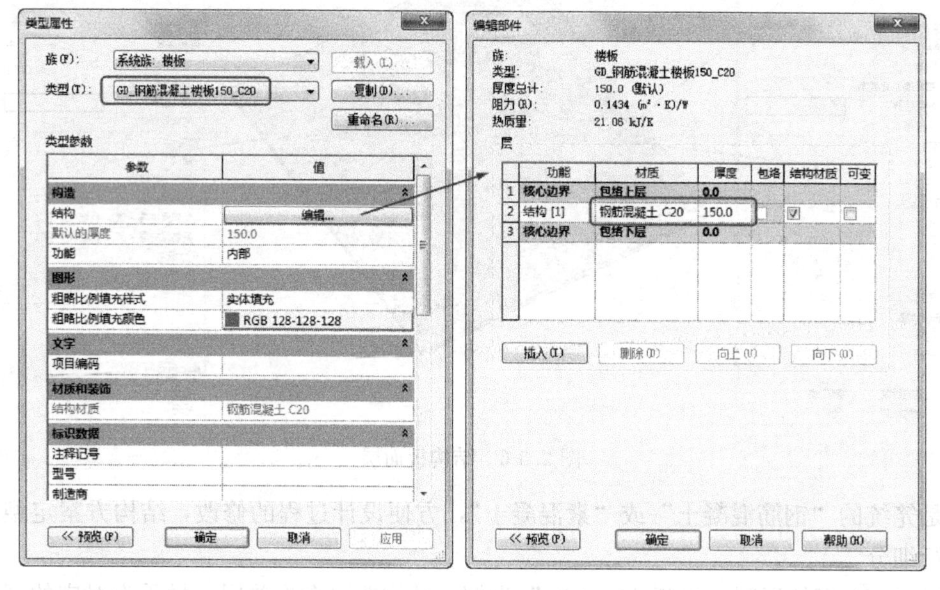

图 2.3-8　厚度设置

2.3.4　基本注释类构件

除了实体构件外，Revit 项目文件还需要添加各种注释类构件才能形成设计文档。注释类构件分为两类，一类是与实体构件之间有关联关系的“标记”类构件；一类是没有关联关系的独立详图构件（包括线条、填充、文字、详图符号等）。

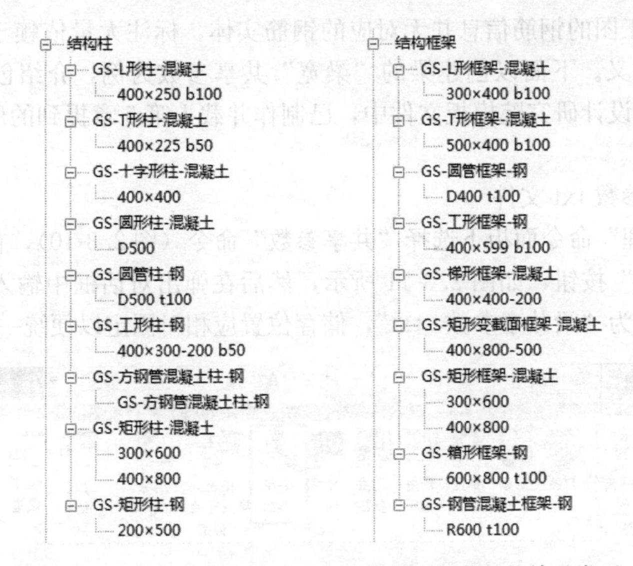

图 2.3-9　广东省建筑设计研究院模板预加载的柱族及类型

注释类构件与结构施工图表达关系密切，因此模板文件中应预先设定。详细的标注方法见第 5 章，本小节仅分类列出所需标记族与详图构件族。

1. 标记族

1）楼板：板厚标记族。

2）结构柱：柱编号、柱截面、柱角筋、b 边柱纵筋、h 边柱纵筋、柱箍筋。

3）结构梁：

（1）模板图：梁编号（包括梁编号跟梁跨号，如 KL1-2）、梁截面、梁标高；

（2）配筋图：集中标注（梁编号、总跨数、截面、箍筋、架立筋、底筋、腰筋、标高）、原位标注（截面、箍筋、架立筋、底筋、腰筋、标高）、负筋左、负筋右、底筋。

4）剪力墙：边缘构件区域的编号标注，使用大样注释族实现。

5）基础：基础编号。

2. 详图构件族

1）楼板：板负筋族、板底筋族。

2）柱需要的详图族：绘制柱配筋大样时用的详图族。

2.3.5　共享参数

共享参数是 Revit 特有的一个概念，它通过一个与族文件或 Revit 项目文件不相关的 txt 文件进行定义，然后可以挂接到不同的族文件与项目文件中，使该参数在不同族、不同文档之间的互通互认，从而实现参数值的统计、标注功能，是为“共享”。其参数值跟 Revit 构件本身的几何属性没有关联，一般需手动输入或通过插件输入。

比如结构梁的梁宽与梁高，由于梁的截面形式多种多样，Revit 的梁构件类别里并无统一的“梁宽”或“梁高”参数，即使在梁族里添加这两个参数，载入到项目中也无法与其他梁族一起进行统一标注及统计，这时候就需要在各个梁族及项目文档里添加共享参数，以实现相互间的“参数互认”。

Revit 结构施工图的钢筋信息并无对应的钢筋实体，标注大量依赖于共享参数，需在模板中事先作出定义。下面以创建梁的“梁宽”共享参数为例，介绍创建共享参数的步骤。在广东省建筑设计研究院模板文件中，已制作并载入第 5 章提到的所有结构构件相关共享参数。

1）创建共享参数 txt 文件

在 Revit“管理”命令面板下选择“共享参数”命令（图 2.3-10），在编辑共享参数对话框中点击“创建”按钮，如图 2.3-11 所示，然后在弹出对话框中输入文件名和储存位置，本例的文件名为“梁共享参数 . txt”，储存位置应相对固定以便统一维护。

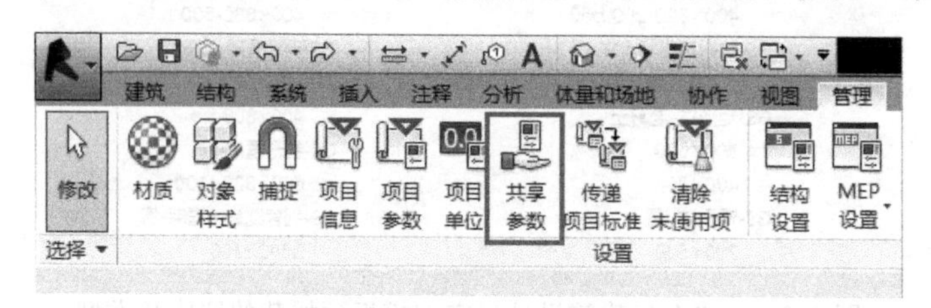

图 2.3-10　共享参数命令

图 2.3-11　创建按钮

在“组”附框下点击“新建”按钮创建新组，输入组名如“梁平法”，如图 2.3-12 所示。

在“参数”附框下点击“新建”按钮创建共享参数，输入参数名如“梁宽”，选择规程为“公共”，选择参数类型为“长度”，如图 2.3-13 所示。

用同样的方法，创建第 5 章提及的其余共享参数。注意共享参数以 GUID（而非名称）作为标记，因此建议企业内部的共享参数，由公司层面统一进行设置与维护，以方便管理。

2）将共享参数添加到族文件或项目文件

上面介绍了共享参数 txt 文件的创建过程，但里面的参数还没有载入项目或者族文件中。下面仍以梁为例，分别在梁族、标记族中添加同样的共享参数，并在项目文件中加载这两个族，完成梁截面标注的示意。

图 2.3-12 新建组

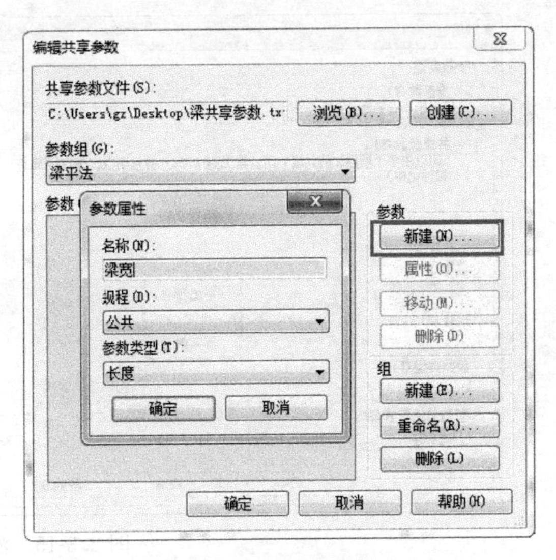

图 2.3-13 新建参数

点击 Revit→打开→族，打开 Revit 自带的结构梁族文件（\结构\框架\混凝土\混凝土-矩形梁 . rfa)，点“族类型”按钮，弹出族类型及参数设置框，点击参数栏的“添加”按钮，如图 2.3-14 所示。

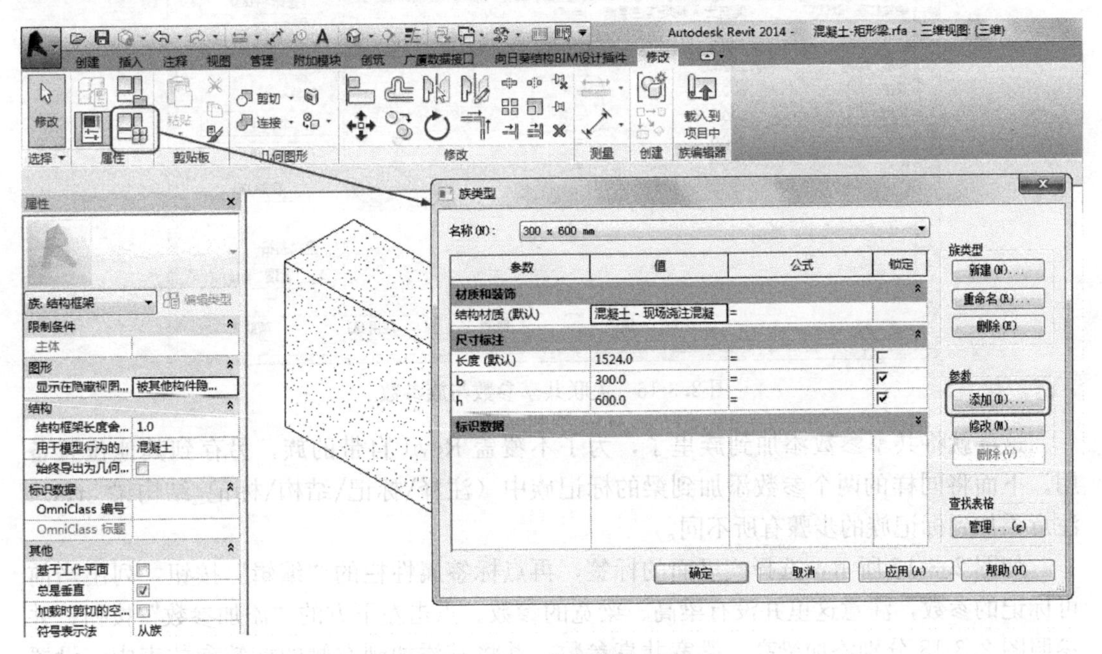

图 2.3-14 族类型设置框

在参数属性框中选择“共享参数”，并选择刚刚创建的 txt 文件，选择要添加的参数。注意根据具体参数的不同，分别设为类型参数或者实例参数。本例选择“梁高”参数，应设为类型参数；如果是梁的钢筋参数，则一般为实例参数（图 2.3-15)。

确定后，再次添加“梁宽”参数，在参数表中出现这两个参数。为了使这两个参数可以跟族本身的参数发生关联，在公式栏里设置“梁高＝h”、“梁宽＝b”，如图 2.3-16 所示。

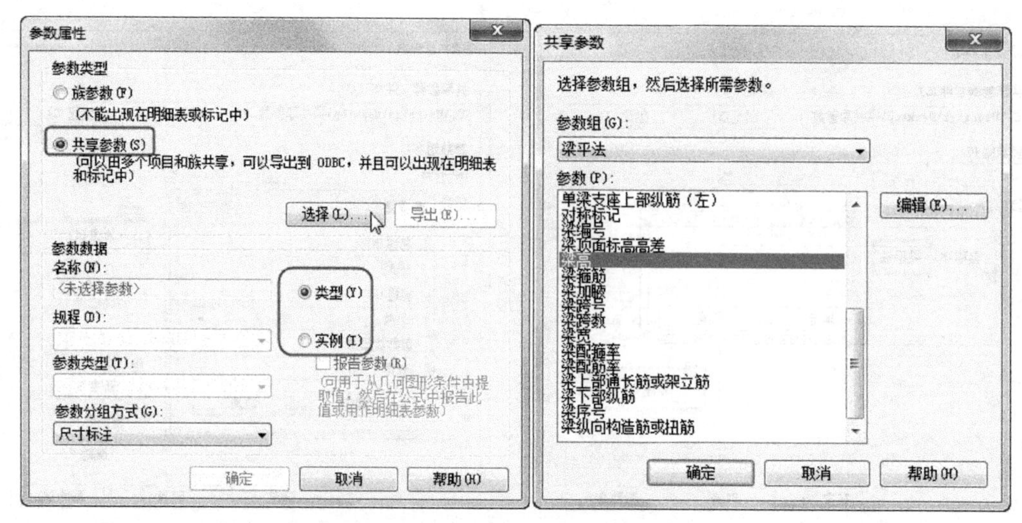

图 2.3-15　添加共享参数

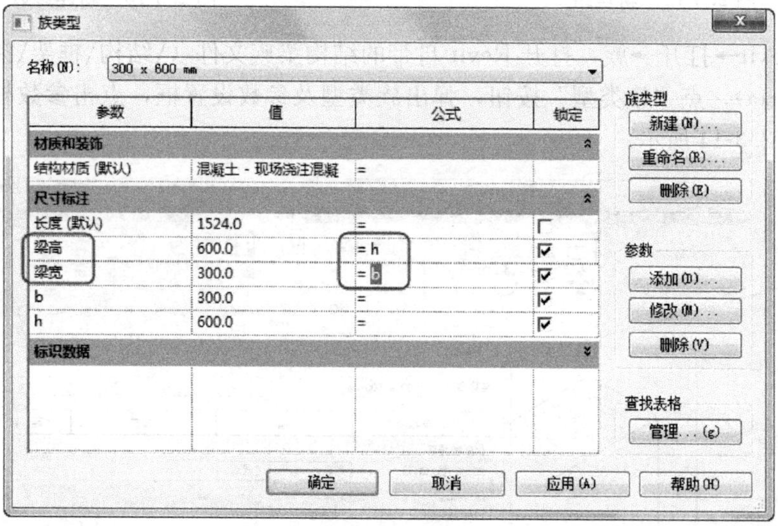

图 2.3-16　关联共享参数与族参数

这样就将共享参数添加到族里了，为了不覆盖 Revit 自带的族，另存到其他位置备用。下面将同样的两个参数添加到梁的标记族中（注释\标记\结构\标记_结构梁 . rfa），注意添加到标记族的步骤有所不同。

如图 2.3-17 所示，选择族里面的标签，再点标签属性栏的“编辑”按钮，列出当前可标记的参数，注意这里并没有梁高、梁宽的参数。点击左下方的“添加参数”按钮，并参照图 2.3-18 分别添加梁高、梁宽共享参数，并将其添加到右侧的标签参数表中。设置两个参数之间用“×”分隔，然后另存到硬盘备用。

将上述梁柱与标记族载入项目文件，测试效果如所示，梁的共享参数与族参数、标记值自动关联；当梁切换类型时，标注值也自动切换（图 2.3-19）。

需注意，本例是在族里添加共享参数。共享参数也可以直接添加到项目文件中，通过“管理→项目参数”添加进来，并绑定构件类型。这样添加的共享参数是赋予该类型的所有族，因此需考虑是否合适。

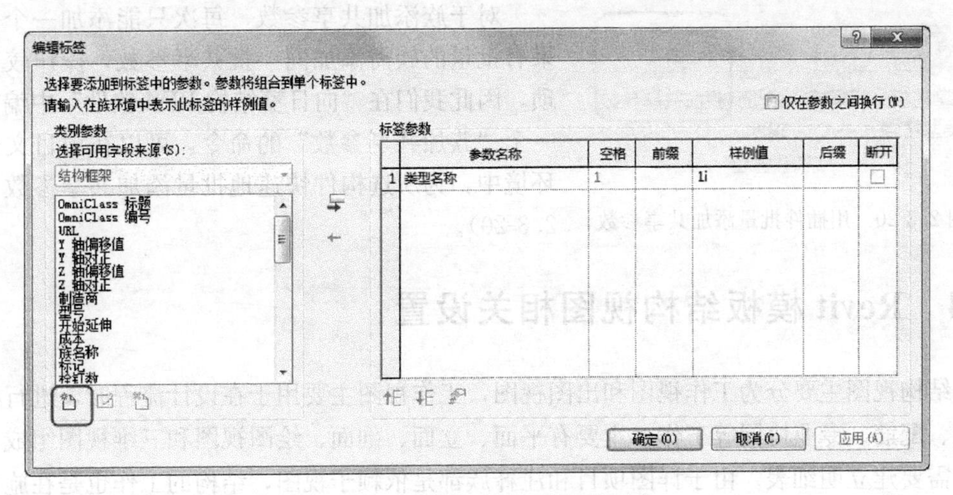

图 2.3-17　默认可标记的参数列表

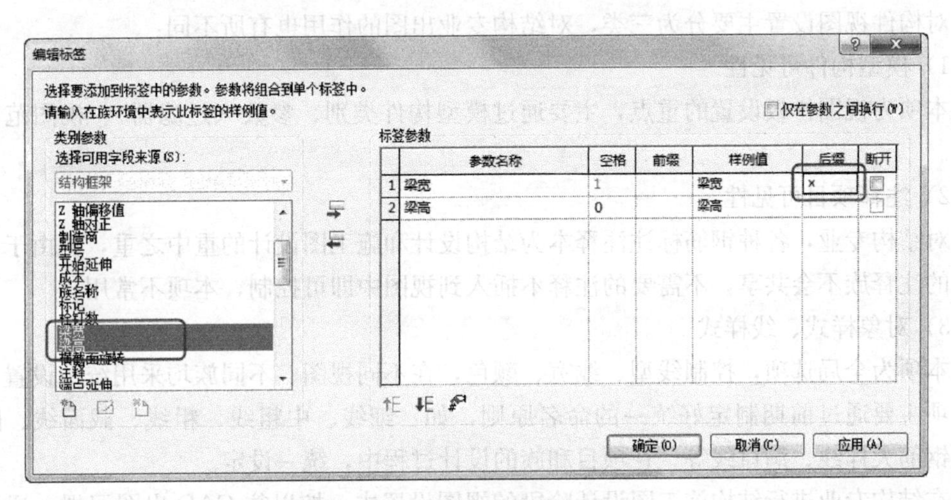

图 2.3-18　将共享参数加入标签

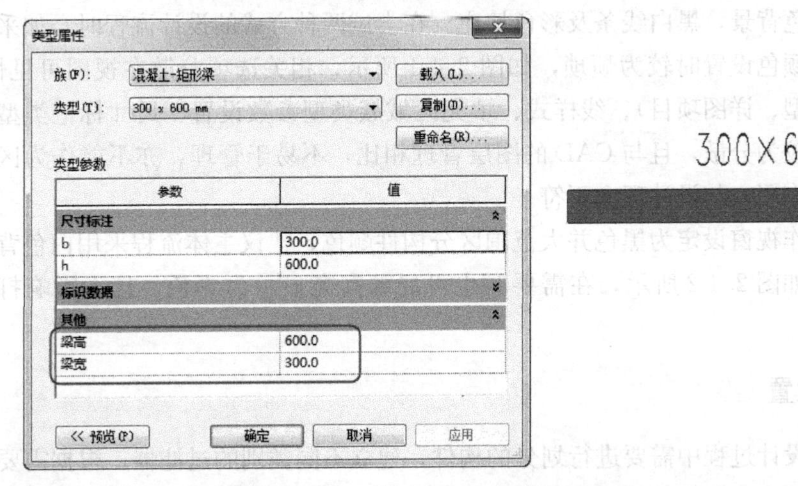

图 2.3-19　共享参数效果

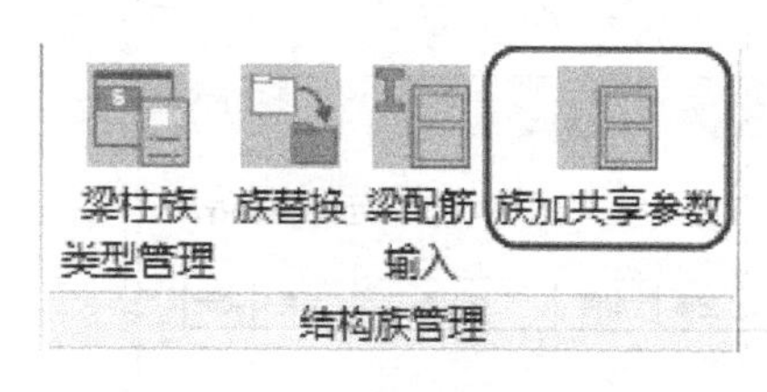

图 2.3-20　用插件批量添加共享参数

对于族添加共享参数，每次只能添加一个，如果有批量的族需添加同一批共享参数，操作较为烦琐，因此我们在“向日葵结构 BIM 软件”中编写了一个“族加共享参数”的命令，可以在项目文件的环境中，为所选构件快速地批量添加共享参数（图 2.3-20）。

2.4　Revit 模板结构视图相关设置

结构视图主要分为工作视图和出图视图，工作视图主要用于在设计流程时，进行构件布置、配筋、专业协同等工作，主要有平面、立面、剖面、绘图视图和三维视图组成，并根据需要建立明细表。由于详图项目和注释族都是依赖于视图，结构的工作也是在施工图纸上的钢筋标注，因此大部分工作视图也兼作出图视图。

对构件视图设置主要分为三类，对结构专业出图的作用也有所不同：

1）模型构件可见性

本项为视图样板设置的重点，主要通过模型构件类别、参数（过滤器）、视图范围等进行。

2）注释项目可见性

对结构专业，各种钢筋标注注释本为结构设计和施工图设计的重中之重，但由于不同视图的注释族不会共享，不需要的注释不插入到视图中即可控制，本项不常用。

3）对象样式、线样式

本项为全局选项，控制线型、线宽、颜色，在不同视图、不同族均采用统一设置。因此本项主要通过前期制定好统一的命名原则，如：细线、中粗线、粗线、截面线、隐藏线、钢筋大样线、洞口线等。在项目和族的设计过程中，统一设定。

在结构专业进行结构施工图设计阶段的视图设置中，按以往 CAD 出图习惯，通常是黑色背景，彩色的文字和线条。在应用 Revit 后，图纸视图习惯为白色背景，黑白线条；三维视图习惯为白色背景，黑白线条及彩色填充。在尝试两种方式的设计流程时，如采用彩色设计方案，在颜色设置时较为烦琐，如图 2.4-1 所示，相关选项分散在视图可见性、对象样式（常规模型、详图项目）、线样式、填充区域族类型参数设置、尺寸标记类型参数设置等地方中，较为分散，且与 CAD 的图层管理相比，不易于管理，亦不能作为区分构件、控制线宽等作用，与设计理念不符。

因此不建议工作视窗设定为黑色并大范围区分构件颜色，建议主体流程采用白色背景进行全过程设计，如图 2.4-2 所示，在需要时也可局部高亮显示为彩色，且不影响打印出图。

2.4.1　过滤器设置

本书根据结构设计过程中需要进行划分的构件，建立不同类别的过滤器，根据需要应用到不同的视图样板中，主要的过滤器如表 2.4-1 所示。

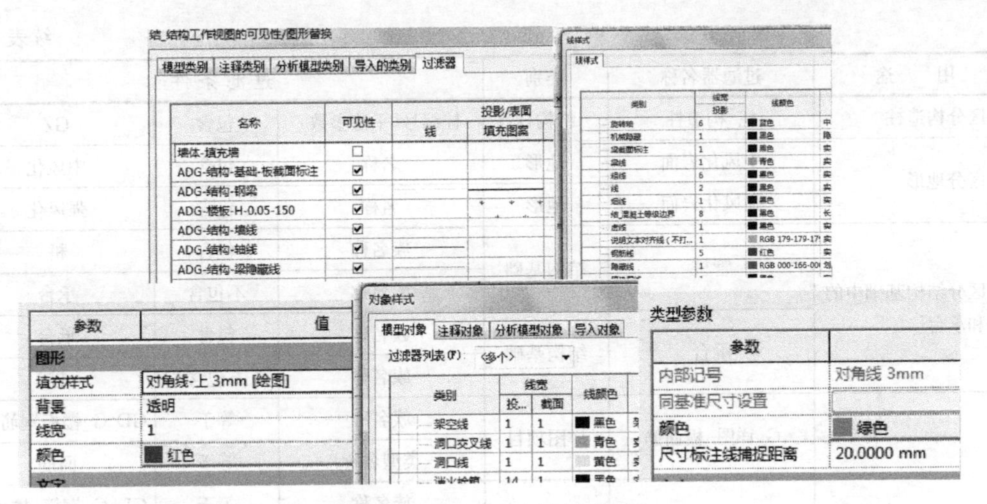

图 2.4-1　工作视图颜色设置

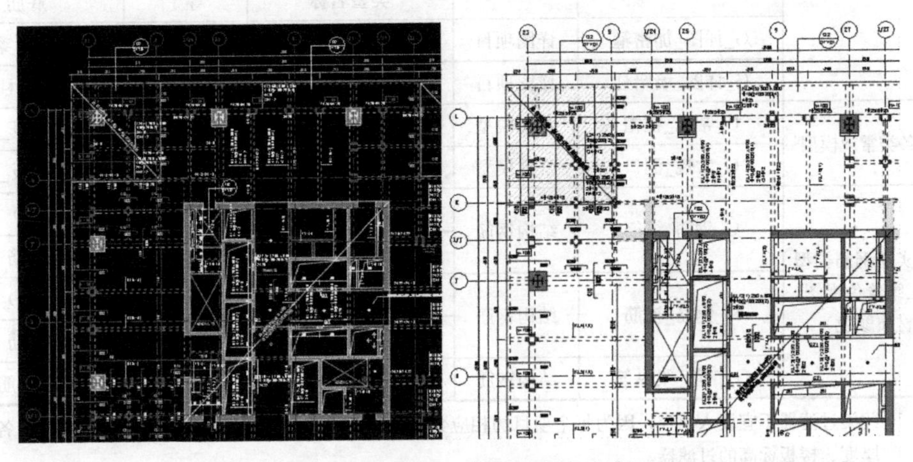

图 2.4-2　两种工作视图颜色方案

常用结构过滤器列表　　　　表 2.4-1

用　途	过滤器名称	类别	过滤条件		
区分建筑墙、填充墙	墙体_结构墙	墙	结构用途	不等于	非承重
	墙体_填充墙	墙	结构用途	等于	非承重
区分建筑楼板、结构楼板	楼板_结构楼板	楼板	结构	等于	是
	楼板_建筑面层	楼板	结构	等于	否
区分不同楼板板厚标高[1]	G_楼板_H-0.05_150	楼板	类型名称	等于/包含	GD_钢筋混凝土楼板 150
			自标高的高度偏移	等于	−50.0
区分主梁、悬臂梁	梁_主梁	结构框架	梁编号(平法参数)	包含	KL(含 WKL)
	梁_悬臂梁			包含	XL
	梁_框支梁			包含	KZL
	梁_井字梁			包含	JZL
	梁_次梁			包含	L

续表

用　　途	过滤器名称	类别	过滤条件		
区分构造柱	柱_构造柱	结构柱	柱编号(平法参数)	包含	GZ
区分地形	中风化岩面	地形	名称	包含	中风化
	强风化岩面	地形	名称	包含	强风化
区分结构基础中的桩和承台[2]	管桩	结构基础	族名称	包含	桩
			族名称	不包含	承台
	承台	结构基础	族名称	包含	承台
			族名称	不包含	桩
区分各类详图构件[2]	G_详图_板面筋	详图项目	族名称	等于	GD_G_楼板钢筋_线
			类型名称	等于	面筋
	G_详图_板底筋	详图项目	族名称	等于	GD_G_钢筋_楼板线
			类型名称	等于	底筋
	G_详图_加密箍	详图项目	族名称	等于	GD_G_钢筋_梁加密箍
	G_详图_墙暗柱	详图项目	族名称	包含	墙暗柱
区分各类常规模型[2]	G_常规_柱帽	常规模型	族名称	等于	GD_G_板_柱帽
	G_常规_洞口	常规模型	族名称	等于	GD_G_板_洞口
区分实体钢筋类型（如在三维着色视图，可设置材质颜色）	G_钢筋_纵筋	结构钢筋	（造型）	（等于）	(1)
			类型注释	包含	纵筋
	G_钢筋_箍筋	结构钢筋	（造型）	（等于）	(33)
			类型注释	包含	箍筋
	G_钢筋_梁纵筋	结构钢筋	类型注释	包含	梁纵筋

注：1. 此类过滤器不宜设入模板，因为每个项目的相应数值都各不相同。本书开发的插件可以自动添加各种楼板厚度、楼板标高的过滤器。

2. 由于 Revit 自带的族分类不够详细，对于结构较为常用的自定义族（详图构件和常规模型），可利用过滤器设定，以便在各视图单独调整表达。

2.4.2 视图范围及视图其他设置

1）视图范围

平面视图的视图范围可根据实际项目层高等情况进行设置，常用设置如图 2.4-3，表 2.4-2 所示。

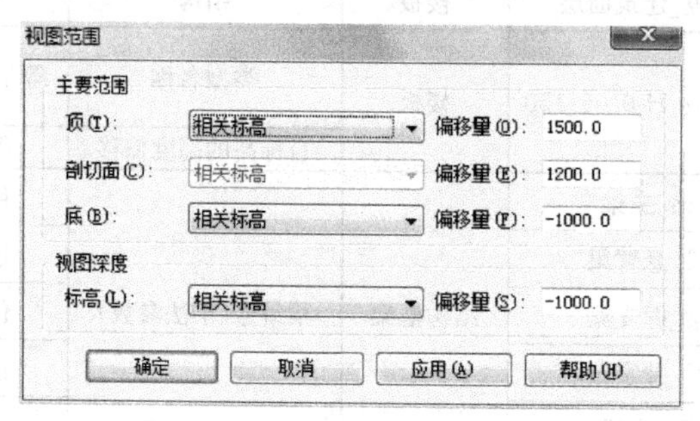

图 2.4-3　视图范围设置

视图范围设置　　　　表 2.4-2

视图类型	说　明	顶	剖切面	底
工作平面图 模板图 梁板图 底板	剖切本层，并显示下层墙柱变截面	相关标高＋1.500	相关标高＋1.200	相关标高－1.000
墙柱平面	只显示本层墙柱，为避免剖切到升降板情况，抬高底标高	相关标高＋1.500	相关标高＋1.200	相关标高＋0.500
基础平面图	只显示本层墙柱，且底标高需低于承台底	相关标高＋1.500	相关标高＋1.200	相关标高－5.000

其中，为使结构柱可在链接至建筑图中时显示在最上层，建议墙柱平面图的剖切面标高略高于建筑平面图的剖切面标高，如结构剖切面为 H＋1.200，建筑设定为 H＋1.100。

2）详细程度

建议设定为粗略或中等，并在各族中对平面表示方式进行统一，如图 2.4-4 所示，在钢结构梁族中，绘制在“中等”下可见的单线用于图面表示，而体量拉伸则设定为“详细”下才可见。如此可使不同显示样式分别显示在不同的详细程度视图中。通过此方法可与建筑专业协调构件的显隐关系以同时满足两个专业的图面表达要求。

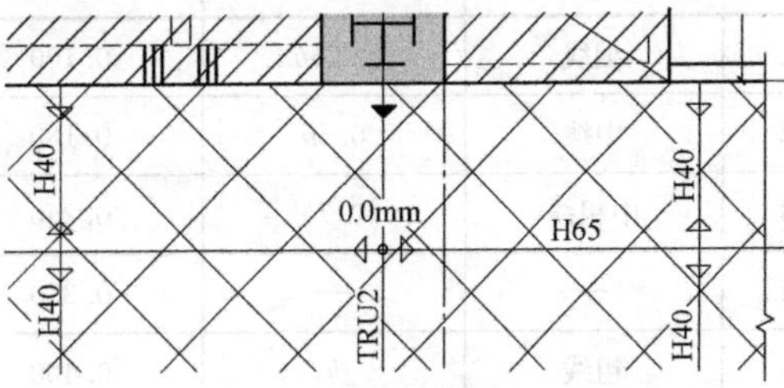

图 2.4-4　钢结构粗略等级出图

3）规程

本项主要影响梁板显示样式。一般梁板平面图应设定为“结构”规程，板下与板相交的梁将可显示隐藏线，与结构习惯表达一致。如设定为建筑或协调规程，则不能显示梁隐藏线。

但在结构规程下，多种非受力构件会不予显示，如墙的实例参数未勾选“结构”时，任何其他设置下都不会显示该墙体。因此规程的设置也需要考虑视图的用途灵活处理，如在建模链接建筑模型等情况时，需对链接视图的可见性单独修改规程为“建筑”。

4）模型显示样式

此项一般平面和三维视图均设置为“隐藏线”、不透明。对于用于施工交底的三维实体钢筋视图，可设置为“着色”、60%透明度。

5）实体钢筋可见性

由于实体钢筋建模较为复杂，在相关软件和插件未成熟的情况下，不建议采用全项目建立实体钢筋的方式，而建议采用符合我国相关规范图集（如平法规则、柱表、墙表）的参数化钢筋录入方式进行。对于局部复杂节点的钢筋排布，可采用 Revit 进行三维可视化布筋。对于实体钢筋，需在钢筋属性中，单独设置其在各个视图中的可见性，如图 2.4-5 所示。而在各视图样板的可见性中，则均设置为不显示“结构钢筋”。

2.4.3　线样式、对象样式设置

线样式和对象样式在项目文件和族文件中建议统一命名。采用 Revit 进行结构施工图

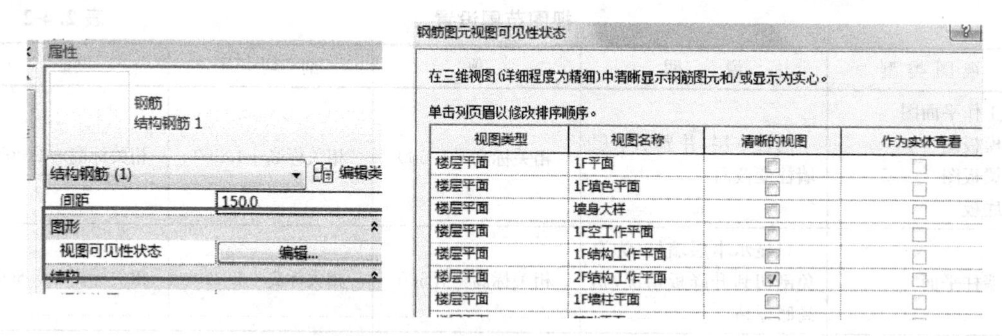

图 2.4-5 实体钢筋的视图可见性设置

出图时，不会有太多种类的线宽，在制作族是可直接根据需要选择细线、中粗线等。具体设置可参考表 2.4-3 中内容，线宽设置见表 2.4-4，对象样式见表 2.4-5。

线宽设定 **表 2.4-3**

线号	《房屋建筑制图统一标准》		建议工程样板		主要用途
	名称	线宽组	1:100	1:50	
1	细线	0.25*b*	0.100	0.130	填充斜线
2	中线	0.5*b*	0.180	0.200	轮廓线,各类注释线、其他细线
3	中粗线	0.7*b*	0.250	0.300	
4	—	—	0.350	0.450	截面线
5	粗线	*b*	0.400	0.600	主要截面线,钢筋线
6	—	—	0.600	0.900	实心钢筋点
7	—	—	1.000	1.200	
8	—	—	1.500	2.000	红线

线样式设定 **表 2.4-4**

类别		线宽	1:100下线宽	颜色	线型	对应制图规范	备注
样式	细线	1		黑	实线	填充线	设定 3~4 种直接选用。其他需单独控制颜色的可另外命名
	线	2		黑	实线	实线_细	
	中线	3		黑	实线	实线_中	
	中粗线	4		黑	实线	实线_中粗	
	粗线	5		黑	实线	实线_粗	
	虚线	2		黑	划线	—	
	隐藏线	2		黑	划线	—	
	钢筋线	5		黑或梅红	实线	—	CAD 导入的钢筋；采用插件绘制的钢筋详图线
	钢筋点(实心)	6		黑或梅红	实线		
	钢筋点(空心)	2		黑或梅红	实线		
	红线	8				—	

结构对象样式　　　　表 2.4-5

类别		线宽		颜色	线型	示例图	备注
		投影	截面				
对象样式*	各类土建构件	2	5	黑			
	结构基础(轴线)	2		黑或红		—	承台轴线、桩轴线
	详图项目(钢筋线)	5		黑或梅红			建议单独设定,在工作阶段需要把钢筋线高亮显示
	剖面标头(线)	4		黑			剖面标头线
	常规模型(洞口线)	1		黑或红			建议单独设置,便于跨专业协同时,对洞口进行校核
	结构框架(单线示意符号)	4		黑			此两项用于 Revit 自带钢梁的图面表示,名称可在族类型自行设置
	结构框架(刚性连接)	4		黑			

*对象样式即族内线样式对应在项目中的样式,建议族和项目统一命名,且多个族之间同类线也使用统一的名称。

2.4.4　出图视图设置

1）模板图、梁板平面图设置

由于应用了 BIM 模型后，各图纸均以模型为基础生成，在传统 CAD 中习惯的模板图、梁配筋图、板配筋图三合一的绘图方式已不需要，三张图可分别建立三个视图进行，各视图样式相同，区别在于插入注释标注和详图项目的不同，可采用同一个样板。

如仍需要统一绘制梁板图，本书也提供下列两种方法进行：

(1) 出图前拷贝并应用不同样板：对梁、板的注释族和详图项目均插入到同一个视图中，在出图前，把本视图拷贝两份，分别应用不同的视图样板。其中，两个视图样板通过过滤器显/隐相应的内容。

（2）运用相关视图：对梁、板的注释族和详图项目均插入到同一个视图中，作为主视图。并对主视图插入两个相关视图，如图 2.4-6 所示。由于相关视图不能应用不同的视图样式，只能通过对构件进行“在本视图中隐藏”。在实际应用中，建议采用二次开发插件、“选择全部实例”、过滤器等方式灵活批量进行。

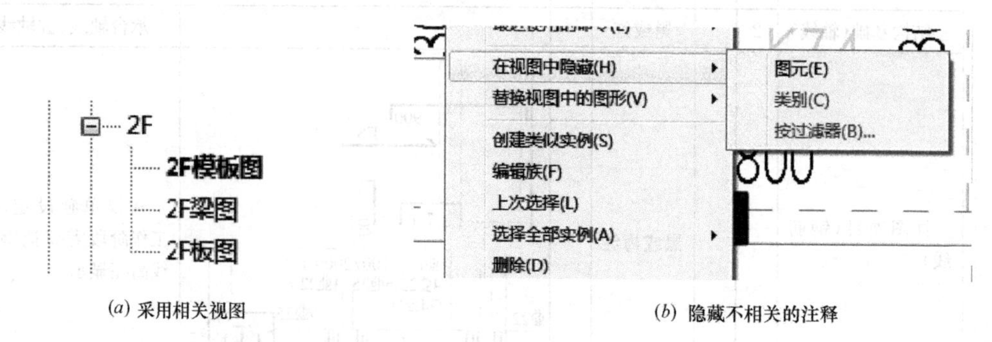

(*a*) 采用相关视图　　(*b*) 隐藏不相关的注释

图 2.4-6　梁板图统一出图方法

基本的平面图设定可按照 Revit 默认的平面图样式，能满足基本的要求，对于部分结构构件的表示方式，可参考表 2.4-6 进行设置。

梁板平面图视图样板设置　　**表 2.4-6**

用途	示例图	分类	Revit 相关设置						设计过程相关问题
			可见性	投影/表面			截面		
				线	填充	透明	线	填充	
土建构件剖切面显示填充、其他区域显示外轮廓		模型类别	☑楼板☑楼梯 ☑屋顶☑坡道		隐藏			灰	也可修改混凝土材质表面样式
			☑结构柱		隐藏			灰	
			□结构柱(隐藏线)						建议直接调整柱与其他构件剪切顺序，避免产生柱隐藏线
		过滤器	☑G_墙_结构墙		隐藏			灰	
隐藏建筑构件	—	过滤器	□G_墙_建筑						如采用链接方式，单独在链接文件可见性中设定
			□G_楼板_建筑						
			□体量□地形 □场地□家具						按实际需要隐藏

续表

用途	示例图	Revit 相关设置								设计过程相关问题
		分类	可见性	投影/表面			截面			
				线	填充	透明	线	填充		
板厚板标高填充		过滤器	☑G_楼板_H-0.05_150		自定					按实际需要设定多个过滤器（梁图可不设本项）
各类注释，可根据不同类别的视图进行控制		注释类别	☑结构柱标记 ☑楼板标记 ☑结构框架标记							注释实例依赖于视图，可直接删除注释，不需通过视图可见性进行控制
		过滤器	☑G_详图_板范围 ☑G_详图_板面筋 ☑G_详图_板底筋 ☐G_详图_加密箍							
设定洞口线样式、隐藏楼梯		模型类别	☑常规模型（洞口线）	1 黑			1 黑			楼梯对应洞口，可在竖井洞口中添加交叉线
			☐楼梯							不显示楼梯，以洞口表示
隐藏不需要的注释内容	—	注释类别	☐高程点坐标 ☐跨方向符号 ☐立面 ☐结构基础标记							通过拷贝创建的视图，需隐藏或手动清除不相关的注释
视图比例	平面视图可设置为 1∶100 或 1∶200。 如需设置为 1∶150，由于不是常规比例，Revit 中的线宽设置将向下兼容按 1∶100 的线宽设置									

2）墙柱定位图设置

墙柱定位图以梁板平面图为基本样板，根据需要，进行修改，具体详表 2.4-7。

3）基础平面图（桩）设置

本图以墙柱定位图为基本样板进行修改，具体详表 2.4-8 的设置。

墙柱定位图视图样板设置　　表 2.4-7

用途	示例图	Revit 相关设置							设计过程相关问题
		分类	可见性	投影/表面			截面		
				线	填充	透明	线	填充	
墙柱不填充	750 750 1500	模型类别	☑结构柱		隐藏			隐藏	
			☑墙		隐藏			隐藏	
			□楼板						
			□结构框架						
		过滤器	□G_柱_构造柱						按实际需要隐藏构造柱
剪力墙轮廓细线、剪力墙暗柱轮廓粗线+填充	WY区 YAZ1	过滤器	☑G_墙_结构墙	1 黑	隐藏		1 黑	隐藏	墙轮廓线需在过滤器中设置
		模型类别	☑详图项目（暗柱边框）	4 黑					线名称从详图族继承，填充需在详图族内设置
显示高程点坐标	X=2530746.40 Y=502401.500	注释类别	☑高程点坐标						如梁板图不需要，可直接不插入本注释

基础平面图（桩）视图样板设置　　表 2.4-8

用途	示例图	Revit 相关设置							设计过程相关问题
		分类	可见性	投影/表面			截面		
				线	填充	透明	线	填充	
墙柱不填充	ZH-1 48000 6000	模型类别	☑结构柱		隐藏			隐藏	
			☑墙		隐藏			隐藏	
不显示部分结构构件（同墙柱定位图）		模型类别	□楼板 □坡道						
		过滤器	□G_常规_洞口						
承台实线、桩虚线	ZH-5 14000 6000	过滤器	☑G_基础_桩	2 虚线			2 虚线		
			☑G_基础_承台	2 实线			2 实线		

4）底板平面图（承台及底板）设置

本图以桩布置平面图为基本样板进行修改，在本图中需隐藏桩构件，并显示底板和承台（隐藏线），并显示基础连系梁等基础构件，具体设置详表 2.4-9 所示。

基础平面图（承台及底板）视图样板设置　　　　**表 2.4-9**

用途	示 例 图	Revit 相关设置								设计过程相关问题
		分类	可见性	投影/表面			截面			
				线	填充	透明	线	填充		
显示基础连系梁		模型类别	☑结构框架 ☑结构框架标记 ☑结构柱							
隐藏桩、标注底板钢筋网	A型 CT1-1c N12 N12	过滤器	□G_基础_桩							
			☑G_基础_承台							

5）结构立（剖）面图设置

结构剖面主要为表达关键构件的布置关系，详细程度可设为中等或详细，并根据需要把不相关的内容隐藏。在实际使用中，较难通过类别统一隐藏，建议使用“在视图中隐藏”把构件实例隐藏。如图 2.4-7 所示为桁架连廊剖面，具体视图设置为表 2.4-10。对于节点连接大样，不需要在本图表示，建议通过 CAD 补充绘制钢结构连接大样。

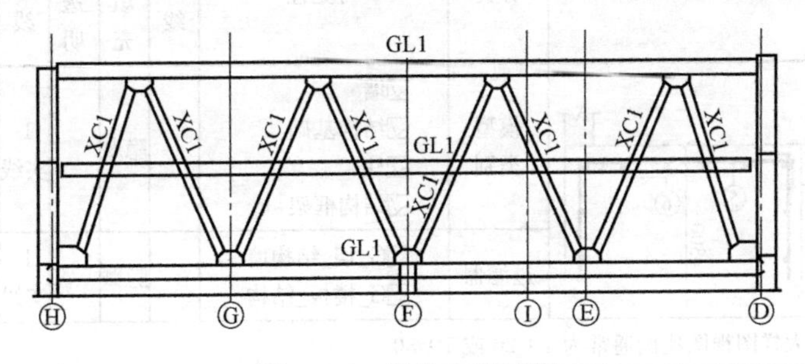

图 2.4-7　结构立面示例

6）配筋剖面图设置

配筋剖面需要剖切出混凝土的外轮廓线（此类构件需建模），如图 2.4-8 所示，配筋大样可采用 Revit 族或 CAD 绘制。配合本书提供的插件，可方便绘制钢筋详图线，即可在 Revit 中完成配筋大样出图，视图样式见表 2.4-11。如沿用 CAD 的方式，可把外轮廓导出到 CAD 图中，进行绘制，则可保证模型与图纸一致。

结构立面视图样板设置 **表 2.4-10**

用　途	Revit 相关设置								设计过程相关问题
	分类	可见性	投影/表面			截面			
			线	填充	透明	线	填充		
清除构件截面填充样式	模型类别	☑结构柱		隐藏			隐藏		根据需要设置需要显/隐填充的构件
	模型类别	☑墙 ☑结构框架		隐藏			灰		剖切断面应避免与本项构件重叠
标注框架截面	注释类别	☑结构框架标记							
设置视图比例	1∶50 或 1∶100								
在视图中旋转	如需要旋转 90°摆放到平面图，可设置该项								

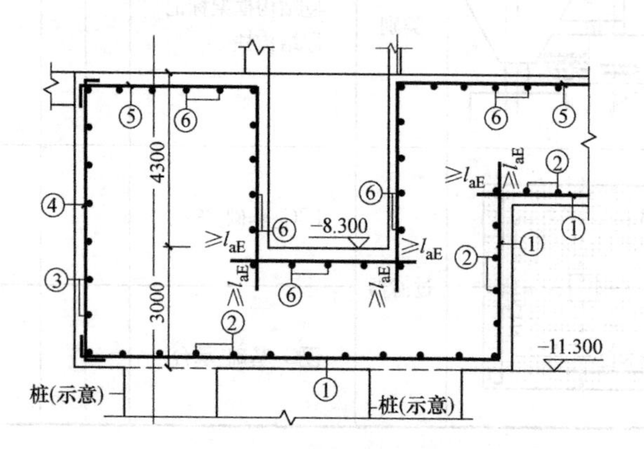

图 2.4-8　配筋剖面示例

配筋剖面视图样板设置 **表 2.4-11**

用途	示例图	Revit 相关设置							设计过程相关问题
		分类	可见性	投影/表面			截面		
				线	填充	透明	线	填充	
混凝土外包轮廓显示细线，仅钢筋显示粗线；隐藏剖切到的填充		模型类别	☑墙 ☑结构基础 ☑柱 ☑结构框架		隐藏		1-实线	隐藏	
		过滤器	☑G_墙_结构墙 ☑G_楼板_结构		隐藏		1-实线	隐藏	
设置视图比例	大样图视图比例通常为 1∶20 或 1∶50								

7）绘图视图

绘图视图主要用于绘制剪力墙大样图，如图 2.4-9。由于绘图视图本身并无过多视图样式和可见性的设置，可不应用视图样板，样式通过修改全局线样式和对象样式进行。视图样板的设置主要有：

（1）比例建议设定为 1∶20、1∶50。

截面		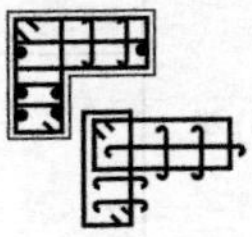	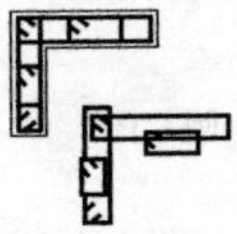
编号	YBZ1	YBZ2	YBZ3
标高	14F楼面～18F楼面	14F楼面～18F楼面	14F楼面～18F楼面
箍筋	Φ12@150	Φ12@150	Φ12@100
纵筋	38Φ25	38Φ25	30Φ25
截面	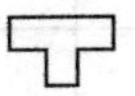	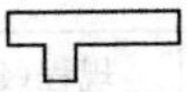	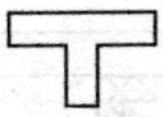
编号	GBZ4	GBZB	GBZ7A
标高	14F楼面～18F楼面	14F楼面～18F楼面	14F楼面～18F楼面
箍筋	Φ12@100	Φ12@100	Φ12@100
纵筋	12Φ25	22Φ25	12Φ25

图 2.4-9　绘图视图示例：剪力墙暗柱

（2）规程设定为结构。

（3）如钢筋采用 CAD 绘制，导入后，可在导入的类别中对 CAD 中的图层进行显隐和颜色设定。

2.4.5　工作视图设置

1）平面视图

结构工作平面图与出图视图基本一致，主要在建模阶段，可根据习惯灵活进行颜色区分，显/隐构件和与建筑专业协调。具体设置可参考表 2.4-12。

工作平面视图样板设置　　表 2.4-12

用途	示例图	分类	Revit 相关设置						设计过程相关问题
			可见性	投影/表面			截面		
				线	填充	透明	线	填充	
工作视图彩色显示部分构件（可选）	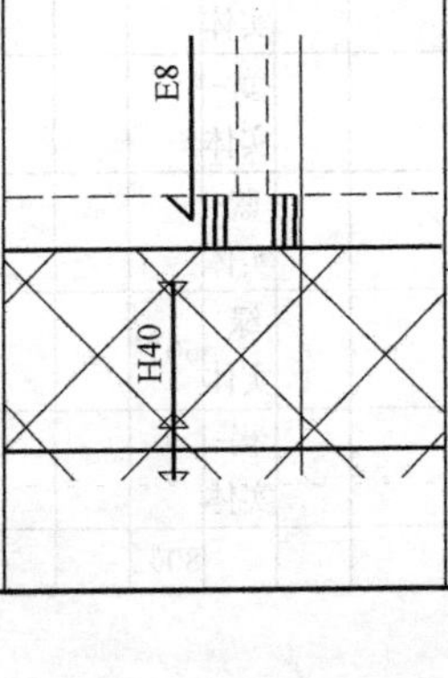	过滤器	☑G_墙_墙线	黄			黄		
			☑G_轴线	红			红		轴线在注释类别中无法设定颜色
			☑G_梁_钢梁	黄			黄		
		模型类别	☑结构框架（隐藏线）	蓝			蓝		
			☑结构基础	蓝			蓝		
			☑结构基础（桩轴线、承台轴线）	红			红		族内命名的线

续表

用途	示例图	分类	Revit 相关设置						设计过程相关问题
			可见性	投影/表面			截面		
				线	填充	透明	线	填充	
高亮或暗显建筑构件		过滤器	☑G_墙_建筑 ☑G_墙_建筑 ☑G_楼板_建筑			50%			如采用链接方式，可设定链接半色调或单独在链接文件可见性中设定
		模型类别	☑体量☑地形 ☑场地☑楼梯			50%			
建筑结构二维叠图校审		自定义链接显示	规程（建筑）						本项建议单独建立校审工作视图
			☑墙 □楼板		红-对角	40%		红-对角	
		模型类别	☑结构框架		绿-实体				
		模型类别	□楼板	3 蓝		0%		0%	

链接视图的自定义样式无法从视图样板中继承，因此每项工程在链接建筑模型后，都需要再次设置。

2）三维视图

三维视图主要用于复杂部位的专业间协调与校对，在实际工程中，可根据需要进行局部剖切观察，应用的视图样板详表 2.4-13。

工作三维视图样板设置 **表 2.4-13**

用途	示例图	分类	Revit 相关设置						设计过程相关问题
			可见性	投影/表面			截面		
				线	填充	透明	线	填充	
专业内协同：三维视图显示不同结构构件		模型类别	☑墙		绿-实体				
			☑柱		黄-实体				主要指构造柱
			☑结构柱		黄-实体				
			☑结构框架		蓝-实体				
			☑楼板		绿-实体	60%			
			☑结构基础		褐-实体				
			☑屋顶			80%			

续表

用途	示例图	Revit 相关设置							设计过程相关问题
		分类	可见性	投影/表面			截面		
				线	填充	透明	线	填充	
专业内协同：三维视图显示不同结构构件		过滤器	☑G_基础_桩		灰-实体				
			☑G_基础_承台		褐-实体	60%			
节点深化与施工交底：显示三维实体钢筋视图		模型类别	☑结构柱			20%			
			☑结构框架			80%			
			☑结构钢筋		紫-实体				
		钢筋可见	☑清晰视图 ☑作为实体						
		图形显示	☑着色 □显示边						
		过滤器	G_钢筋_纵筋		蓝-实体				
		材质	Q345(着色)		暗红				
基础设计协同：三维视图显示不同地形层		过滤器	☑G_地形_地面					16 咖啡色	地形表面样式在其材质属性中设定
			☑G_地形_强风化岩面					16 蓝色	
			☑G_地形_中风化岩面					16 绿色	
		过滤器	☑G_楼板_中风化岩面		蓝	60%		16 蓝	采用楼板进行地形持力层绘制时
专业间协同：半色调显示建筑构件		链接	☑建筑中心模型		☑半色调				本项建议单独建立校审工作视图
		自定义链接显示	☑楼梯		粉-实体	0%			
			☑墙 ☑楼板 ☑屋顶		橙-实体	60%			

2.4.6 明细表设置

1）标高表

简单的结构施工图标高表可直接把 BIM 模型中的标高信息提取出来，如图 2.4-10、图 2.4-11 所示。

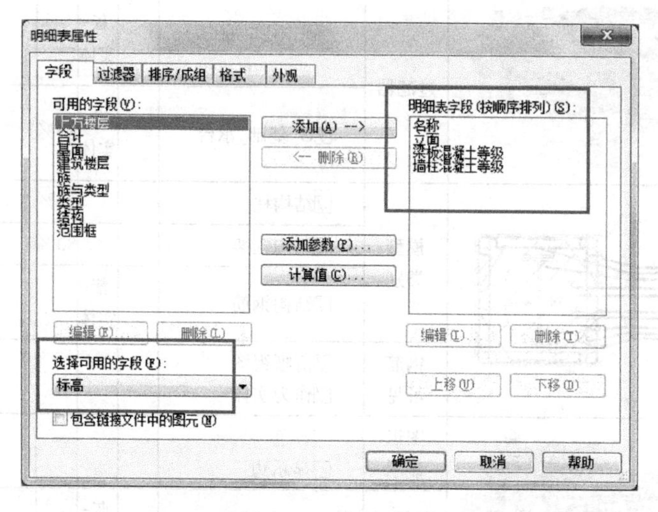

图 2.4-10 标高参数

<结构标高表>	
A	B
楼层	标高
-1层	-3.350
1层	-0.050
2层	3.550
3层	6.850
4层	10.150
5层	12.350

<S_层高表>			
A	B	C	D
		混凝土等级	
层号	标高(m)	梁板	墙柱
1F	0	C30	C60
2F	4000	C30	C55

图 2.4-11 层高表明细表

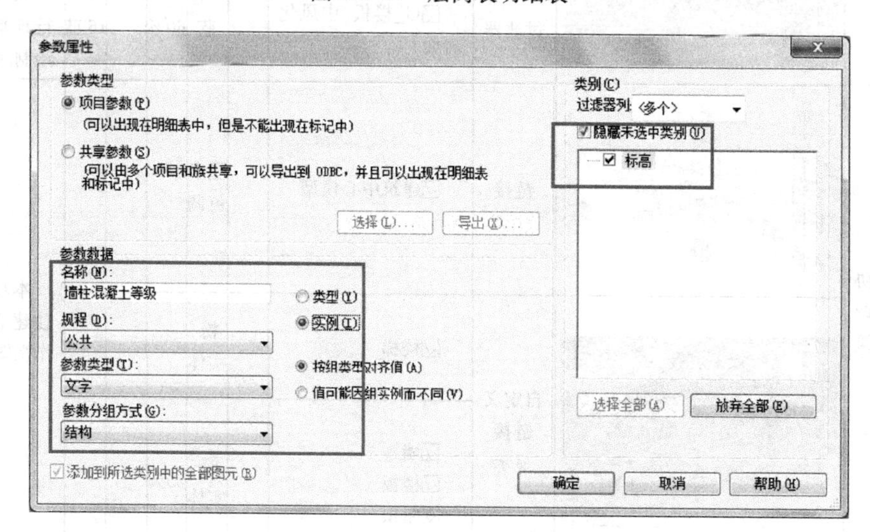

图 2.4-12 标高信息增加混凝土等级等自定义参数

对于复杂的标高表，可在项目参数中，对“标高”类别增加“墙柱混凝土等级”等参数或采用绘图视图自行绘制，如图 2.4-12、图 2.4-13 所示。

S_层高表		
层号	标高(m)	层高(mm)
2F	4.000	3000
1F	0.000	4000

S_层高表（总说明）				
层号	标高(m)	层高(mm)	混凝土等级	
			梁板	墙柱
2F	4.000	3000	C30	C55
1F	0.000	4000	C30	C60

图 2.4-13　带参数的层高表

2）梁表、柱表、剪力墙表

梁、柱表主要用在钢结构上，墙表在各工程均广泛使用。下面以剪力墙钢筋通用表为例。

在建模和结构构件族中，应按种类新建不同截面形式的族，并包含相应配筋参数，在明细表中提取对应字段（如同一类墙为相同配筋，相应参数应设定为类型属性。本例族名称为墙厚等基本信息，墙编号写在类型注释中，如图 2.4-14 所示）。并在排序成组分项中设定为按墙编号归类，如图 2.4-15 所示。最后生成“剪力墙分布钢筋和拉结筋通用表”，如图 2.4-16 所示。梁表等方法相同，如图 2.4-17 所示为梁表示例。

相关信息写入构件后，在平面图中，可插入注释族原位标注相应的梁。

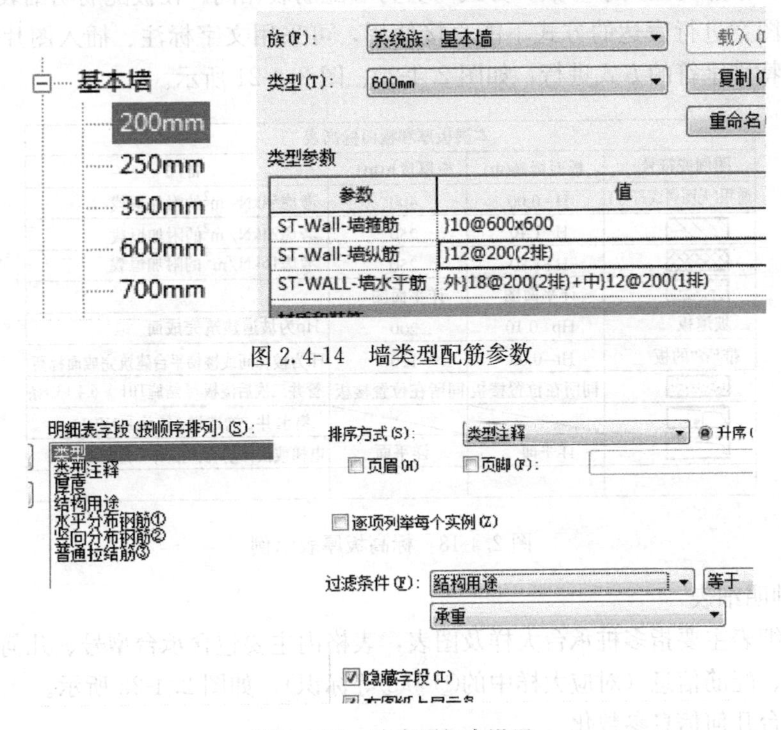

图 2.4-14　墙类型配筋参数

图 2.4-15　墙表明细表设置

3）结构楼板表

结构楼板表通常有标高板厚表（如图 2.4-18 所示）和板配筋表（如图 2.4-19 所示）。其中标高板厚表采用图例视图进行绘制，板配筋表可采用明细表的方式进行，对不同板厚

〈剪力墙分布钢筋和拉结筋通用表〉				
A	B	C	D	E
编号	墙厚(mm)	水平分布钢筋①	竖向分布钢筋②	普通拉结筋③
Q20	200	⌀14@100(2排)	⌀14@200(2排)	⌀10@600x600
Q25	250	⌀12@100(2排)	⌀14@200(2排)	⌀8@600x600
Q35	350	⌀10@100(2排)	⌀18@200(2排)	⌀8@600x600
Q50	500	⌀10@100(2排)	⌀18@200(2排)	⌀8@600x600
Q60	600	⌀12@100(3排)	外⌀18@200(2排)+中⌀12@200(1排)	⌀8@600x600

图 2.4-16　剪力墙分布钢筋和拉结筋通用表

钢构件截面表				
杆件编号	截面（HxBxTwxTf）	截面类型	材质	备注
JCL-1	(1000~2800~2000)x(600~800)x12x25	变截面实腹形箱型	Q345B	
JCL-2	(1000~2500~2000)x(600~800)x12x25	变截面实腹形箱型	Q345B	
JCL-3	(1600~2800~2000)x(600~800)x12x25	变截面实腹形箱型	Q345B	
JCL-4	(1000~2800~2000)x(600~800)x12x25	变截面实腹形箱型	Q345B	
GL1	(1200~800)x400x12x25	变截面箱型	Q345B	
GL2	800x400x12x25	箱型	Q345B	
GL3	800x400x12x25	箱型	Q345B	
GL4	800x400x12x25	箱型	Q345B	

图 2.4-17　梁表示例

的板类型中，添加类型共享参数，方式与剪力墙配筋表相同。在板配筋明细表内容中，传统通过填充图案进行表达的方式不能直接使用，可采用文字标注、插入图片（旧版不支持）或绘制特殊字符的方式进行，如图 2.4-20、图 2.4-21 所示。

本层板厚和板面标高表			
图例或符号	板面标高(m)	板厚度h(m)	备注
通用(无图例或符号)	H−0.00	400	考虑54kN/m²的附加恒载
	H+1.40	250	考虑24kN/m²的附加恒载
	H+1.80	250	考虑16kN/m²的附加恒载
	详平面图	详平面图	
坡道板	Hp−0.10	200	Hp为坡道建筑完成面
带“☆”的板	Ht−0.05	120	Ht为楼梯间或楼梯平台建筑完成面标高
	同所在位置楼板	同所在位置楼板	管井二次后浇板《结施T01》6.4.13>条
J**			集水井，构造详《结施TDY01》
	详平面	详平面	电梯或扶梯基坑，构造详《结施TDY01》

图 2.4-18　标高板厚表示例

4）基础明细表

基础明细表主要指多桩承台大样及图表，表格内主要包含承台型号、几何尺寸信息的表格化表示、配筋信息（对应大样中的①②③等标识），如图 2.4-22 所示。

（1）承台几何信息参数化

在传统 CAD 常见的承台图表中，其实已经体现了参数化的设计理念。因此，在制作承台族时，建议根据通用图中的承台几何信息表示方法进行相关定位尺寸的约束，并提供相应的参数供明细表调用。如图 2.4-23 中所示，为在 Revit 中承台族各项几个约束参数的情况，与传统 CAD 中承台表一一对应，以便在明细表中反映。

板配筋表	
图例、符号或说明	配筋
板厚h=400	通长底筋双向N16；通长面筋双向N14
板厚h=250	通长底筋双向N12；通长面筋双向N14
板厚h=500	通长底筋双向N16；通长面筋双向N14
	详平面
坡道板	详车道大样
带“☆”的板	通长双层双向K10
	同所在位置楼板钢筋
J**	集水井，配筋详《结施TDY01》

图 2.4-19　板配筋表示例

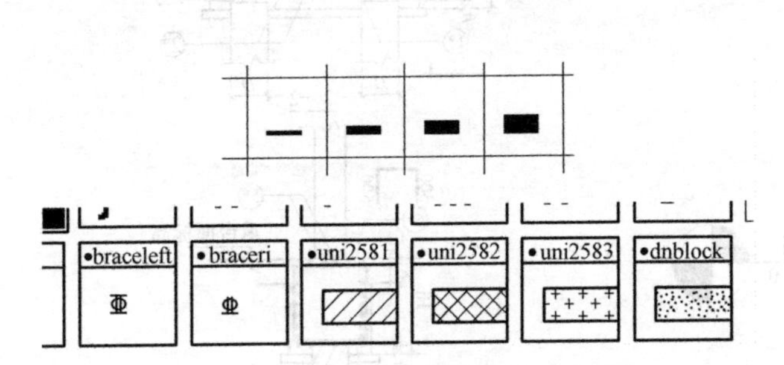

图 2.4-20　自定义特殊填充符号的字体

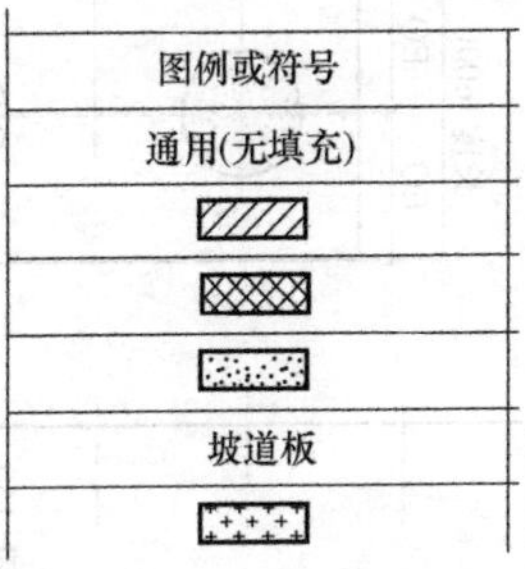

图例或符号
通用(无填充)
坡道板

图 2.4-21　Revit 中明细表

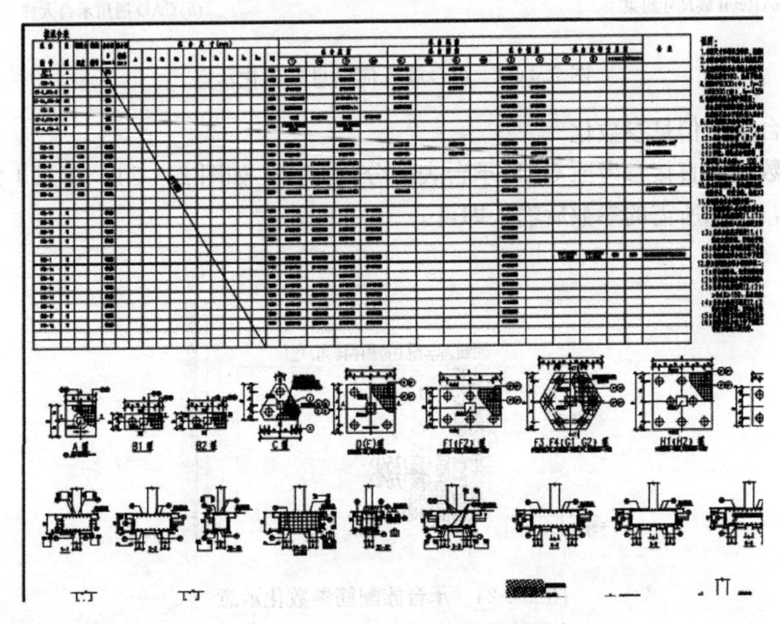

图 2.4-22　传统 CAD 标准承台图表

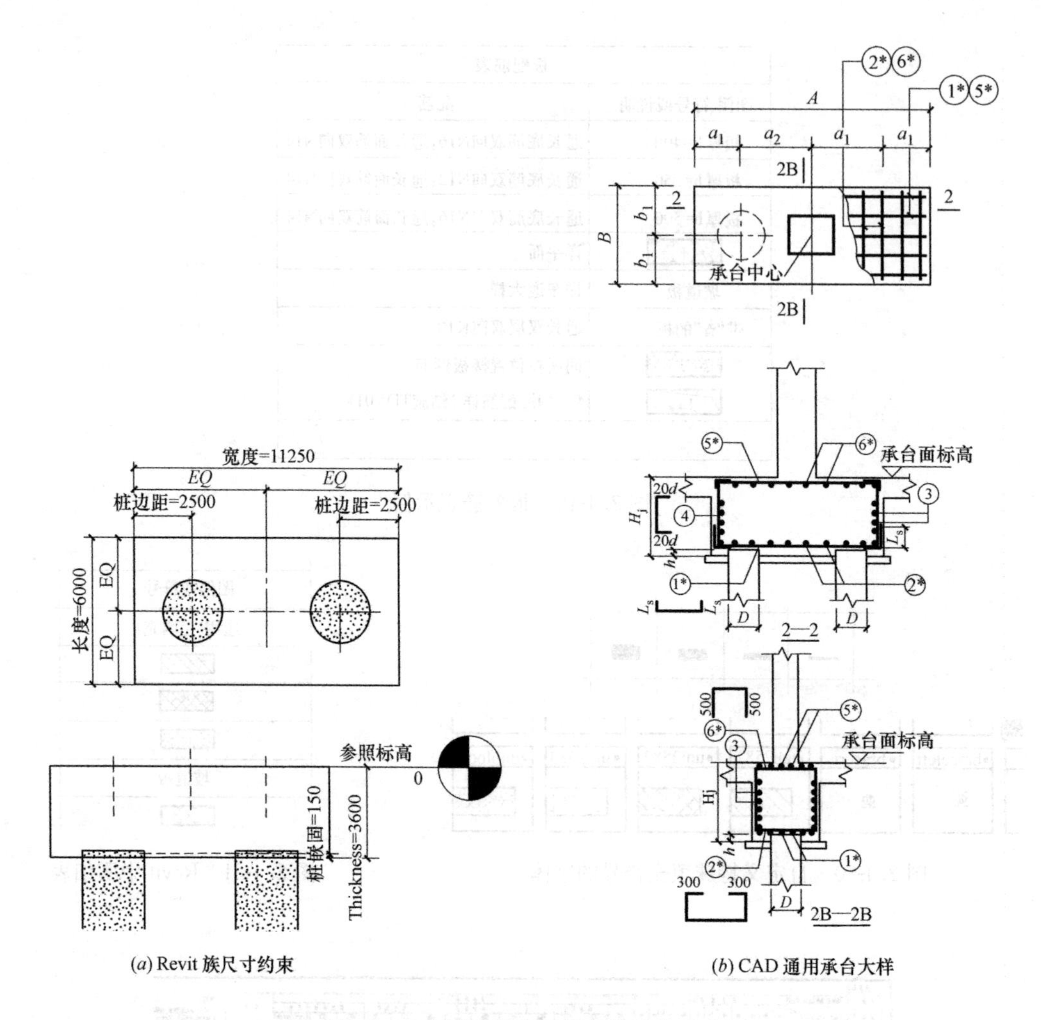

(a) Revit 族尺寸约束　　(b) CAD 通用承台大样

图 2.4-23　承台族几何信息参数化示意

(2) 承台配筋信息参数化

配筋参数化可直接参考原 CAD 承台表的分类方式，如图 2.4-24、图 2.4-25 所示为一个简单示例，增加所需的参数后输入即可。

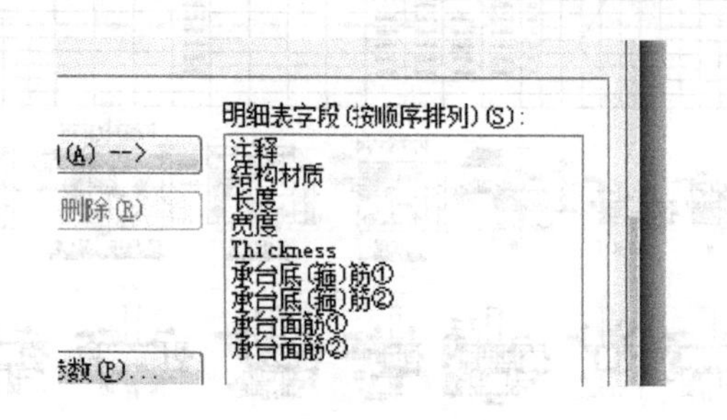

图 2.4-24　承台族配筋参数化示意

<S_结构基础明细表>								
A	B	C	D	E	F	G	H	I
		承台尺寸			承台配筋			
					承台底(箍)筋		承台面筋	
编号	结构材质	a	b	h	①	②	⑤	⑥
CT-2	钢筋混凝土 C30	1000	2500	900	&16@150	&12@150		
CTD-1	钢筋混凝土 C30	3600	2700	1800	&16@150	&12@150	&12@150	&12@150

S_结构基础明细表								
编号	结构材质	承台尺寸			承台配筋			
					承台底(箍)筋		承台面筋	
		a	b	h	①	②	⑤	⑥
CT-2	钢筋混凝土 C30	1000	2500	900	&16@150	&12@150		
CTD-1	钢筋混凝土 C30	3600	2700	1800	&16@150	&12@150	&12@150	&12@150

图 2.4-25　承台表

第3章 结构BIM建模技术

BIM模型与传统二维图纸的最大区别为，BIM模型是一个完备的信息载体，其储存的信息能被计算机所识别并利用。这些信息包括：几何信息、荷载信息、设计依据信息、内力信息、配筋信息等。

在工程设计中，结构设计信息最为完备的模型，必然为结构软件中的计算模型，该模型涵盖了结构设计的大部分信息。但该模型不能直接作为BIM模型交付给业主，原因有三方面。其一，结构软件模型往往是一个简化计算模型，构件几何位置并不精确。其二，结构计算软件的模型会存在很多只为计算服务而实际并不存在的构件，如刚性传力杆等。其三，结构计算软件模型属于设计单位的知识产权，设计单位一般不会向业主提交其原始的计算模型。因而直接将结构计算模型作为BIM模型进行交付并不现实。

相比之下，在Revit中则不仅可以方便地进行精确建模，而且允许用户在构件中添加自定义参数信息，同时可避免因提供结构原始计算模型而带来的不便。从结构BIM模型交付角度考虑，Revit结构模型为目前信息储存的理想载体。

综合以上的分析，目前结构BIM模型的研究核心分为以下两个方面。一方面，探讨如何在Revit平台下快速创建精确结构模型的方法，其创建的Revit模型几何深度至少能满足结构模板的要求。另一方面，探讨如何快速全面地将结构设计信息输入Revit模型，使其满足BIM交付标准。

本章内容主要围绕第一方面展开，介绍在Revit中快速结构建模的方法。而本章所介绍的建模方法是通过大量的建模尝试和书籍参考[1~3]总结所得的，兼顾了建模的质量和效率。

3.1 楼层标高和轴网

楼层与轴网一般由建筑专业确定，其他专业通过链接建筑Revit文件，用“复制监视”命令来获取。本章介绍从头开始建立的过程。

3.1.1 楼层的定义

Revit中一个标高对于一个楼层，创建一个标高即创建了一个楼层平面。一般情况下楼层平面视图的属性由操作人员进行定义，其定义的规程不同，可见性也不尽相同。若初始模板为广东省建筑设计研究院Revit模板，则建议生成楼层平面时，类型直接选择“B1_结_工作平面”，可方便以后归类和操作。添加或修改标高必须在立面或剖面视图中进行。

目前在Revit中添加标高的方法主要有三种，前两种方法不需要借助任何插件，第三种方法则依靠插件实现，橄榄山、天正、鸿业等Revit平台的插件均有类似功能，本书以橄榄山为例。

方法一：直接利用命令面板添加。

添加步骤为“结构命令面板→基准→标高”，快捷命令“LL”，绘制标高线后，系统会自动生成相应的平面视图。

使用该方法绘制标高线时，标高需要一层层分别绘制，较为麻烦。此外，可能会出现缺少“标高符号”的情况，这是由于“符号”属性值选择为“无”，通过在类型属性中将“符号”属性值选择为合适的标高标记族即可显示。

方法二：利用复制和阵列功能。

一般工程的层高不会有太多的改变，因而使用阵列功能创建标高可节省大量的工作量。对于少量层高不同的楼层，可通过使用复制命令生成标高线。此外，在使用阵列或复制时，间距可直接通过键盘进行输入，方便快捷。其功能及操作方法介绍如下：

线性阵列：可使选定图元按设定的间距或数量沿某根线进行排列复制。在利用该功能时其参数选择如图 3.1-1 所示。由于成组后的轴线无法与非成组的轴线进行自动对齐操作，故建议取消系统默认的“成组并关联”选项。

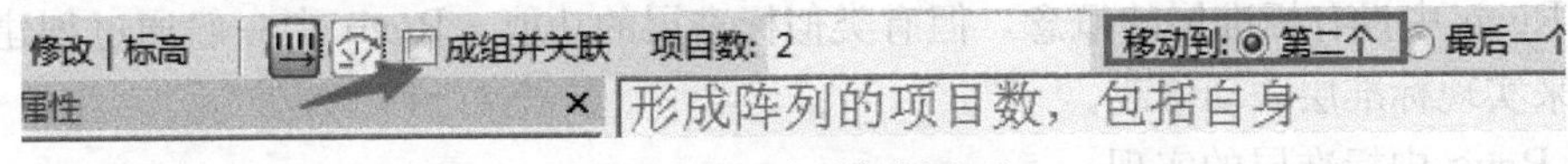

图 3.1-1　阵列复制选项

应注意的是，通过复制或阵列生成的标高线，系统不会自动生成对应的平面视图，需要手工添加，通过点击“视图命令面板→平面视图→楼层平面”，弹出“新建楼层平面”对话框，选择需要创建平面视图的标高名即可新建平面。

方法三：利用插件（以“橄榄山快模”插件为例）。

“橄榄山快模”插件集成大量的快捷建模功能，其中快速创建楼层的功能使得 Revit 的楼层建模更贴近传统的 PKPM 的楼层组装操作。

操作方法：选择“橄榄山快模”命令面板→点击楼层（图 3.1-2）→在楼层管理器中进行楼层（即标高）的添加和修改（图 3.1-3）→点击确定自动完成楼层（标高）创建。标高对应的平面视图可通过“平面视图”命令进行创建。

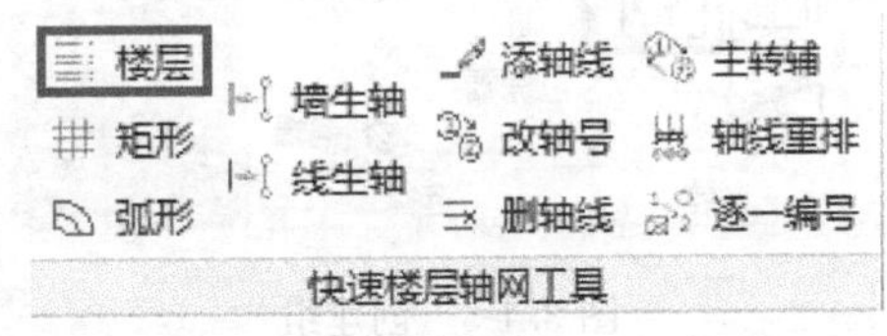

图 3.1-2　橄榄山快模命令面板

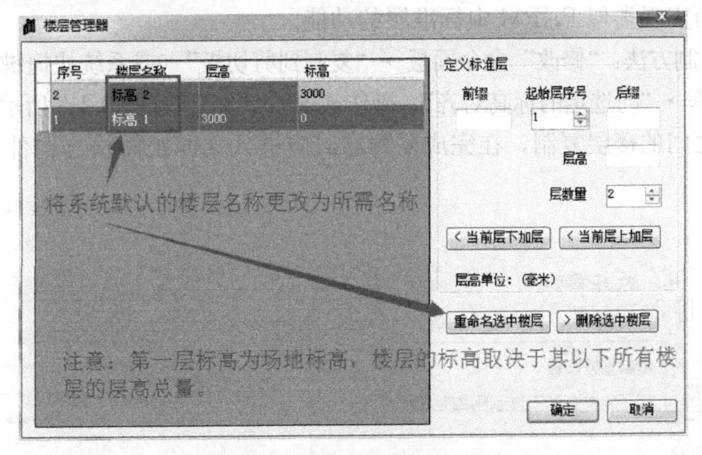

图 3.1-3　橄榄山楼层管理器

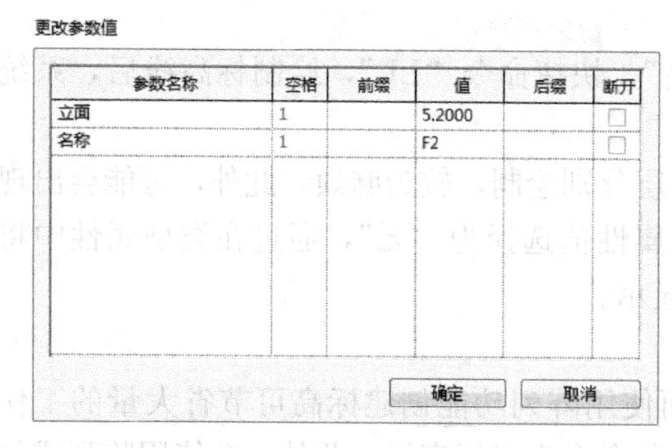

图 3.1-4　标高数值修改对话框

若发现生成的标高值或名称有错，可直接双击标高符号上的文字（而非标高符号本身），弹出修改对话框进行修改，如图 3.1-4 所示。

新建的标高会自动根据前一个标高名称的末位值进行编号，如上一标高名称为 F1，则下一标高会自动编号为 F2。因而建议将首个标高改为 F1 或 1，其后新建的标高名均会自动编号。但如果按系统默认首层标高为 1F，则下一层标高则会自动命名为 1G，不符合要求，若不采用以上变通方法，可采用本地化插件来解决该问题。

3.1.2　Revit 中标准层的实现

在 Revit 中没有标准层的概念，但有类似标准层的功能。Revit 中一般通过创建“组”的方式来实现标准层联动修改。

1）Revit 中标准层的实现

Revit 中通过“组”功能来创建标准层，实现流程：进入结构平面视图→框选当前层所有图元→在“修改｜选择多个”命令面板中选择创建组（图 3.1-5）→输入组名（图 3.1-6）→复制组至相应楼层。

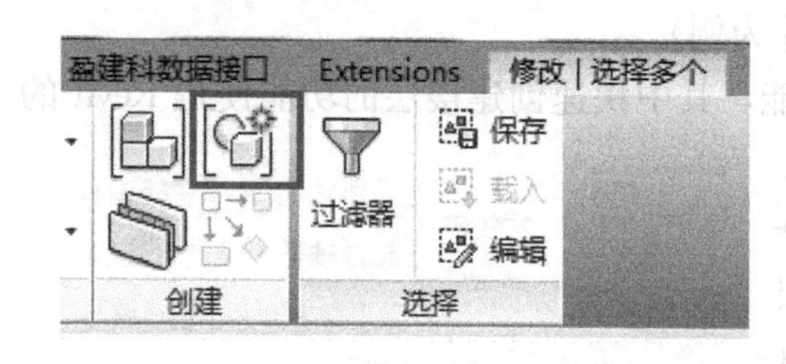

图 3.1-5　创建组

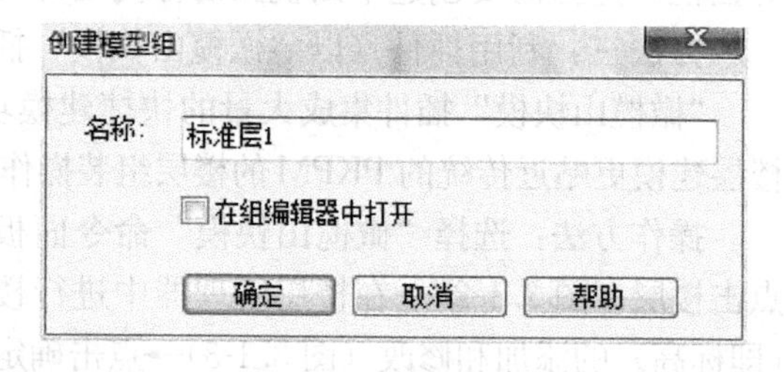

图 3.1-6　创建组名

由于同一“标准层”的楼层使用同一个组，故组内信息的改变会影响“标准层”内的所有楼层，从而实现类似 PKPM 中标准层的功能。

楼层或组复制方法：“修改”命令面板→“复制到剪切板”（或系统快捷键＜Ctrl＋C＞）→“粘贴”下拉菜单→“与选定的标高对齐”，操作截图如图 3.1-7 和图 3.1-8 所示。

不同层高之间的楼层复制，在完成复制后，应进入立面视图检查构件标高是否准确，

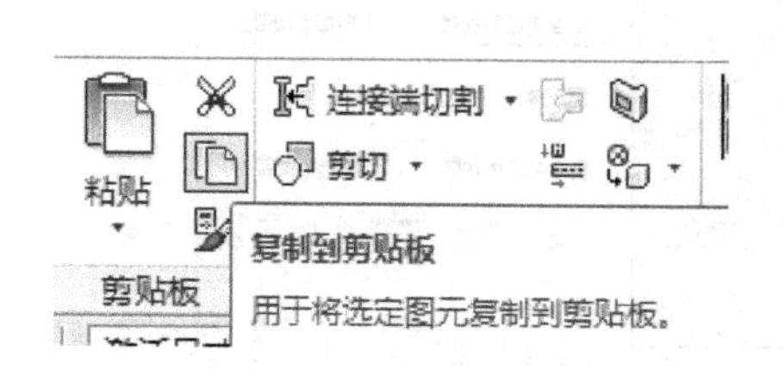

图 3.1-7　复制命令位置

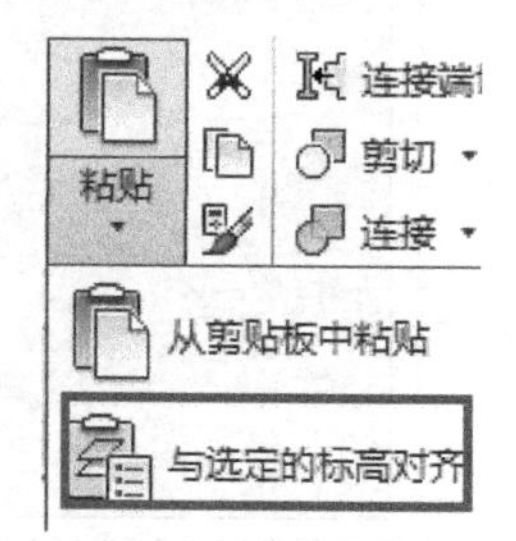

图 3.1-8　粘贴方式选择

对标高不正确的构件可在其“属性”中进行修改。

2）组功能的延伸

Revit中的组比结构计算软件中标准层要自由，其成组的构件由用户决定，不一定要将整个楼层构件都归为同一个组，如楼层梁、柱、墙等均可分开独立成组，其自由及灵活性高于传统标准层功能，如核心筒内构件和核心筒外构件可分开成组，以更好地适应核心筒几层一变的需求。

3.1.3　轴网的绘制

新建轴网方法：结构命令面板→基准→轴网（图3.1-9），快捷键GR。

若轴线形式需要细部修改，如线性或线宽等，可单击轴线，进入轴线类型属性中修改。类型属性中的“符号”对应轴线的轴号，广东省建筑设计研究院Revit模板提供了三种形式，如图3.1-10所示，其区别在于宽度系数设置不同，用户可通过调整宽度系数以适应如A-1/12之类的长轴号。若该三种形式仍无法满足需求，可自建轴网标头族，再加载使用。

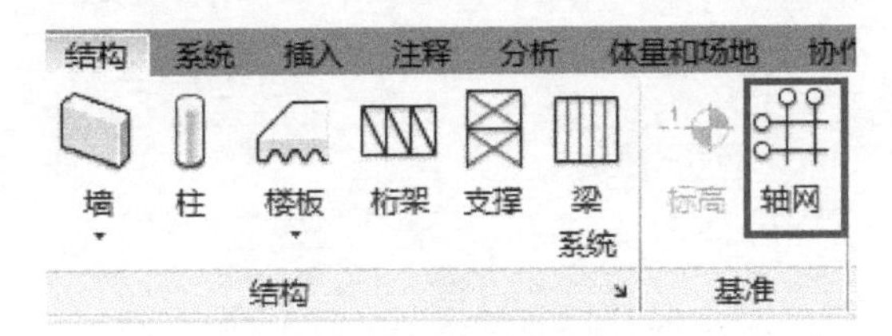

图3.1-9　轴网命令位置

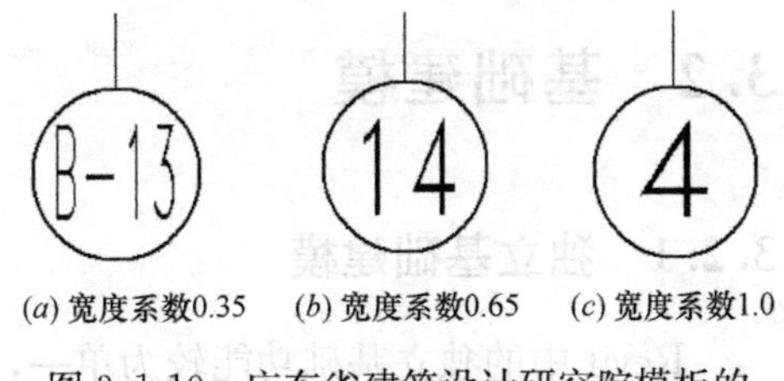

图3.1-10　广东省建筑设计研究院模板的三种轴网标头类型

与标高一样，新建轴网会根据上一轴网的末位字符自动编号。因而在新建轴网前最好先定义好上一轴网的编号，如此可大量减少修改工作量。

一般情况下在一个平面视图下修改的轴号的避让，并不会影响其他平面视图，即需要在每个平面视图进行同样的轴号避让操作。实际上，Revit提供了“影响范围”的功能，该功能类似PKPM的“层间编辑”，可对影响范围内的楼层同步修改轴网。操作方法如下：

点击或框选需要进行多个平面联动修改的轴线→修改|轴网命令面板→影响范围（图3.1-11）→勾选需要进行影响的楼层平面（图3.1-12）。

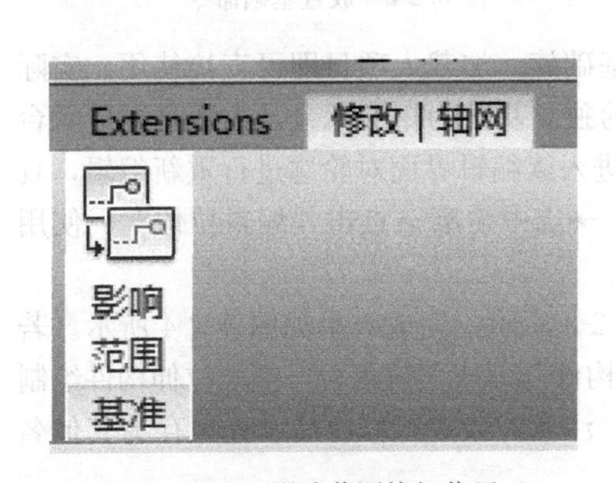

图3.1-11　影响范围按钮位置

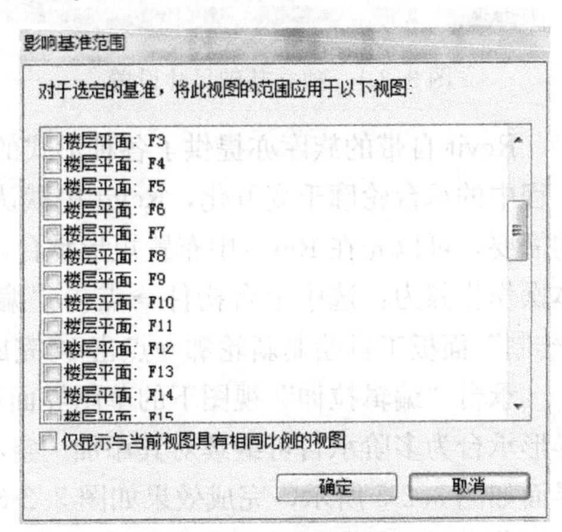

图3.1-12　影响范围设置

值得注意的是，3D 轴线位置（非轴号避让）的改变是会影响到整个项目的平面视图的，若需在部分平面视图中改变轴线的位置而不影响其他视图，将轴线的 3D 属性改为 2D 即可。

建立轴网时，除了可以使用 Revit 自带的功能，还可以利用一些插件，达到快速建模的目的。目前，橄榄山快模、探索者等 Revit 插件均提供了快速建立轴网的功能，其插件界面如图 3.1-13、图 3.1-14 所示。

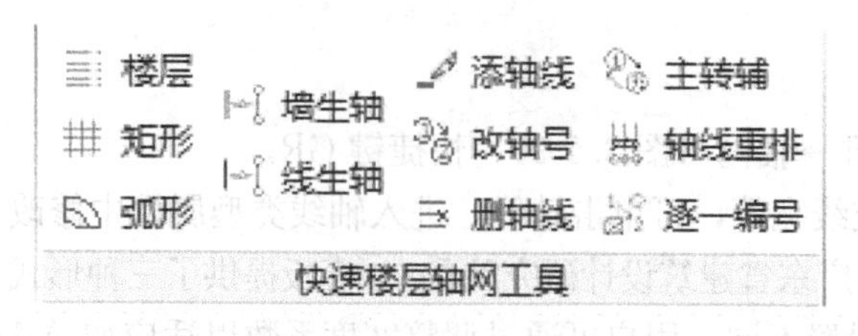

图 3.1-13　橄榄山快模插件界面

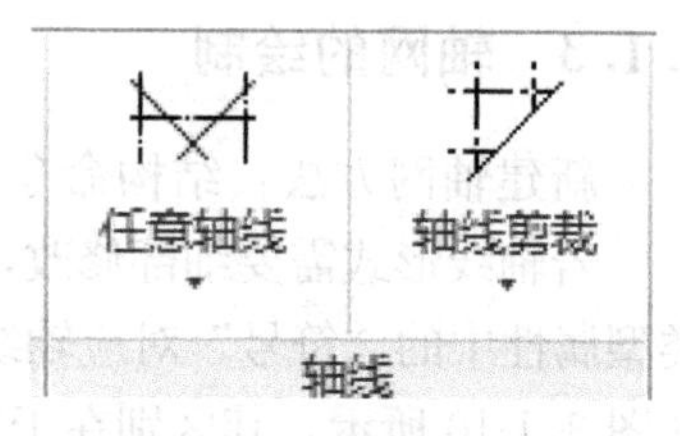

图 3.1-14　探索者插件界面

3.2　基础建模

3.2.1　独立基础建模

Revit 中的独立基础功能较为单一，默认加载的为一阶承台，功能十分有限，尺寸设置如图 3.2-1 所示。其布置方法如图 3.2-2 所示，可直接放置，或布置在已有柱子下方。

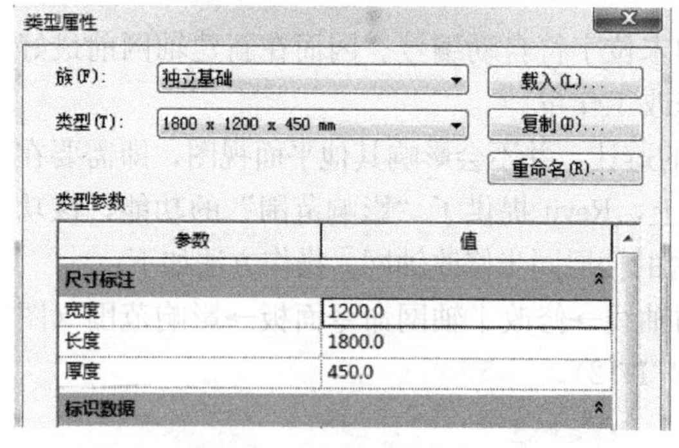

图 3.2-1　独立基础尺寸设置

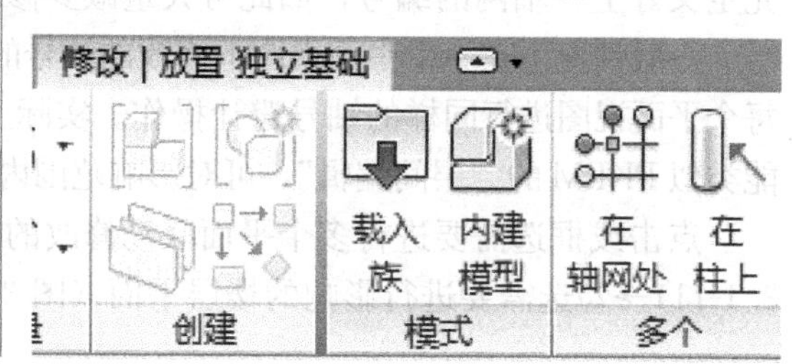

图 3.2-2　放置基础命令

Revit 自带的族库亦提供了各种形式的独立基础族，加载入项目即可直接使用。实际工程中的承台轮廓千变万化，Revit 中默认布置的独立基础为矩形承台，为满足异形承台的需要，可以先在 Revit 中布置矩形承台，然后进入族编辑界面对轮廓进行重新编辑，具体操作步骤为：选中承台构件→点击“编辑族”→选中轮廓→点击“编辑拉伸”→使用“绘制”面板工具绘制新轮廓→点击✔完成编辑。

承台“编辑拉伸”视图下的草图界面如图 3.2-3 所示，完成效果如图 3.2-4 所示。若异形承台为多阶承台可继续对其添加“空心拉伸构件”形成多阶承台，空心拉伸构件绘制界面如图 3.2-5 所示，完成效果如图 3.2-6 所示。注意对族进行修改后需先另存为其他名称再载入原文件，以免覆盖原来的族。

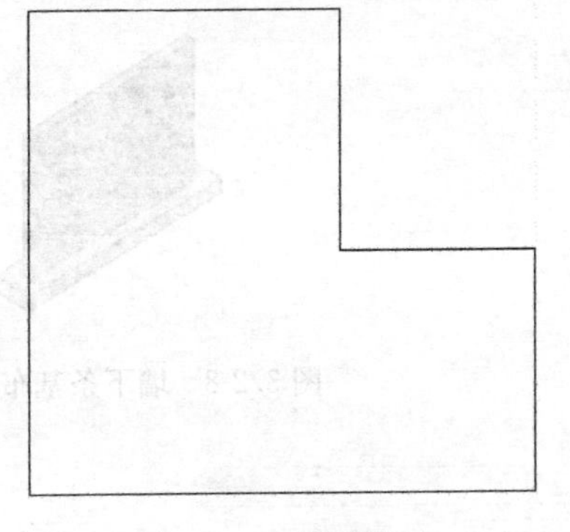

图3.2-3 草图界面

图3.2-4 异形承台完成效果

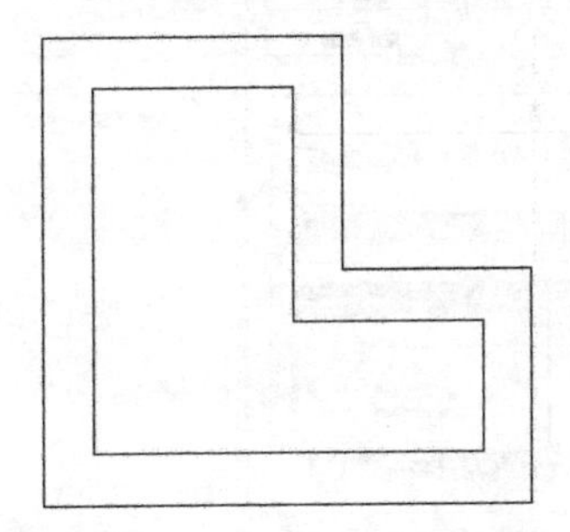

图3.2-5 空心拉伸草图界面

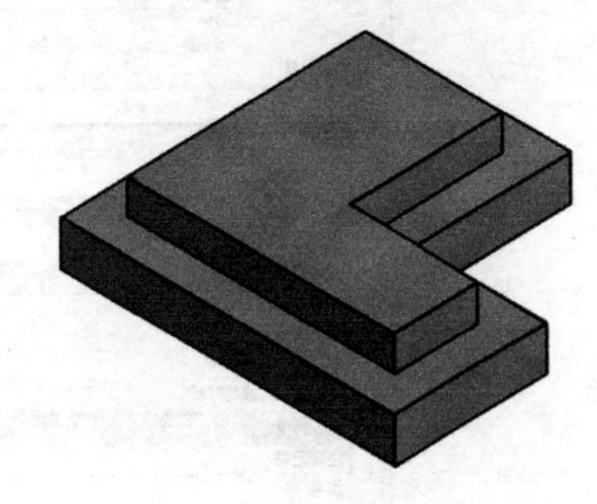

图3.2-6 二阶异形承台完成效果

3.2.2 条形基础建模

Revit提供的条形基础族无法完全满足结构专业建模的需要，其不足之处在于：

(1)“条形基础族”为系统族，用户无法自行编辑。

(2) Revit的条形基础族特指“墙下条形基础”，条形基础依附于墙，只有墙体存在的情况下才能布置条形基础，无法布置柱下条形基础，大大降低了该族的适用性。

为满足框架结构建模及绘制施工图的需求，需要用户自行创建条形基础族，由于条形基础族的族行为与梁的族行为很相似，故使用“公制结构框架”族模板创建条形基础，故本小节介绍两种布置条形基础的方法，一种为基于系统默认条形基础的创建方法，另一种为基于梁族的创建方法。

1) 方法一

墙下条形基础或组合墙单阶承台可用系统默认的条形基础进行创建。

(1) 墙下条基布置

布置墙下条基步骤为：“结构”命令面板→“基础”面板→单击“条形基础”→属性栏选择“承重基础”→点击编辑类型设置尺寸属性→点选墙体自动布置条基→按Esc退出选择界面。选择菜单如图3.2-7所示，布置效果如图3.2-8所示。

(2) 同轴墙柱下条基

同一轴线上既有墙又有柱的条基也可使用系统条形基础族来进行布置。布置方法：

先布置墙下条形基础，然后通过拉伸控制柄对条基长度进行拉伸，如图3.2-9、图3.2-10所示，即可实现柱下条基的布置，注意系统条基必须依存墙体而存在，若墙体被删除，系统条基也会同时被删除。其完成效果如图3.2-11、图3.2-12所示。

图 3.2-7　基础类型选择菜单

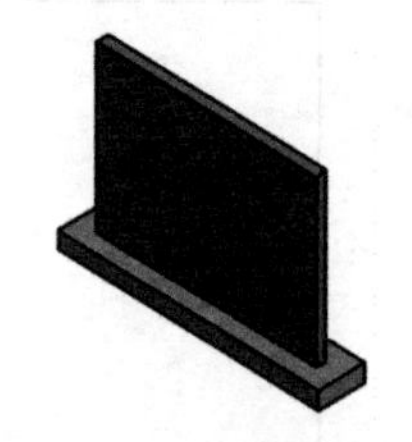

图 3.2-8　墙下条基布置效果

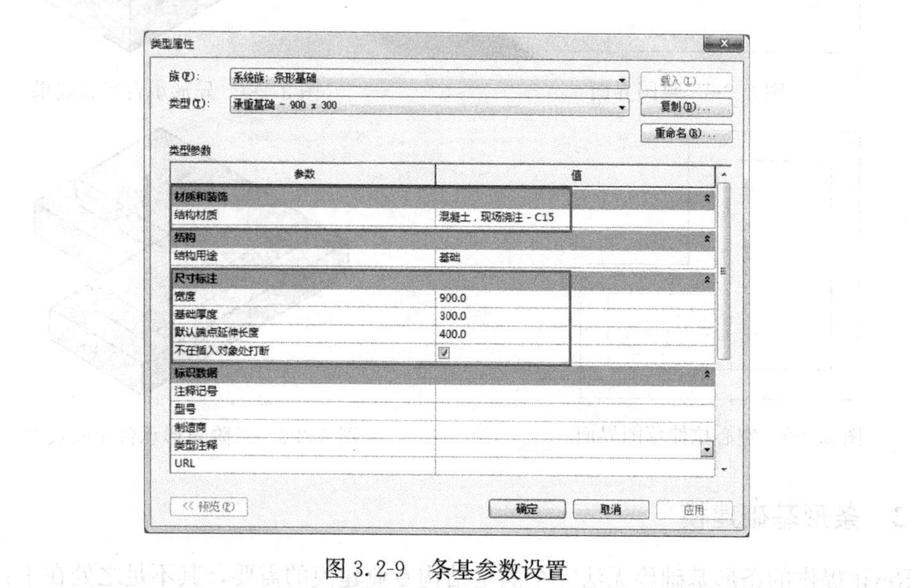

图 3.2-9　条基参数设置

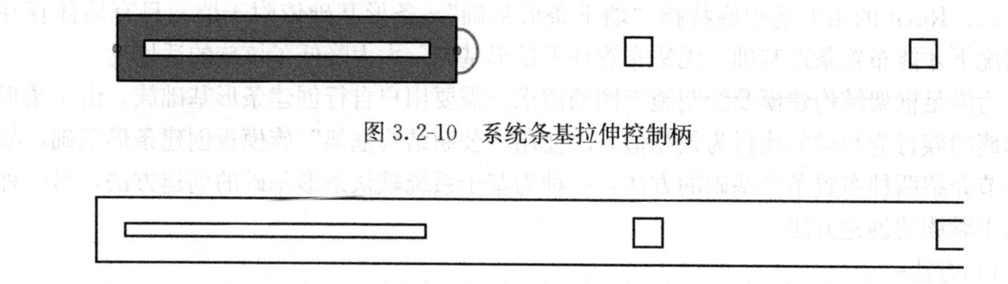

图 3.2-10　系统条基拉伸控制柄

图 3.2-11　墙柱下条基完成平面图

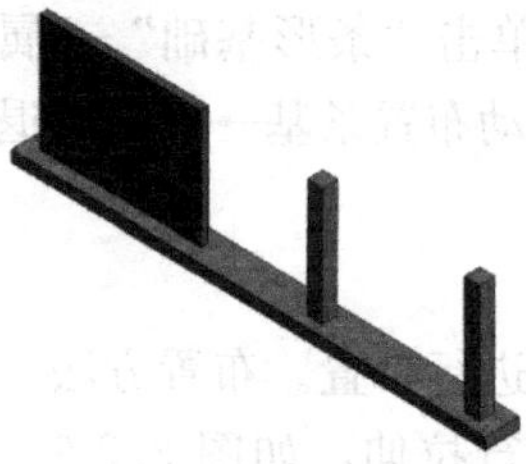

图 3.2-12　墙柱下条基完成三维效果图

(3) 组合墙下承台

在布置条基时，若勾选“选择多个”按钮可实现框选墙体自动布置基础。该功能布置简单的组合墙下承台。布置步骤为：“结构”命令面板→“基础”面板→单击“条形基础”→属性栏选择“承重基础”→点击编辑类型设置尺寸属性→单击“选择多个”按钮（图 3.2-13）→框选墙体自动布置承台（图 3.2-14）→按 Esc 退出选择界面。生成效果图如图 3.2-15 所示。

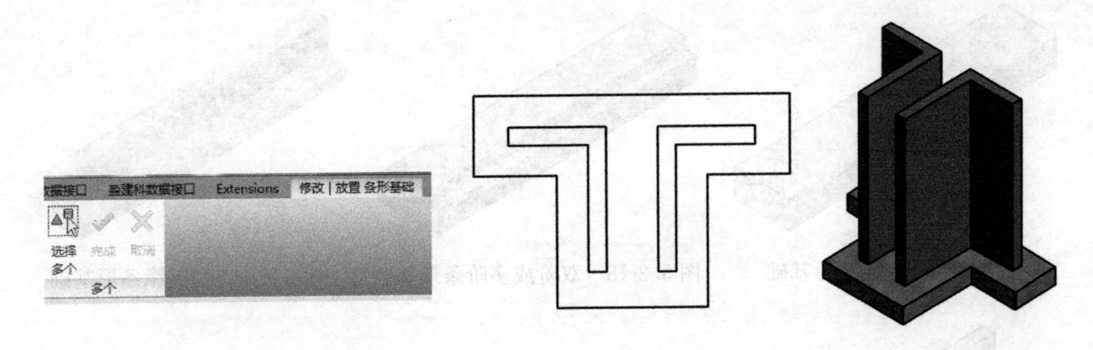

图 3.2-13　“多个”选择面板　　图 3.2-14　自动生成基础平面图　　图 3.2-15　三维效果图

2）方法二

另一种方法为通过新建梁族来创建条形基础，该方法自主性高，可适用绝大部分条形基础类型。新建族时，选择“公制结构框架-梁和支撑”样板，“族类别和族参数”对话框中选择为结构基础（图 3.2-16），如此载入后，该族将自动归类到“结构基础”中。此外，材质类型应在族创建时进行设定，以方便载入项目后的视图表达。

族创建的具体方法不在此详细介绍，可参照族制作的相关教程。

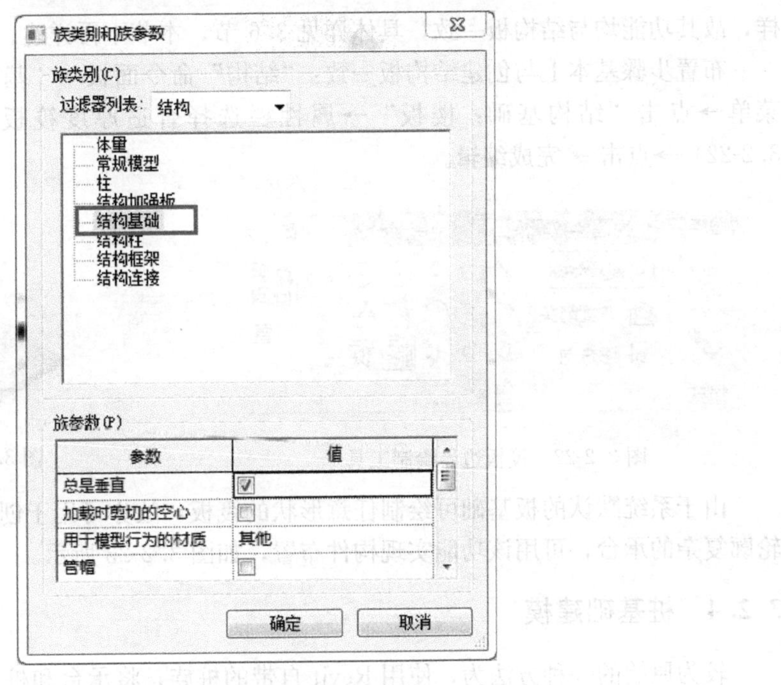

图 3.2-16　族类别和族参数对话框

由于该方法创建的条形基础是在梁族上进行修改的，故其布置方法与布置框架梁一致，详见 3.5 节。该方法可创建的条形基础形式大致如图 3.2-17～图 3.2-21 所示。

3.2.3　筏板基础建模

Revit 中的筏板基础与结构板的行为一致，实质上由同一族创建，只是归属类型不一

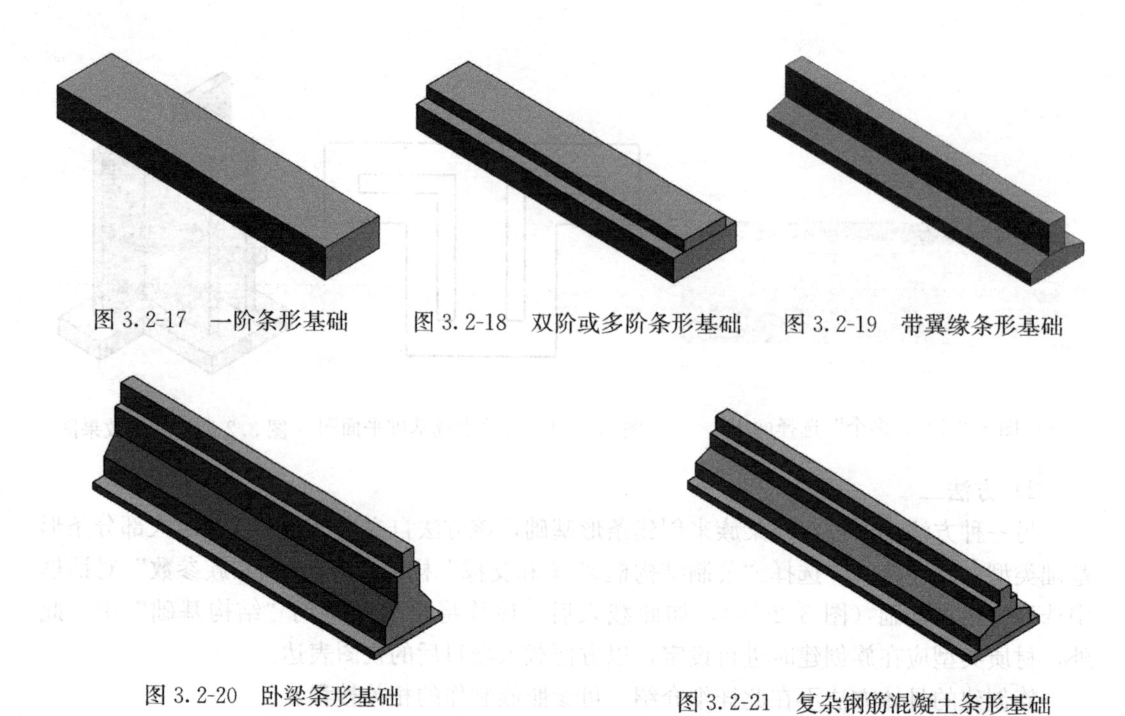

图 3.2-17　一阶条形基础　　图 3.2-18　双阶或多阶条形基础　　图 3.2-19　带翼缘条形基础

图 3.2-20　卧梁条形基础　　图 3.2-21　复杂钢筋混凝土条形基础

样，故其功能均与结构板一致，具体详见 3.6 节，本节不再详述。

布置步骤基本上与创建结构板一致："结构"命令面板→"基础"面板→"板"下拉菜单→点击"结构基础：楼板"→属性栏选择合适厚度筏板→绘制筏板边界（图 3.2-22）→点击✔完成编辑。

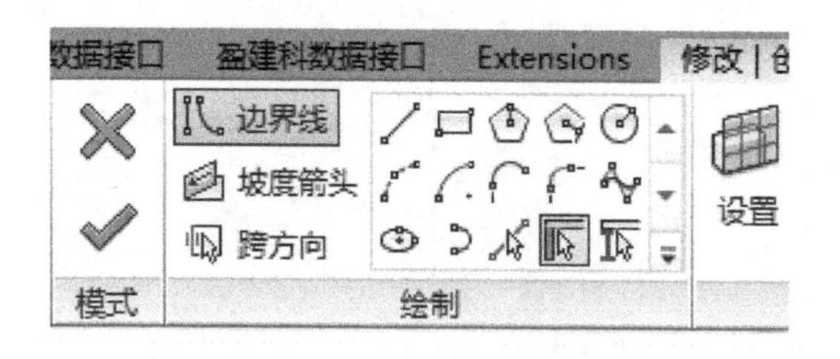

图 3.2-22　筏板边界绘制工具

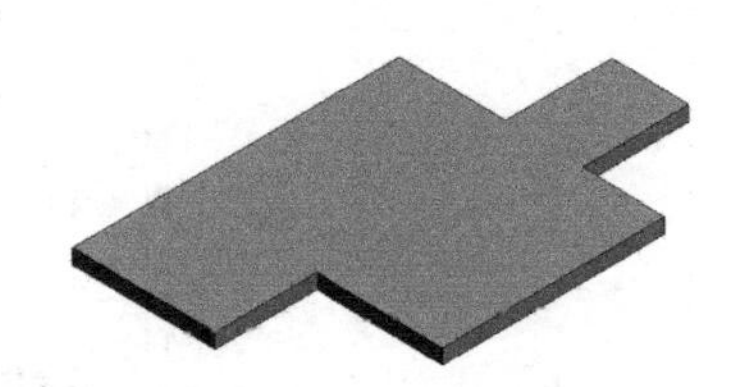

图 3.2-23　异形承台/筏板

由于系统默认的板基础可绘制任意形状的筏板，故亦可用于创建异形无阶承台，对于轮廓复杂的承台，可用该功能实现构件布置，如图 3.2-23 所示。

3.2.4　桩基础建模

较为原始的一种方法为，使用 Revit 自带的桩族，将承台和桩归入同一族中，然后载入使用；另一种较为变通的方法为采用柱族做桩，采用 Revit 的独立基础来创建承台。前者，承台与桩为同一构件，载入方便，但灵活性较差，改变桩布置形式或桩间距均需重新编辑族。后者，承台与桩分别为不同构件，承台使用的为 Revit 的独立基础族，而桩则采用的为柱族（圆形柱族需要通过"公制柱"样板新建），因而承台下的桩数、布置形式及桩间距均可灵活变换，适用性强。

1）方法一

加载 Revit 软件自带的桩族。Revit 建模面板上，“结构-基础”面板值提供了独立基础、条形基础和筏板基础的建模按钮，没有提供桩基础的建模按钮，但 Revit 本身有提供桩基础族，如 Revit2014，其桩基础族一般存放于以下目录：“C：\ ProgramData \ Autodesk \ RVT2014 \ Libraries \ China \ 结构 \ 基础”，用户可自行加载。

该方法适用于创建较为普通的桩基础，桩基础族创建完成后可反复使用，提升建模效率。但是灵活性较差，较难适应复杂的桩体布置形式，创建复杂的桩基础族将耗费大量的时间，且通用性差，难以修改。

2）方法二

该方法主要通过联合使用 Revit 独立基础构件和柱构件实现桩基础的布置。

异形及多阶承台的创建方法详见 3.2.1 节，而桩体则利用结构柱功能来创建。Revit 系统本身并无圆形柱，故圆形桩或圆环形桩需要新建族来完成，族样板可选择“公制结构柱”。

注意：使用“公制结构柱”样板制作桩体时，必须将承台的参数类别从“结构基础”改为“常规模型”，否则在承台下布置桩体时，系统将强制将基础承台附着于柱（桩）体底部。承台的族类别更改后，该族将会被存放于“构件”命令菜单中。

桩身直径、桩长等信息在“属性”中输入，如图 3.2-24 所示。图 3.2-24 中“底部偏移”值即为桩长，“顶板偏移”为布置平面视图往上的偏移值，如平面视图为承台底，则“顶板偏移”为深入承台高度，完成效果如图 3.2-25 所示。

限制条件	
底部标高	标高 1
底部偏移	-12000.0
顶部标高	标高 1
顶部偏移	-400.0
随轴网移动	☑

图 3.2-24　属性栏参数设置

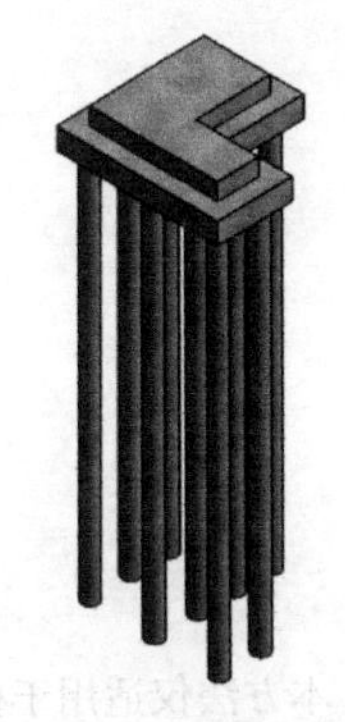

图 3.2-25　多桩双阶承台效果

该方法适应性强，承台与桩体分开布置，容易进行修改，可实现桩体自动附着持力层。但是桩间距需要手动调整，相比方法一的参数化调整而言，建模速度稍慢。

3.2.5　桩底持力层的附着

在建筑基础中，每根桩的桩体长度并不一致，其实际长度与持力层位置有关。根据《建筑地基基础设计规范》[4] 规定：桩底进入持力层的深度，宜为桩身直径的 1～3 倍。

为了在 Revit 中使用“明细表”功能输出桩体的混凝土用量，供概预算使用，则桩体的实际长度应比较准确，其长度计算宜以规范[4]要求为依据。

Revit 中，结构柱类别的构件可以自动附着于楼板，故只需采用结构板来创建持力层即可实现桩体的自动附着。

土层的创建方法：将结构板厚度改为 10mm（Revit 最小值），然后在持力层的大致位

附着柱：○ 顶 ◉ 底　附着样式：剪切目标
附着对正：最小相交　从附着物偏移：-1000.0

图 3.2-26　附着命令选项的设置

置创建一个标高，在此标高平面绘制一块覆盖场地范围的结构板作为持力层。根据地质报告中钻孔的位置创建楼板控制点（即“添加点”），然后通过“修改子图元”命令来修改各点的相对高程位置，使其与地质报告中的位置一致。如此即可创建三维的空间土层。

完成土层创建后，框选所需的桩体，点击“附着顶板/底部”命令，附着的选项设置如图 3.2-26 所示。其中“剪切目标”即以桩体为主体剪切土层，如此可避免统计时桩体混凝土用量减少的现象。“从附着物偏移”设置为－1000 是为了满足桩底深入持力层 1m 的施工要求。

上节别墅案例的桩基础即采用该方法进行创建，其桩基础效果如图 3.2-27 所示。

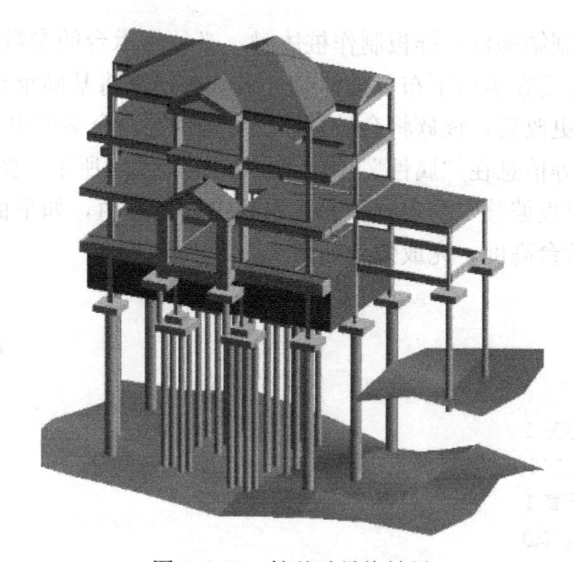

图 3.2-27　桩基础最终效果

注：本方法仅适用于桩体族类型为结构柱时的情况。

3.3　结构墙建模

墙体在 Revit 中是属于系统族，不能进行编辑族操作，故不能通过“族参数”添加信息，只能通过“项目参数”的方法添加信息，由于“项目参数”不能使用格式刷功能，故信息输入较为烦琐。此外，剪力墙的约束边缘构件和端柱难以通过文字来表述，而 Revit 又不支持对墙体区域进行细分，因而不建议对剪力墙的配筋信息进行输入，其配筋转而以详图大样族的形式进行表示，边缘构件区域以“填充区域”命令替代。剪力墙的配筋及平面表达方法详见第 5 章，本小节仅对墙体建模方法进行介绍。

值得注意的是，Revit 中的墙可分为“结构墙”和“建筑墙”，结构墙也属于“墙体”类别，区别在于结构墙的“结构”参数是勾选状态，非结构墙则为不勾选状态，在建筑墙的属性栏中勾选“结构”可直接将其转换为结构墙。

3.3.1　墙体建模

布置剪力墙操作流程：点击“结构”命令面板→“墙”下拉菜单→“墙：结构墙”→“属性”栏中选择或点击创建墙体类型→设置墙体高度→绘制墙体轨迹（图 3.3-1）→完成。

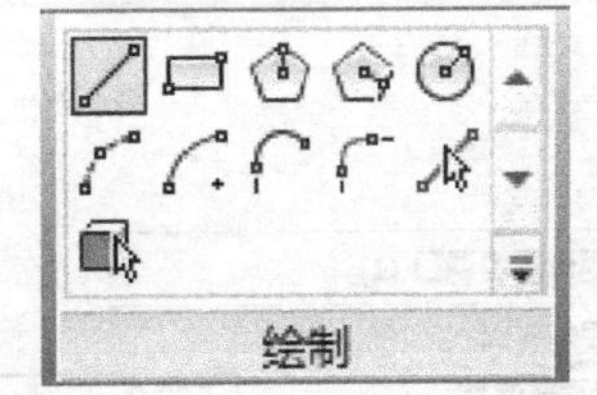

图 3.3-1　墙体绘制工具选择

Revit 默认并没有对布置结构墙设置快捷命令，为方便建模建议设置快捷键。绘制墙体时，Revit 提供了两种布置形式：“深度”和“高度”，“深度”是指自层标高向下布置，而“高度”则是指自层标高往上布置，同时可对高、深度范围以建筑标高的形式进行限制，无需用户填写墙体高度，用户可根据绘图习惯选择使用。一般建议使用“高度”绘制当层墙，这样可保持与传统施工图表达习惯一致。

Revit 中墙体平面位置与绘制路径的关系通过“定位线”和“偏移量”来控制。若墙中心线与绘制轨迹重合，定位线选择“墙中心线”；若墙边线与绘制轨迹重合，则选择“核心面：外部”；若墙中心线与绘制轨迹有一定距离，可通过偏移量来设置，自左向右或自上向下画时，偏移量以上、右为正，下、左为负。此外，在画 L 形或 T 形墙时，需要连续画墙，此时应勾选“链”，即可实现连续布墙。

如图 3.3-2 表示墙体按“高度”的形式进行布置，墙体顶部连接 F3 标高，墙中心线与绘制路径重合，且偏移量为 0。

图 3.3-2　墙体布置高度控制

3.3.2　墙体开洞

Revit 中墙体开洞一般有五种方法，用户可根据墙体类型和洞口形状来选择合适的开洞方法。

1）方法一——墙洞口法

利用“墙洞口”命令，该命令是最方便的开洞方法，但仅适用于在直墙和弧形墙上开矩形洞口。操作步骤为：“结构”命令面板→“洞口”面板→“墙”→点击开洞墙体→绘制洞口大小，操作截图如图 3.3-3 所示。

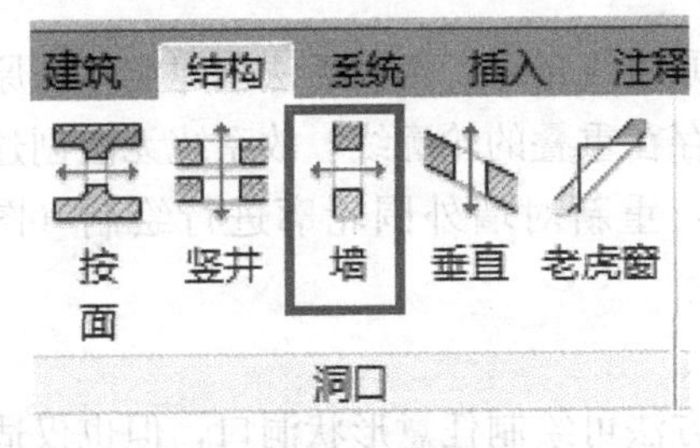

图 3.3-3　开洞菜单

一般墙洞口命令在立面或者三维视图中操作，可以先绘制好大概尺寸，再通过“属性设置”和“修改临时尺寸”进行准确定位，如图 3.3-4、图 3.3-5 所示。

2）方法二——编辑轮廓法

利用“编辑轮廓”命令，该方法仅对直线墙可用，对弧形墙不适用，但优点在于绘制任意形状洞口，且操作简单。操作步骤为：点击选中直线墙→“修改 | 墙”命令面板→

“模式”面板→点击“编辑轮廓”命令→绘制预留洞口形状→调整位置→点击✔完成编辑，如图 3.3-6 所示。

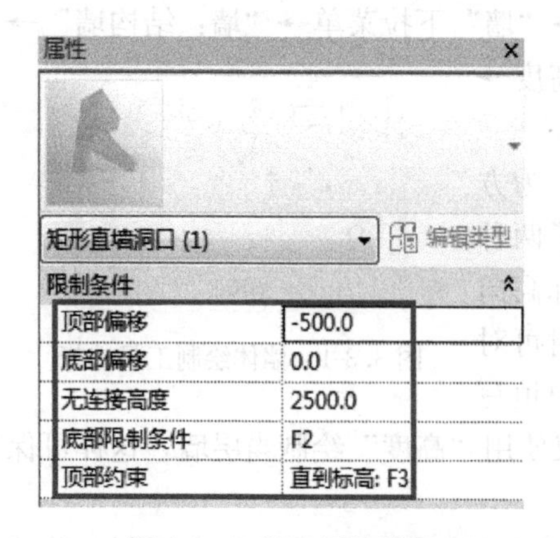

图 3.3-4　洞口属性设置

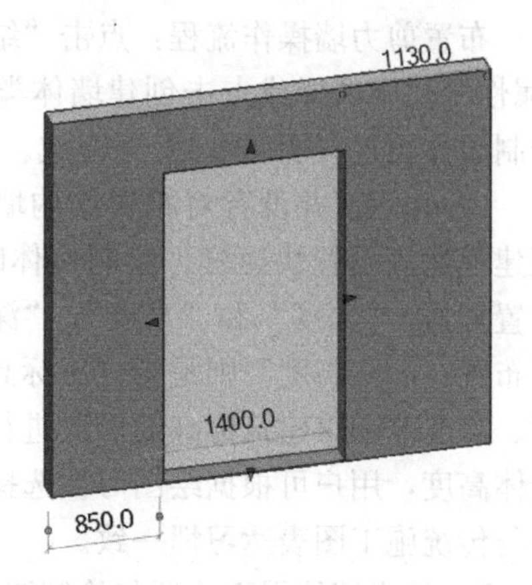

图 3.3-5　洞口的临时尺寸修改

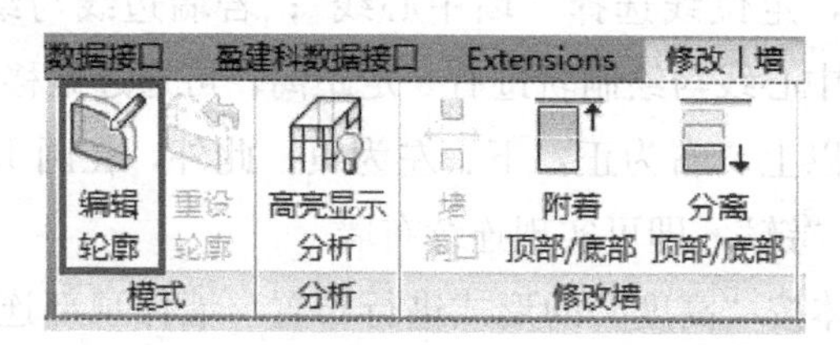

图 3.3-6　编辑轮廓命令位置

系统会默认墙中部轮廓线为洞口，如图图 3.3-7、图 3.3-8 所示。

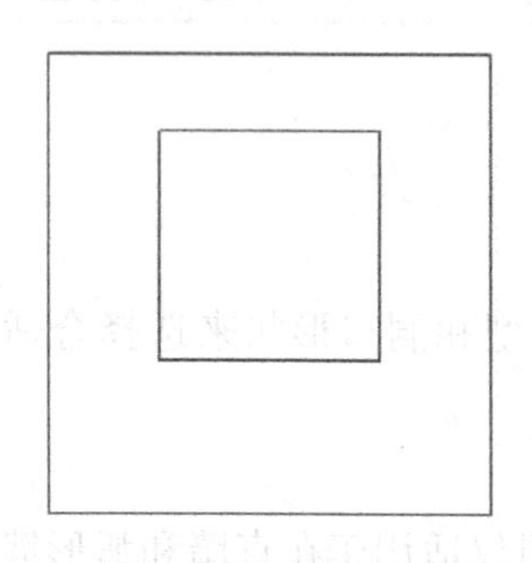

图 3.3-7　草图界面

图 3.3-8　绘制结果

注意，绘制墙边洞口时，切记洞口轮廓线不可与原边线重合，否则无法创建洞口。原因是该方法本质为对墙体轮廓进行重新定义，由于不存在重叠的轮廓线，故系统无法创建实体。正确的做法为将洞口作为墙边轮廓的一部分，重新对墙外围轮廓进行绘制（图 3.3-9、图 3.3-10）。

3）方法三——内置洞口法

利用“内置构件”中“洞口”命令创建洞口。该方法可绘制任意形状洞口，但也仅适用于绘制直线墙。而该方法较方法二的优势在于绘制“墙边洞口”时无需重新绘制墙边轮廓，直接绘制洞口轮廓即可。

操作步骤为：“结构”命令面板→“模型”面板→“构件”下拉菜单→点击“内建模

型”→“族类别和族参数”对话框中选择“墙”→定义墙名称→“创建”命令面板→“模型”菜单→点击“洞口”→点击选择开洞主体→绘制洞口轮廓→点击✔完成编辑。操作截图如图 3.3-11～图 3.3-13 所示。

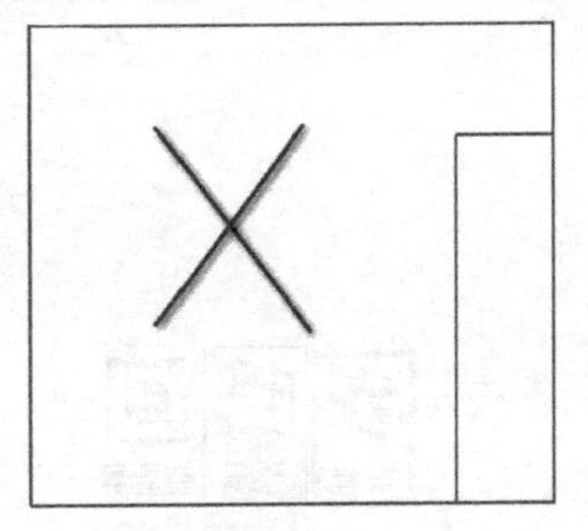

图 3.3-9　错误做法

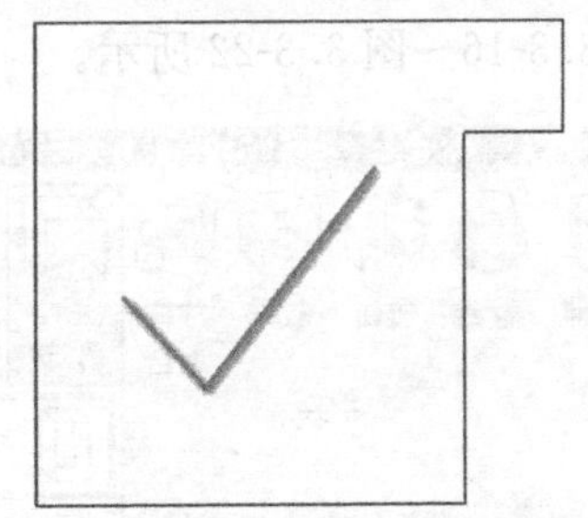

图 3.3-10　正确做法

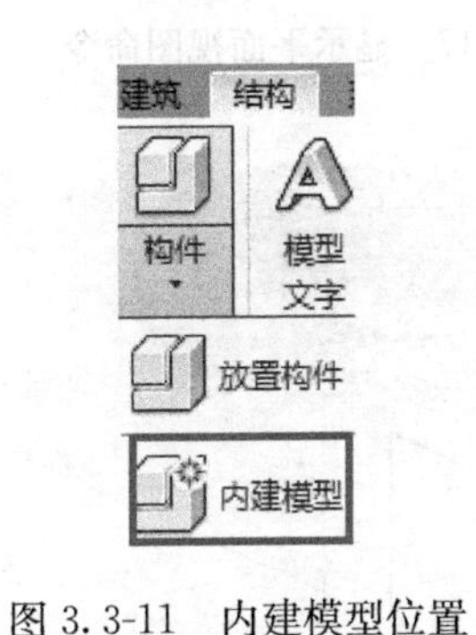

图 3.3-11　内建模型位置

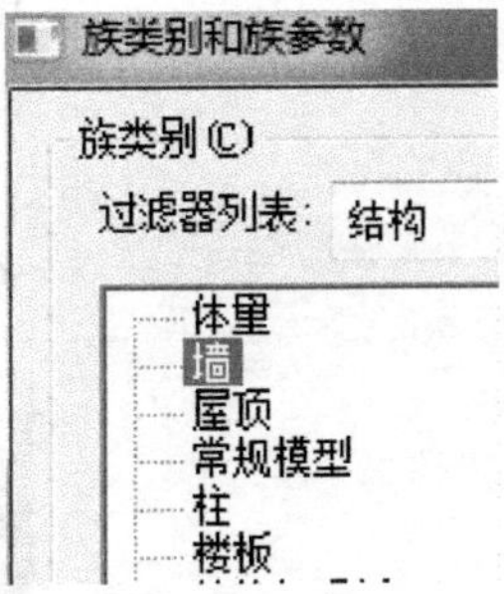

图 3.3-12　族类别选择

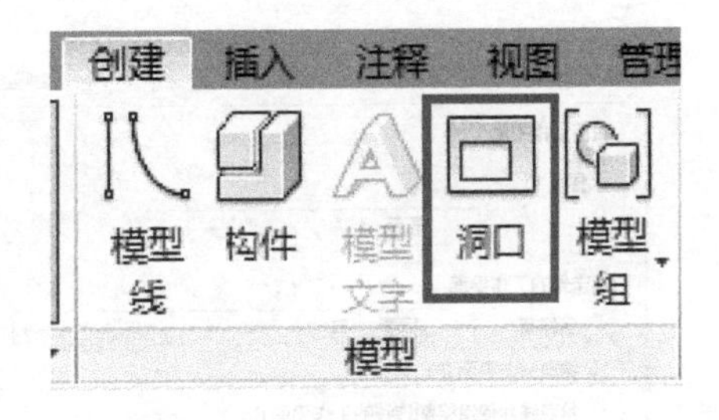

图 3.3-13　洞口命令位置

与方法二不同，该方法直接绘制洞口尺寸和轮廓即可，不会出现洞口边线与墙轮廓线重叠而导致洞口无法创建的情况，草图截面与绘制结果如图 3.3-14、图 3.3-15 所示。

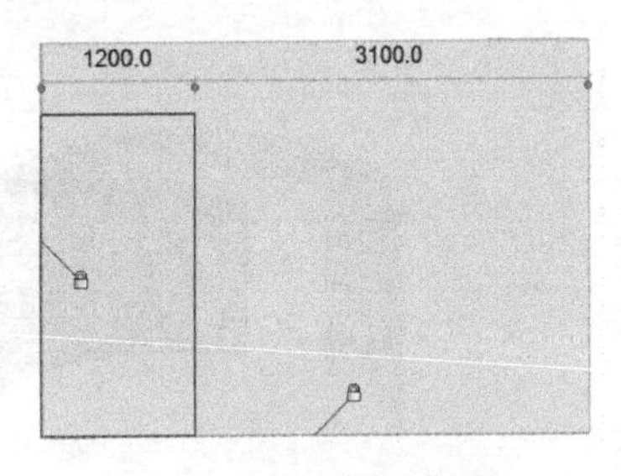

图 3.3-14　草图界面

图 3.3-15　绘制结果

若需要对洞口进行重新编辑，可以点击洞口轮廓，点击“在位编辑”，再点击“编辑草图”即可进入洞口草图编辑界面（也通过两次双击洞口轮廓进入草图编辑界面）。

4）方法四——空心拉伸法

利用“内置构件”中“空心拉伸”命令来创建洞口。该方法可在任意墙体上创建任意形状的洞口，为适用性最强的一种方法，同时也是操作最为烦琐的方法。一般仅在对弧形墙进行开洞时才需使用该方法。其操作前半部分与方法三一致，其实质原理相同。

操作步骤：

“结构”命令面板→“模型”面板→“构件”下拉菜单→点击“内建模型”→“族类别和族参数”对话框中选择“墙”→定义墙名称→“创建”命令面板→“形状”面板→

“空心形状”下拉菜单→点击“空心拉伸”→设置平面视图→绘制空心构件平面轮廓→设定空心构件拉伸范围→点击✔完成空心构件编辑→“几何图形”菜单中点击“剪切”命令→先点击墙体再点击空心块实现洞口的剪切→点击✔完成模型编辑。其操作流程截图如图 3.3-16～图 3.3-22 所示。

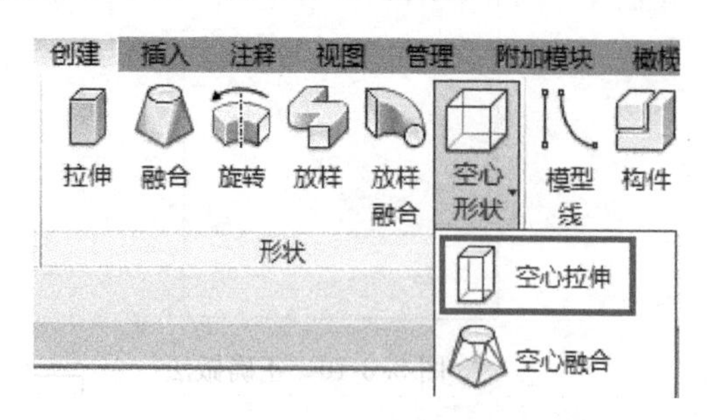

图 3.3-16　空心拉伸命令位置

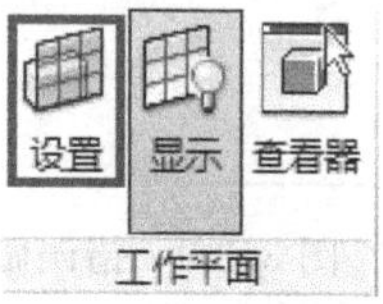

图 3.3-17　显示平面视图命令

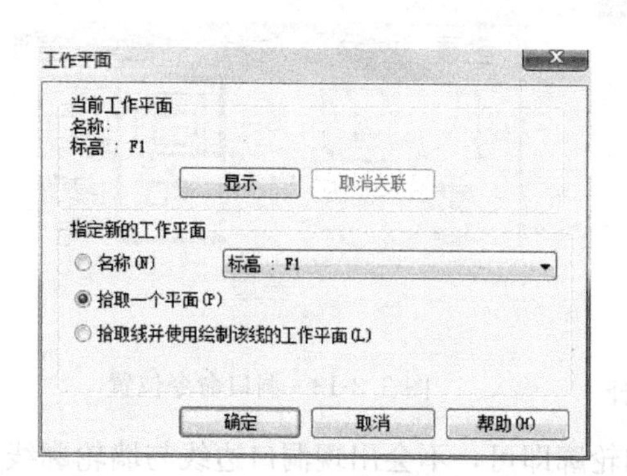

图 3.3-18　工作平面选择

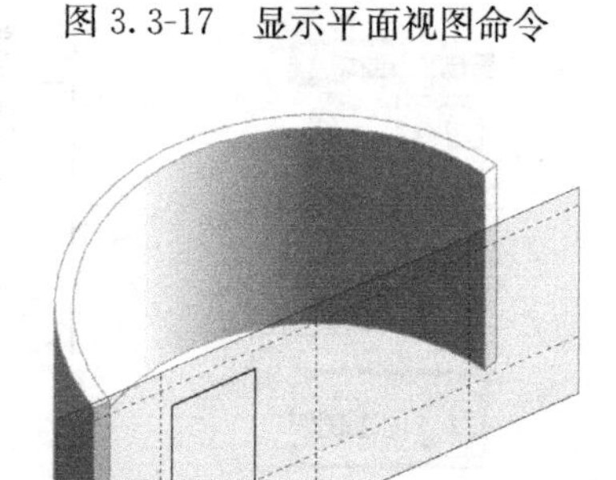

图 3.3-19　工作平面效果

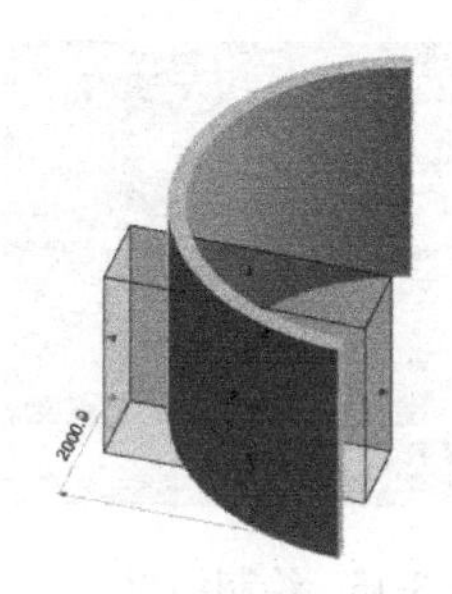

图 3.3-20　空心构件创建

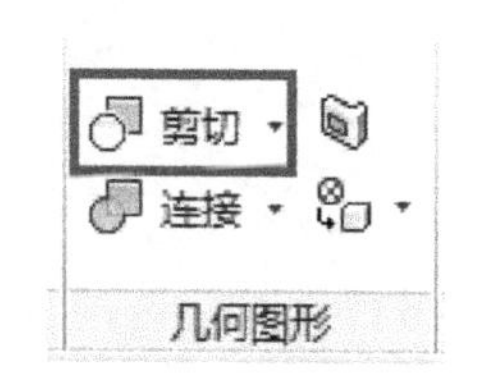

图 3.3-21　剪切命令位置

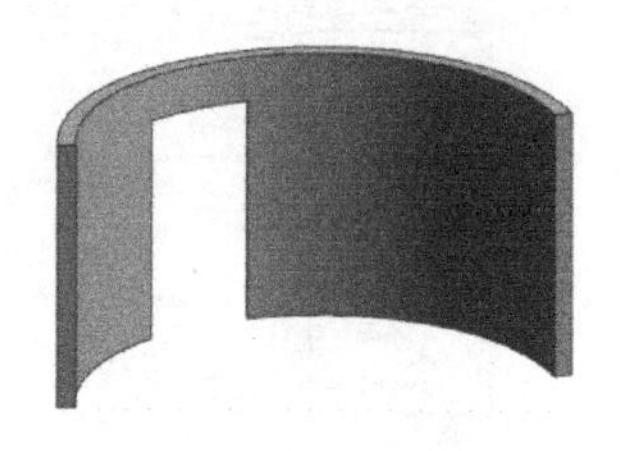

图 3.3-22　完成结果

该方法有以下几个关键点：

拾取合适的工作平面。对弧形墙进行开洞时，选择一个合适的工作平面尤为重要，空心构件的平面轮廓绘制将在工作平面上进行，如图 3.3-19 所示。

空心构件的深度可在完成轮廓编辑后通过蓝色控制柄进行拖动拉伸，如图 3.3-20 所示，故空心构件的深度设置为大概值即可。

在“完成模型编辑”之前必须以墙体为主体对空心构件进行“剪切”，否则无法创建洞口。操作要点为点击剪切命令后，先点选墙体，再点选空心构件，以实现以墙为主体进行剪切。

5）方法五——空心窗族法

墙体开洞还有一种较少用到的方法，通过载入一个无实体窗的窗族来进行开洞。该方法布置的窗族，不需要任何的窗体元素，故直接使用系统自带的“公制窗”族即可。洞口的大小在公制窗族的“类型属性”中进行设置。

3.4　结构柱建模

Revit 中柱子可分为结构柱和建筑柱，建筑柱主要用于展示柱子的装饰外形及其构造层类型；而结构柱则为结构构件，可在其属性中输入相关的结构信息（前提为相应信息参数已经制作入该柱族，或已在项目中添加相应的项目参数或共享参数），更可以在其中绘制三维钢筋。Revit 中建筑柱可以直接套在结构柱上，建筑柱主要为装饰装修服务，而结构柱则为结构建造服务。因而结构设计人员使用结构柱进行建模即可。

结构柱族属于可载入族，其具有高度的自定义特征，可对其自定义添加大量的实例参数，因而用户可以根据需要将所需参数定义到结构柱族中，如图 3.4-1 所示。

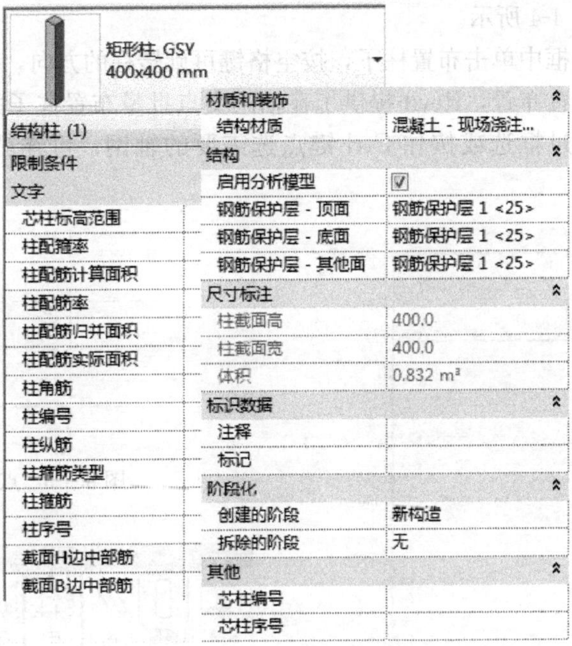

图 3.4-1　柱族实例参数

建议在布置结构柱前先对结构柱族进行编辑，将所需的信息参数添加进柱族中，可方便后续施工图的绘制（柱族参数的添加方法详见 2.3 节）。

3.4.1　垂直结构柱

垂直结构柱是最常见的结构柱类型，布置垂直结构柱主要有以下几个步骤：

步骤一：单击“结构”命令面板→“结构”面板→单击“柱”。系统默认放置垂直柱，如图 3.4-2 所示。

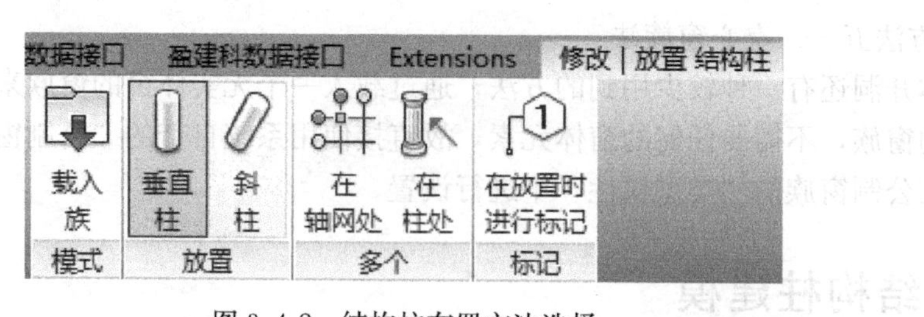

图 3.4-2　结构柱布置方法选择

步骤二：设置结构柱放置方法，选择“高度”或“深度”，同时设置柱子顶或底部的连接标高。“高度”指柱子底部为当前平面视图标高，往上布置柱；“深度”指柱子顶部为当前平面视图标高，往下布置柱。如图 3.4-3 所示。

图 3.4-3　柱布置时高度控制栏

步骤三：选择或创建结构柱类型。在“属性”下拉菜单中选择合适的柱族及类型或创建新柱类型，如图 3.4-4 所示。

步骤四：在视图框中单击布置柱子，按空格键可旋转柱的方向，如图 3.4-5 所示。

此外，对于垂直柱布置，Revit 提供了在轴网交点批量布置柱子的功能，其工具按钮如图 3.4-6 所示。通过框选或按住 Ctrl 键点选需要的轴网，可在轴网交点处批量布置结构柱。

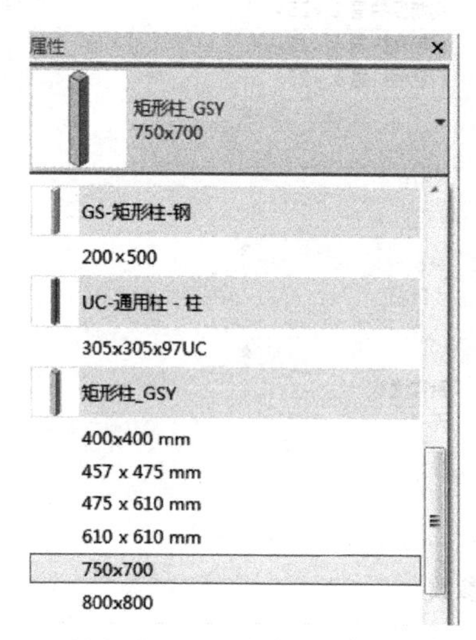

图 3.4-4　柱类型选择

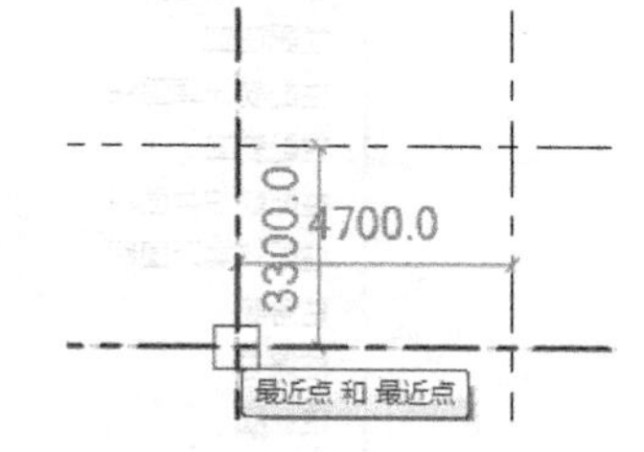

图 3.4-5　点击放置柱

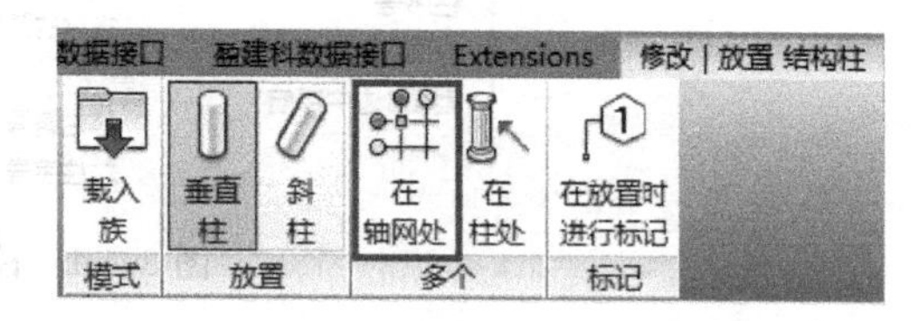

图 3.4-6　柱网柱布置命令

3.4.2　倾斜结构柱

倾斜结构柱的布置方法与垂直结构柱基本相同，选择放置方式为斜柱，并设置偏移量即可，如图 3.4-7、图 3.4-8 所示。注意在平面点击定位时，预览的尺寸是斜柱的长度，并非两端的水平距离。完成效果如图 3.4-9 所示。

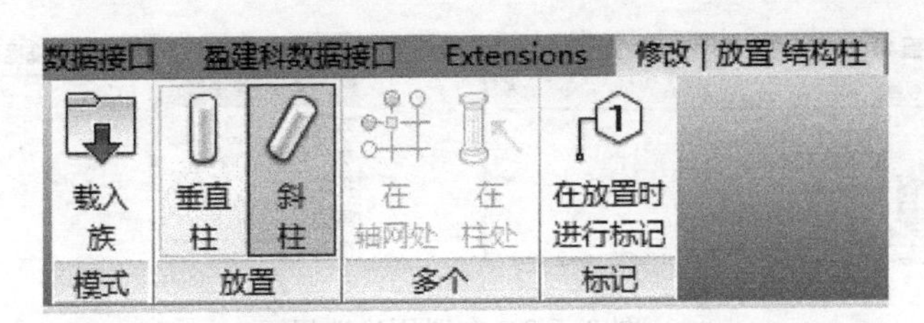

图 3.4-7　斜柱命令位置

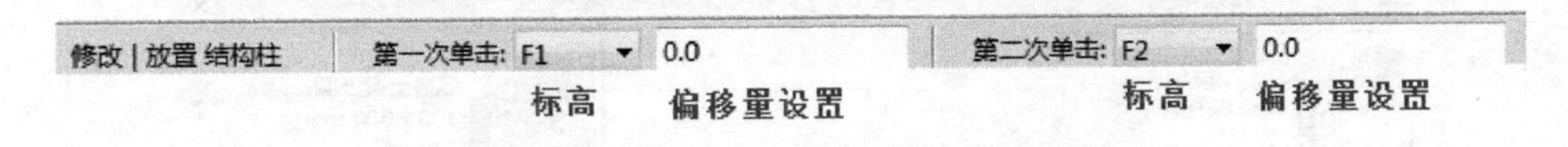

图 3.4-8　斜柱布置控制栏

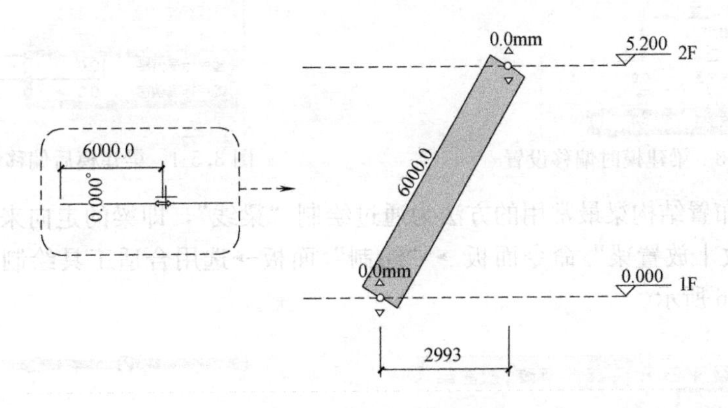

图 3.4-9　斜柱布置效果

3.5　结构梁建模

结构梁建模方法如下："结构"选型卡→"结构"面板→单击"梁"，在"属性"栏中选择或创建合适的梁类型，如图 3.5-1 所示。设置梁放置平面及用途。系统默认放置平面为当前平面视图标高，结构用途一般可不进行设置，影响不大，其操作如图 3.5-2 所示。

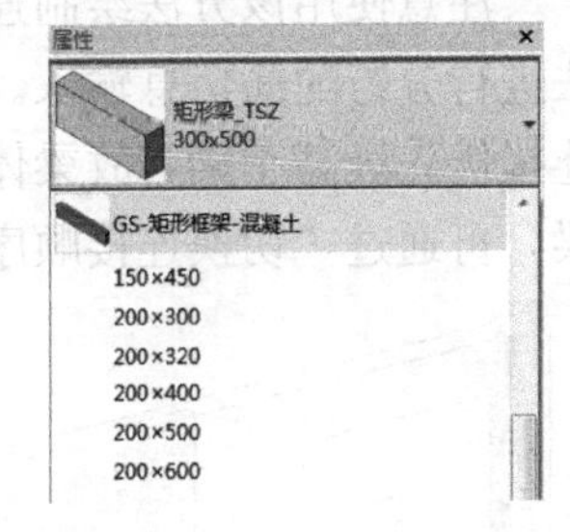

图 3.5-1　结构梁类型选择

图 3.5-2 中若勾选"链"，则可实现梁的连续布置。由于 Revit 不会自动识别多跨梁，为实现各跨梁的配筋信息输入，连续梁的各跨段需要分别布置，勾选"链"功能可方便连续梁的分跨布置。

此外，应注意，建模前必须检查图 3.5-2 中"放置平面"的设置是否准确，即确保梁建模标高的准确性。此外，若结构梁需在"放置平面"设定的标高上再作调整，可在建梁时的"梁属性"窗口中，对"Z 轴偏移值"进行定义（图 3.5-3），正值为"放置平面"标高之上，负值之下。若已完成结构梁建模，仍可对梁的标高进行修改，在其梁属性栏中，对"起点标高偏移"和"终点标高偏移"进行设置即可（图 3.5-4）。

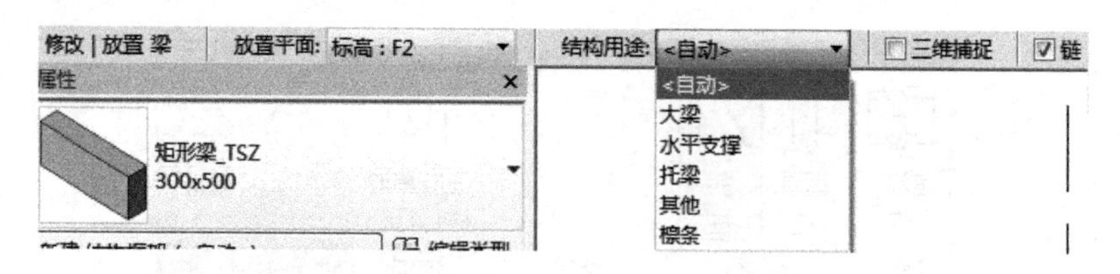

图 3.5-2 布置用途选择

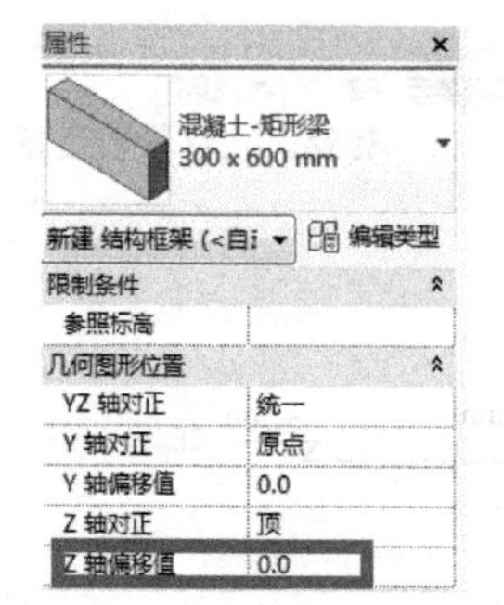

图 3.5-3 梁建模时偏移设置

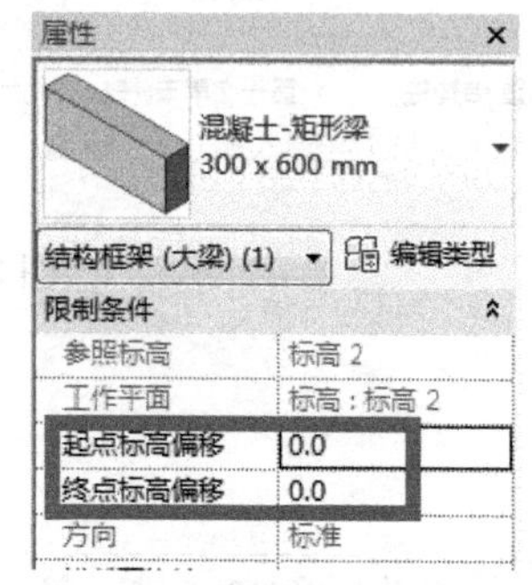

图 3.5-4 梁建模后偏移设置

在建模中布置结构梁最常用的方法为通过绘制“梁线”，即梁的走向来布置梁。具体方法为：“修改丨放置梁”命令面板→“绘制”面板→选用合适工具绘制梁走向，如图 3.5-5、图 3.5-6 所示。

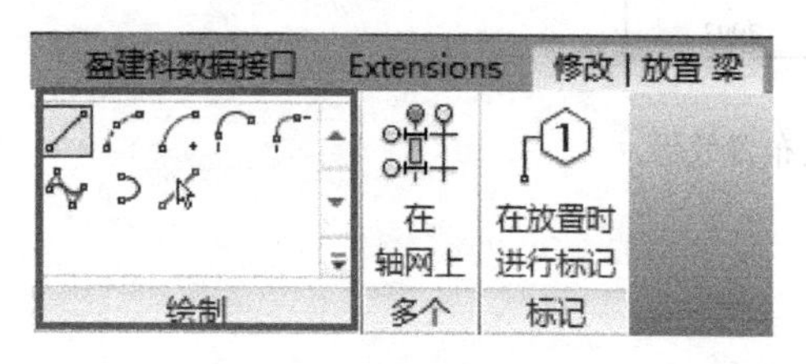

图 3.5-5 梁布置工具

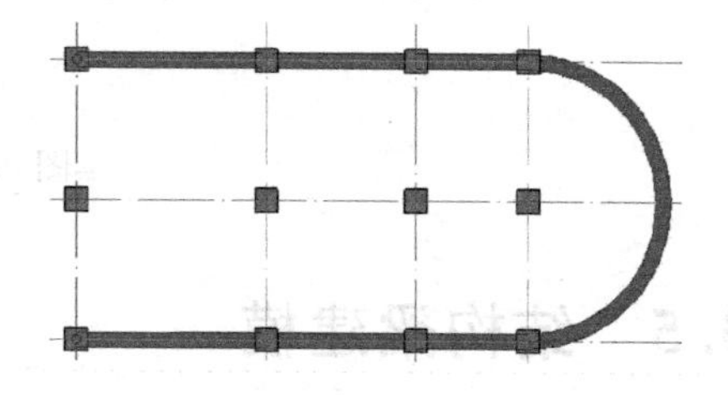

图 3.5-6 梁布置效果

注意使用该方法绘制连续梁时需要分跨绘制，否则多跨连续梁将会形成单根梁段，无法进行分跨配筋信息输入。需要注意的是，若布置的结构梁与墙体重合，由于墙体的默认连接优先级高于梁，故梁体会被墙体切割。具体效果如图 3.5-7 所示。若不希望墙切割梁，可通过“切换连接顺序”命令进行切换，切换后的效果如图 3.5-8 所示。

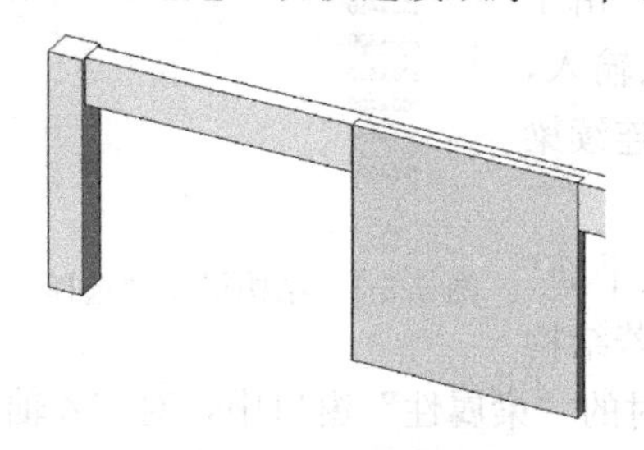

图 3.5-7 墙割梁效果

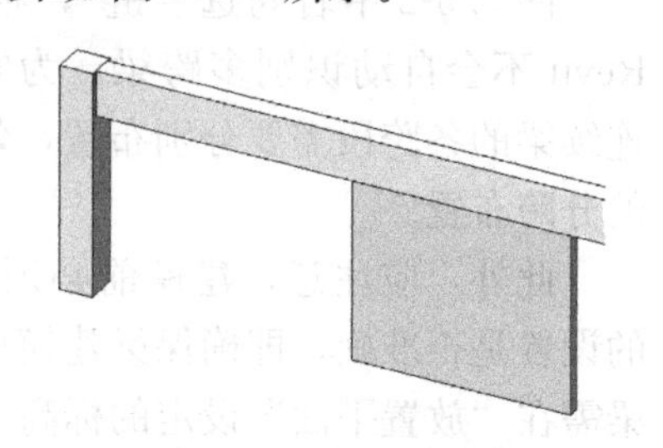

图 3.5-8 梁割墙效果

Revit 除了提供上节所述的梁建模方法，还提供了通过拾取轴网的方式建梁。操作方法如下：“修改丨放置梁”命令面板→“多个”面板→点击“在轴网上”选择轴网→点击

✔完成梁布置。

该方法会自动在选定轴网的柱上布置结构梁。布置的连续梁会自动根据柱跨进行打断，系统自动实现连续梁的分跨布置。操作步骤及布置效果图如图 3.5-9、图 3.5-10 所示。

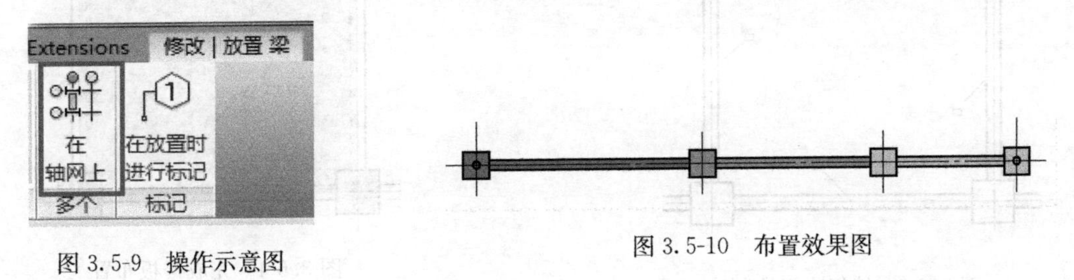

图 3.5-9　操作示意图

图 3.5-10　布置效果图

3.6　结构板

Revit 中楼板可分为建筑楼板和结构楼板，其区别在于结构楼板可启动分析模型，且可添加实体钢筋。在 Revit 中建筑楼板和结构楼板可以通过属性栏的设置进行相互转化，结构专业一般使用结构楼板进行建模。

3.6.1　结构板建模

Revit 的结构板创建与 PKPM 的创建方法不同，其可以不依附任何结构构件而存在，同时也不会自动识别梁边界而在封闭梁空间内创建板。Revit 中的板必须通过手绘轮廓来创建，且由于 Revit 不会根据梁进行板跨打断，因而不同板跨必须分开绘制，否则多板跨将默认为单块板，其区别如图 3.6-1、图 3.6-2 所示。

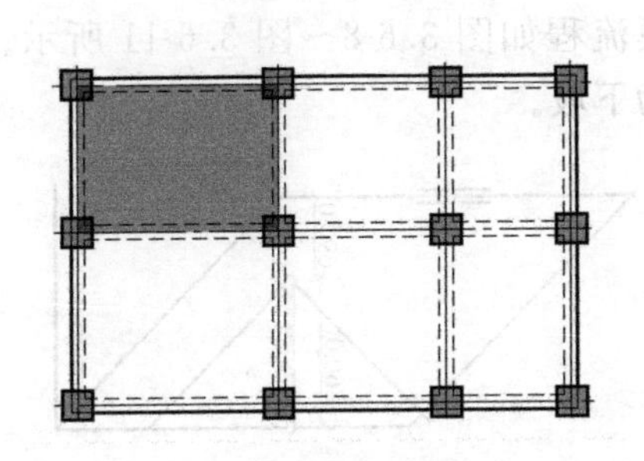

图 3.6-1　分板跨布置效果

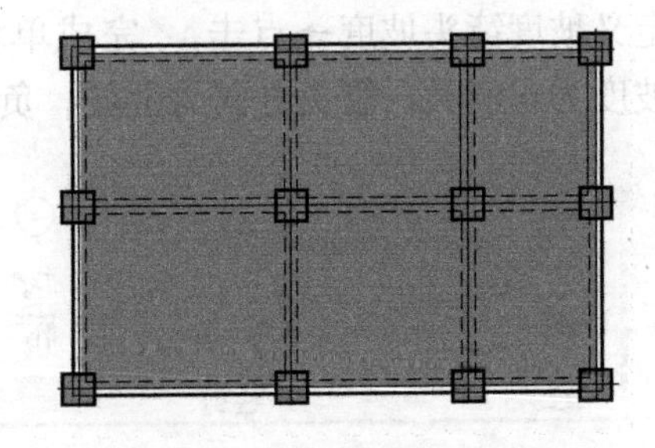

图 3.6-2　不分板跨绘制效果

楼板布置步骤如下："结构"命令面板→"结"构面板→"楼板"下拉菜单→单击"楼板：结构"，并选择结构板的族类型→"修改 | 创建楼层边界"命令面板→"绘制"面板→点选"边界线"→选择绘图工具绘制楼板边界→点击✔完成楼板布置，如图 3.6-3、图 3.6-4 所示。

3.6.2　斜楼板建模

斜楼板建模有两种方法，一种为通过边线定义坡度，另一种为通过坡度箭头定义坡度。

通过边线定义坡度的方法适合楼板有一边为水平边的情况，操作步骤：双击楼板进入草图绘制界面→点选水平边线→勾选定义坡度选项→填写坡度→点击✔完成单块楼板编辑。建模流程如图 3.6-5～图 3.6-7 所示。

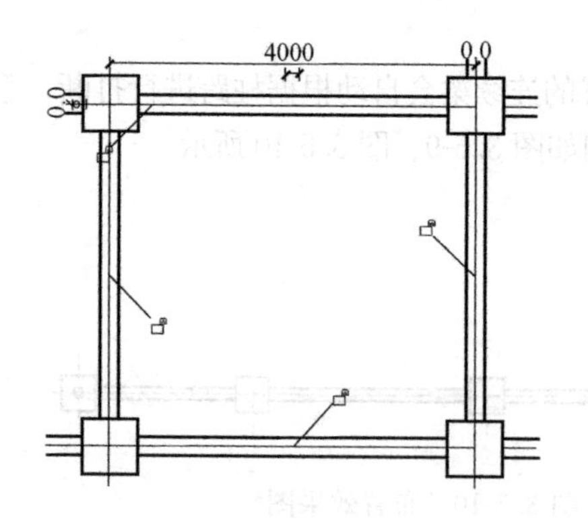

图 3.6-3　楼板边界绘制

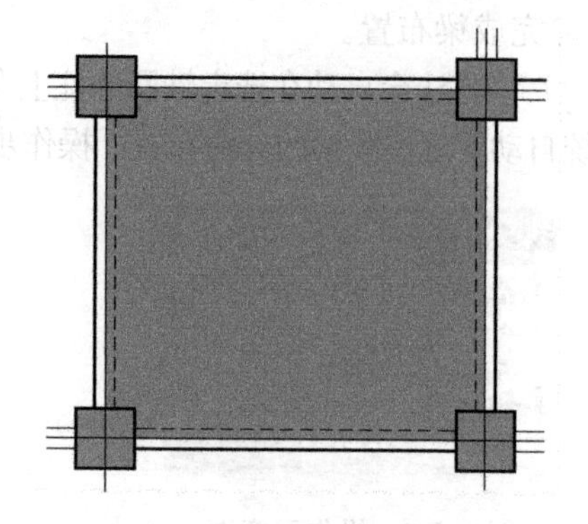

图 3.6-4　完成楼板布置

图 3.6-5　勾选定义坡度

尺寸标注	
坡度	-30.00°
长度	6400.0

图 3.6-6　属性栏坡度定义

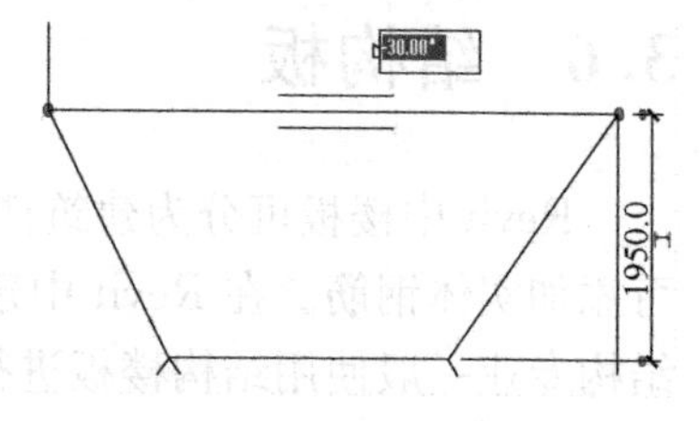

图 3.6-7　水平边定义坡度

注意：外轮廓边线定义的数值应为负值，否则楼板将向下倾斜。原因为 Revit 默认以选中边为基准，坡度为正值时，向下坡；坡度为负值时，向上坡。这跟坡屋顶的坡度定义正好是相反的。并且，一个楼板只能有一个边定义坡度。

通过坡度箭头定义坡度的方法适合任何情况的坡度定义，楼板坡度以坡度箭头方向及参数为准。操作步骤：双击楼板进入草图绘制界面→点击坡度箭头→绘制坡度箭头方向→定义坡度箭头坡度→点击✔完成单块楼板编辑。建模流程如图 3.6-8～图 3.6-11 所示。坡度为正值时，箭头方向为上坡，负值时，箭头方向为下坡。

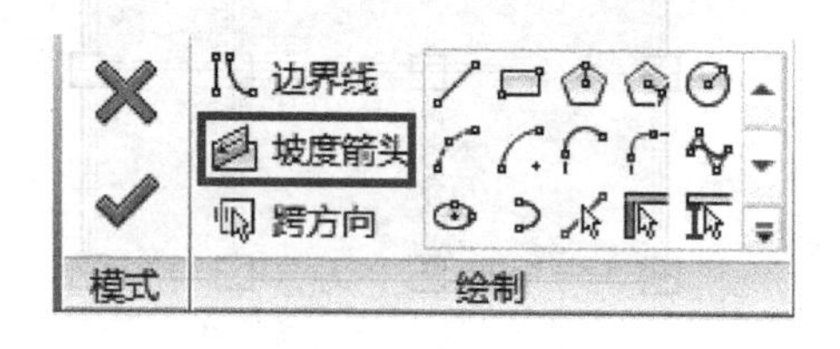

图 3.6-8　菜单栏选择

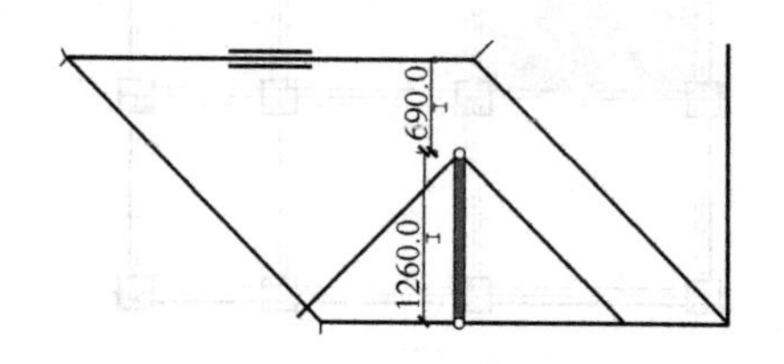

图 3.6-9　坡度箭头绘制

限制条件	
指定	坡度
最低处标高	默认
尾高度偏移	0.0
最高处标高	默认
头高度偏移	0.0
尺寸标注	
坡度	30.00°
长度	1260.0

图 3.6-10　定义坡度

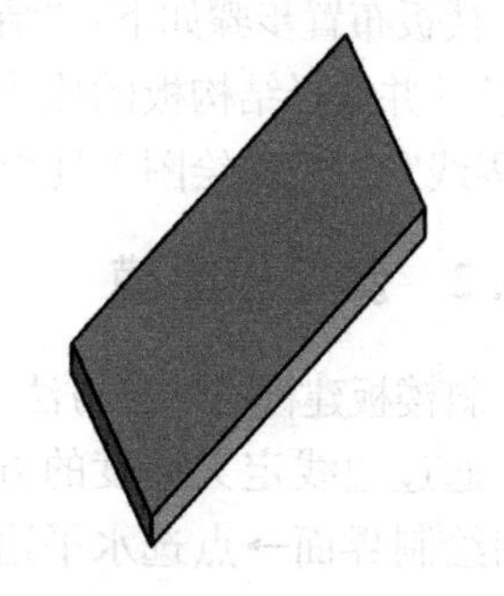

图 3.6-11　完成效果图

3.6.3 结构板开洞

楼板开洞与墙开洞类似，共有四种方法，分别为：利用“洞口”功能开洞、通过编辑楼板边界线开洞、通过空心构件洞口命令开洞、通过空心构件族开洞。

方法一：“洞口”功能开洞。

该方法可对水平板、斜板、折板进行开洞，为最常用的一种开洞方法。操作步骤如下：

结构命令面板→洞口面板→选择合适的开洞方式（图3.6-12）→点选开洞的楼板→“绘制”面板选择合适工具（图3.6-13）→绘制洞口轮廓→点击✔完成开洞。

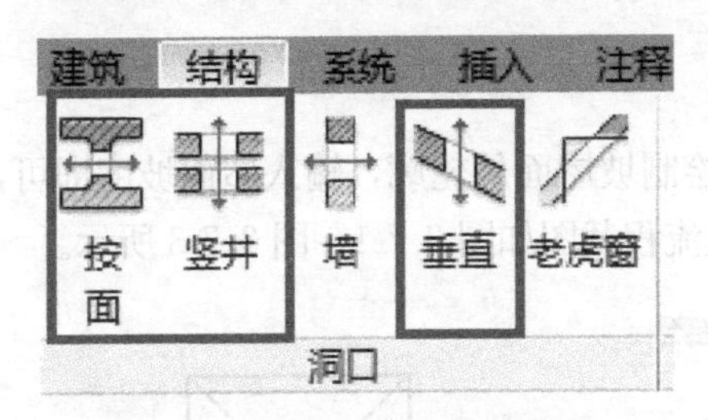

图3.6-12 可选用的楼板开洞方式

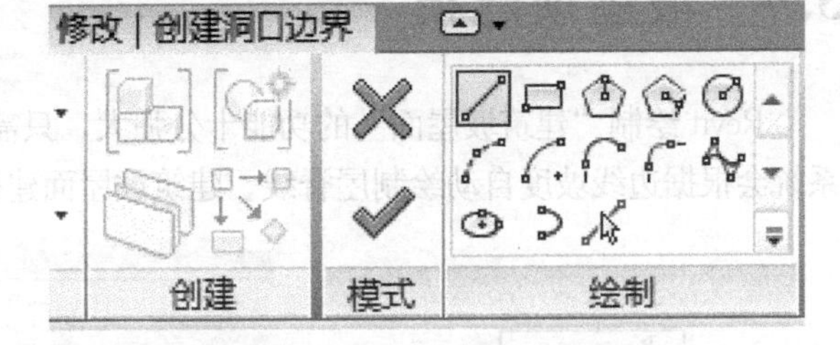

图3.6-13 洞口轮廓绘制工具

开洞方式中，“按面”创建的是垂直于楼板面的洞口，“垂直”创建的是竖直方向的洞口，而“竖井”可用于创建贯穿多层的洞口，其纵深（贯穿层数）在属性栏中设置。一般设备管井洞口多用“竖井”方式进行开洞，可确保多个楼层的洞口对齐。

使用该方法应注意洞口的轮廓不应超出楼板边线，否则楼板边线外的洞口将无法创建。

方法二：编辑楼板边界线开洞。

该方法本质为将洞口作为楼板轮廓，在布置楼板时即可直接绘制洞口，方便快捷。系统会默认内轮廓线为洞口边线。

双击选中楼板（或者点选楼板后，单击“编辑边界”）进入绘制草图模式，选用合适的绘图工具绘制楼板边界，最后点击✔完成开洞编辑。其草图模式及完成效果图如图3.6-14、图3.6-15所示。

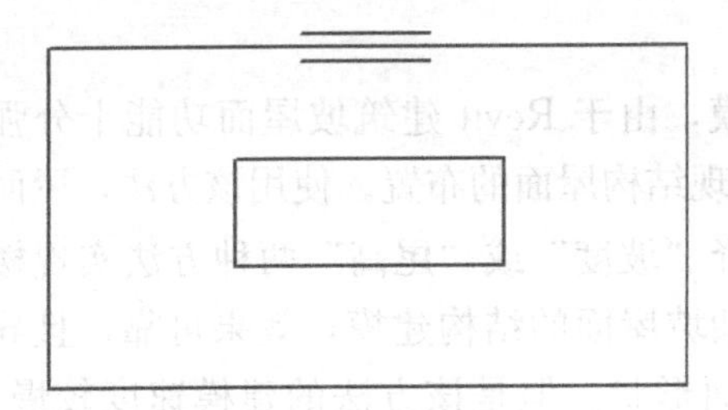

图3.6-14 草图模式

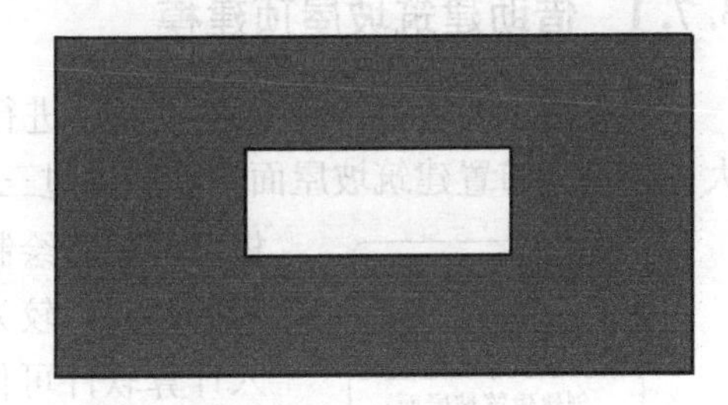

图3.6-15 完成效果图

该方法应注意洞口边线不可与原楼板边界线重合或相交，否则无法创建成功。

方法三：空心构件洞口命令开洞。

该方法可对水平板、斜板、折板进行开洞，功能效果相当于方法一中的“垂直”开洞方式，用户可根据习惯选用。操作流程与“墙体开洞的方法三”相同，区别在于“族类别和族参数”对话框中族类型选择楼板。

操作步骤：

“结构”命令面板→“模型”面板→“构件”下拉菜单→点击“内建模型”→“族类别和族参数”对话框中选择“楼板”→定义楼板名称→“创建”命令面板→“模型”菜单→点击“洞口”→点击选择开洞主体→绘制洞口轮廓→点击✔完成编辑。

方法四：空心构件族开洞。

该方法通过内建空心构件族来实现楼板的开洞，优点在于洞口可为任意的三维形状。操作方法与“墙体开洞的方法四”相同。具体操作流程可参照 3.3.2 小节的方法四。

3.7 坡屋顶建模

Revit 绘制“建筑坡屋面”的功能十分强大，只需绘制坡屋面外轮廓，输入屋面坡度即可，系统会根据边线坡度自动绘制屋脊线。建筑坡屋面建模流程截图如图 3.7-1～图 3.7-3 所示。

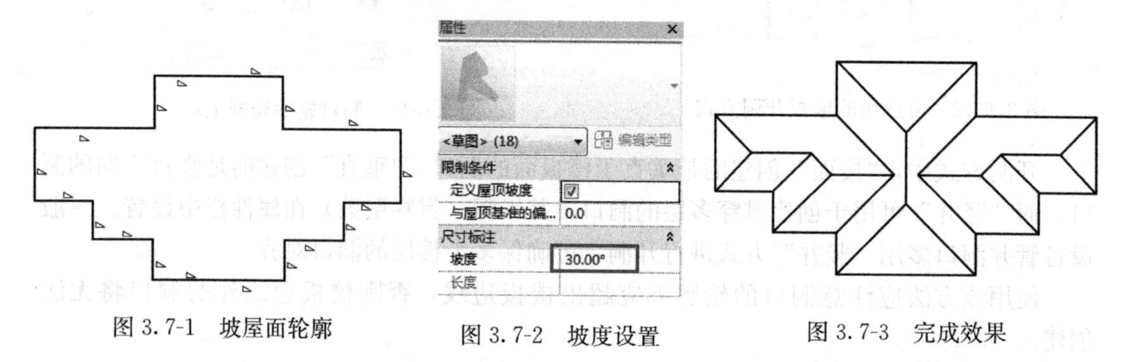

图 3.7-1　坡屋面轮廓　　图 3.7-2　坡度设置　　图 3.7-3　完成效果

但通过该方法绘制的建筑坡屋面并没有结构属性，不能满足结构工程师使用的要求，同时由于 Revit 并没有“结构坡屋面”，因而结构模型只能采用结构楼板来布置坡屋面。而采用“楼板：结构”功能来绘制坡屋顶需要一定的技巧，经过多次反复尝试和研究，本书总结出两种较为快捷的方法，分别为“借助建筑坡屋顶建模法”和“修改子图元建模法”，本节对这两种方法展开介绍。

3.7.1 借助建筑坡屋顶建模

该方法主要通过“建筑坡屋面”进行辅助建模，由于 Revit 建筑坡屋面功能十分强大，故可先布置建筑坡屋面，然后通过三维捕捉实现结构屋面的布置。使用该方法，屋面板可分板跨绘制，可选择“坡度”或“尾高”两种方法实现楼板的倾斜，较为适合复杂坡屋面的结构建模，效果可靠，且导入计算软件可保持坡屋面形状。但是该方法的建模速度较慢。大体操作方法如图 3.7-4 所示。

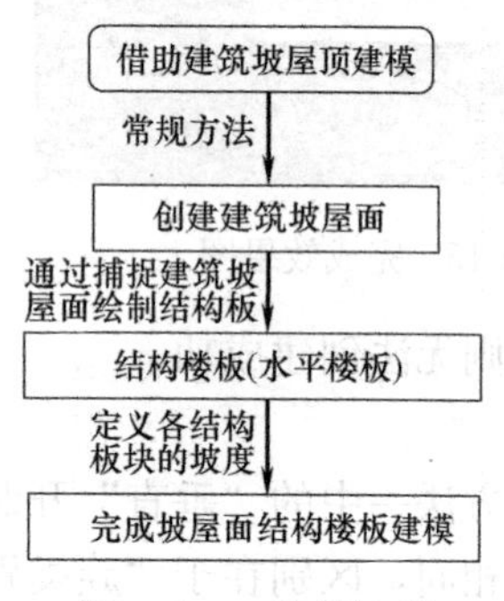

图 3.7-4　建模流程

详细操作步骤如下：

1）绘制“建筑坡屋面”

建筑命令面板→构建面板（图 3.7-5）→屋顶下拉菜单（图 3.7-6）→单击迹线屋顶→属性栏选择合适厚度屋面（图 3.7-7）→填写全局坡度（图 3.7-8）→选择绘制工具（图 3.7-9）→绘制

屋面外轮廓→定义特殊边屋面坡度（图 3.7-10）→点击✔完成编辑。完成效果如图 3.7-11 所示。

图 3.7-5　菜单栏选择

图 3.7-6　下拉菜单选择

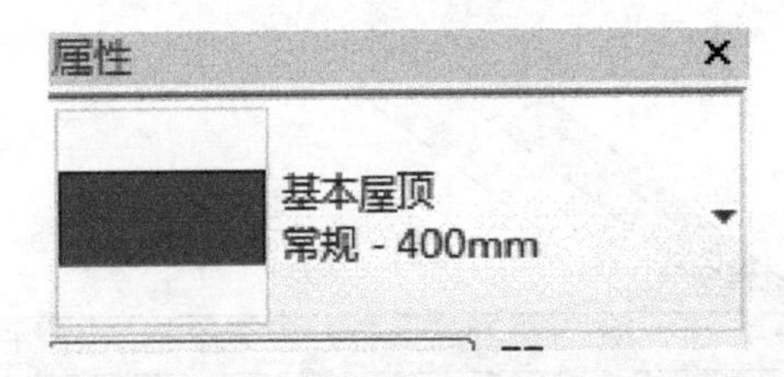

图 3.7-7　选择合适厚度屋面

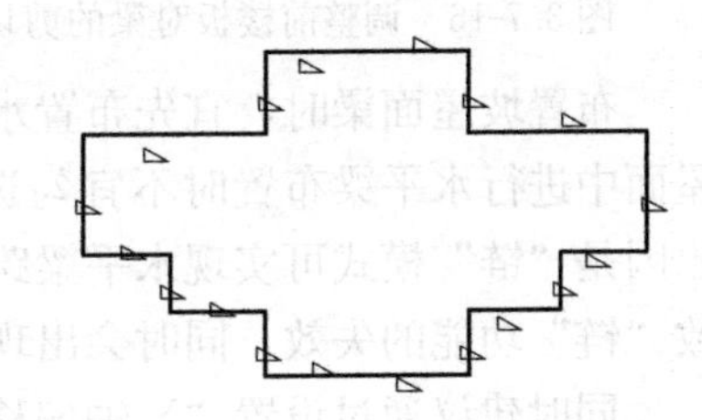

图 3.7-8　定义全局坡度

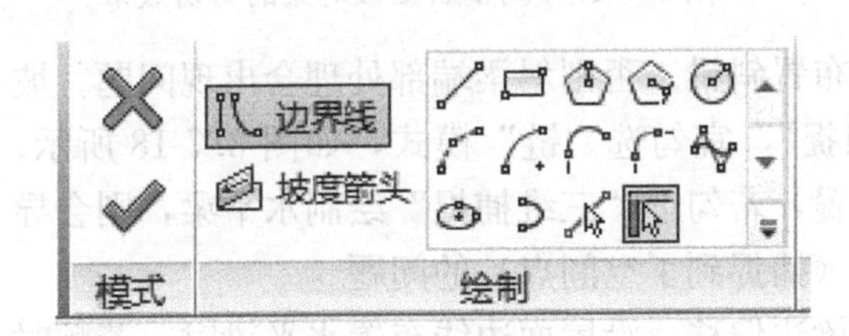

图 3.7-9　绘图工具

图 3.7-10　定义特殊边坡度

2）绘制“结构楼板”

通过捕捉绘制各板跨外轮廓（结构板绘制方法参照 3.6.2）→定义各板块坡度→完成坡屋面板建模。坡度板的建模方法详见楼板建模章节。

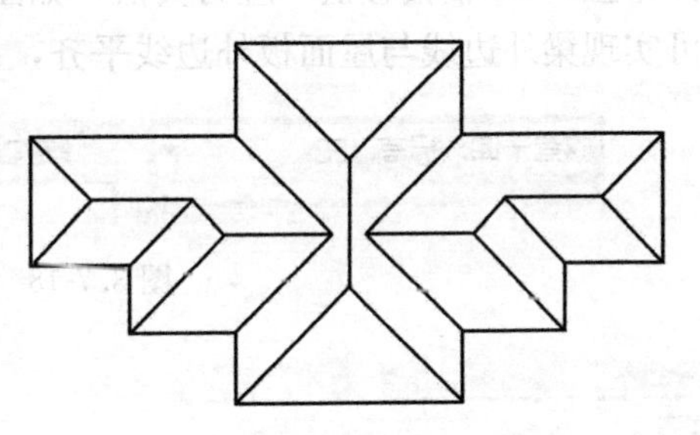

图 3.7-11　坡屋面完成效果图

3）布置坡屋面梁

创建屋面梁时，建议先将结构楼板隐藏，使得捕捉对象保证为建筑坡屋面，如此可避免出现立面捕捉对象出错的问题。此外，必须将建筑坡屋面水平板顶移动至楼层标高，否则会导致坡屋面梁高程出现误差。原因为 Revit 默认建筑坡屋面底部与层标高平齐，而结构板则板面与层标高平齐，两者高程不一致，而捕捉以坡屋面为准，故梁高程会出现误差。建筑屋面标高调整前后对比如图 3.7-12～图 3.7-17 所示。

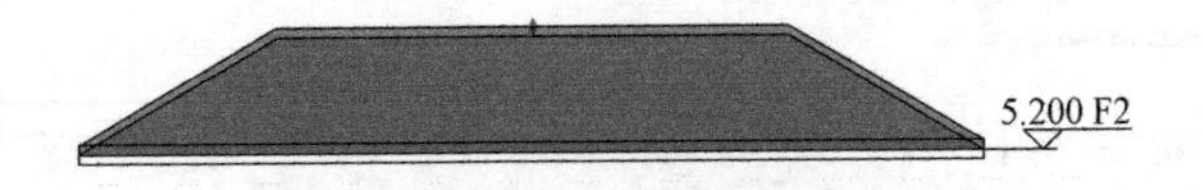

图 3.7-12　建筑坡屋面标高调整前

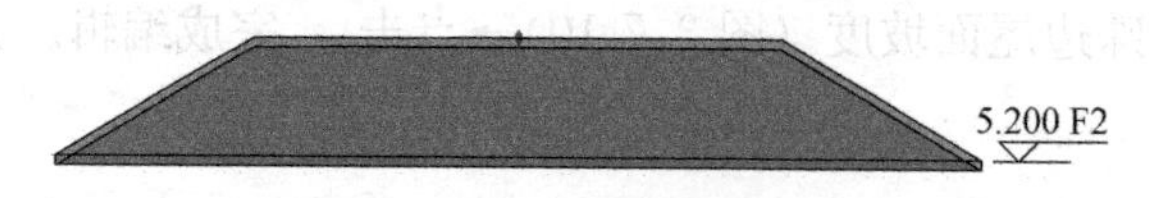

图 3.7-13　建筑坡屋面标高调整后

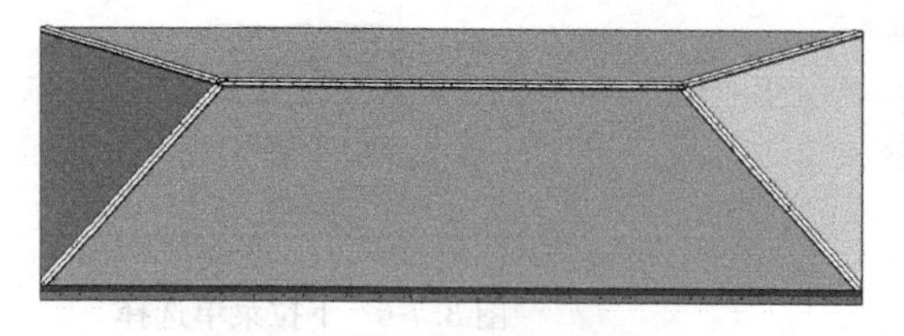

图 3.7-14　调整前布梁的效果

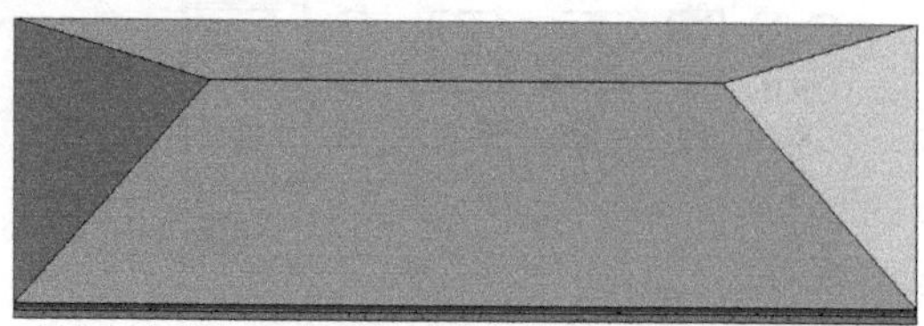

图 3.7-15　调整后布梁效果

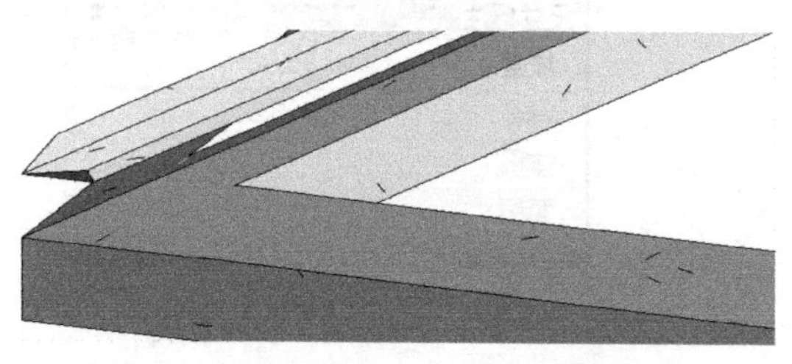

图 3.7-16　调整前楼板对梁的剪切效果

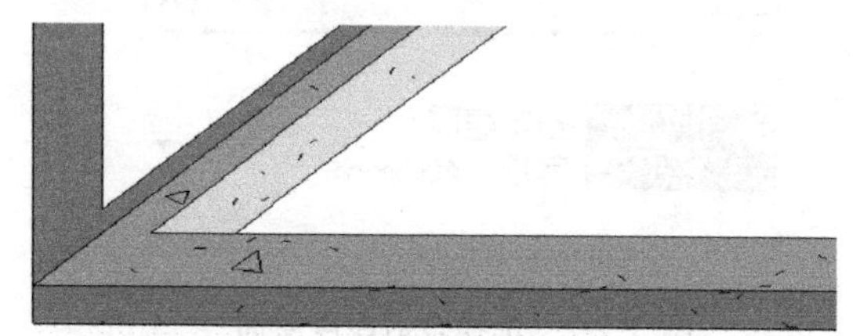

图 3.7-17　调整后楼板对梁的剪切效果

布置坡屋面梁时，宜先布置水平梁，后布置斜梁。否则斜梁端部处理会出现问题。坡屋面中进行水平梁布置时不宜勾选“三维捕捉”，宜勾选“链”模式，如图 3.7-18 所示，原因是“链”模式可实现水平梁跨的连续布置，若勾选“三维捕捉”绘制水平梁，则会导致“链”功能的失效，同时会出现捕捉错误（捕捉到了空间点）的问题。

同时建议通过设置“Y 轴偏移值”实现梁边偏移。沿屋面边线布置水平梁时，若顺时针布置，“Y 轴偏移值”应为负值，如图 3.7-19 所示；逆时针布置时，则应为正值，如此可实现梁外边线与屋面板外边线平齐，如图 3.7-20 所示。

图 3.7-18　水平梁布置时菜单选择

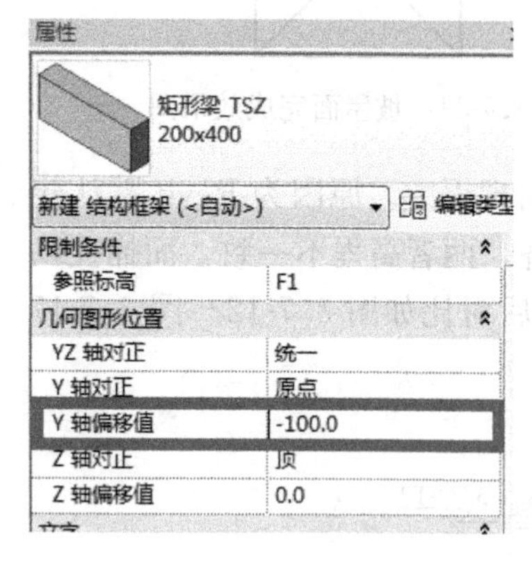

图 3.7-19　梁偏移的设置

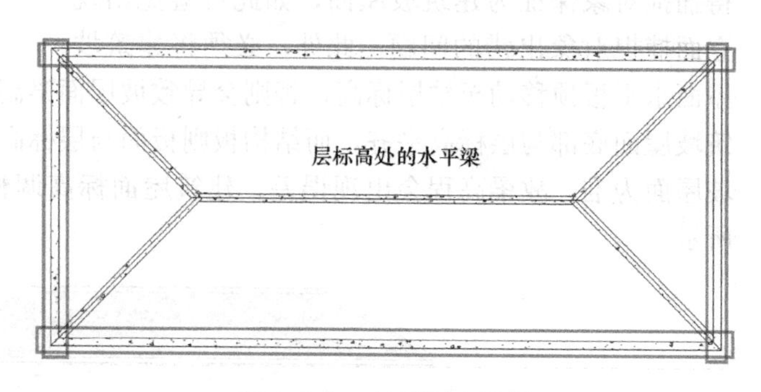

图 3.7-20　坡屋面水平梁

绘制斜梁时，应捕捉已有水平梁交线的端点，而不应捕捉坡屋面的轮廓外端点，否则会导致梁端部高程出现误差，从而导致视图的表达错误。正确与错误的捕捉如图 3.7-21～图 3.7-24 所示。

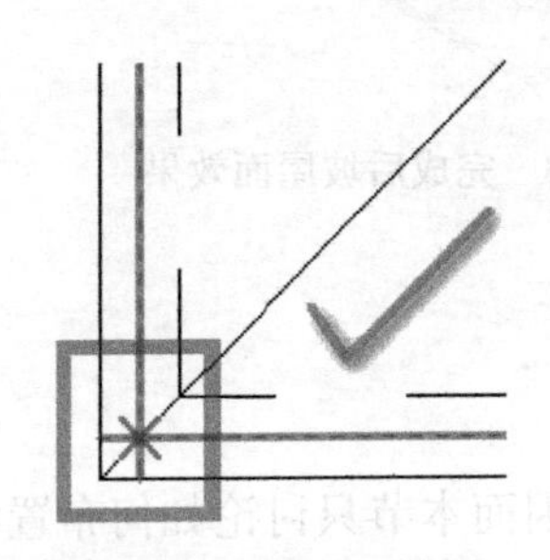

图 3.7-21　正确捕捉方法

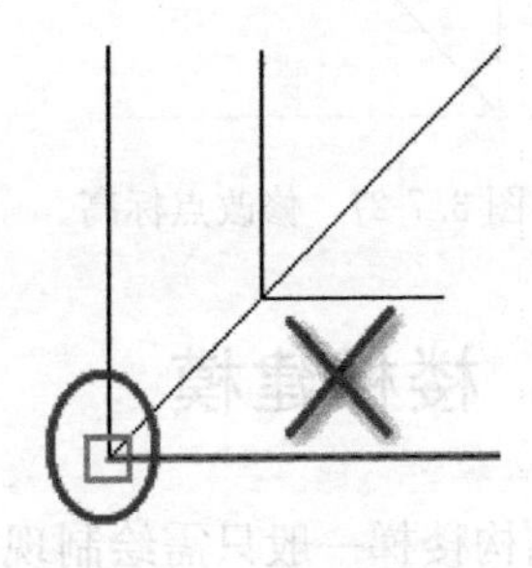

图 3.7-22　错误捕捉方法

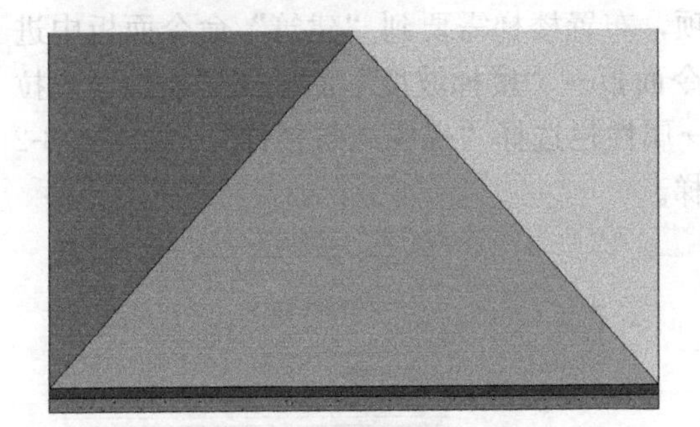

图 3.7-23　正确捕捉完成效果

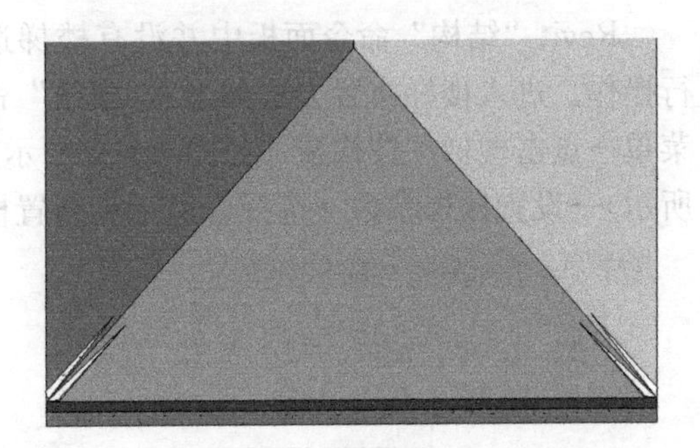

图 3.7-24　错误捕捉完成效果

3.7.2　修改子图元建坡屋顶

该方法主要通过“添加分割线”来绘制屋脊线，通过“添加点”和“修改子图元”来定义屋面脊线高度。使用该方法，若已知屋脊点高度，可实现快速建模，但是整个屋面板为一块大板，无法区分板跨，无法通过坡度对屋面进行定义，该方法导入结构计算软件后坡屋面会变成平板。

操作步骤为：绘制楼板→添加分割线→点击修改子图元→点击楼板“点”修改点标高→完成坡屋面绘制。建模过程如图 3.7-25～图 3.7-28 所示。

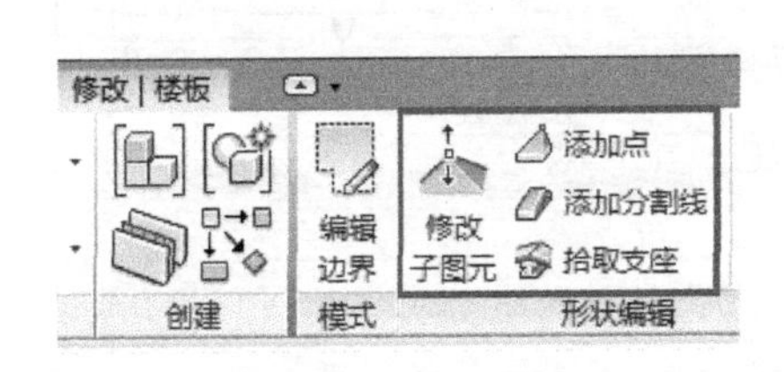

图 3.7-25　功能菜单选择

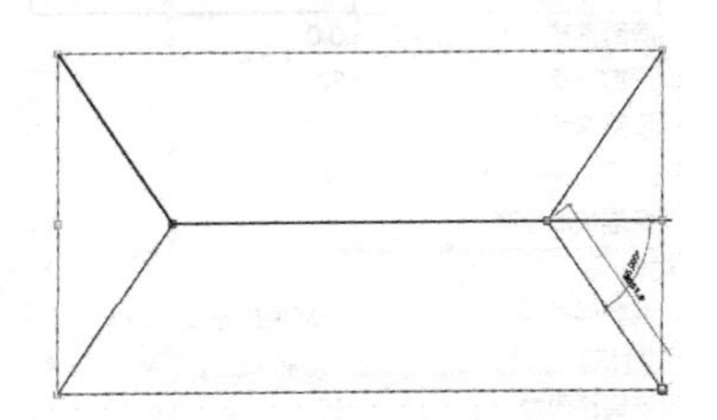

图 3.7-26　绘制分割线

楼板绘制完成后，勾选“三维捕捉”布置坡屋面梁可实现屋面梁的快速布置。屋面梁布置的注意事项及方法与“借助建筑坡屋顶建模法”一致。

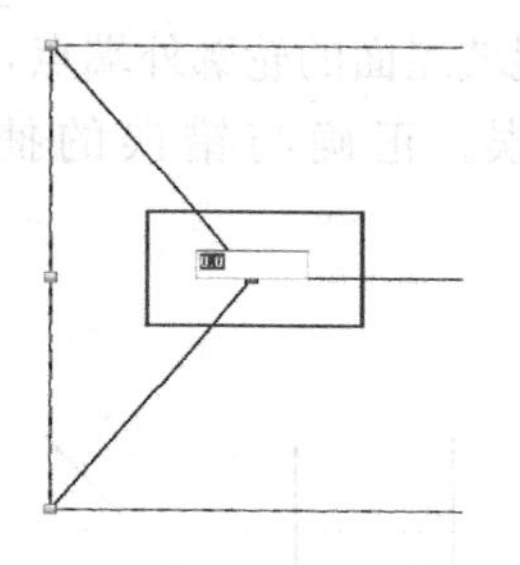

图 3.7-27　修改点标高

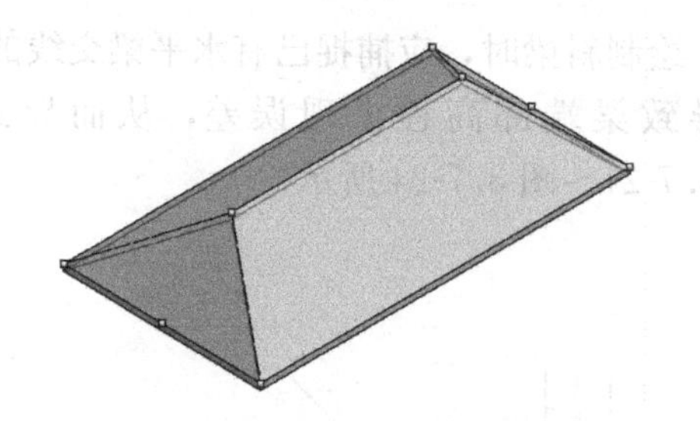

图 3.7-28　完成后坡屋面效果

3.8　楼梯建模

结构楼梯一般只需绘制现浇部分，无需布置装饰构件，因而本节只讨论如何布置常规的现浇楼梯。

Revit“结构”命令面板中并没有楼梯选项，布置楼梯需要到“建筑”命令面板中进行操作。进入楼梯布置方法如下：“建筑”命令面板→“楼梯坡度”面板→“楼梯”下拉菜单→点击楼梯（按构造，如图 3.8-1 所示）→属性栏选择“现场浇筑楼梯”（如图 3.8-2 所示）→设置楼梯参数→选择合适工具布置楼梯。

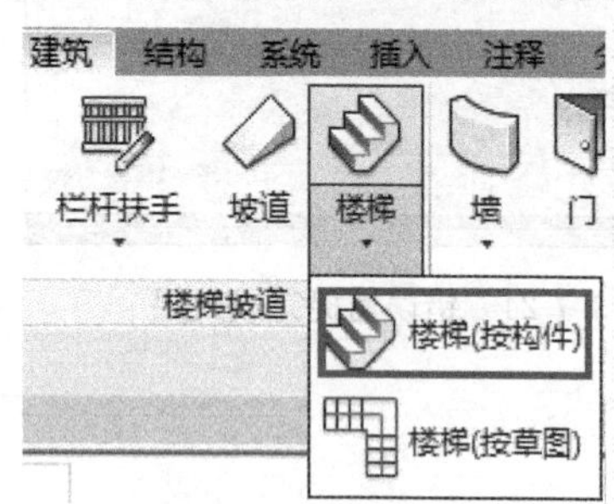

图 3.8-1　菜单选择

图 3.8-2　楼梯类型选择

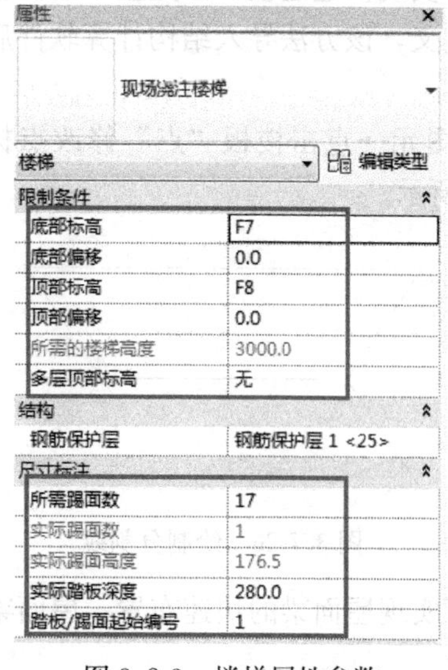

图 3.8-3　楼梯属性参数

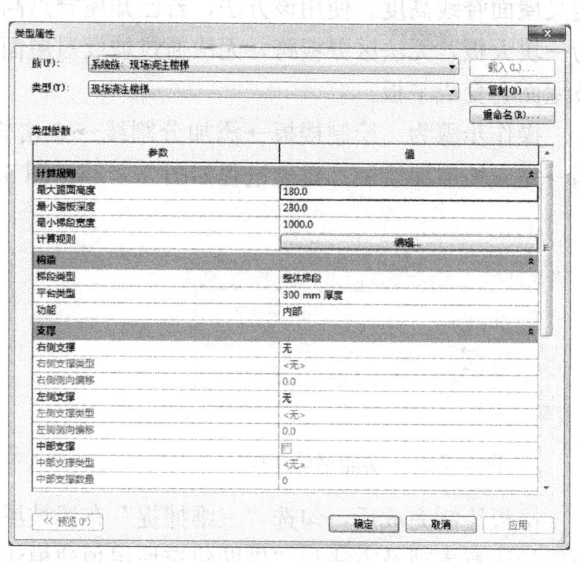

图 3.8-4　楼梯类型属性

楼梯主要参数为：底部标高、顶部标高、所需踢面数、实际踏板深度、实际梯段宽度，如图 3.8-3 和图 3.8-4 所示。实际踢面高度和实际踢面数会根据“类型属性”中的计算规则自动计算，如图 3.8-5 所示。当实际踢面高度、踏板深度、梯段宽度超过“计算规则”限值时，系统会弹出警告。若系统提示“一个或多个楼梯的实际踏板深度违反此类型的最小设置”，则将“类型属性”下的相应限值进行修改即可。

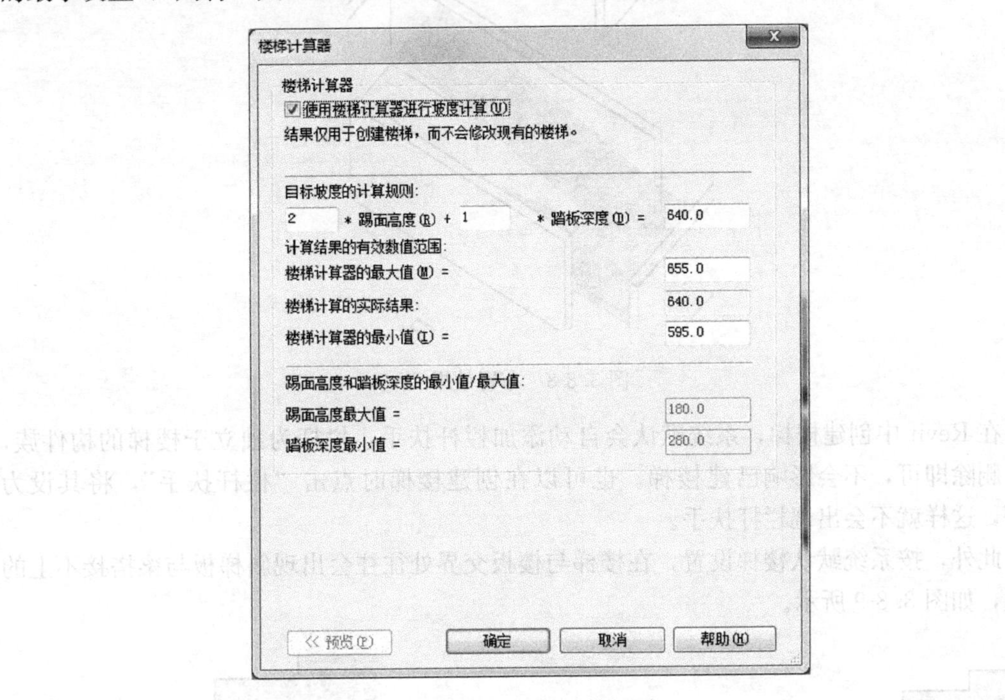

图 3.8-5　楼梯计算规则

Revit 系统提供了常规的楼梯构件，布置常规楼梯只需在“修改丨创建楼梯”命令面板下的“构件”面板中选用合适的构件形式进行布置，见图 3.8-6。

若楼梯形式较为特殊，可点选“构件”面板中的按钮进入草图模式，自定义编辑“边界”、“踢面”和“楼梯路径”的线条来创建楼梯。其中边界线为绿色，踢面线为黑色，楼梯路径为蓝色。

若仅创建一些带有弧形休息平台或弧形梯段的楼梯，建议先用“梯段”命令绘制好常规梯段，然后点击“转换”按钮将其转换为“基于草图模式”，双击楼梯进入草图绘制界面，删除原先的直线边界和踢面线，重新绘制弧形梯段。这样可避免直接使用草图无法绘制重叠多跑楼梯的问题。

楼梯布置界面如图 3.8-1～图 3.8-8 所示。

图 3.8-6　楼梯创建和修改菜单

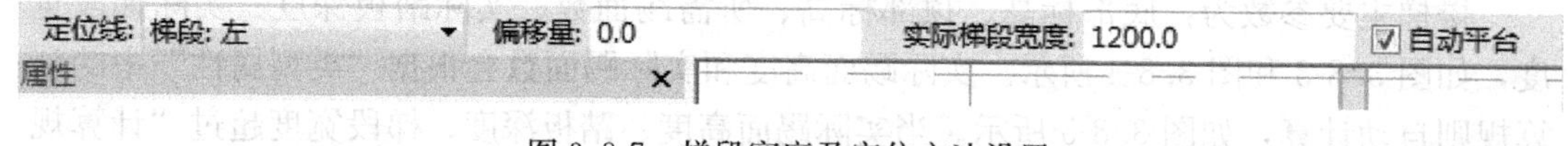

图 3.8-7　梯段宽度及定位方法设置

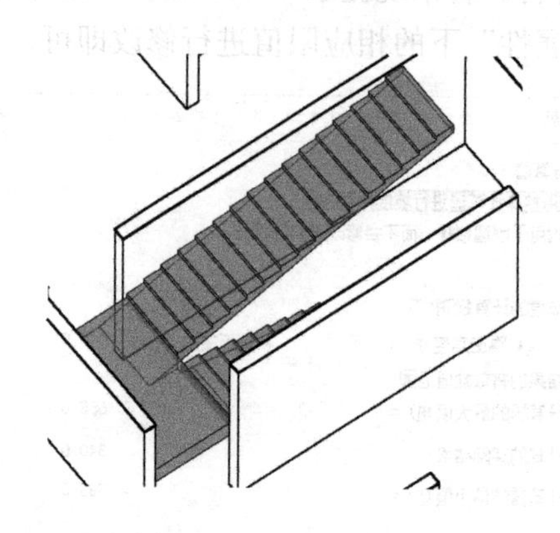

图 3.8-8　布置效果

在 Revit 中创建楼梯，系统默认会自动添加栏杆扶手，栏杆为独立于楼梯的构件族，将其删除即可，不会影响已建楼梯。也可以在创建楼梯时点击“栏杆扶手”，将其设为“无”，这样就不会出现栏杆扶手。

此外，按系统默认楼梯设置，在楼梯与楼板交界处往往会出现斜梯板与梁搭接不上的问题，如图 3.8-9 所示。

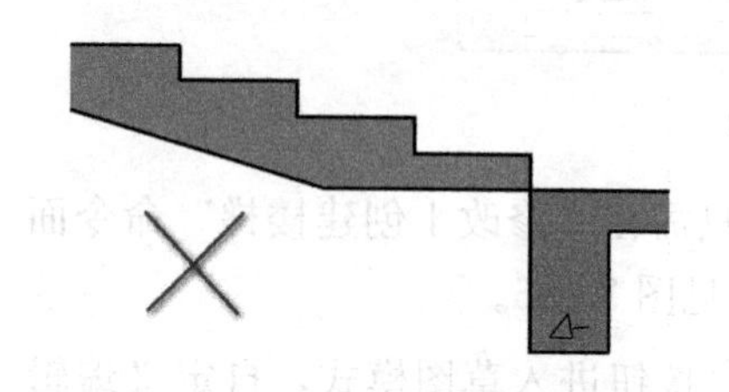

图 3.8-9　错误交接

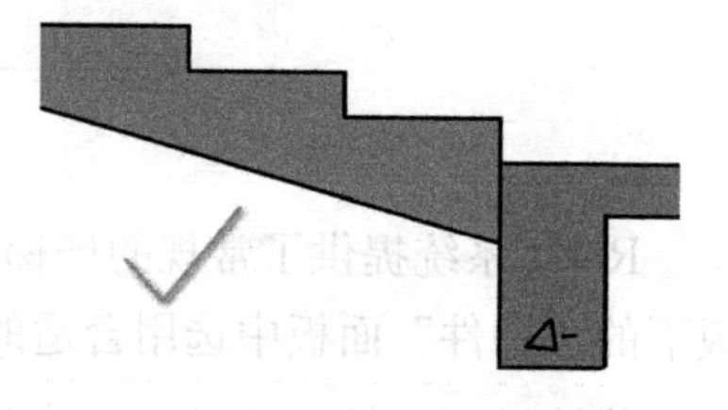

图 3.8-10　正确交接

修改方法：双击梯段进入绘图截面，点选需要修改的梯段，在属性栏中将“延伸到踢面底部之下”的数值改为一个适当大的负值即可，这个值是斜边延伸至竖边所下降的值，跟楼梯角度有关（一般－175 可满足，可通过尝试确定），如图 3.8-10 所示。

3.9　钢结构的建模

钢结构的竖向构件主要是钢柱和支撑，水平构件主要为钢梁和桁架。而钢柱和钢梁的建模方法与混凝土结构的一致，区别仅在于柱族或梁族的选择，故在此不再详述，其建模方法分别详见 3.4 节和 3.5 节，本节主要讲述支撑和桁架的建模方法。

3.9.1　支撑

布置支撑前首先得确保系统已经载入了所需的支撑类型，若项目中无所需的支撑族应先将其载入至项目中。Revit 提供了方便的斜向支撑建模功能，可适应绝大部分支撑布置情况。Revit 为支撑建模提供了两种方法：

方法一：两点建模法。

该方法首先设定好第一点（起点）和第二点（终点）的标高值，然后在水平工作平面上点选两点，即可完成支撑的布置。其建模步骤为："结构"命令面板→"结构"面板→点击"支撑"按钮→设置起终点标高→平面视图中点击起点和终点位置→完成建模。

该方法的操作主要在水平工作平面上完成，竖向高层信息主要通过属性栏和建模菜单进行设置，如图 3.9-1、图 3.9-2 所示。注意，该方法不宜勾选"三维捕捉"，否则容易出现捕捉出错的情况。建议建模时在图 3.9-1 中的建模菜单中进行设置，而模型修改时在图 3.9-2 中的属性栏中进行设置。

修改 | 放置 支撑	起点: 标高 1	0.0	终点: 标高 2	0.0
		起点高程偏移值		终点高程偏移值

图 3.9-1　建模菜单

几何图形位置	
开始延伸	0.0
端点延伸	0.0
起点连接缩进	0.0
端点连接缩进	0.0
YZ 轴对正	统一
Y 轴对正	原点
Y 轴偏移值	0.0
Z 轴对正	原点
Z 轴偏移值	0.0

结构	
起点连接	无
终点连接	无
剪切长度	8561.4
结构用途	其他
起点附着标高参照	标高 1
起点附着高程	0.0
终点附着标高参照	标高 1
终点附着高程	3000.0
启用分析模型	☑

图 3.9-2　属性栏菜单

方法二：三维捕捉法。

该方法主要应用在三维视图中进行支撑布置，适用于布置平立面关系较为复杂的支撑构件。其建模步骤为："结构"命令面板→"结构"面板→点击"支撑"按钮→进入三维视图→勾选三维捕捉→点击支撑的起点和终点→完成建模。

三维捕捉及完成效果分别如图 3.9-3 和图 3.9-4 所示。

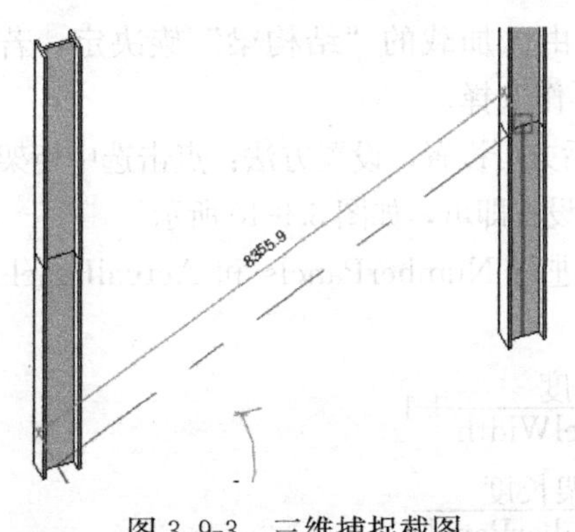

图 3.9-3　三维捕捉截图

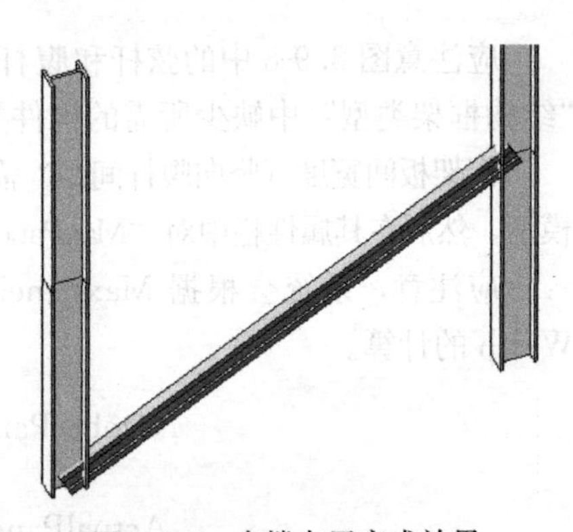

图 3.9-4　支撑布置完成效果

3.9.2 桁架

Revit 提供了强大的桁架建模系统，利用自身功能能完成绝大部分的桁架建模工作。

1）添加桁架

桁架建模步骤如下："结构"命令面板→"结构"面板→点击"桁架"按钮→属性栏中选择合适的桁架形式→设置放置平面→点击"编辑类型"进入类型属性对话框→设置上下弦杆和腹杆的类型→水平工作平面中点击布置桁架→完成建模。建模流程截图如图3.9-5～图3.9-9所示。

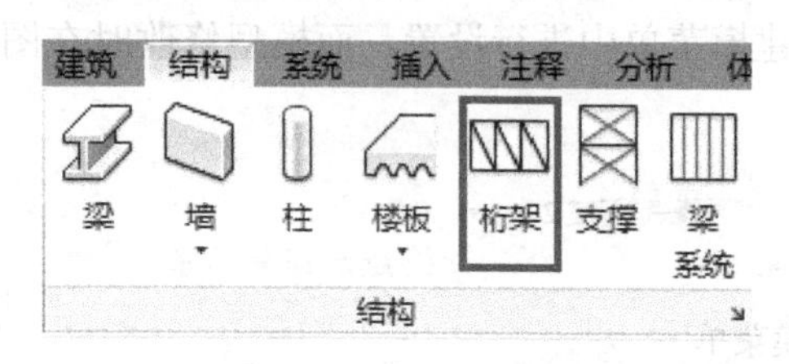

图 3.9-5　结构面板菜单

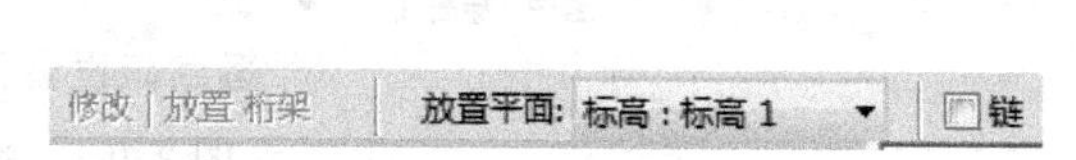

图 3.9-6　设置放置平面

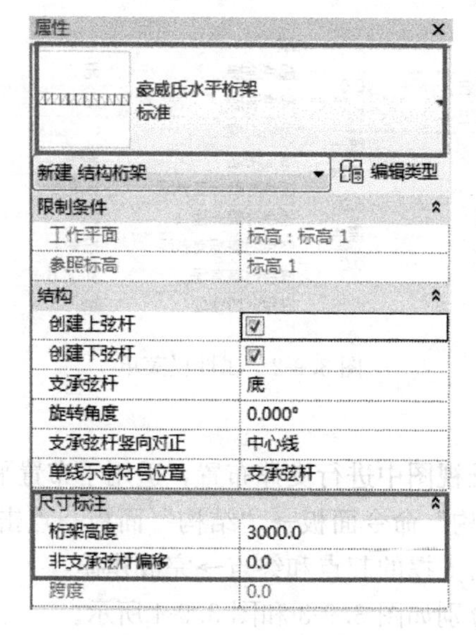

图 3.9-7　属性栏设置

应注意图3.9-8中的弦杆和腹杆提供选择的类型由已加载的"结构梁"族决定，若"结构框架类型"中缺少所需的构件类型，需载入后再作选择。

桁架板间宽度（竖向腹杆间距）需在完成桁架布置后方可设置，设置方法：点击选中桁架模型，然后在其属性栏中对"MaxPanelWidth"数值进行设置即可，如图3.9-10所示。

应注意，系统会根据MaxPanelWidth数值自动进行NumberPanels和ActualPanel-Width的计算。

$$\text{NumberPanels}=\frac{\text{桁架长度}}{2\times \text{MaxPanelWidth}}+1$$

$$\text{ActualPanelWidth}=\frac{\text{桁架长度}}{2\times \text{NumberPanels}}$$

类型参数

参数	值
上弦杆	
分析垂直投影	梁中心
结构框架类型	热轧H型钢:HN200X100X5.5X8
起点约束释放	用户定义
终点约束释放	铰支
角度	0.000°
竖向腹杆	
结构框架类型	圆钢管:GB-SSP102X5
起点约束释放	用户定义
终点约束释放	铰支
角度	0.000°
斜腹杆	
结构框架类型	圆钢管:GB-SSP102X5
起点约束释放	用户定义
终点约束释放	铰支
角度	0.000°
下弦杆	
分析垂直投影	梁中心
结构框架类型	圆钢管:GB-SSP140X5
起点约束释放	用户定义
终点约束释放	铰支
角度	0.000°
构造	
腹杆符号缩进	☑
腹杆方向	垂直

图 3.9-8 类型参数设置

图 3.9-9 标准桁架完成效果

NumberPanels：板面数量，桁架中对称单侧的单元数。

MaxPanelWidth：最大板面宽度，桁架中最大的单元宽度。

ActualPanelWidth：实际板面宽度，桁架中实际的单元宽度

其参数设置见图 3.9-10，对应的生成效果如图 3.9-11 所示。

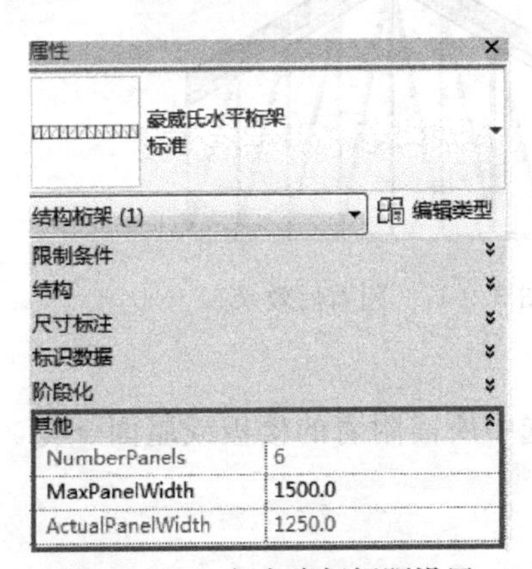

图 3.9-10 竖向腹杆间距设置

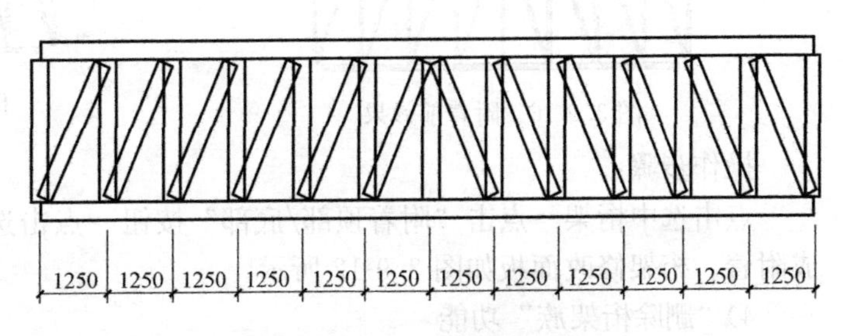

图 3.9-11 桁架板间宽度

2）编辑桁架轮廓

若标准上下弦杆的形状不能满足工程需求，可通过“编辑轮廓”命令进入轮廓编辑界面进行上下弦杆的编辑。操作步骤：

点击选中桁架→点击“编辑轮廓”（图 3.9-12）→进入“编辑轮廓”界面（图3.9-13）→点击“上（下）弦杆”按钮→选择绘图工具进行弦杆绘制→点击✔完成轮廓编辑。

系统默认粉色线为上弦杆轮廓，蓝色线为下弦杆轮廓。轮廓编辑绘图界面如图 3.9-14 所示，完成效果如图 3.9-15 所示。

若轮廓编辑出错或不符合要求，可通过点击“重设轮廓”按钮，实现轮廓的初始化，轮廓将会还原默认值。

注意：“重设轮廓”功能为还原桁架类型的默认轮廓，不改变桁架构件类型；而“重设桁架”功能将桁架构件类型还原为默认值，不改变桁架轮廓。

3）桁架与屋顶或结构楼板附着方法

若上（下）弦杆走向为曲线或折线，且桁架上为楼板，则可以先使用标准桁架进行布置，然后通过附着命令让桁架上（下）弦杆附着至楼板或屋面，从而完成斜弦杆桁架的布置。附着前后的效果分别如图 3.9-16、图 3.9-17 所示。

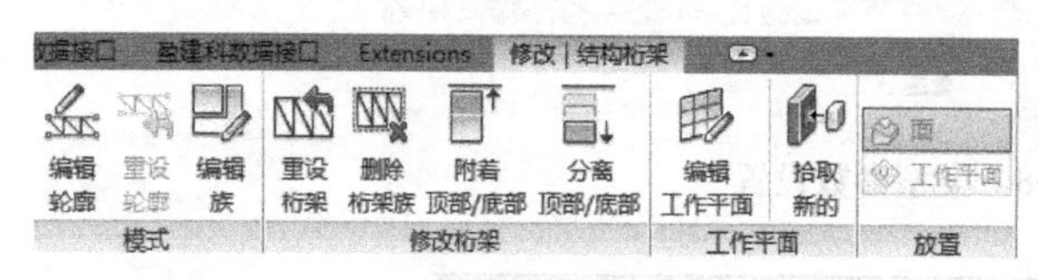

图 3.9-12 修改 | 结构桁架命令面板

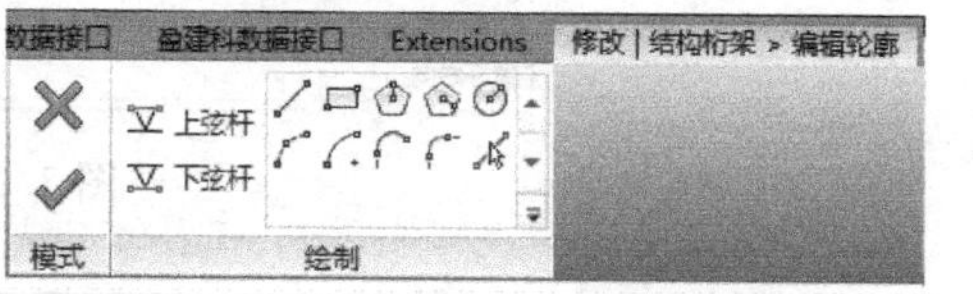

图 3.9-13 编辑轮廓命令面板

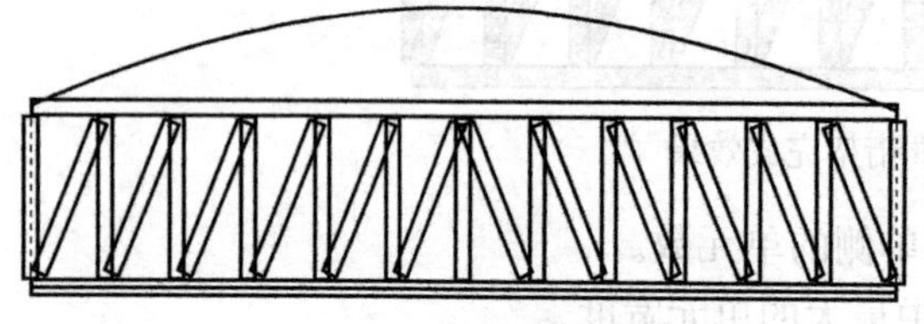

图 3.9-14 轮廓编辑界面

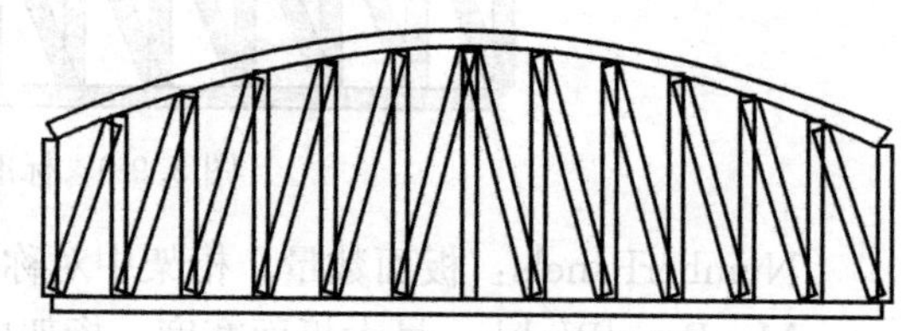

图 3.9-15 轮廓编辑后完成效果

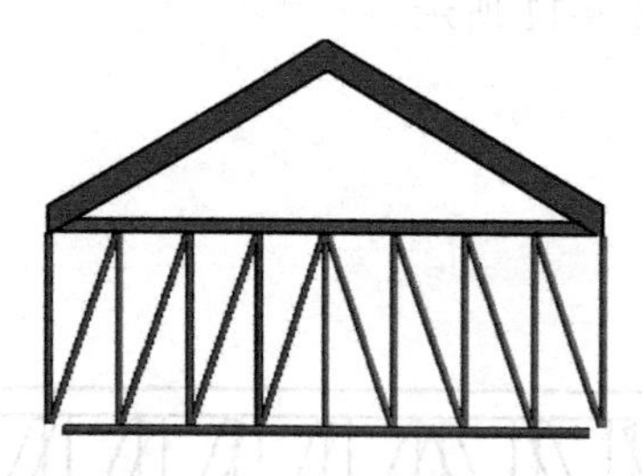

图 3.9-16 附着前效果

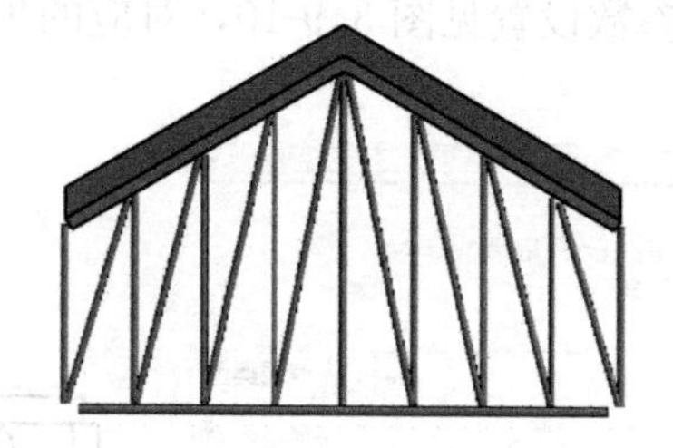

图 3.9-17 附着后效果

操作步骤：

点击选中桁架→点击“附着顶部/底部”按钮→点击选中所需附着的楼板或屋面→完成附着。桁架修改面板如图 3.9-12 所示。

4）“删除桁架族”功能

Revit 中桁架实质为结构梁的组合，Revit 通过族的形式将其行为规则进行了参数定义。Revit 提供的桁架族数量有限，并不能满足千变万化的工程情况，因而 Revit 提供了“删除桁架族”的功能，该功能可实现将桁架中的各构件从族中进行剥离，将各杆件还原为独立个体，类似于 AutoCAD 的炸开命令。执行“删除桁架族”命令前后的效果分别如图 3.9-18、图 3.9-19 所示。

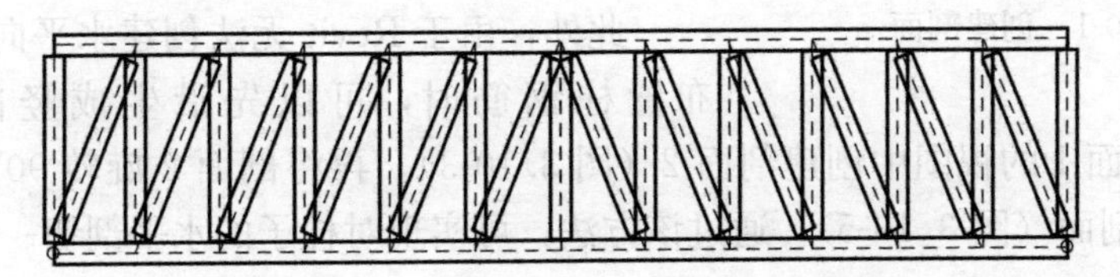

图 3.9-18　删除桁架族前模型选中效果

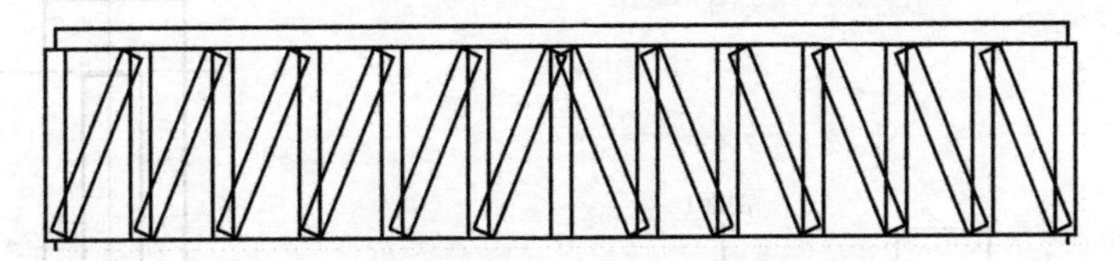

图 3.9-19　删除桁架族后模型选中效果

删除桁架族后，桁架各构件会保持删除族前的类型和位置，此时可单独对局部杆件进行修改，以满足实际工程需要。

3.10　钢筋建模

目前结构施工图一般是用平法表示的，通常情况下不绘制钢筋。受计算机硬件条件的限制，目前也不建议将实体钢筋添加到 Revit 模型中。但为了表示直观，有时候用户也可以选用个别构件或复杂节点添加实体钢筋作为示意。另外，对于实体钢筋，需在钢筋属性中，单独设置其在各个视图中的可见性，详见 2.4 节。

混凝土结构的钢筋建模主要为布置箍筋和纵筋，在 Revit 中掌握了这两种钢筋的布置方法，基本可应对大部分建模需求。其余的一些弯起钢筋、吊筋、异形钢筋等的建模方法均与前两种钢筋的建模方法相同。故本节以介绍箍筋和纵向钢筋的建模方法为主，详细讲解钢筋的手工建模方法。此外，Autodesk 公司为解决钢筋建模问题开发了 Revit Extensions 插件，本节会在手工建模介绍后，对 Extensions 插件进行简单介绍。

实际工程中，建议先使用 Extensions 插件进行钢筋布置，再采用手工建模的方法进行局部修改。故作为一名合格的 BIM 工程师，这两种方法均需要掌握。

此外，应特别说明，手工钢筋建模是无法在“非剖面”视图中创建钢筋实体的，每个需要配置实体钢筋的构件均需要创建剖面视图，在剖面视图中布置钢筋。

3.10.1　箍筋建模

步骤一：创建剖面视图。

无论是对何种构件配置实体钢筋，第一步均为对其创建剖面视图。

创建方法：“视图”命令面板→“创建”面板→点击“剖面”命令→布置剖面符号

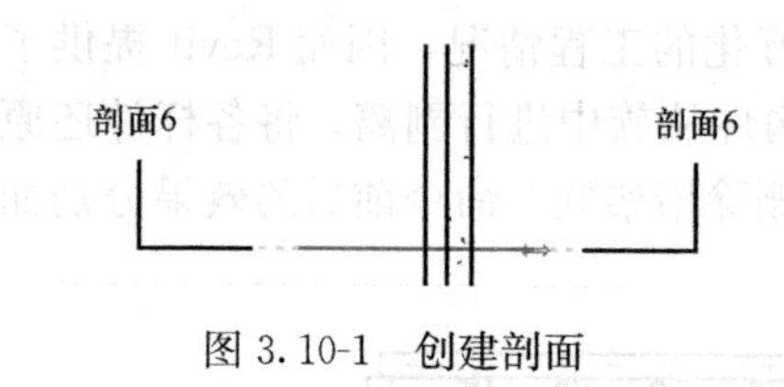

图 3.10-1　创建剖面

(图 3.10-1)。

完成剖面设置后，剖面视图可在项目浏览器中的“剖面”中找到。双击相应的剖面即可进入剖面视图，从而可进行下一步的钢筋建模操作。

此外，由于 Revit 无法创建水平向的剖面，故在布置柱钢筋时，可以先沿生成竖向剖面 1（图 3.10-2），在剖面 1 的视图中创建剖面 2（图 3.10-3），再将剖面 2 旋转 90°（图 3.10-4），使其变为水平剖面（图 3.10-5），通过该方法，可实现对柱子的水平剖切。

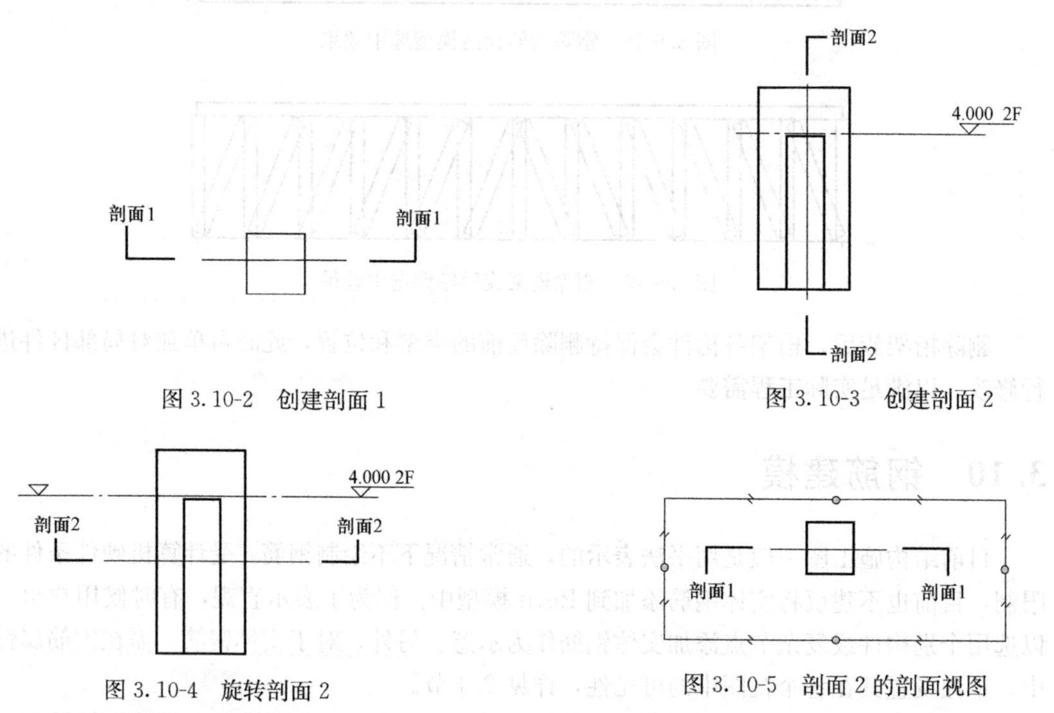

图 3.10-2　创建剖面 1

图 3.10-3　创建剖面 2

图 3.10-4　旋转剖面 2

图 3.10-5　剖面 2 的剖面视图

步骤二：选择钢筋形状及直径。

进入剖面视图后，点选需要配筋的构件，系统菜单会自动跳转至“修改丨结构框架”命令面板（图 3.10-6），点击“钢筋”命令进入钢筋布置界面（图 3.10-7）。点击图 3.10-8 的“冒号”按钮，可切换显示“钢筋形状浏览器”（图 3.10-9）。在“钢筋浏览器”中选择合适的钢筋形状，在“属性栏”中选择合适的钢筋直径。

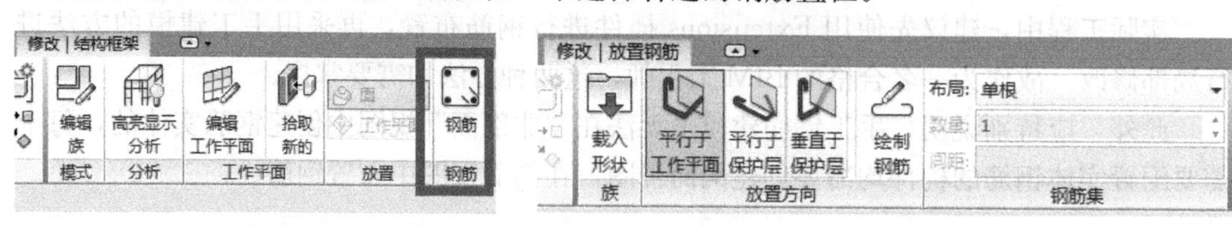

图 3.10-6　钢筋建模命令位置

图 3.10-7　钢筋放置方法选择

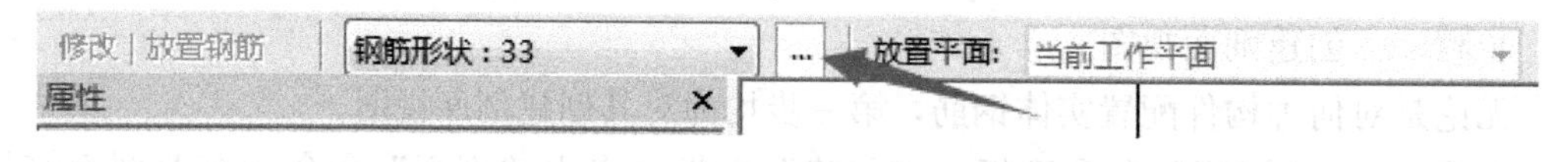

图 3.10-8　钢筋形状选择命令位置

步骤三：钢筋布置。

在“钢筋浏览器”中点选合适的箍筋形状后，图 3.10-7 菜单的放置方向选择“平行于工作平面”，随后点选构件，即可将箍筋布置入构件中（图 3.10-10）。此时，钢筋集可先设置为“单根”。

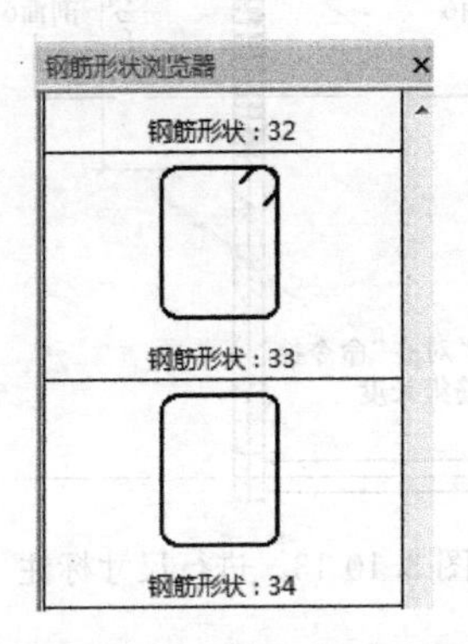

图 3.10-9　钢筋形状选择

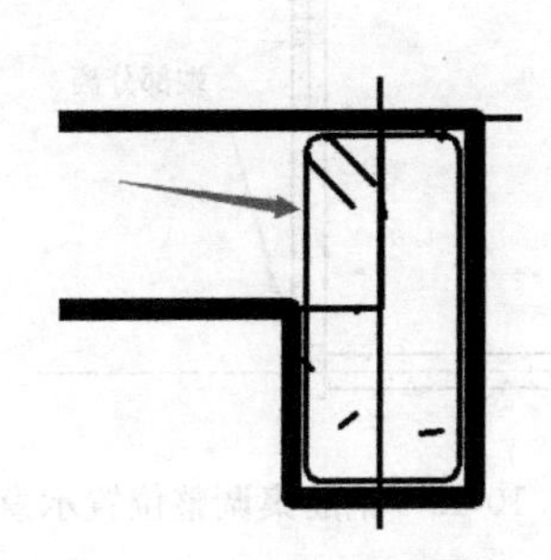

图 3.10-10　箍筋布置效果

步骤四：设置箍筋间距。

一般情况，构件中的箍筋可分为“箍筋加密区”和“箍筋非加密区”。箍筋间距及加密区的设置，在剖面视图中无法实现，此时需返回平面视图进行操作。

返回平面视图，会发现刚才布置的单根箍筋，正处于剖切面上。点击箍筋，在“钢筋集”面板中将“布置”改为最小净距，并设置钢筋间距。此时，箍筋将会根据设定间距均匀满布整个构件（图 3.10-11）。

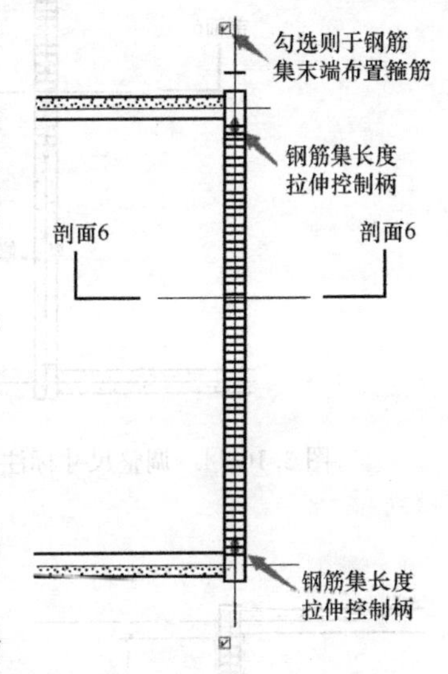

图 3.10-11　钢筋集长度调整

拖动图 3.10-11 拉伸控制柄，可对钢筋集的长度进行控制。而钢筋集末端的方框，则用于控制是否在钢筋集末端布置箍筋。

步骤五：创建加密区与非加密区。

一般情况，梁段箍筋区域分为梁端部的加密区和中间部的非加密区。以下介绍创建方法。

拖动钢筋集控制柄，缩短钢筋集长度，使钢筋集两端均离开框架梁的端部（由于要使用尺寸标注来控制钢筋集长度，故必须进行端部分离，否则尺寸标注捕捉的两端均为钢筋集，会令数值调整失效），见图 3.10-12。随后使用“对齐尺寸标注”命令，对钢筋集端部与梁端部进行尺寸标注，见图 3.10-13。完成标注后，点选钢筋集，尺寸标注的数值会变为可修改状态，此时点击尺寸标注数值进行修改，见图 3.10-14。随后拖动钢筋集的另一端，使其与梁端部重合，见图 3.10-15。至此完成梁一端的箍筋加密区建模工作。

通过复制命令，创建新的箍筋钢筋集，如图 3.10-16 和图 3.10-17 所示。

同样，通过“复制”命令创建中间非加密区箍筋，根据需要修改“间距”设置和钢筋直径。通过拖动钢筋集控制柄的方法，使其处于加密区中间，并取消勾选钢筋集端部的方框，如图 3.10-18 所示。

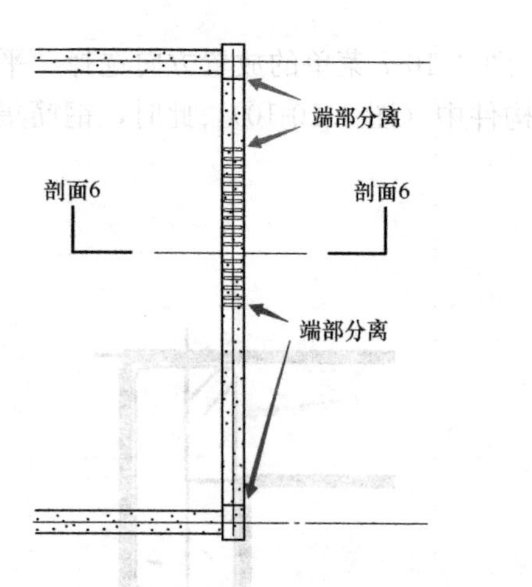

图 3.10-12　钢筋集调整位置示意

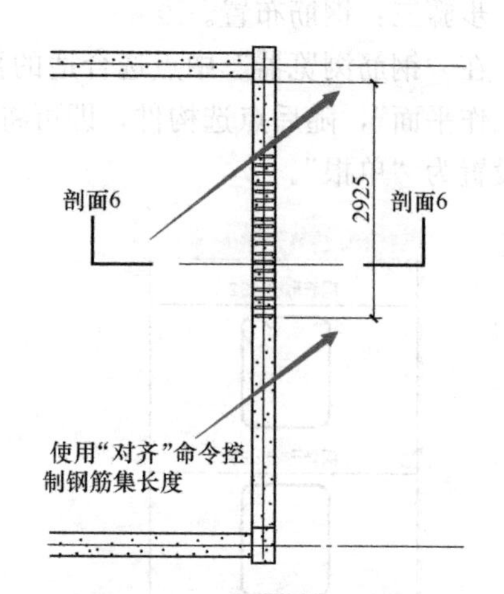

图 3.10-13　进行尺寸标注

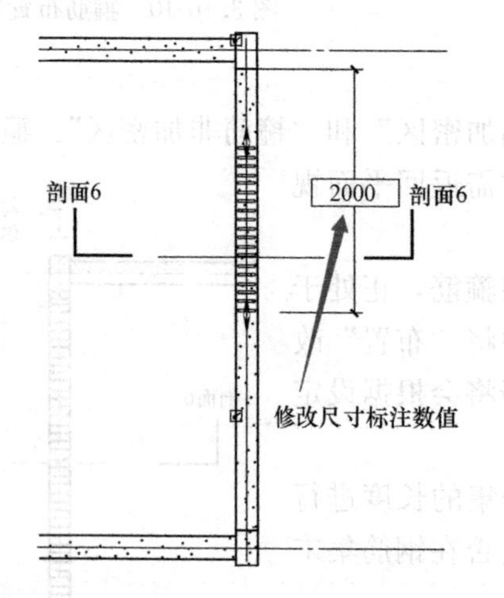

图 3.10-14　调整尺寸标注控制钢筋位置

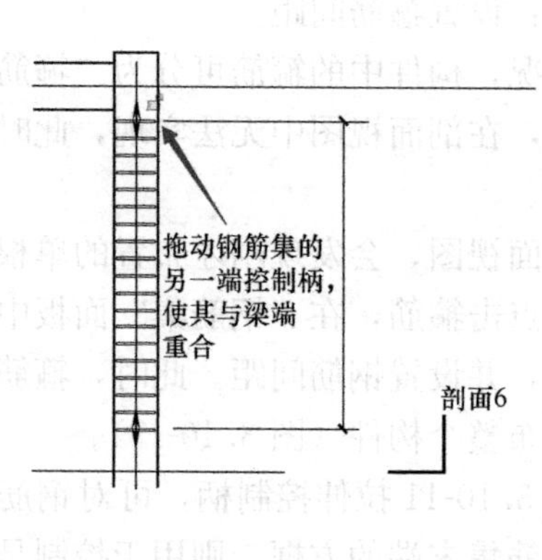

图 3.10-15　端部位置调整

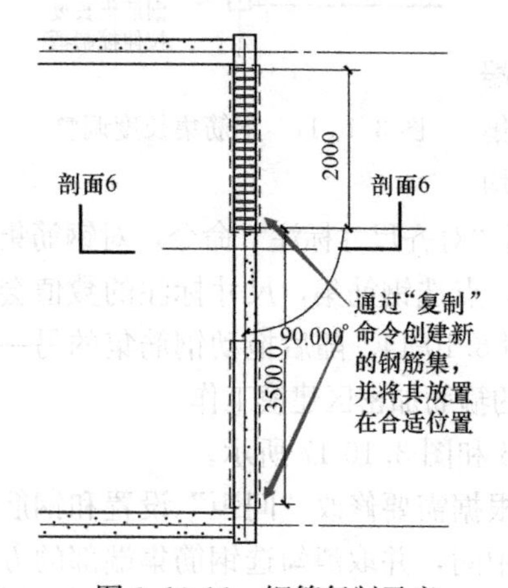

图 3.10-16　钢筋复制示意

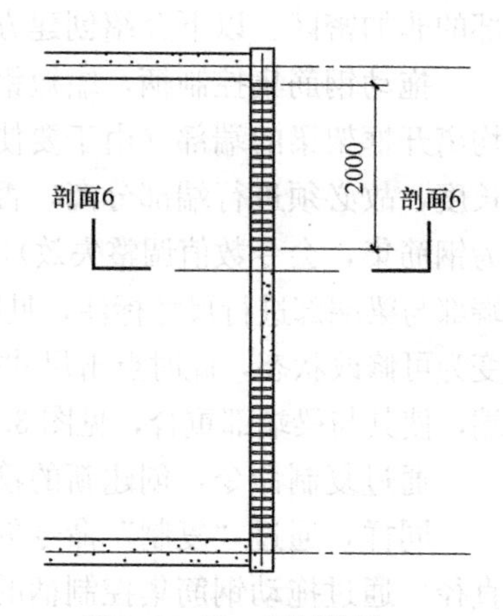

图 3.10-17　复制效果

特别提醒：必须取消勾选非加密区钢筋集的两端方框内容，否则会在加密区端部布置钢筋，从而导致加密区与非加密区端部箍筋的重叠，在钢筋用量统计时会被重复计算。

最后删除不必要的“尺寸标注”即完成单根构件的箍筋布置。

其他构件的箍筋布置方法均类似。总体流程均为：创建构件剖面→布置单根箍筋→返回相应视图进行箍筋间距设置→创建不同的箍筋间距区段→控制不同区段的钢筋集长度→完成建模。

剖面6
取消勾选
2000
剖面6
拖动控制柄，使其重合
取消勾选

图 3.10-18　非加密区钢筋创建

3.10.2　纵筋建模

3.10.1 介绍了箍筋的建模方法，本小节沿用上一小节的案例对纵筋的建模方法进行介绍。

首先进入梁构件的剖面视图，点选构件后在菜单栏点击钢筋命令 钢筋 进入钢筋建模界面。在“钢筋形状浏览器”中选择直线型钢筋（钢筋形状 1），然后在属性栏中选择合适的钢筋直径和强度等级，如图 3.10-19、图 3.10-20 所示。

图 3.10-19　钢筋形状选择

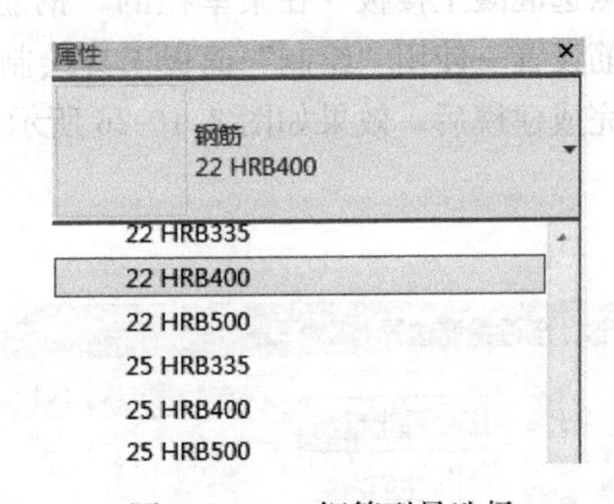

图 3.10-20　钢筋型号选择

将放置方向设置为垂直于保护层，见图 3.10-21。随后即可在构件中布置纵向钢筋，见图 3.10-22。注意：布局宜设置为单根。

图 3.10-21　放置方法选择

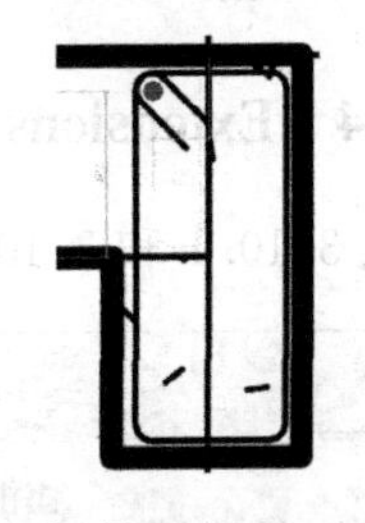

图 3.10-22　放置效果

采用相同的方法布置其余纵向钢筋。建议采用复制命令创建其余纵向钢筋，原因为复制移动时可保证钢筋在同一线上，且可进行距离控制，见图 3.10-23。完成后效果见图 3.10-24。

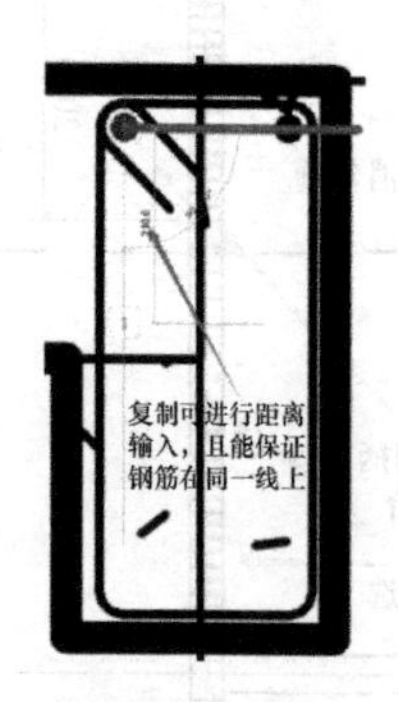

图 3.10-23 复制建模预览效率

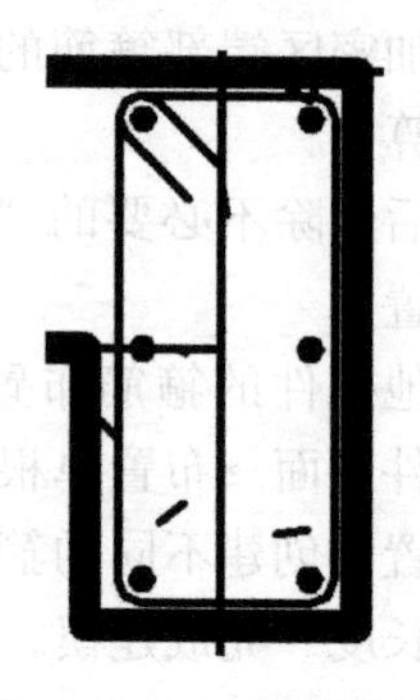

图 3.10-24 完成效果

其他构件的纵筋布置方法均类似。总而言之，无论对何种构件进行实体配筋建模，首根钢筋的建模均在剖面视图，而平面视图主要用于钢筋位置的调整。

3.10.3 楼板及墙体分布筋建模

楼板和剪力墙的分布筋均具有钢筋间隔不变、均为纵向钢筋的特点。因而可采用“区域钢筋”进行钢筋布置。下面以楼板为例，进行分布钢筋建模方法的讲解。

点选混凝土楼板→在菜单栏的“钢筋”面板中点击“区域”按钮→在属性栏中进行配筋设置→使用“绘制”面板工具绘制分布筋区域（图 3.10-25)→点击“✔”完成建模。完成建模后，效果如图 3.10-26 所示。

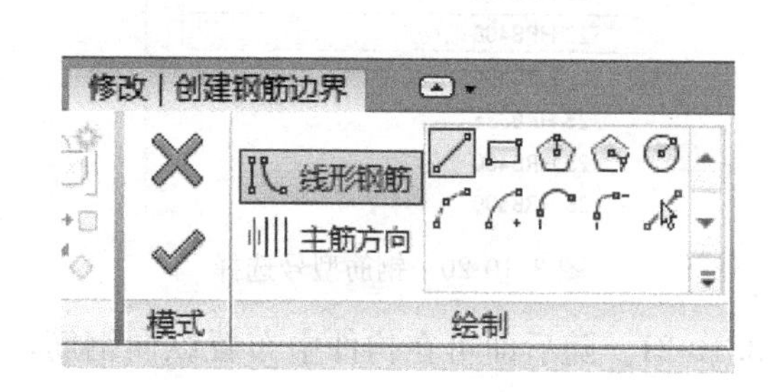

图 3.10-25 轮廓绘制工具

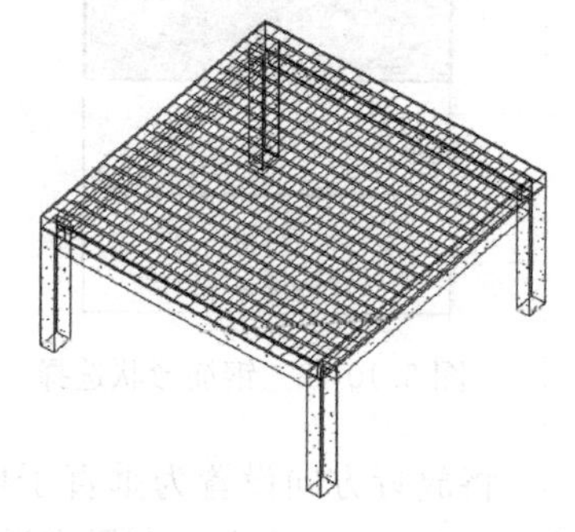

图 3.10-26 完成效果

3.10.4 Extensions 插件钢筋建模

从 3.10.1 和 3.10.2 可以看出，Revit 的手工钢筋建模操作十分烦琐，需要来回在平

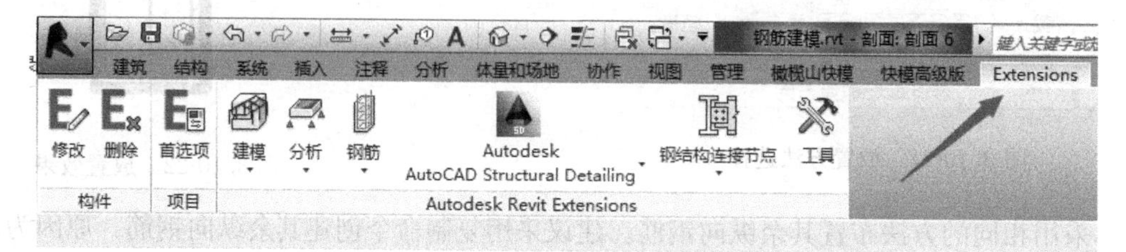

图 3.10-27 命令位置示意

面视图和剖面视图中进行切换。实际工程中，钢筋数量十分庞大，使用手工建模的方法十分不现实。故在此介绍使用 Revit Extensions（速博插件），进行半自动的钢筋建模。

安装 Revit Extensions 2014 插件后，会在 Revit 菜单中多出 Extensions 的命令面板，如图 3.10-27 所示。

点选需要创建钢筋的构件后，在 Extensions 的“钢筋”下拉菜单中选择对应的构件类型（图 3.10-28），即可弹出钢筋布置对话窗口（图 3.10-29）。

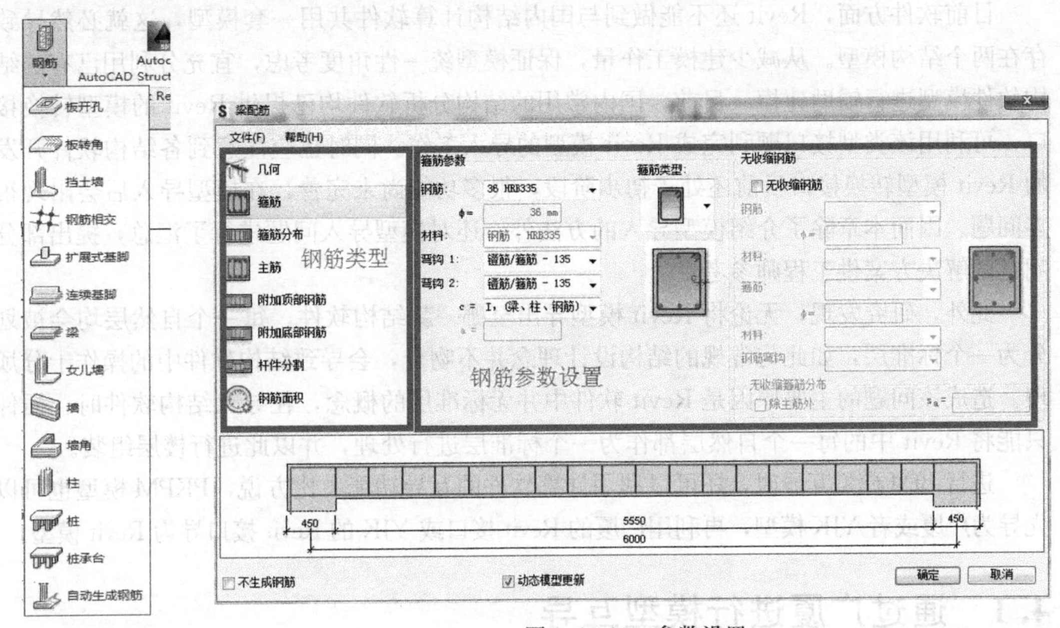

图 3.10-28　建模选择

图 3.10-29　参数设置

只需根据配筋需要在配筋对话窗口（图 3.10-29）中完成相应的设置，点击确定即可完成该构件的配筋。使用 Extensions 插件完成钢筋建模效果如图 3.10-30 所示（注：楼板分布筋用 Revit 区域钢筋绘制）。

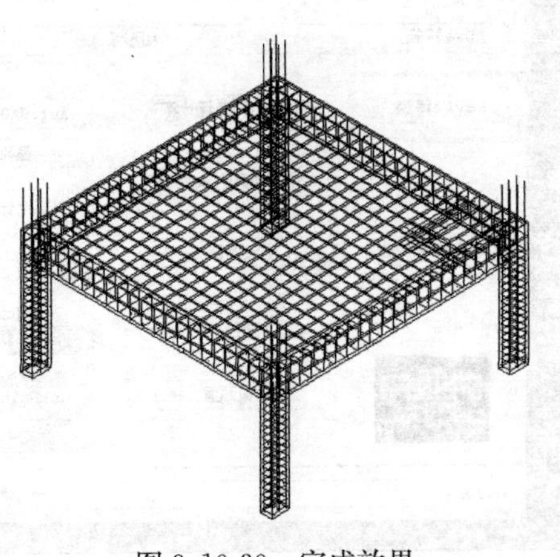

图 3.10-30　完成效果

第4章 结构BIM模型互导技术

目前软件方面，Revit还不能做到与国内结构计算软件共用一套模型，这就必然导致存在两个结构模型。从减少建模工作量，保证模型统一性角度考虑，宜充分利用已有的结构软件模型进行辅助建模。目前，国内常用的结构分析软件均已提供Revit的模型转换接口，可利用该类型接口顺利完成Revit模型的导入工作。同时也应注意到各结构软件开发的Revit模型转换接口目前还处于初步阶段，很多功能尚未完善，在模型导入后会出现很多问题。因而本章除了介绍模型导入的方法外，还对模型导入问题进行了汇总，提出部分问题的解决方案供工程师参考。

此外，研究发现，无论将Revit模型导出至哪一款结构软件，每一个自然层均会被划分为一个标准层，如此与常规的结构设计理念并不吻合，会导致结构软件中的操作十分烦琐。造成该问题的主要原因是Revit软件中并无标准层的概念，在导入结构软件时，插件只能将Revit中的每一个自然层都作为一个标准层进行处理，并以此进行楼层组装。

进行BIM模型互导时，还可以利用计算软件的互导功能，比方说，PKPM模型也可以先导为广厦或者YJK模型，再利用广厦的Revit接口或YJK的Revit接口导为Revit模型。

4.1 通过广厦进行模型互导

4.1.1 接口安装说明

广厦的Revit插件安装非常简单，只需打开广厦主菜单（图4.1-1），点击“Revit转

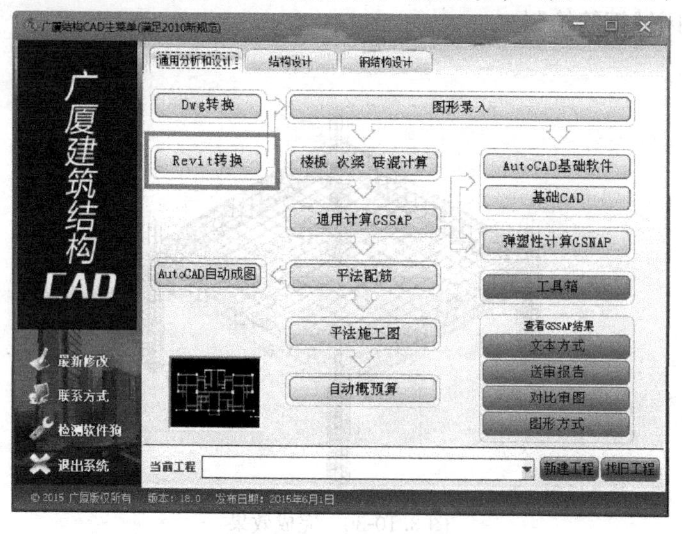

图4.1-1 广厦主菜单

换”按钮即可自动完成插件安装，安装完成后出现相应面板和图标，如图 4.1-2 所示。

注意：广厦安装时若不使用默认路径进行安装，则需要进入广厦安装目录，将其中的“Revit 文件夹”复制到 C：\ gscad 路径下，否则插件将无法找到广厦族库文件，如图 4.1-3 所示。

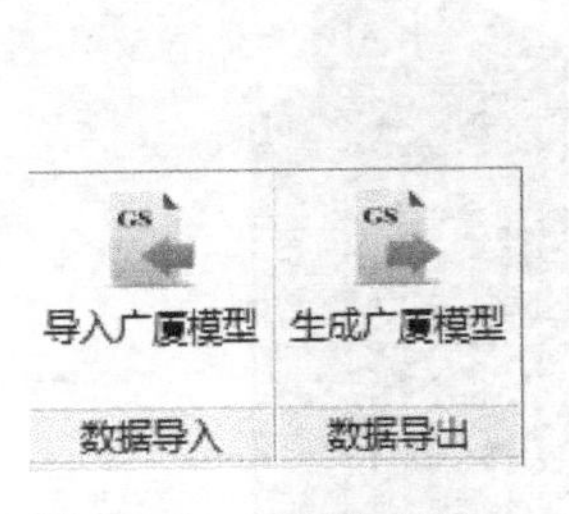

图 4.1-2　广厦数据接口

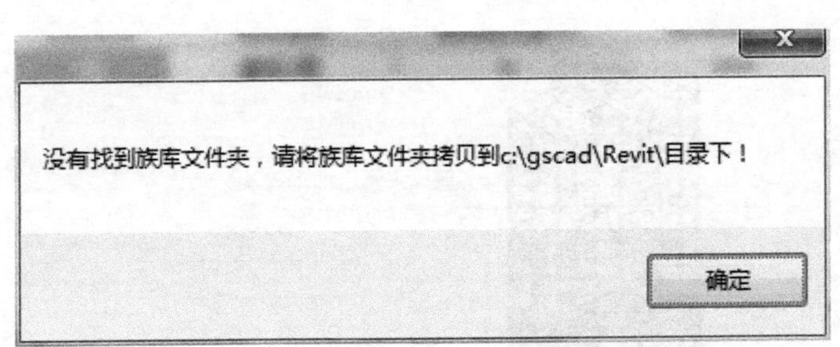

图 4.1-3　无法找到族库文件夹警告框

4.1.2　广厦模型导入 Revit

广厦模型导入 Revit 的步骤如下：打开广厦主菜单→将工程路径设置为转换项目所在路径→打开 Revit→新建“结构样板”→“广厦数据接口”命令面板→修改参数或选择导入楼层→点击转换按钮→完成转换。导入流程如图 4.1-4 所示。

注意：结构软件对楼层号的定义与 Revit 不同，结构软件层号从 1 开始排起，通过在总信息中填入地下室层数来定义地下室，而 Revit 通过定义楼层名称为负数来定义地下室，因而转换前应先正确设置建筑楼层和结构楼层的对应关系，系统默认“建筑二层为结构录入的 2 层”，此时录入首层将作为一层地下室导入 Revit，如图 4.1-4 所示。若无地下室则该层应修改为 1 层，楼层对应关系会自动修改，如图 4.1-4 所示。实际应用时，由于软件会根据输入的层号自动算出层底标高，用户通过检查标高即可知道输入的层号是否正确。

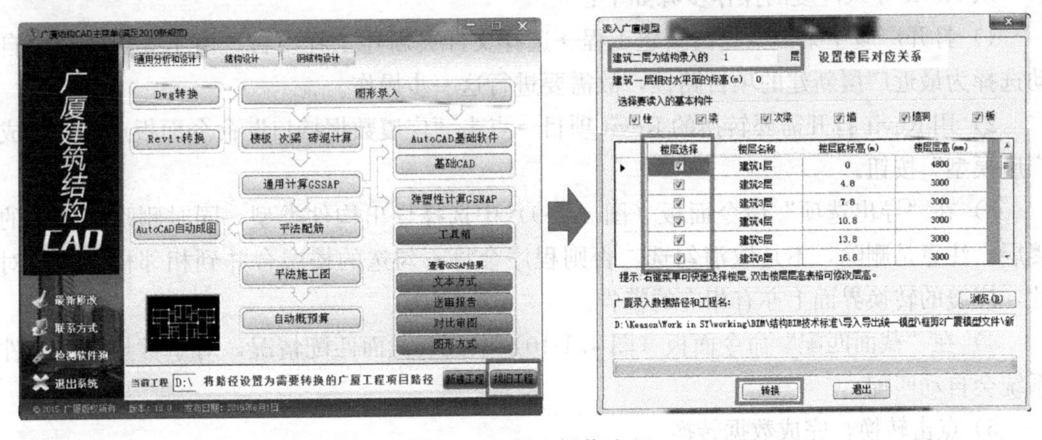

图 4.1-4　导入操作流程

广厦结构模型和导入 Revit 后的模型分别如图 4.1-5 和图 4.1-6 所示。对比两图可看出两模型结构构件尺寸及位置均保持一致，可满足类似框剪工程转换的需求。此外，对比图 4.1-7 和图 4.1-8 可以看出，该接口能适应斜梁及斜板的模型导入。但应注意，该插件不支持导入组合构件，不支持导入异形柱和异形梁。同时 Revit 最好采用系统自带的“结构样板”，使用用户自己的模板可能会出现局部构件无法导入的问题。

总而言之，广厦 Revit 导入接口基本上能满足常规框架、框架及剪力墙结构的模型导入，能够满足常规工程的导入需求。

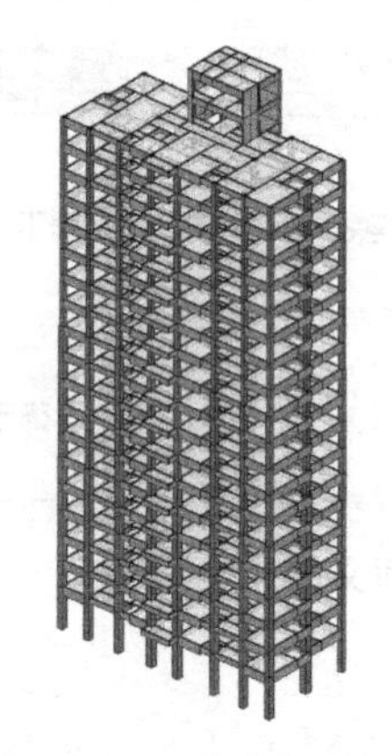

图 4.1-5　广厦结构模型

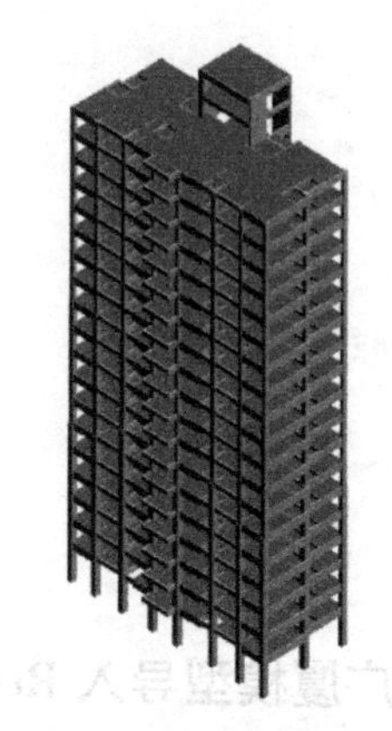

图 4.1-6　导入 Revit 后模型效果

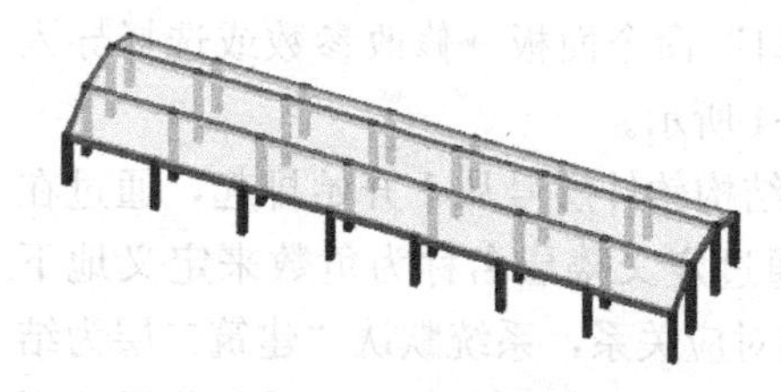

图 4.1-7　广厦斜屋面模型

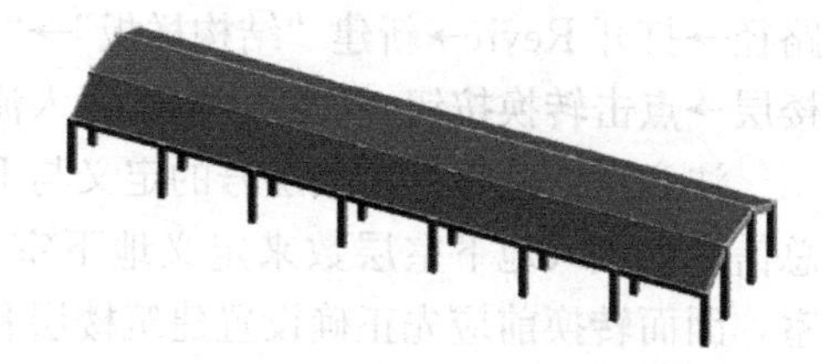

图 4.1-8　导入 Revit 后模型效果

4.1.3　从 Revit 导入广厦的方法

从 Revit 导入广厦的操作步骤如下：

1）打开广厦主菜单→点击新建工程→选择文件夹新建工程项目。由于导出路径会自动选择为最近广厦新建的项目路径，故需要进行这一步操作。

2）用 Revit 打开需要转换的 Revit 项目→点击“广厦数据接口”命令面板点击“生成广厦模型”按钮。

3）在“导出选项”命令面板（图 4.1-9）中选择导出构件类型，同时删除不必要的楼层。注意是删除，不是取消勾选，否则程序会将不勾选的楼层合并到相邻楼层中，对此，广厦的转换界面上亦有相应的警告。

4）在“截面匹配”命令面板（图 4.1-10）中检查截面匹配情况，对于常规矩形构件系统会自动匹配。

5）点击转换，完成数据转换。

模型转换完成后广厦模型效果如图 4.1-11 所示，几何构件尺寸及位置与原 Revit 模型一致，可满足常规工程使用需求。但应注意，转换后每个自然层均作为一个标准层，如图 4.1-12 所示，且没有结构楼板。

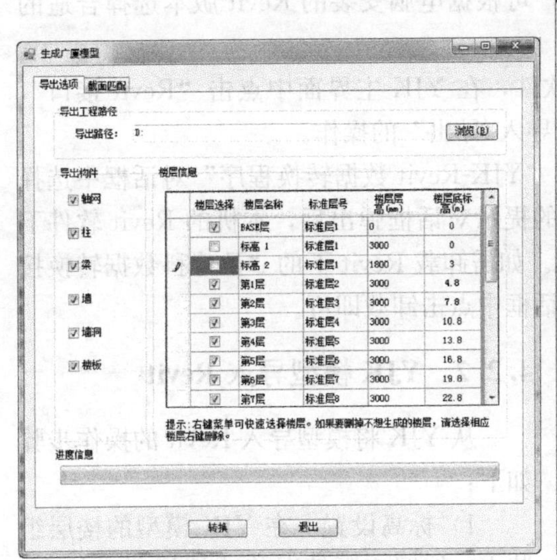

图 4.1-9　导出选项

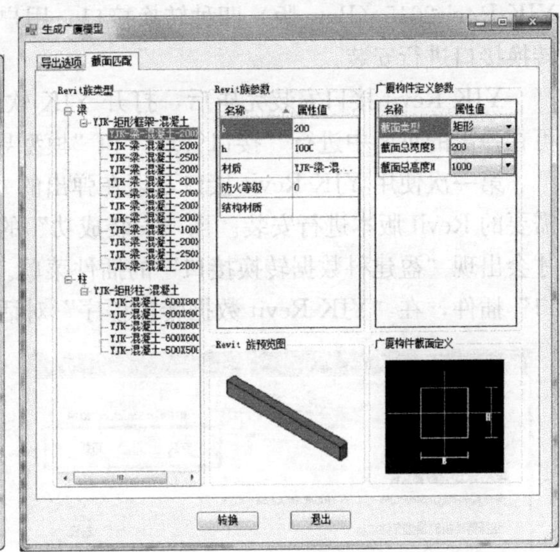

图 4.1-10　截面匹配

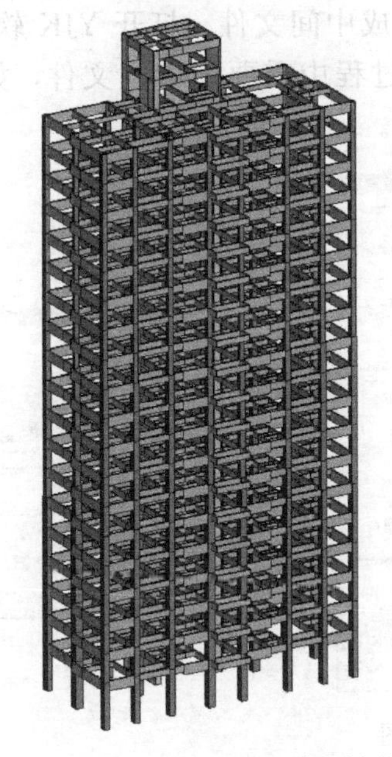

图 4.1-11　导入广厦后模型效果

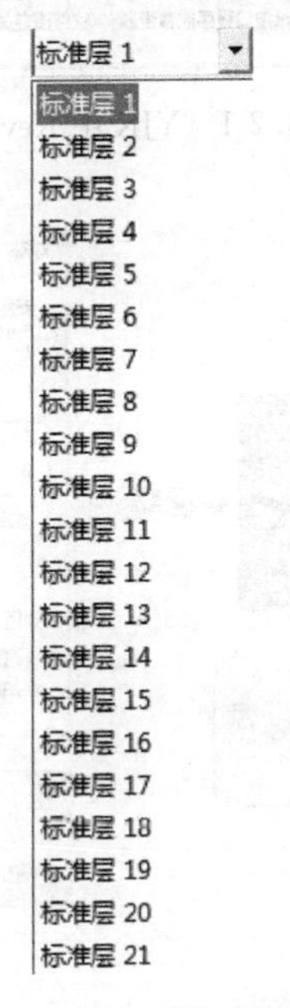

图 4.1-12　导入后的广厦标准层

4.2　通过盈建科进行模型互导

4.2.1　接口安装说明

盈建科（YJK）转 Revit 接口需在安装 YJK 后独自到盈建科软件官网下载接口程序进行安装。目前盈建科官网提供了 YJK-Revit2012、YJK-Revit2013、YJK-Revit2014、

YJK-Revit2015（Beta 版）四种转换接口，用户可根据电脑安装的 Revit 版本选择合适的转换接口进行安装。

YJK-Revit 接口安装完毕后，打开 YJK 软件，在 YJK 主界面中点击“Revit 接口”，可在弹出的页面中进行“接口管理”和“模型导入/导出”的操作。

第一次使用 YJK-Revit 接口，请在弹出的“YJK-Revit 数据转换程序”对话框中选择需要的 Revit 版本进行安装。当“安装成功”的提示对话框弹出后，本机的 Revit 软件下才会出现“盈建科数据转换接口”的插件菜单。如需卸载 Revit 下的“盈建科数据转换接口”插件，在“YJK-Revit 数据转换程序”对话框中点击卸载即可。

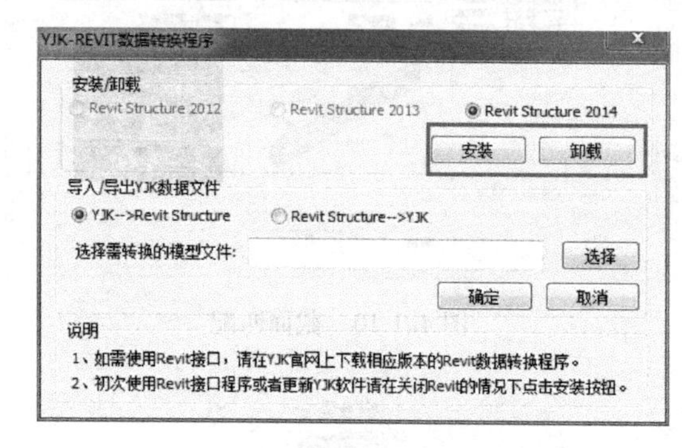

图 4.2-1　YJK 中 Revit 接口对话框

4.2.2　YJK 模型导入 Revit

从 YJK 将模型导入 Revit 的操作步骤如下：

1）标高设置。在 YJK 模型的楼层组装中，按照实际情况修改楼层层底标高，以保证导入 Revit 后标高正确。

2）生成中间文件。打开 YJK 软件，生成转换过程中需要的中间文件，如图 4.2-2 所示。

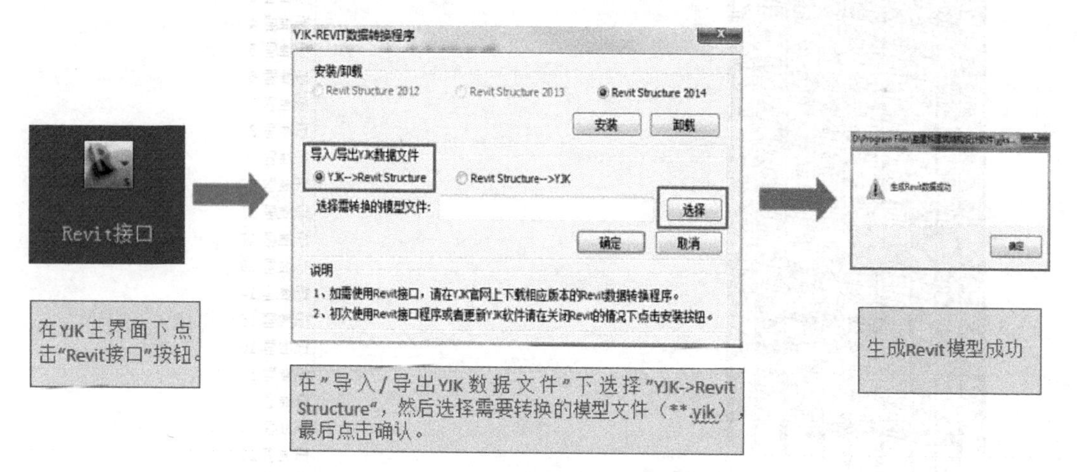

图 4.2-2　YJK 软件下操作流程图

3）创建 Revit 模型。打开 Revit 软件，读取 YJK 数据创建 Revit 模型。点击加载按钮后选择工程文件中的 yjk 格式文件打开即可。YJK 导入接口对话框如图 4.2-3 和图 4.2-4所示。

YJK 导入盈建科接口可实现分批导入的功能，当模型层数超过 20 层时，系统会弹出图 4.2-5 对话框对用户进行提醒。

由于 Revit 在进行超大型模型转换时，经常因为内存使用上限或者警告提示过多的原因而出现不予转换的情况。YJK 提供楼层叠加转换机制，用户可以采用分楼层转换机制，对部分楼层转换并保存后再进行剩余楼层的转换，直至全部完成，这样在一次转换后重新转换，内存使用量会降低，并且，大量提示也可以分多次忽略，提高了模型转换的成功率。分层转换过程如图 4.2-6 所示。

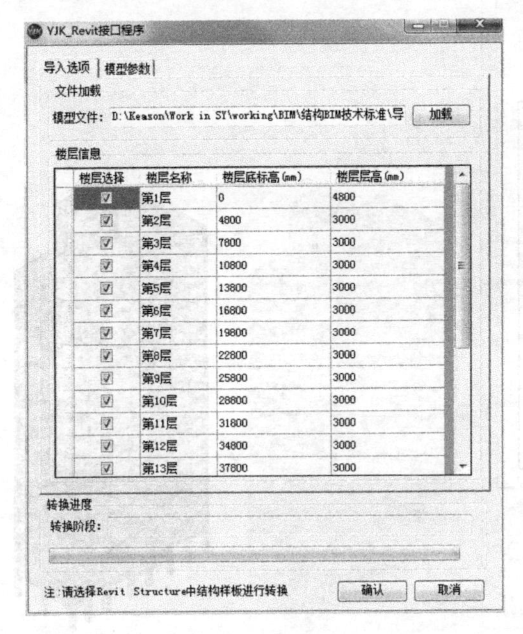

图 4.2-3　接口界面一

图 4.2-4　接口界面二

图 4.2-5　分层转换提醒

YJK 结构软件中框剪模型如图 4.2-7 所示，导入 Revit 后的 Revit 结构模型如图 4.2-8 所示，对比图 4.2-7 和图 4.2-8 可发现，两模型的构件尺寸及位置完全一致。此外，对比图 4.2-9 和图 4.2-10，可以看出该接口基本上可满足斜梁、斜板的模型导入。

YJK 导入 Revit 的接口基本上能正常导入常规框架、框架-剪力墙、剪力墙模型，能满足一般的工程需求。但不支持导入组合构件，不支持导入异形柱和异形梁。同时应注意 Revit 最好采用系统自带的“结构样板”，使用用户自己的模板可能会出现个别构件无法导入的问题。

4.2.3 Revit 模型导入 YJK

目前 YJK 的 Revit 接口可实现将 Revit 模型的上部结构转换至 YJK 计算软件中（楼板除外）。利用“Revit 盈建科数据接口”将 Revit 模型导入 YJK 的方法如下所述，先完成 Revit 部分操作，在再完成 YJK 部分操作即可。

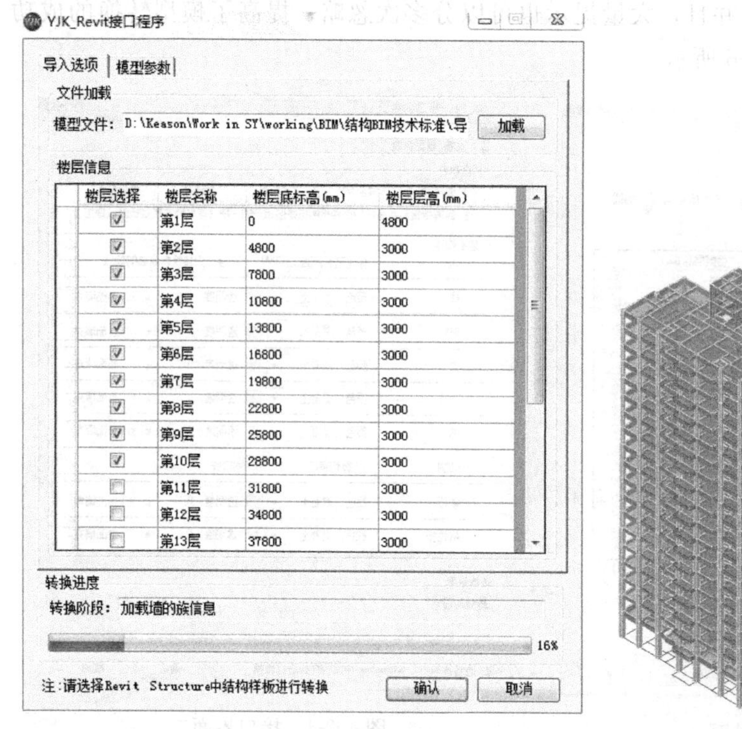

图 4.2-6　分层转换

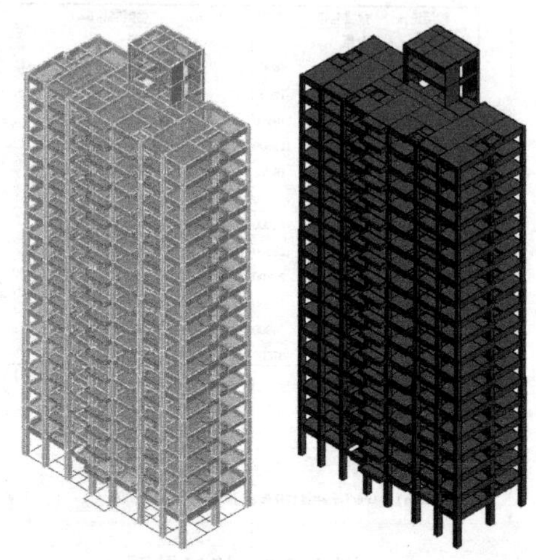

图 4.2-7　YJK 模型效果

图 4.2-8　导入 Revit 后模型效果

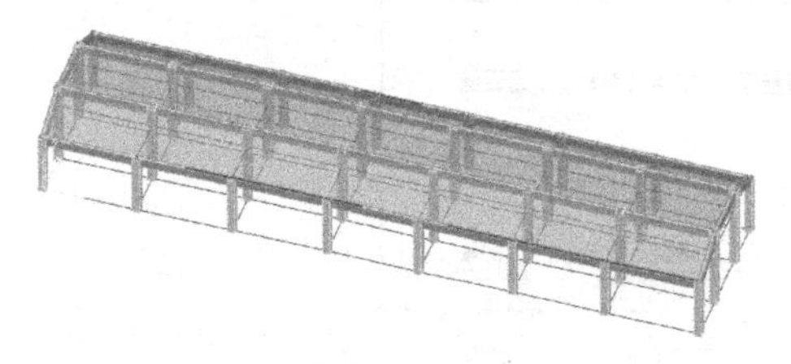

图 4.2-9　YJK 斜屋面模型

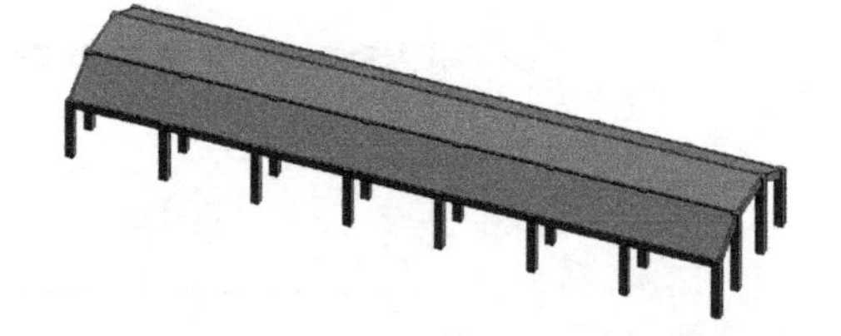

图 4.2-10　导入 Revit 后模型效果

Revit 部分操作：

盈建科数据接口→数据导出面板→点击上部结构（图 4.2-11）→弹出导出设置对话框（图 4.2-12）→设置导出路径→“楼层信息”中删除多余楼层→选择“截面匹配”命令面板（图 4.2-13）→鼠标右击 Revit 族类型完成匹配→点击“参数设置”命令面板（图 4.2-14）→设置归并参数→点击确定按钮完成数据导出。

截面匹配方法：如图 4.2-13 所示，选中族类型，鼠标右击弹出匹配对话框，左键点击匹配即可，显示绿字则代表匹配成功。可选中族一级别实现批量匹配，也可按单一类型族进行对应匹配。

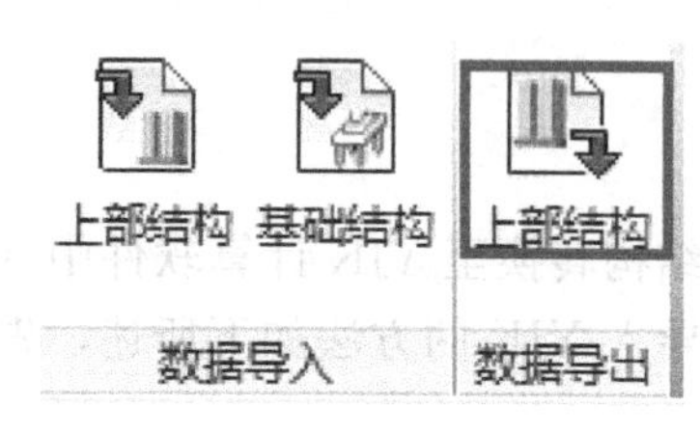

图 4.2-11　盈建科数据接口

归并参数设置：如图 4.2-14 所示水平构件归并距离默认为 200，建议设置为 0。

模型导出效果如图 4.2-15 所示，YJK 模型构件的尺寸及位置与 Revit 模型一致。

图 4.2-12　导出选项

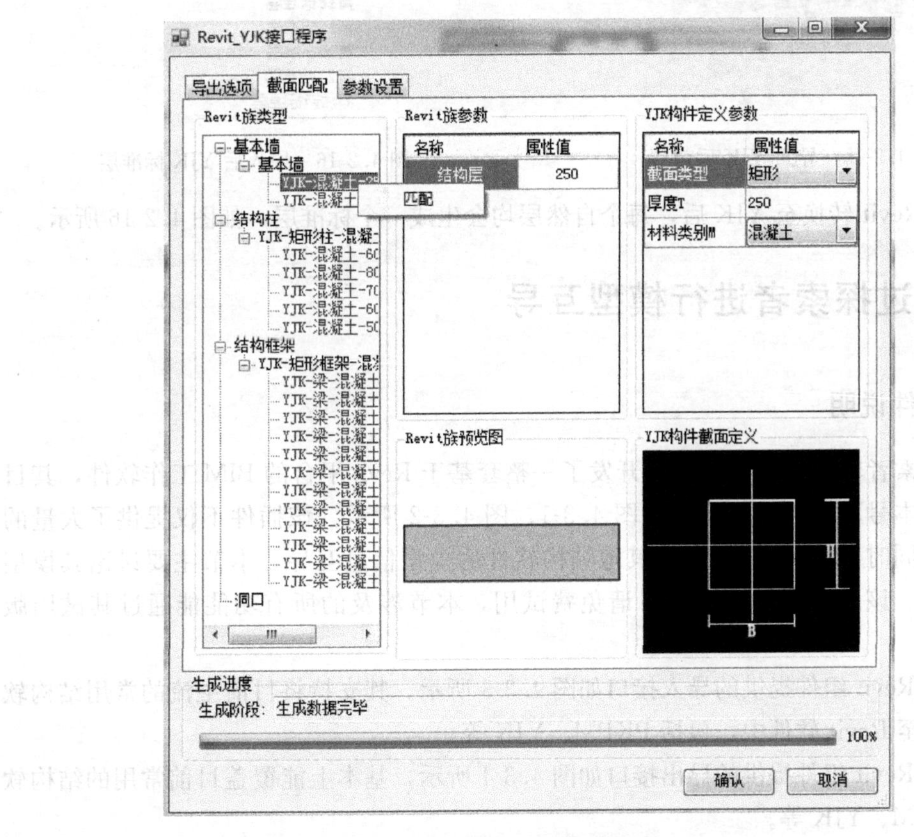

图 4.2-13　截面匹配

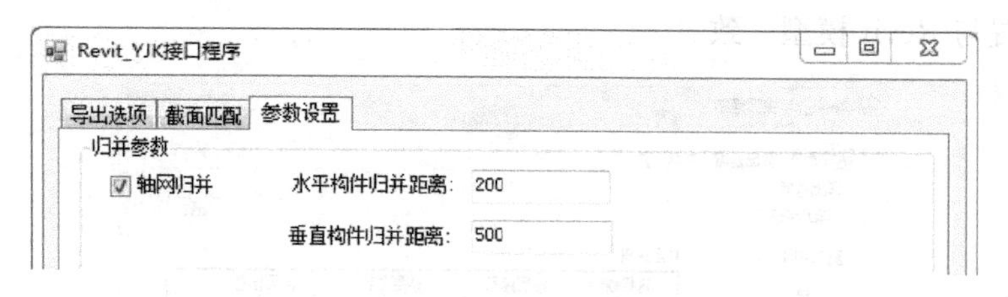

图 4.2-14　参数设置

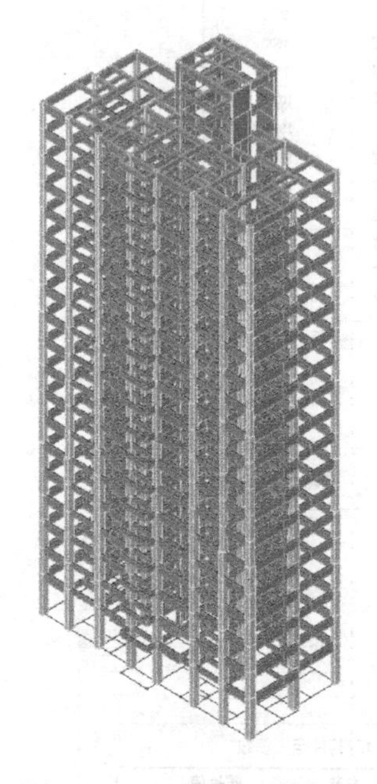

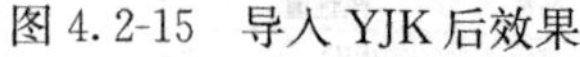

图 4.2-15　导入 YJK 后效果

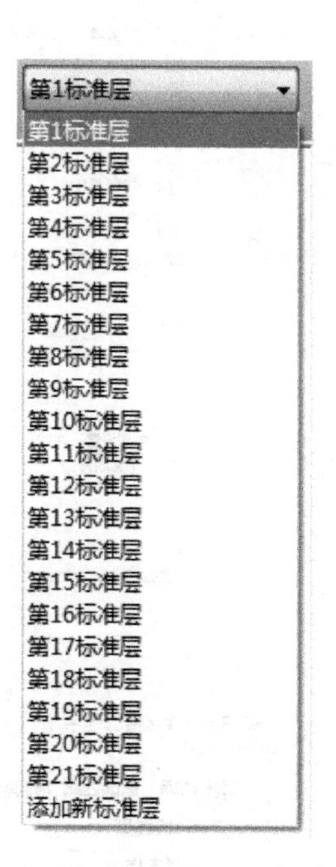

图 4.2-16　导入后 YJK 标准层

注意：Revit 转换至 YJK 后，每个自然层均会生成一个标准层，如图 4.2-16 所示。

4.3　通过探索者进行模型互导

4.3.1　软件说明

北京探索者软件技术有限公司开发了一整套基于 Revit 平台的 BIM 工作软件，其目前最新的版本号和系列产品分别如图 4.3-1、图 4.3-2 所示。该插件不仅提供了大量的建模工具，同时也能实现 Revit 与其他结构软件的模型信息互导，本节主要讨论其模型互导的功能。该系列软件目前可申请免费试用，本节涉及的所有功能能通过其试用版实现。

探索者 Revit 组件提供的导入接口如图 4.3-3 所示。其支持将目前主流的常用结构软件模型导入至 Revit 软件中，包括 PKPM、YJK 等。

探索者 Revit 组件提供的导出接口如图 4.3-4 所示，基本上能覆盖目前常用的结构软件，如 PKPM、YJK 等。

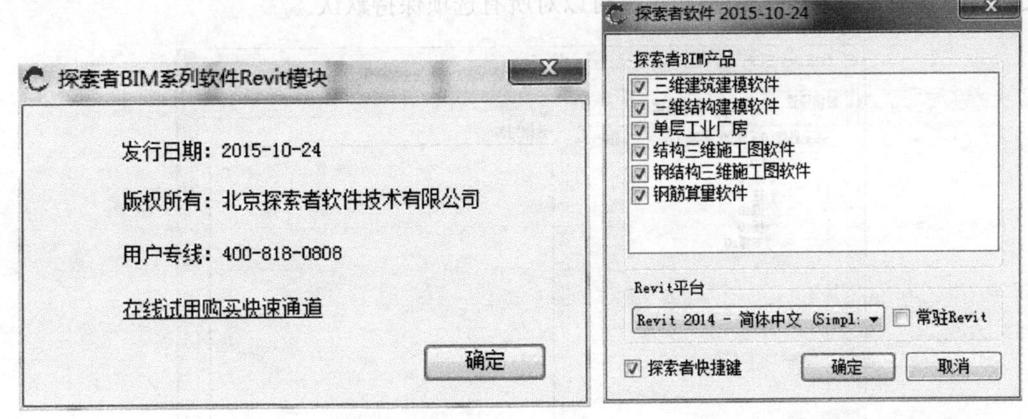

图4.3-1 探索者BIM系列软件版本

图4.3-2 探索者BIM系列插件

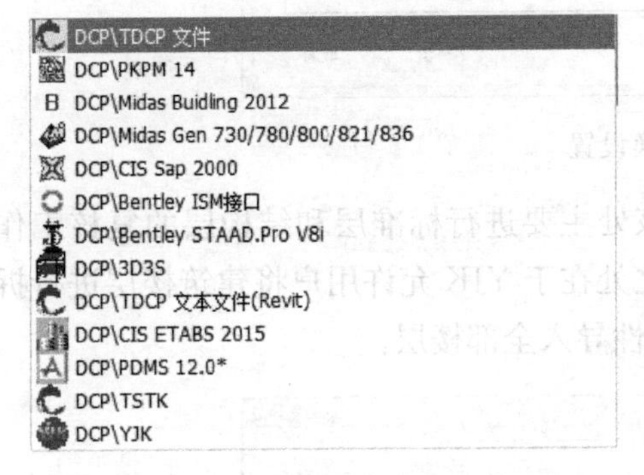

图4.3-3 探索者提供的Revit导入接口

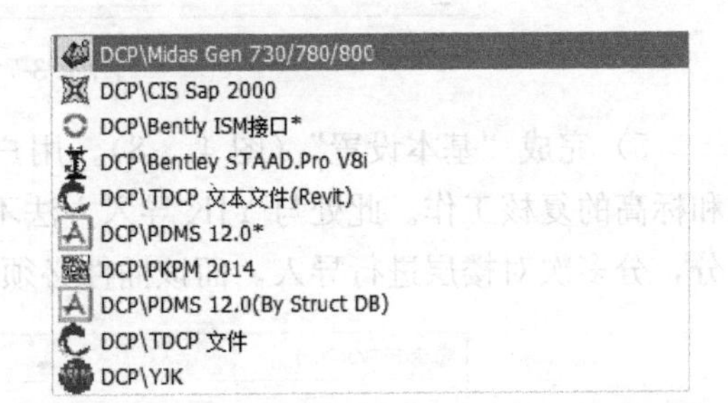

图4.3-4 探索者提供的Revit导出接口

4.3.2 通过探索者将PKPM模型导入Revit

通过探索者将PKPM模型导入Revit的操作步骤如下：

1）在结构模型中调整标高，使得结构模型中的标高与实际标高相符。

2）通过“探索者RevitFor2014”打开Revit软件，并选择“结构样板”。

3）选择“其他工具”→“导入数据”（图4.3-5）→选择导入软件及文件路径（图4.3-6）。

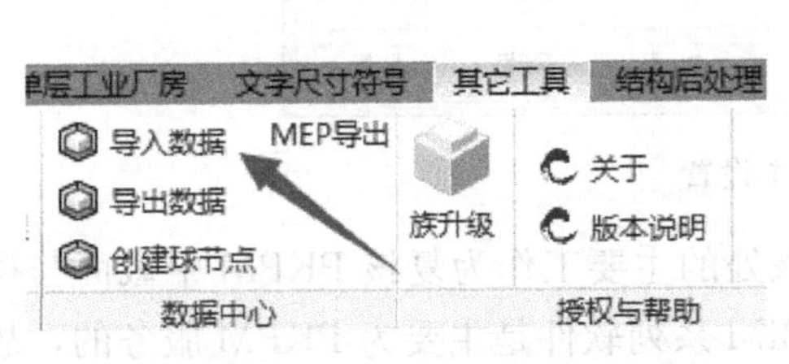

图4.3-5 导入数据

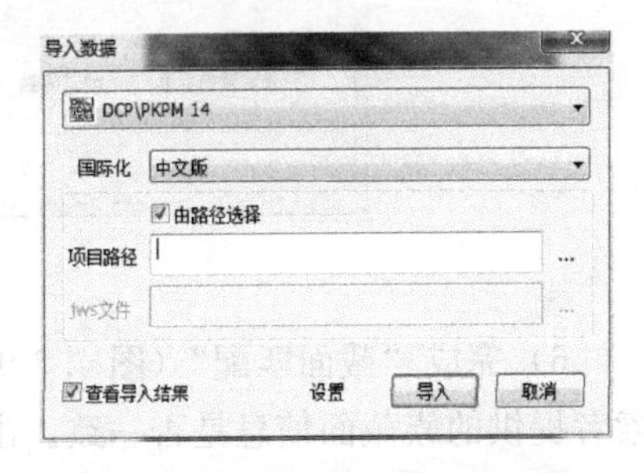

图4.3-6 选择导入软件及路径

4）完成“替换设置”选择（图4.3-7），该处允许用户对构件类型进行控制，主要在二次导入时使用。该功能较为强大，提供了模型前后导入的控制阀门，能提升模型二次导入的效率。对于首次导入模型而言，可以对所有选项保持默认。

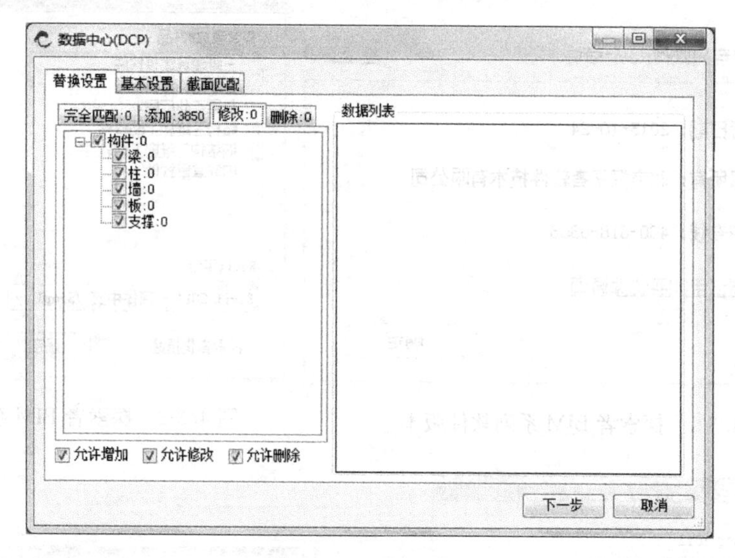

图 4.3-7　替换设置

5）完成“基本设置”（图 4.3-8）。用户在该处主要进行标准层和结构层的复核工作和标高的复核工作。此处与 YJK 导入方法不同之处在于 YJK 允许用户将建筑楼层进行拆分，分多次对楼层进行导入，而该插件必须一次性导入全部楼层。

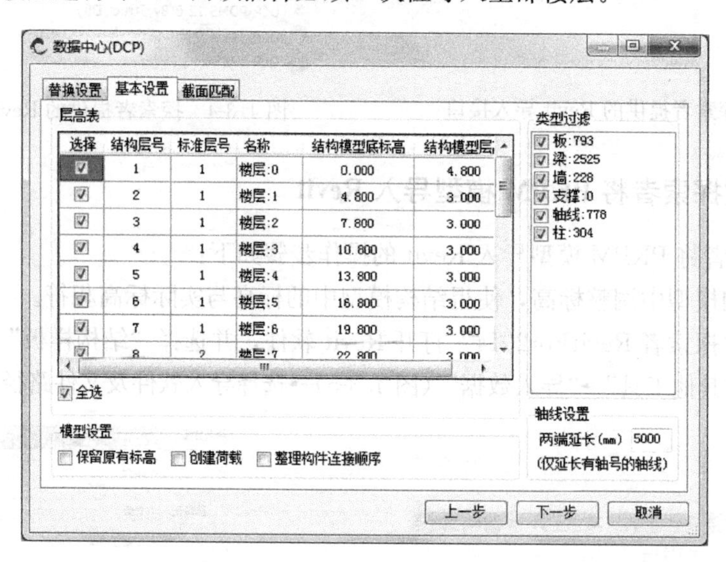

图 4.3-8　基本设置

6）完成“截面匹配”（图 4.3-9）。用户在该处的主要工作为复核 PKPM 中截面与探索者提供的族截面信息是否一致。由于探索者 BIM 系列软件是主要为 PKPM 服务的，故其族构件的类型和信息与 PKPM 中构件的类型和信息完全一致，一般情况下用户只需复核截面类型是否一致即可。

7）点击图 4.3-9 的“确定”，等待导入完成。

采用以上方法对某框架-剪力墙结构进行转换，其转换前、后效果分别如图 4.3-10 和

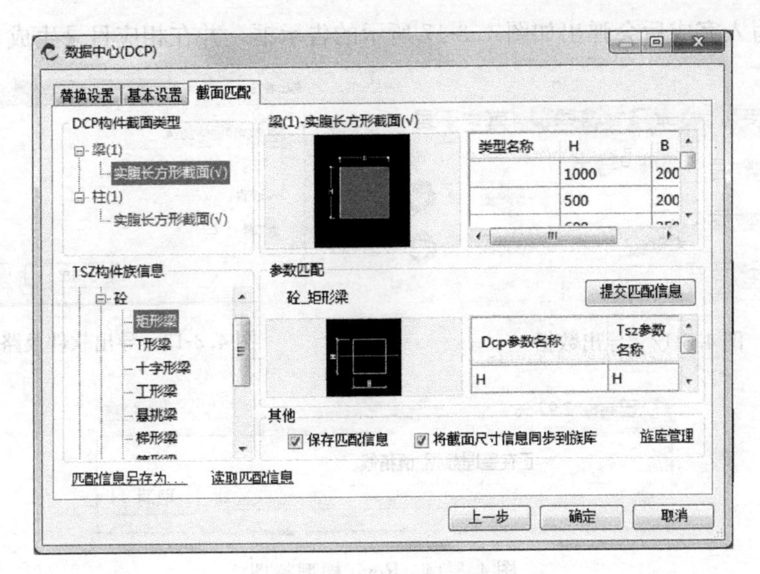

图 4.3-9 截面匹配

图 4.3-11 所示。对比两图，可发现其构件的三维位置及截面尺寸完全一致，采用该插件能够胜任一般高层工程的设计需求。

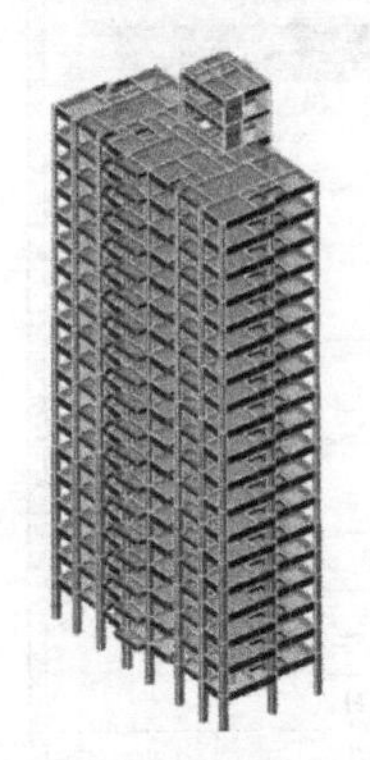

图 4.3-10 PKPM 全楼模型

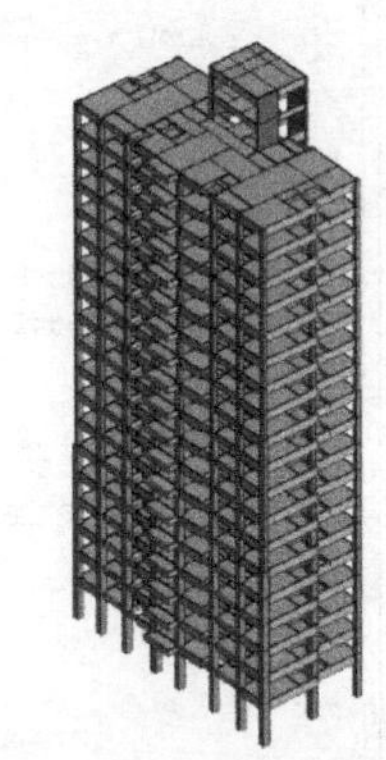

图 4.3-11 导入 Revit 后全楼模型

4.3.3 通过探索者将 Revit 模型导入 PKPM

目前，该插件能实现将 Revit 模型导出至 PKPMV2.1 和 V2.2 版本。其导出的步骤如下：

1）通过“探索者 RevitFor2014”打开 Revit 软件，并打开需要转换的项目文件。

2）选择“其他工具”→“导出数据”（图 4.3-12）→选择导出软件及文件路径并命名（图 4.3-13）目前提供 PKPM _ V2.1 和 V2.2 版本的接口。点击“导出”命令后，插件会对 Revit 的模型进行整理，如图 4.3-14 所示。

3）完成“截面匹配”设置。该步骤主要校对构件的截面和类型是否准确，如图 4.3-15所示。

4）点击图 4.3-15 中“确定”，进入数据添加进度界面，如图 4.3-16 所示，等待完成即可。数据写入完成后会弹出如图 4.3-17 所示的告示框，并在相应目录生成 jws 文件。

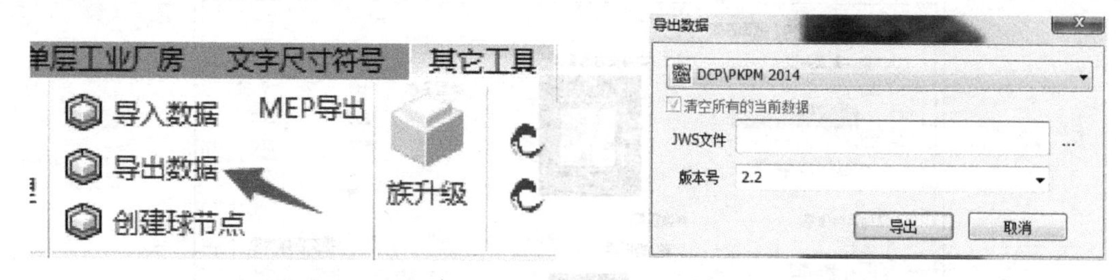

图 4.3-12　导出数据　　　　图 4.3-13　导出软件及路径选择

图 4.3-14　Revit 模型整理

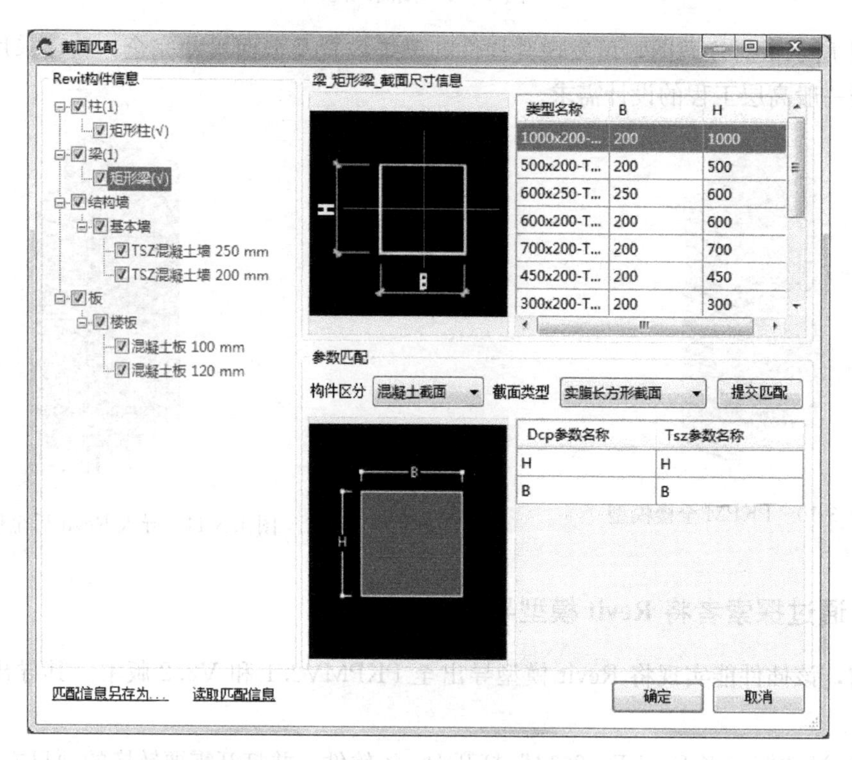

图 4.3-15　Revit 导出 PM 的截面匹配

图 4.3-16　数据写入进度

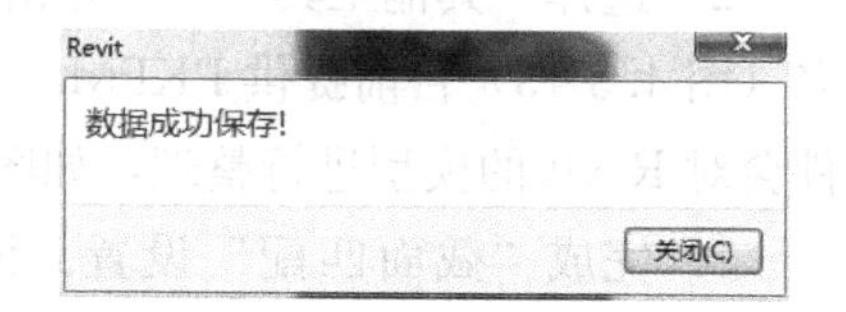

图 4.3-17　数据保存完成

目前，该版本的探索者导出接口尚未十分完善。由于模型的数据整理完全依赖插件自动进行，有时插件未能识别楼层中的所有构件数据，从而导致了部分构件的漏导或自然层多余的情况，如图 4.3-18 和图 4.3-19 所示。从图 4.3-18 可发现，模型的剪力墙信息出错且水平构件的标高不正确。检查其模型的组装情况，可以发现同一个楼层被拆分为了多个楼层，且每一个自然层都被认为是一个标准层。可见，该插件的模型导入质量尚有较大的进步空间。

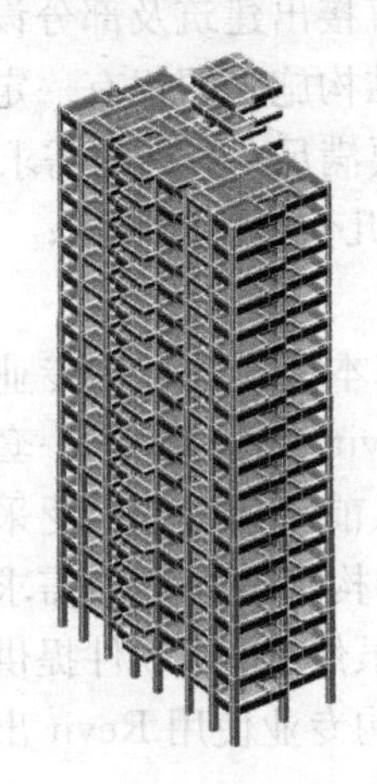

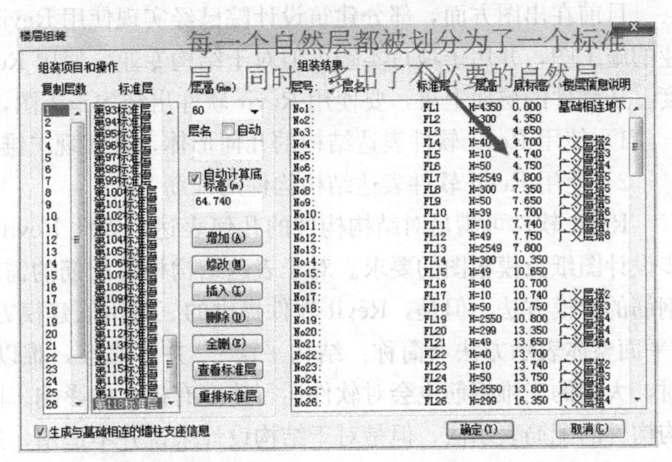

图 4.3-18　导入 PKPM 后的模型

图 4.3-19　导入 PKPM 后的模型组装信息

第 5 章　结构 BIM 施工图图面表达

目前在出图方面，部分建筑设计院已经实现使用 Revit 软件直接出建筑及部分设备专业的施工图，并用于项目实践，但对于结构专业，使用 Revit 出结构施工图仍有一定的难度。从软件的层面上讲，要使用 Revit 软件出结构施工图，至少要满足两方面的需求：

1）使用 Revit 软件表达结构的几何形体，并实现二维注释与几何模型的联动；

2）使用 Revit 软件表达结构构件的配筋。

Revit 软件可满足对结构构件的几何表达，因此 Revit 软件基本能实现结构专业出初步设计图纸及模板图的要求。对于表达结构构件配筋的需求，Revit 软件提供了一套三维钢筋的建模方法。但是，Revit 软件提供的三维钢筋建模方法与目前结构专业广泛采用的“平面整体表示方法（简称：结构平法）”并不兼容，难以满足结构平法表达的需求，同时，大量的三维钢筋也会对软件运行速度有极大的影响。因而，虽然 Revit 软件提供了结构构件的配筋表示法，但是对于结构设计来说并不适用，这给结构专业使用 Revit 出施工图带来了一定的难度。

若要使用 Revit 软件出结构施工图，需要在熟练掌握 Revit 软件功能的基础上，灵活应用 Revit 软件的特点，并结合结构平法的表达规则，探索出一套新的方法。本章基于 Revit 软件，给出了常用结构构件的施工图表达方法，为 BIM 背景下的结构施工图绘制提供一条实用途径。

5.1　梁施工图

梁施工图主要包括模板图和梁配筋图。进行梁施工图标注前，应先将视图样板选为“结 _ 结构工作视图”样板，如图 5.1-1 所示。

5.1.1　注释内容与配套族

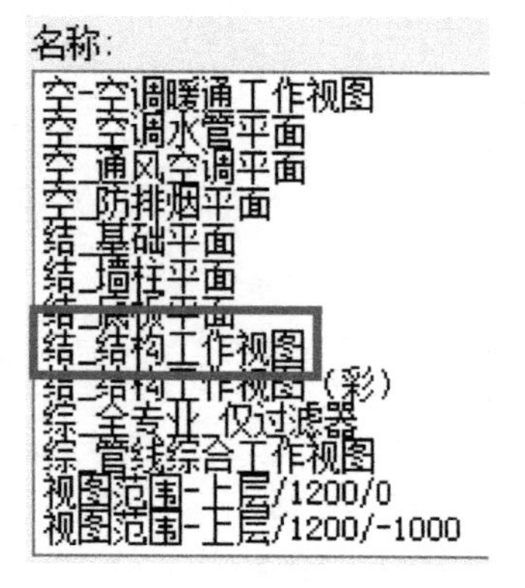

图 5.1-1　结 _ 结构工作视图

模板图中需要注释的内容包括：梁编号、梁跨号、梁截面、梁面标高。

梁配筋图中需要注释的内容包括：梁集中标注、梁原位标注。其中，梁集中标注主要内容为：梁编号、梁跨号、总跨数、截面、对称标记、箍筋、架立筋、底筋、腰筋、标高；梁原位标注主要内容为：截面、箍筋、架立筋、底筋、腰筋、标高、左负筋、右负筋，梁原位标注中，与集中标注相同的内容不标注。

为对梁进行注释，需要事先做好标注族，需要的标注族如下：

模板图：梁编号（包括梁编号跟梁跨号，如 KL1-2）、梁截面、梁标高。

配筋图：集中标注（梁编号、总跨数、截面、箍筋、架立筋、底筋、腰筋、标高）、原位标注（截面、箍筋、架立筋、底筋、腰筋、标高）、负筋左、负筋右、底筋。

5.1.2　参数设置

梁施工图需要的共享参数如表 5.1-1 所示。

梁施工图共享参数　　**表 5.1-1**

参数名	类型	示例值
梁顶面标高高差	文字	(H−0.300)
梁配箍率	文字	0.21%
梁配筋率	文字	1.2%
梁跨数	文字	5
梁编号	文字	KL
梁纵向构造筋或扭筋	文字	N2&16
梁箍筋	文字	$8@100/200(2)
梁序号	文字	1
梁跨号	文字	1
梁加腋	文字	PY500×250
梁下部纵筋	文字	3&25
梁上部通长筋或架立筋	文字	(2&14)
对称标记	文字	(D)
梁高	长度	800
梁宽	长度	250
单梁高	文字	900
单梁宽	文字	250
单梁顶面标高高差	文字	(H−0.400)
单梁箍筋	文字	&10@100(2)
单梁竖向加腋筋(左)	文字	500×250
单梁竖向加腋筋(右)	文字	500×250
单梁水平加腋筋(左)	文字	500×250
单梁水平加腋筋(右)	文字	500×250
单梁构造筋或扭筋	文字	G4&16
单梁支座上部纵筋(左)	文字	2&20
单梁支座上部纵筋(右)	文字	3&22
单梁加腋	文字	GY500×250
单梁下部纵筋	文字	3&20
单梁上部通长筋或架立筋	文字	2&20

注：& 在 Revit 字体中表示三级钢。

对梁信息进行标注，可以使用添加共享参数的方法，将共享参数作为族参数加入梁族中，绘制施工图时，将梁施工图需要的信息作为共享参数输入到梁图元中，之后用标记族标注。将共享参数添加到梁的族参数的具体做法参考第 2 章。

5.1.3 梁标注方法

1）创建注释族示例

点击“菜单→新建→族”，在模板列表中选择“注释”文件夹下的“公制常规标记”模板，点击“创建→族类别和族参数”，族类别选择为“结构框架标记”，族参数中勾选“随构件旋转”，附着点的设置，对于不同的标签类型有所不同，具体见表 5.1-2。

附着点设置　表 5.1-2

标签	附着点	标签	附着点
梁面标高	中点	右负筋	终点
梁截面	中点	梁面标高	中点
梁跨号	中点	腰筋	中点
梁编号	中点	底筋	中点
配筋集中标注	中点	架立筋	中点
左负筋	起点	箍筋	中点

接下来，将标签与相应的共享参数关联。点击“创建→文字→标签”，将鼠标移至绘图区域中适当位置，点击左键，在该位置创建标签，鼠标点击后出现如图 5.1-2 所示对话框。在对话框中点击左下角“添加参数”按钮，在弹出的对话框中点击“浏览”按钮，并选择已创建好的共享参数文件。此时，“参数”列表框中出现已设定的共享参数，如图 5.1-3 所示。

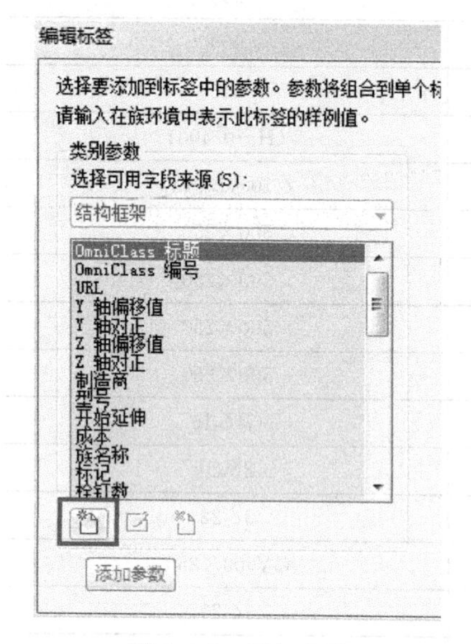

图 5.1-2　添加参数

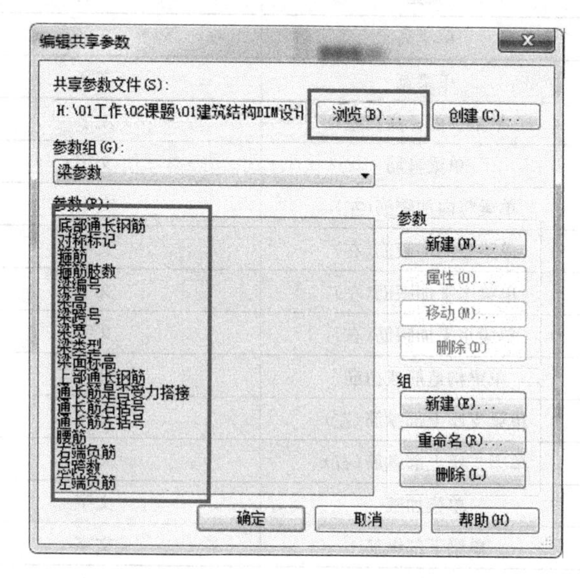

图 5.1-3　载入共享参数文件

选择参数“梁高”，并点击“确定”，“梁高”参数便添加到标签可用参数列表中，如

图 5.1-4 所示。

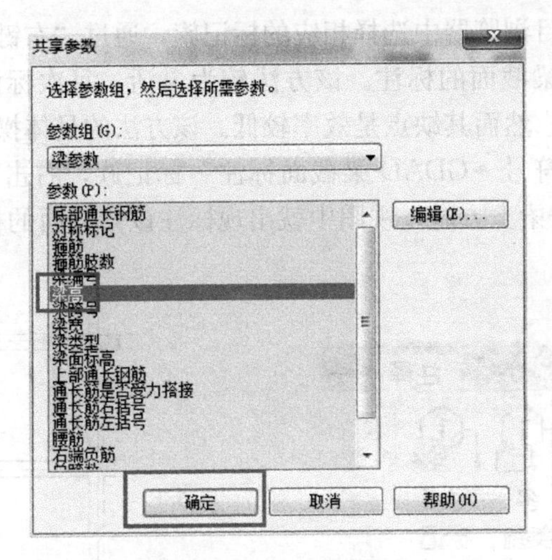

图 5.1-4　选择共享参数

同理，将“梁宽”参数也添加到标签可用参数列表中，在列表中调整顺序，并进行前缀、后缀、断开等设置，如图 5.1-5 所示。

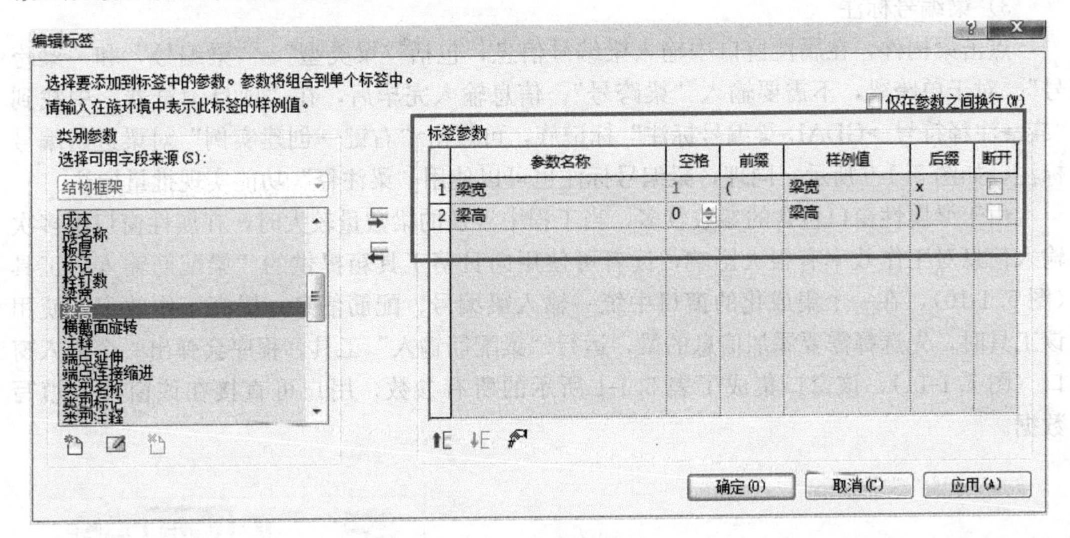

图 5.1-5　标签参数设置

设置完毕后点击“确定”，完成的标签如图 5.1-6 所示。同理，可定制其他标签。

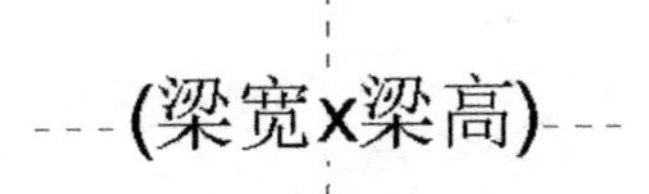

图 5.1-6　梁截面标签

2）梁截面标注

梁截面标注有两种方法，第一种方法是使用 Revit 提供的梁注释功能（图 5.1-7），使用该功能可以实现梁截面的批量注释，但由于标签是批量生成的，当梁比较密集时，会出现标签重叠，需要进行人工调整。

第二种方法是在项目浏览器中选择相应的标记族，通过“右键→创建实例”将标签注释到梁图元上，实现对梁截面的标注。该方法较为灵活，每次标注截面后可调整标签位置，从而避免标签重叠，然而其缺点是效率较低。该方法的具体操作如下：在“项目浏览器”中找到“族→注释符号→GDAD-梁截面标注”标记族，右击该族类型，点“创建实例”，当光标移动到某条梁上方时，视图中就出现标注该梁截面的标签，如图 5.1-8 所示，可设置是否有引线。

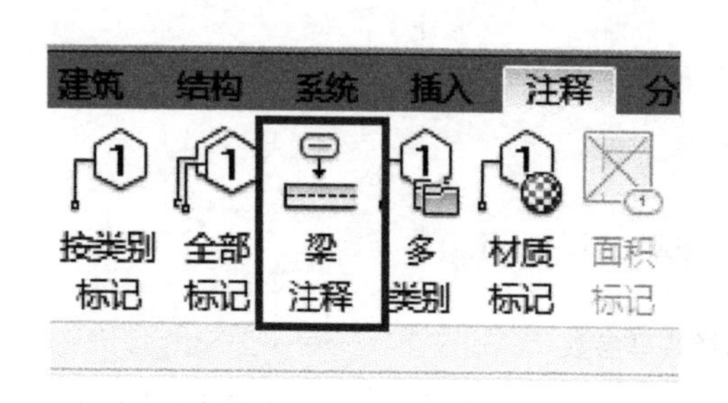

图 5.1-7　梁注释

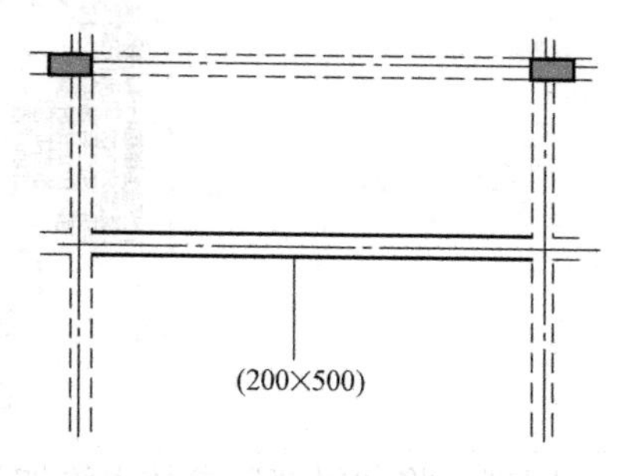

图 5.1-8　标注梁

3）梁编号标注

点击梁构件，在属性窗口中输入梁编号信息，包括“梁类型”、“梁编号”和“梁跨号”。对于单跨梁，不需要输入“梁跨号”。信息输入完毕后，在“项目浏览器”中找到“族→注释符号→GDAD-梁编号标注”标记族，可点击“右键→创建实例”对梁进行编号标注，如图 5.1-9 所示。同理，梁编号标注也可以使用“梁注释”功能实现批量标注。

由于梁属性窗口包含的参数较多，当工程中涉及的梁数量较大时，在属性窗口中多次输入信息对工作效率有很大影响，读者可使用向日葵工具箱提供的“梁配筋输入”工具（图 5.1-10），在一个集成化的窗口中统一输入梁编号、配筋信息，提高工作效率。使用该工具时，先选择需要添加信息的梁，运行“梁配筋输入”工具，程序会弹出一个输入窗口（图 5.1-11），该窗口集成了表 5.1-1 所示的所有参数，用户可直接在该窗口中填写数据。

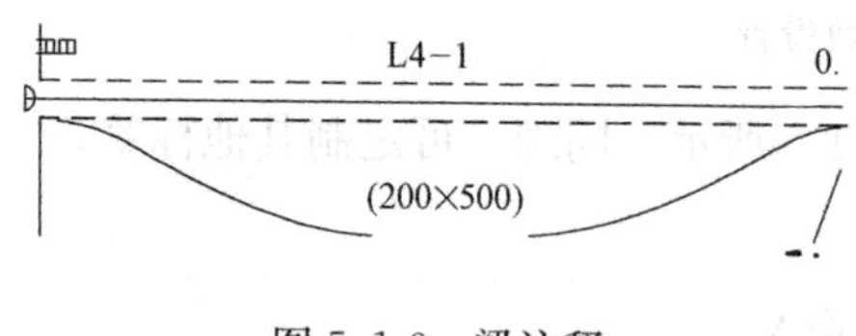

图 5.1-9　梁注释

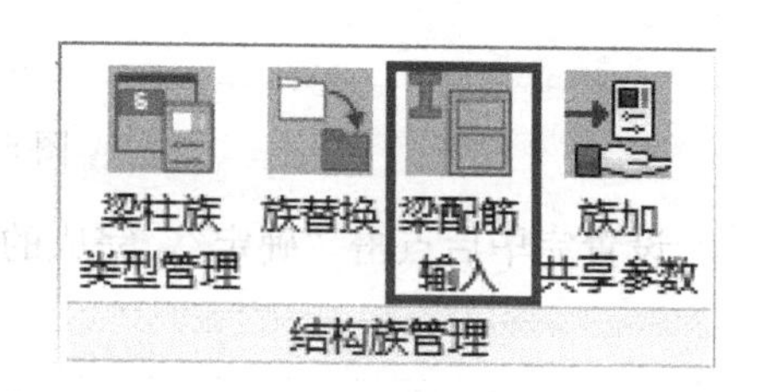

图 5.1-10　梁配筋输入工具

4）梁配筋标注

点击梁配筋集中标注所在的梁跨，在梁属性窗口中输入梁集中标注信息，图面中不想出现的信息不输入，“梁类型”、“梁编号”和“梁跨号”信息在进行梁编号、截面标注时已经填写完毕，不需要重新填写。同理，也可以使用向日葵工具箱的“梁配筋输入”工具输入梁信息。信息输入完毕后，在“项目浏览器→族→注释符号”菜单下找到“GDAD-

梁集中标”标记族，通过点击“右键→创建实例”对梁进行配筋集中标注，如图 5.1-12 所示。

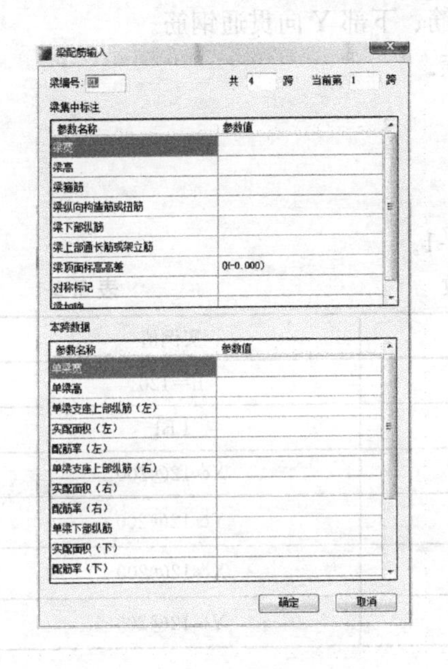

图 5.1-11　梁信息输入窗口

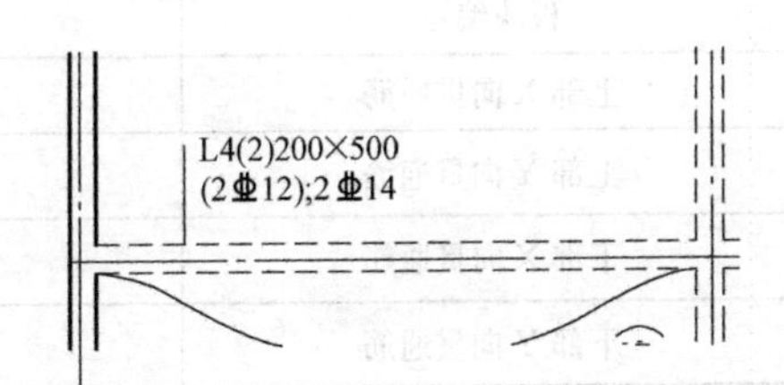

图 5.1-12　梁配筋集中标注

梁配筋原位标注信息的输入方法与集中标注相同，信息输入完毕后，在“项目浏览器→族→注释符号”菜单下分别找到“GDAD-左负筋集中标注”、“GDAD-右负筋集中标注”、“GDAD-梁底筋集中标注”等标记族，点击“右键→创建实例”，对梁进行配筋原位标注，如图 5.1-13 所示。

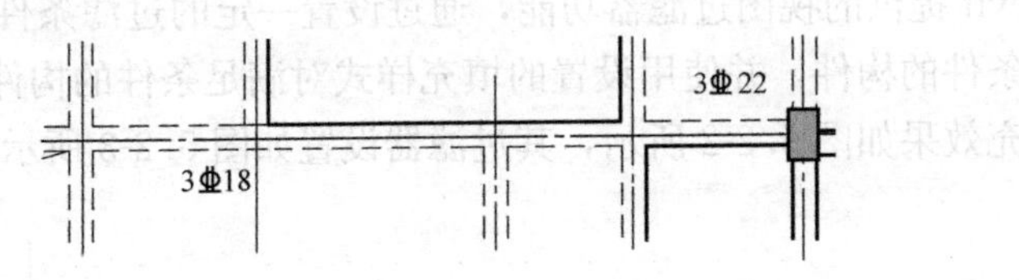

图 5.1-13　梁钢筋原位标注

5.2　楼板施工图

进行楼板施工图标注前，应先将视图样板选为“结_结构工作视图”样板。由于楼板族无法编辑，共享参数不能添加到族参数中，只能使用共享参数结合项目参数的方法添加楼板参数。同时，在当前情况下，楼板钢筋很难以实体钢筋的形式进行表达，本书建议采用详图大样族来表示楼板钢筋。

5.2.1　注释内容与配套族

对于板施工图，需要注释的内容主要有：板面标高、板厚、板面筋、板底筋。其中，板面标高使用系统命令标注，板厚使用共享参数结合标记族的方法添加，板面筋、板底筋使用标记族绘制。

当使用楼板集中标注时，尚需要标注：板块编号、贯通钢筋。贯通钢筋包括：上部X向贯通钢筋、上部Y向贯通钢筋、下部X向贯通钢筋、下部Y向贯通钢筋。

绘制板施工图时，需要的标记族有：板厚标记族。

需要的详图族有：板负筋族、板底筋族。

5.2.2 参数设置

板施工需要添加的共享参数和参数类型见表5.2-1。

板施工图共享参数 **表5.2-1**

参数名	参数类型	实例值
板厚	文字	h=120
板块编号	文字	LB1
上部X向贯通筋	文字	X&12@200
上部Y向贯通筋	文字	Y&12@200
下部X向贯通筋	文字	X&12@200
下部Y向贯通筋	文字	Y&12@200

5.2.3 板筋标注方法

1）用填充的方式表示板筋

传统施工图表达如图5.2-1所示。在Revit中，有两种方法能实现填充。第一种方法是使用“填充区域”功能，这是最基本的方法，但是不智能。第二种方法是使用过滤器功能。可使用Revit提供的视图过滤器功能，通过设置一定的过滤条件和填充样式，软件可自动搜索满足条件的构件，并使用设置的填充样式对满足条件的构件进行填充，具体做法详第2章。填充效果如图5.2-2所示，其过滤器设置如图5.2-3所示。

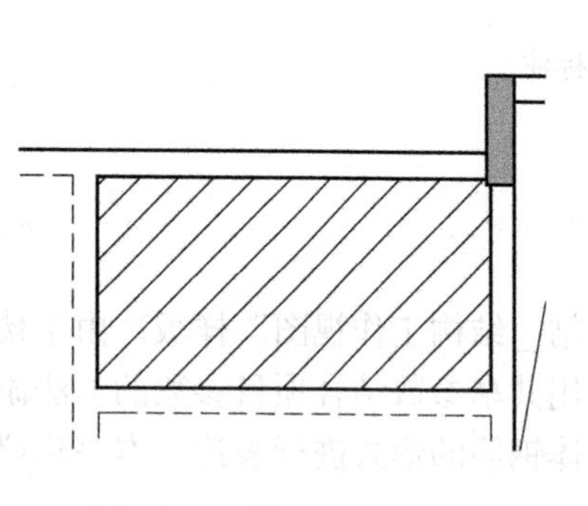

图5.2-1 传统的板填充

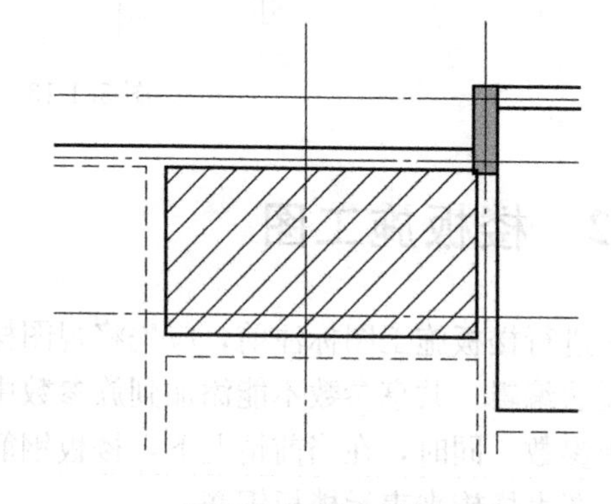

图5.2-2 填充结果示意

2）楼板集中标注

楼板集中标注的内容为：板块编号、板厚、贯通纵筋，以及当板面标高不同时的标高高差。楼板集中标注的标注采用共享参数结合项目参数的方法。先将“板块编号”、“板

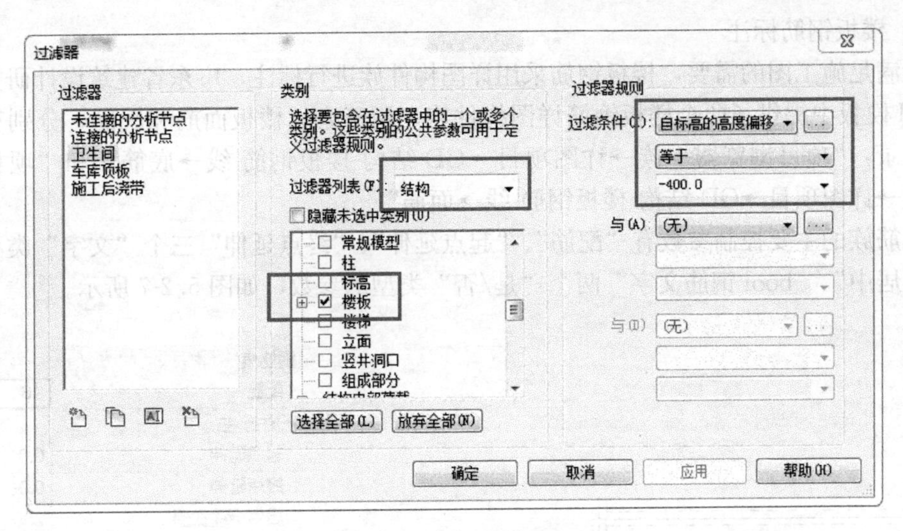

图 5.2-3　过滤器设置

厚"、“上部 X 向贯通筋”、“上部 Y 向贯通筋”、“下部 X 向贯通筋”、“下部 Y 向贯通筋”等共享参数添加到楼板中，再创建“楼板标记”标记族，通过点击“创建→文字→标签”，添加标签参数，并进行相应设置，如表 5.2-2 所示。

楼板集中标注标签设置　　表 5.2-2

序号	参数名称	空格	前缀	样例值	后缀	断开
1	板厚	1		H=120		
2	板块编号	2		LB1		√
3	上部 X 向贯通筋	0	T:	&10@200		√
4	上部 Y 向贯通筋	0	(3 个空格)	&10@200		√
5	下部 X 向贯通筋	0	B:	&10@200		√
6	下部 Y 向贯通筋	0	(3 个空格)	&10@200		

完成后的标签如图 5.2-4 所示。

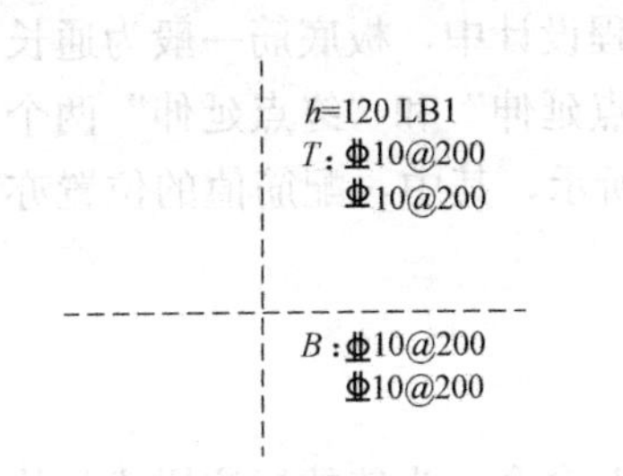

图 5.2-4　板集中标注标签

图 5.2-5　填入属性

进行标注前，先在绘图窗口中选择需要标注板厚的楼板，在属性窗口中填入板厚、板块编号、贯通筋数值，如图 5.2-5 所示。选择“项目浏览器→族→注释符号→楼板标记”，通过“右键→创建实例”将标签添加到需要标注的楼板上，在“属性”窗口中取消勾选“引线”，标注完成如图 5.2-6 所示。

3）楼板钢筋标注

为满足施工图的需要，楼板钢筋采用详图构件族进行标注。广东省建筑设计研究院结构 BIM 模板中提供了两个楼板钢筋详图构件族，用于表示楼板面筋和底筋，分别存放于以下目录：“项目浏览器→族→详图项目→GD-结构-楼板钢筋-线→底筋”和“项目浏览器→族→详图项目→GD-结构-楼板钢筋-线→面筋”。

面筋族的主要控制参数有“配筋”、“起点延伸”、“终点延伸”三个“文字”类型的参数和“居中”、“bool 钢筋文字”两个“是/否”类型的参数，如图 5.2-7 所示。

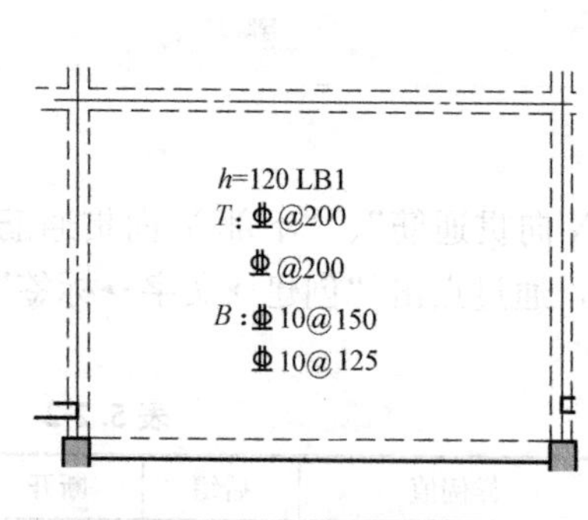

图 5.2-6　注释结果

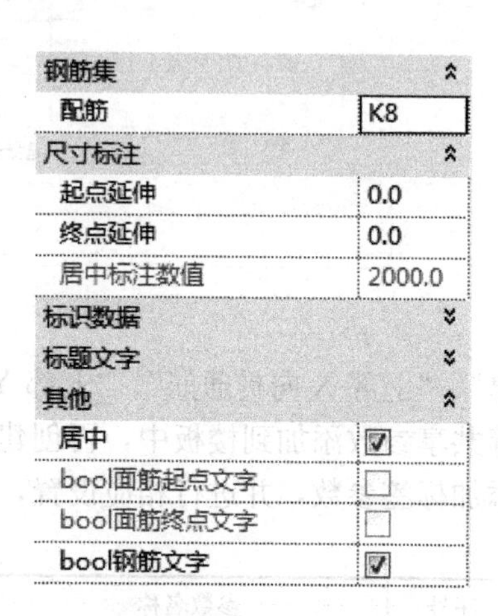

图 5.2-7　面筋族主要控制参数

“配筋”参数用于表示配筋值；“起点延伸”和“终点延伸”参数分别用于表示支座两端的钢筋长度，若某一端不需要单独表示钢筋长度，则将“起点延伸”或“终点延伸”填为 0 即可；“居中”参数用于控制钢筋长度的显示模式，勾选则显示一个数值（通常为钢筋总长度），不勾选则显示两个数值（分别为起点延伸和终点延伸）；“bool 钢筋文字”参数用于控制是否显示配筋值。通过修改族参数即可满足大部分钢筋的标注需求。图 5.2-8 为常见的 3 种面筋表示情形以及对应的参数设置，其中，配筋值的位置可通过拖动控制柄进行修改。

底筋族的主要控制参数与面筋族是一致的，不过由于工程设计中，板底筋一般为通长布置，故一般不勾选“居中”参数，也不需要专门设置“起点延伸”和“终点延伸”两个参数。常见的底筋表示情形以及对应的参数设置如图 5.2-9 所示，其中，配筋值的位置亦可通过拖动控制柄进行修改。

5.2.4　标注板面标高

板面标高的标注使用系统的“注释→尺寸标注→高程点”命令，为使的标注样式与传统方法类型，需要在“类型属性”窗口中进行如下设置：“符号”选为“高程点”，勾选“消除空格”，“高程原点”选为“相对”，“高程指示器”填为“H”，“作为前缀/后缀的高程指示器”选为“前缀”，如图 5.2-10 所示。

在属性窗口的“单位格式”中，设置单位为“米”，舍入为“3 个小数位”，勾选正值显示“+”，如图 5.2-11、图 5.2-12 所示。完成后的板面标高标注如图 5.2-13 所示。

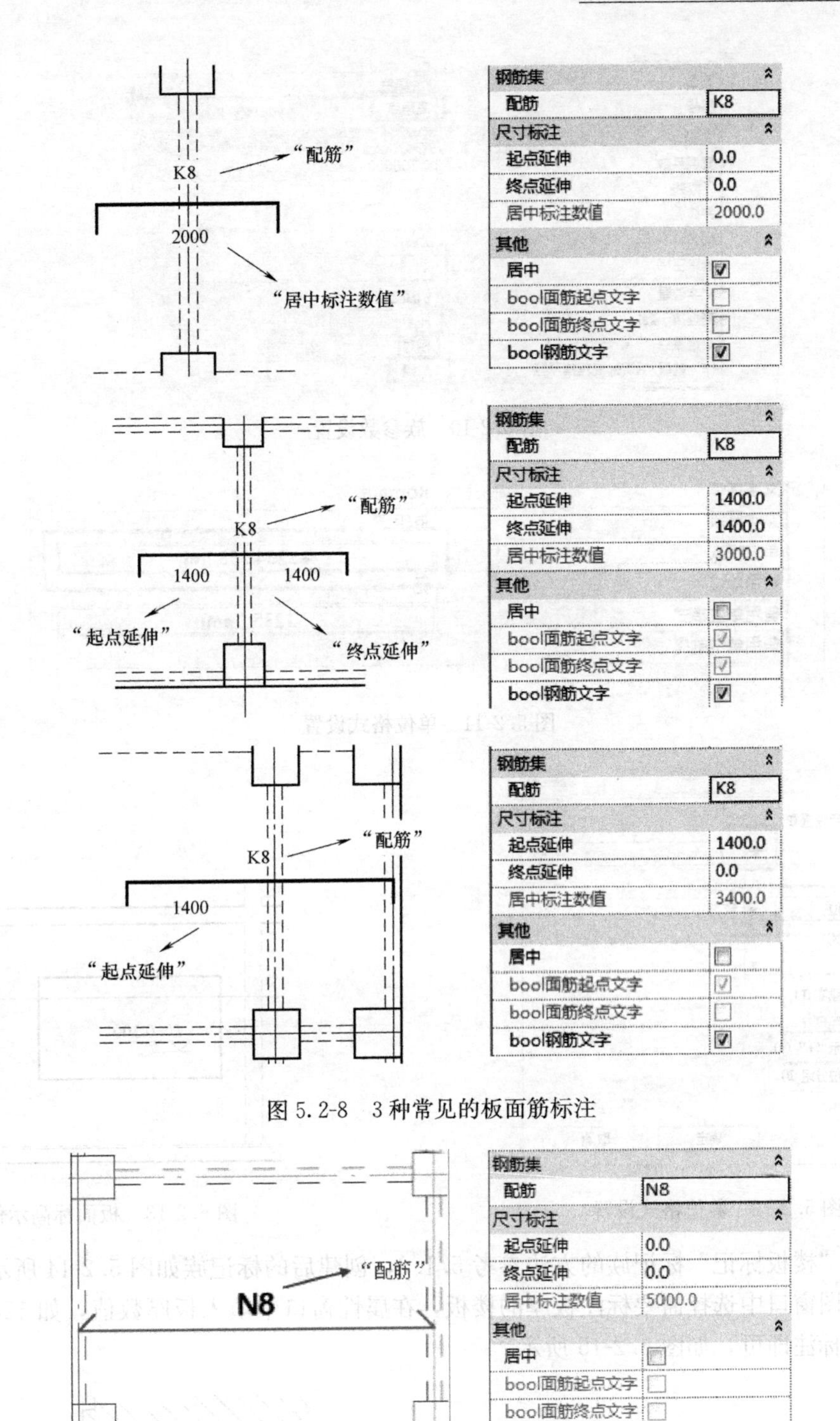

图 5.2-8　3 种常见的板面筋标注

图 5.2-9　常见的板底筋标注

5.2.5　标注板厚

板厚的标注采用共享参数结合项目参数的方法，将“板厚”共享参数添加到楼板中。

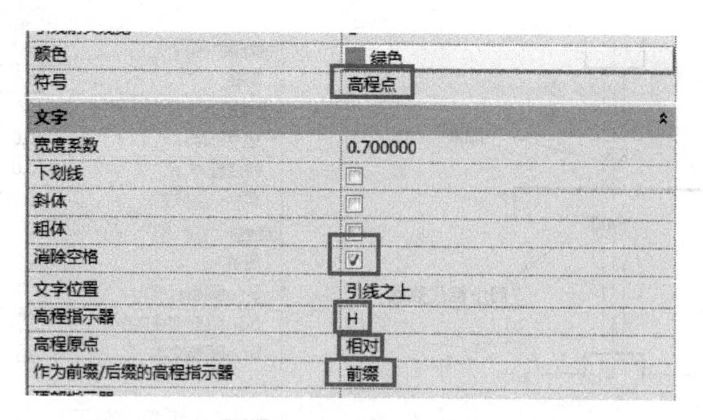

图 5.2-10　族参数设置

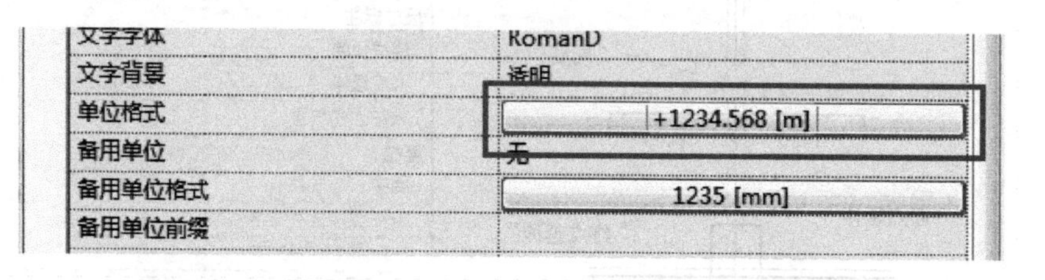

图 5.2-11　单位格式设置

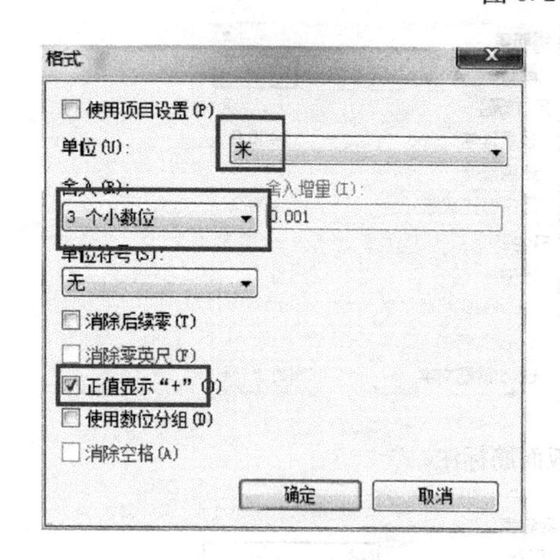

图 5.2-12　数值格式设置

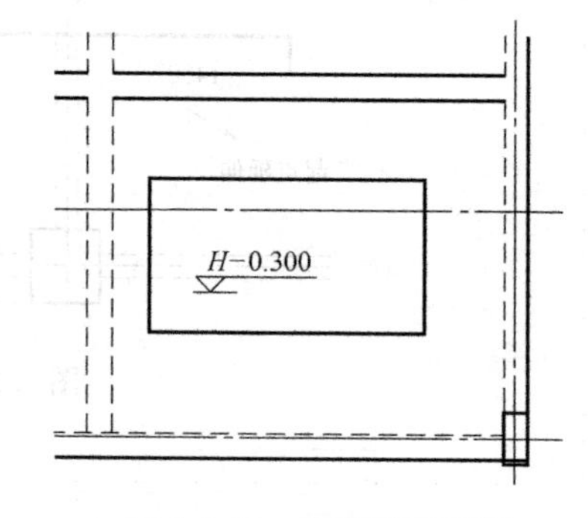

图 5.2-13　板面标高示例

创建“楼板标记”标记族的方法参考 5.1.3，创建后的标记族如图 5.2-14 所示。

在绘图窗口中选择需要标注板厚的楼板，在属性窗口中填入板厚数值，如 120，用标记族进行标注即可，如图 5.2-15 所示。

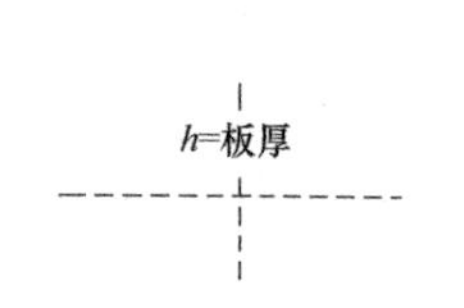

图 5.2-14　板厚标记族

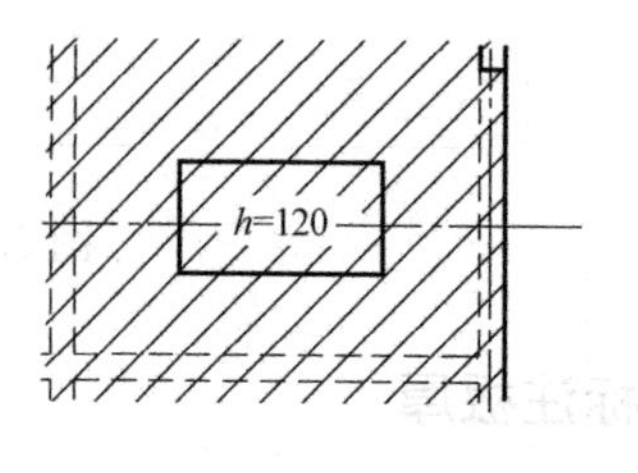

图 5.2-15　板厚标注示例

5.2.6　后浇带表示法

后浇带可以有两种表示方法。

方法一：使用基于线的公制详图。该方法通过创建“填充”来表示后浇带（图 5.2-16），可以在族中预设两种填充样式，分别用来表示“施工后浇带”和“沉降后浇带”，通过一个“是/否”参数来控制详图显示哪种填充（图 5.2-17）。该方法可以表示常见的后浇带，但是当遇到有转折的后浇带时，详图交接处会出现一条多余的线并且有缺口；当遇到 45°方向的后浇带时，填充样式会由斜交变为正交，有时候显得不美观（图 5.2-19）。

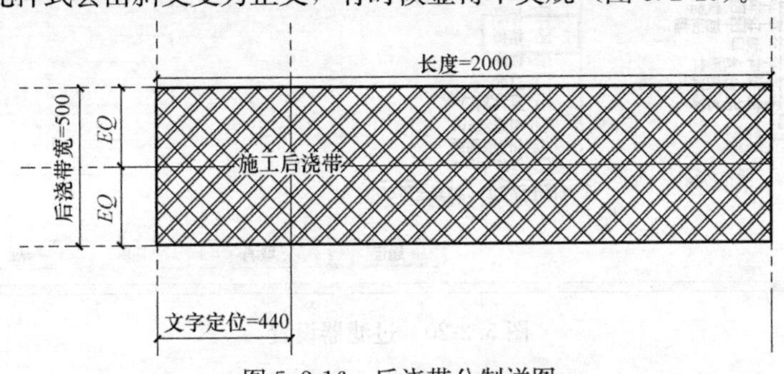

图 5.2-16　后浇带公制详图

参数	值	公式	
限制条件			
长度 (默认)	2000.0	=	☐
文字			
后浇带名称 (默认)	施工后浇带	= if(施工后浇带, "施工后浇带", "沉降后浇带"	
尺寸标注			
文字定位 (默认)	440.0	=	☐
后浇带宽	500.0	=	☐
其他			
沉降后浇带 (默认)	☐	= not(施工后浇带)	
施工后浇带 (默认)	☑	=	

图 5.2-17　族参数

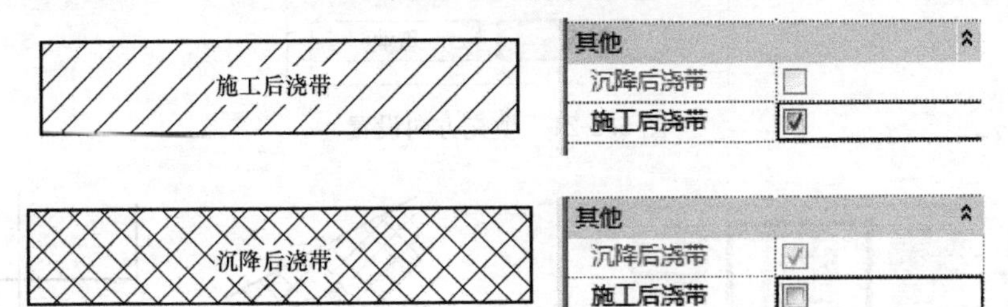

图 5.2-18　两种表达效果

方法二：直接将楼板按后浇带进行拆分，设置为后浇带的楼板，在其“注释”参数中加入标识文字，如“施工后浇带”，通过视图过滤器来设置填充样式（图 5.2-20）。该方法在填充样式的选择上非常自由，当遇到 45°方向的后浇带时，可以通过修改填充方向为 30°的方法避免填充样式由斜交变为正交（图 5.2-21）。用该方

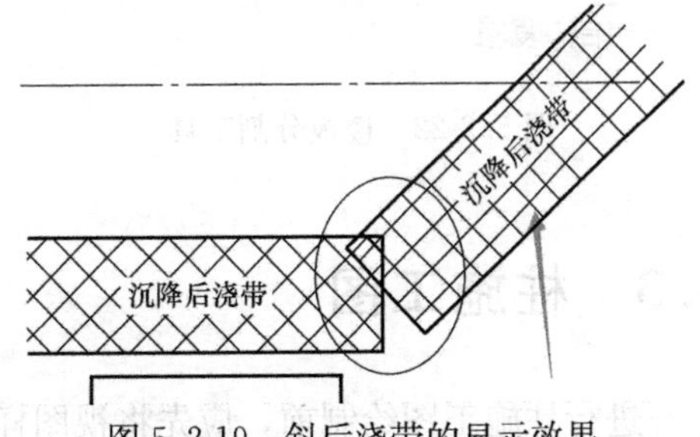

图 5.2-19　斜后浇带的显示效果

法绘制的后浇带表达效果优于使用方法一绘制的后浇带。楼板拆分可使用向日葵工具箱提供的“楼板分割”工具（图 5.2-22），表达效果如图 5.2-23 所示。

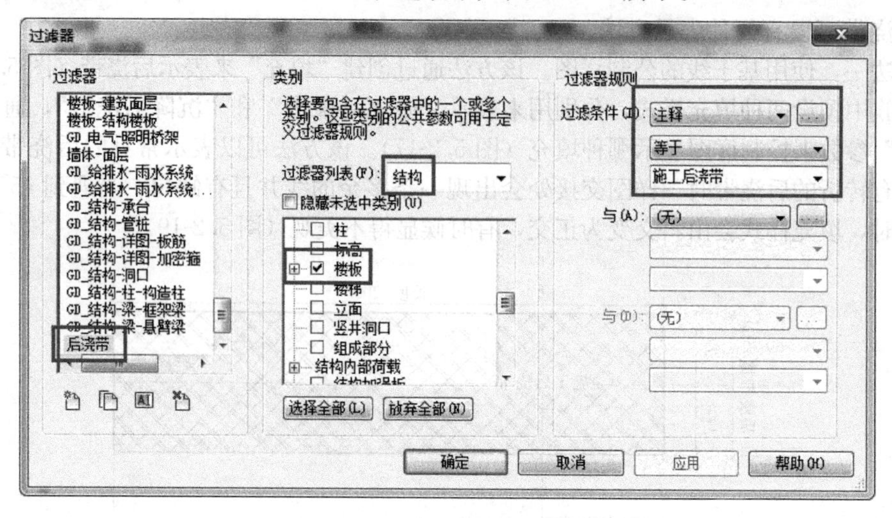

图 5.2-20　过滤器设置

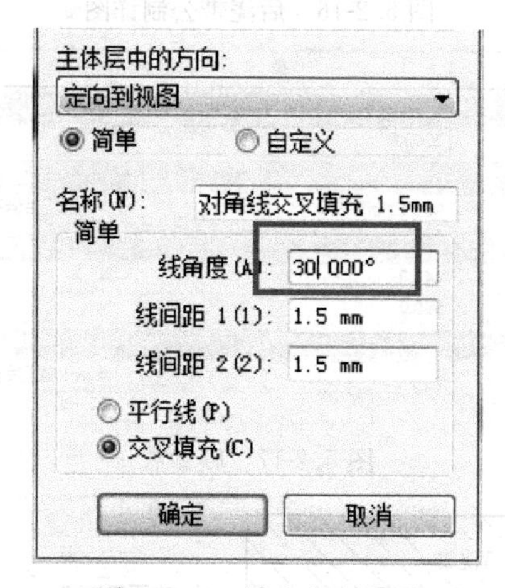

图 5.2-21　填充方向设置

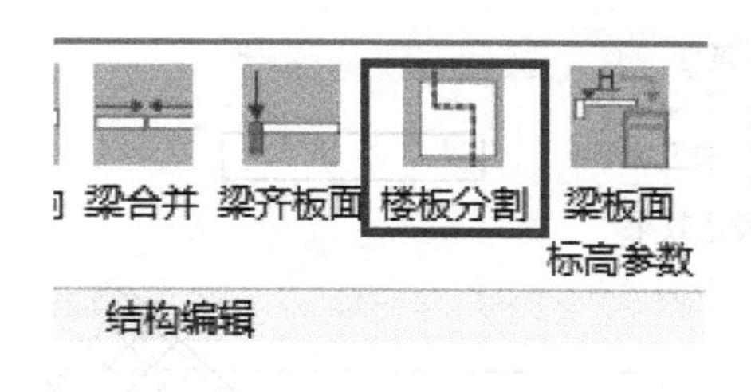

图 5.2-22　楼板分割工具

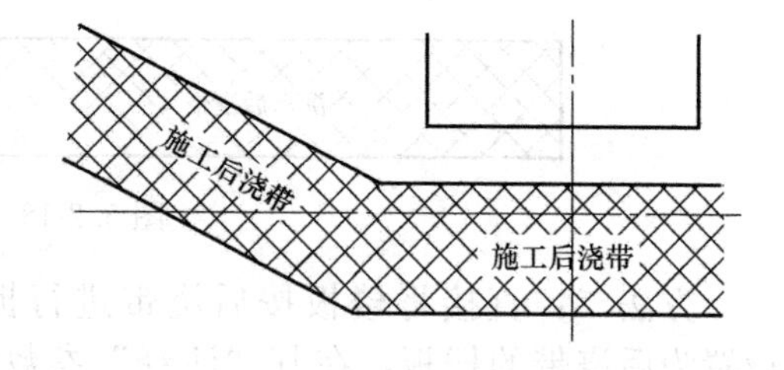

图 5.2-23　拆分楼板的表达效果

5.3　柱施工图

进行柱施工图绘制前，应先将视图样板选为：“结 _ 墙柱平面”。

5.3.1　注释内容与配套族

柱施工图中需要注释的内容有：柱编号、柱序号、柱宽、柱高、柱角筋、柱侧边钢筋、柱箍筋、箍筋肢数。

需要的标记族有：柱编号、柱截面、柱角筋、b 边柱纵筋、h 边柱纵筋、柱箍筋。

需要的详图族：绘制柱配筋大样时用的详图族。

5.3.2　参数设置

柱施工图需要的共享参数和类型如表 5.3-1 所示

柱施工图共享参数　　　　**表 5.3-1**

参数名	参数类型	示例值
芯柱标高范围	文字	
柱配箍率	文字	1.23%
柱配筋计算面积	文字	3600
柱配筋率	文字	1.04%
柱配筋归并面积	文字	3600
柱配筋实际面积	文字	3770
柱角筋	文字	4&25
柱编号	文字	KZ
柱纵筋	文字	12&20
柱箍筋类型	文字	1(5×4)
柱箍筋	文字	&10@100/200
柱序号	文字	1
截面 H 边中部筋	文字	2&20
截面 B 边中部筋	文字	3&20
柱截面高	长度	600
柱截面宽	长度	600
芯柱编号	文字	XZ
芯柱序号	文字	1

5.3.3　柱编号标注

制作柱编号标签，并加载到项目中。柱编号标签制作方法参考 5.1.3，完成的标签如图 5.3-1 所示。

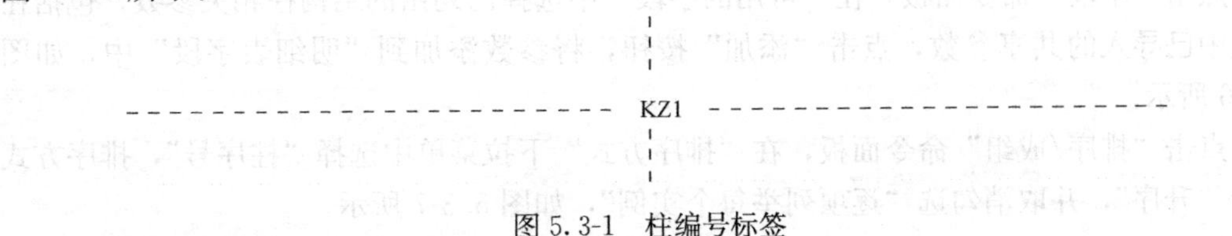

图 5.3-1　柱编号标签

在柱子的属性窗口中填写柱的配筋信息，如图 5.3-2 所示。

使用“修改→剪贴板→匹配类型属性”命令（快捷键 MA）将填好的柱信息复制到其他配筋相同的柱中，点击“注释→标记→全部标记”，在“载入的标记”中选择“柱编号”，勾选“引线”，如图 5.3-3 所示。

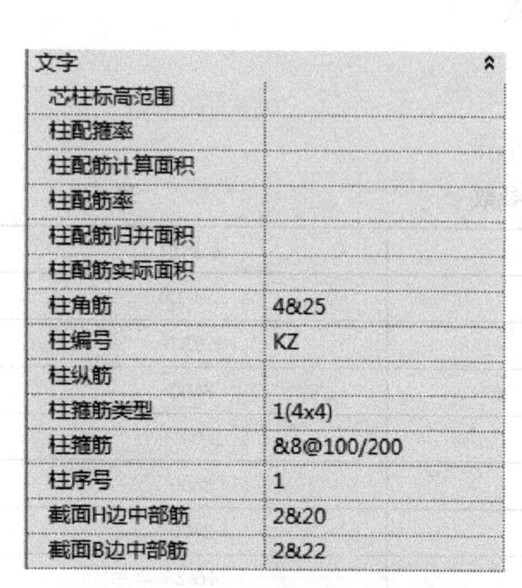

图 5.3-2　柱配筋信息填写

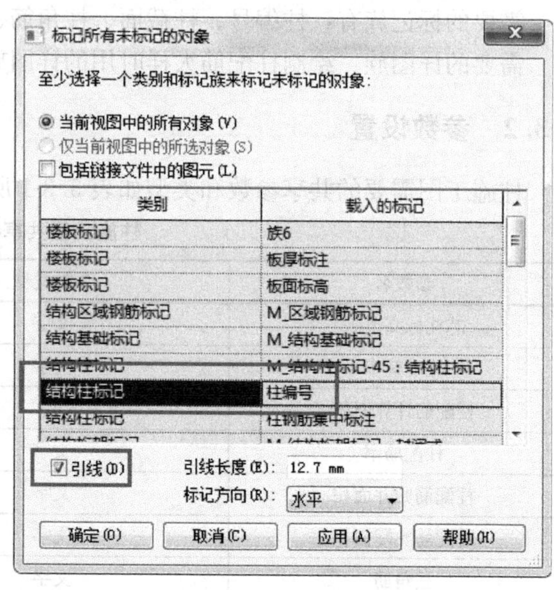

图 5.3-3　选择标记对象

完成柱编号标记，如图 5.3-4 所示。

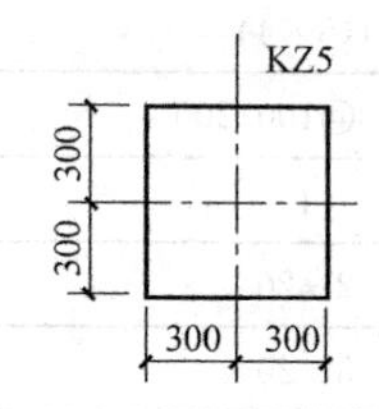

图 5.3-4　标注效果示例

5.3.4　配筋表示方法

柱配筋有两种表示方法，第一种方法是将参数添加的柱构件中，使用明细表表示柱配筋，与明细表对应的柱配筋大样可用详图族进行表示，其优点是：明细表数据与柱参数关联，只需添加一次信息，能实现信息的联动修改。第二种方法是在柱定位图中对柱编号进行原位标注，另绘制配筋大样表示柱配筋，其优点是：能直观表示钢筋设置方法，施工方便，缺点是：大样与柱信息无关联，不能实现联动修改。

1）柱配筋明细表

在 Revit 中创建柱配筋明细表的方法如下：点击“视图→创建→明细表→明细表/数量”，弹出“新建明细表”对话框。在“类别”中选择“结构柱”，在单选框中选择“建筑构件明细表”，在名称栏中修改名称，如“柱配筋表”，点击“确定”进入“明细表属性”对话框，如图 5.3-5 所示。

点击“字段”命令面板，在“可用的字段”中选择已列出的结构柱相关参数，包括在模板中已导入的共享参数，点击“添加”按钮，将参数添加到“明细表字段”中，如图 5.3-6 所示。

点击“排序/成组”命令面板，在“排序方式”下拉菜单中选择“柱序号”，排序方式选择“升序”，并取消勾选“逐项列举每个实例”，如图 5.3-7 所示。

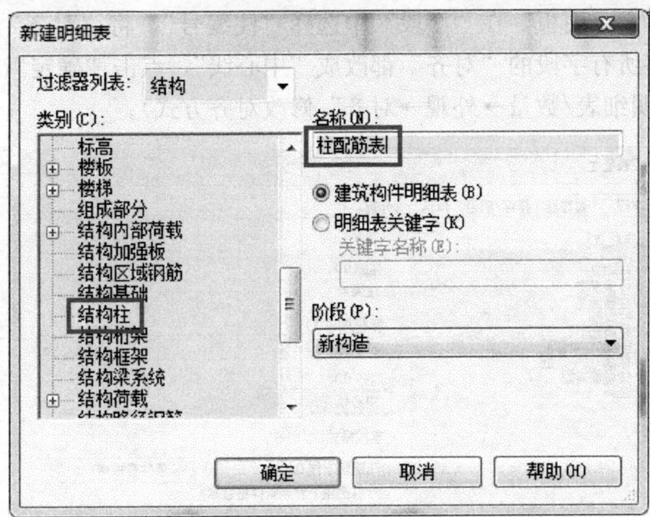

图 5.3-5　明细表名称

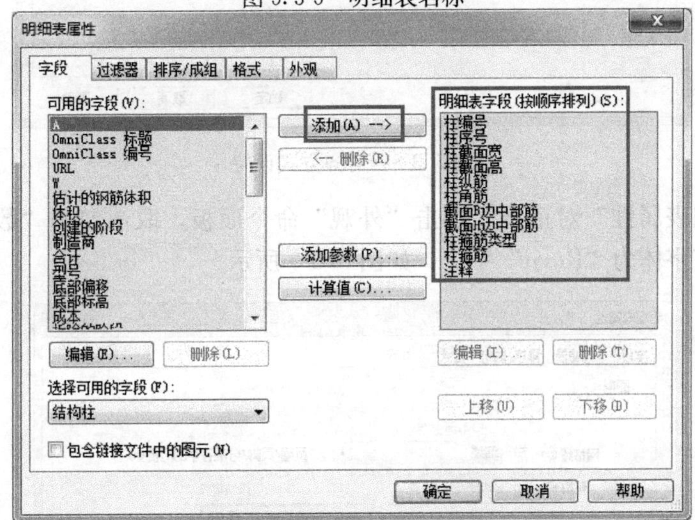

图 5.3-6　添加明细表参数

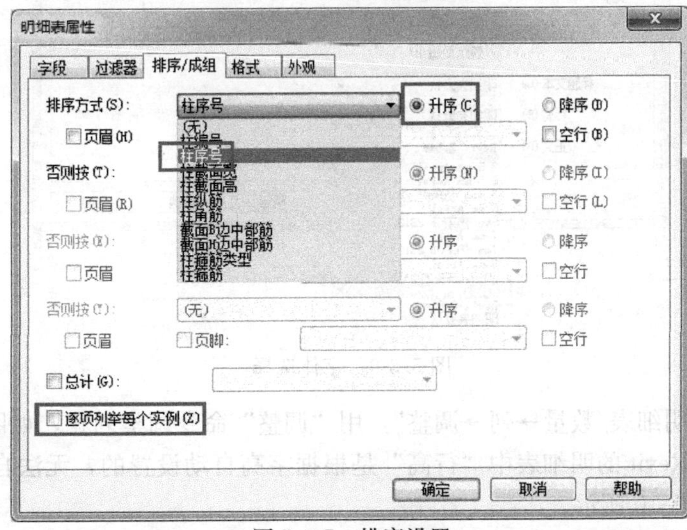

图 5.3-7　排序设置

点击“格式”命令面板，在“字段”中选择“柱编号”，将“对齐”改为“中心线”。用同样的方法，将所有字段的“对齐”都改成“中心线”，点击“确定”，如图 5.3-8 所示（也可使用“修改明细表/数量→外观→对齐”修改对齐方式）。

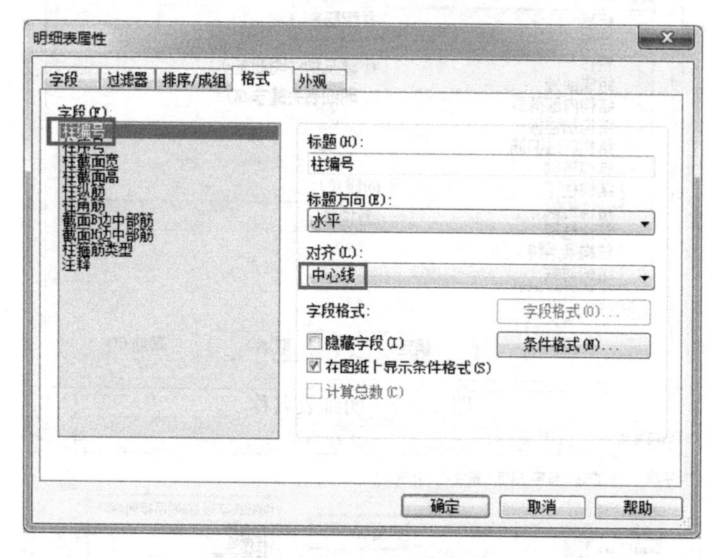

图 5.3-8 对齐方式设置

回到“明细表属性”对话框，点击“外观”命令面板，取消勾选“数据前的空行”。并选择正文文字字体为“Revit”字体，如图 5.3-9 所示。

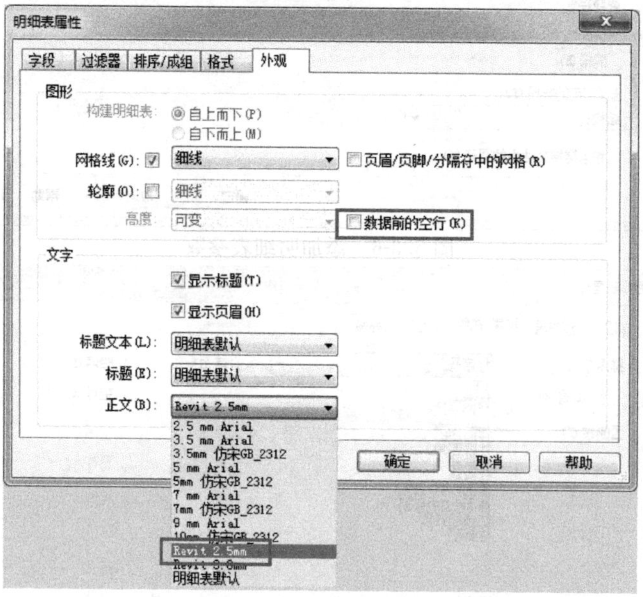

图 5.3-9 字体选择

点击“修改明细表/数量→列→调整”，用“调整”命令调整列宽，如图 5.3-10 所示。需要注意的是，Revit 的明细表中“行高”是根据字高自动设置的，无法自行修改。完成柱配筋表如图 5.3-10 所示。

<柱配筋表>										
A	B	C	D	E	F	G	H	I	J	K
柱编号	柱序号	柱截面宽	柱截面高	柱纵筋	柱角筋	截面B边中部筋	截面H边中部筋	柱箍筋类型	柱箍筋	注释
KZ	1	400	400		4Φ25	2Φ22	2Φ20	1(4x4)	Φ8@100/200	
KZ	2	400	400		4Φ25	2Φ20	2Φ20	1(4x4)	Φ8@100/200	
KZ	3	400	400	16Φ25				1(5x5)	Φ8@100/200	仅首层布置

图 5.3-10　明细表示例

2）柱配筋大样族

广东省建筑设计研究院的结构 BIM 模板中已加载了柱配筋大样族，并加载了相关的标签族。选择“项目浏览器→族→详图项目→GDAD-矩形柱配筋大样”，并通过“右键→创建实例”创建大样，如图 5.3-11 所示。

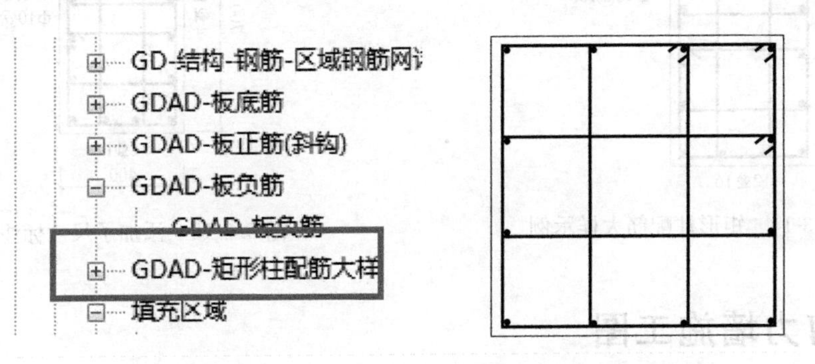

图 5.3-11　矩形柱配筋族大样

选择柱大样，在属性窗口中修改大样属性，如表 5.3-2 所示。

大样属性填写实例　　　　表 5.3-2

参数名	修改值	参数名	修改值
柱编号	KZ	截面 B 边中部筋	&16
柱序号	1	截面 H 边中部筋	&18
柱角筋	&18	截面 B 边中部筋数	4
柱截面宽	400	截面 H 边中部筋数	2
柱截面高	700	柱箍筋	$10@100

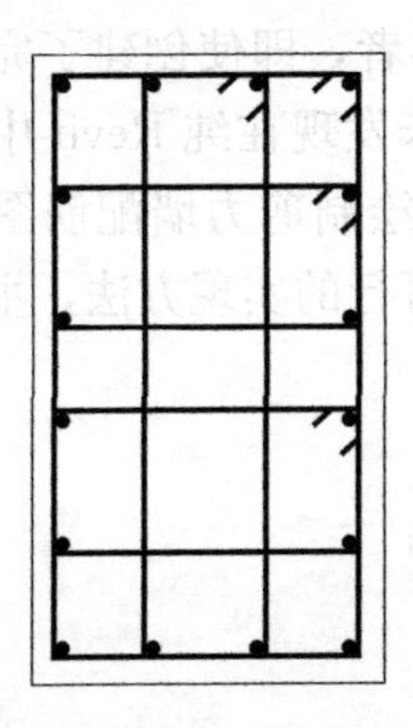

图 5.3-12　修改属性后的柱配筋族大样

GDAD-柱信息标签
GDAD-柱编号
GDAD-柱配筋大样宽边纵筋标注
GDAD-柱配筋大样高边纵筋标注

图 5.3-13　配筋信息标签

修改后柱配筋大样如图 5.3-12 所示。

3）加载标签

选择“项目浏览器→注释符号→GDAD-柱信息标签”、“项目浏览器→注释符号→GDAD-柱配筋大样宽边纵筋标注”、“项目浏览器→注释符号→GDAD-柱配筋大样高边纵筋标注”，如图 5.3-13 所示，并对柱配筋大样进行标注。

调整文字位置，完成大样如图 5.3-14 所示。点击“注释→尺寸标注→对齐”，对大样进行尺寸标注，如图 5.3-15 所示。

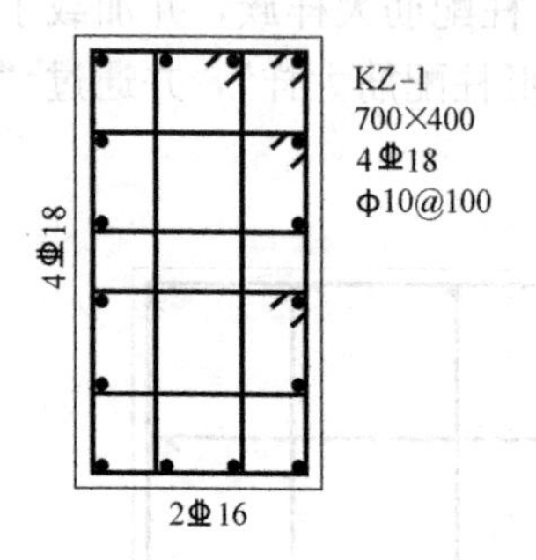

图 5.3-14　矩形柱配筋大样示例

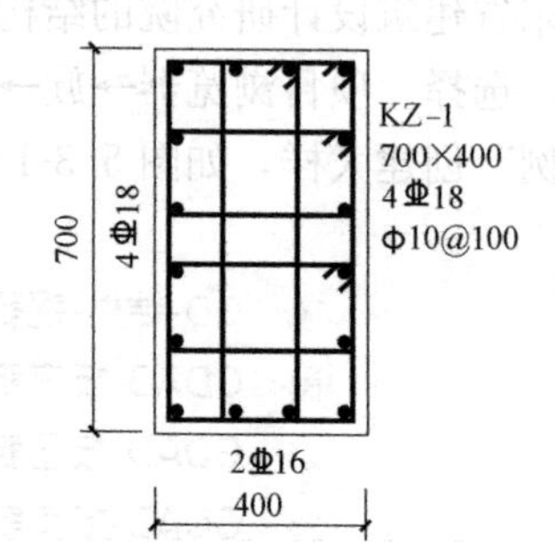

图 5.3-15　添加了尺寸标注的大样

5.4　剪力墙施工图

进行剪力墙施工图绘制前，应先将视图样板选为：“结 _ 墙柱平面”。

5.4.1　注释内容与配套族

剪力墙施工图中需要注释的内容有：约束边缘构件编号、墙身编号、约束边缘构件配筋。

需要的标记族有：填充区域标签、墙身编号标签。

5.4.2　参数设置

剪力墙配筋图中单片剪力墙可分为墙身区域、暗柱区域、边缘构件区域，但 Revit 中墙体无法进行区域分割，并且，由于剪力墙边缘构件的形状及配筋方式无法穷举，因而无法通过在 Revit 中用自建“族”的方法来完全解决该问题，再者，即使创建了完备的剪力墙配筋详图族，亦无法使其与构件配筋信息相关联（目前尚未发现在纯 Revit 中实现详图配筋信息与构件配筋信息相关联的方法）。因而，在 Revit 中绘制剪力墙配筋图一直为本专业的难点。本书经过多种方法的探讨，提出一套目前较为可行的实现方法，主要实现方法如下：

1）采用 Revit“填充区域”功能绘制边缘构件区域；

2）在“填充区域”的“注释”属性中填写边缘构件编号；

3）通过“详图项目标注族”标注边缘构件编号；

4）在剪力墙图元的“注释”属性中填写墙身编号；

剪力墙配筋详图可在 CAD 中绘制，然后导入 Revit，若安装了本书提供的“向日葵结构BIM”插件，可直接在Revit的绘图视图中进行剪力墙配筋详图大样的绘制，详见5.4.5。

该方法的优点为：操作方便，质量可靠，避免了烦琐的建族问题。但是剪力墙的配筋详图需要从CAD中进行导入或在Revit中手动绘制，详图信息无法与构件属性信息相关联。

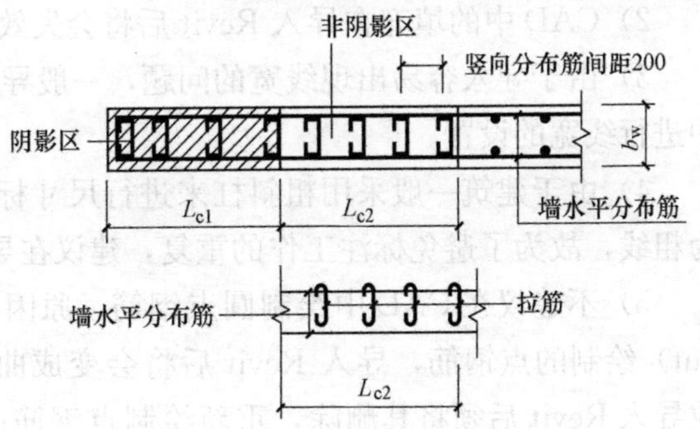

图5.4-1 剪力墙边缘构件区域示意

5.4.3 边缘构件标注

剪力墙边缘构件区域可细化分为阴影区和非阴影区，如图5.4-1所示。建议以不同填充样式对其进行区分。

点击“注释→详图→区域→填充区域”按钮进入填充区域绘制窗口，在属性栏点击“编辑类型”，在“类型属性”对话框中选择填充样式和填充颜色，或者创建新的类型样式，完成区域填充后的效果如图5.4-2所示。

在完成填充后，为方便使用注释族对其进行编号注释，需要输入每个填充区域的编号信息。编号信息建议放置到填充大样的属性注释栏中，如图5.4-3所示。

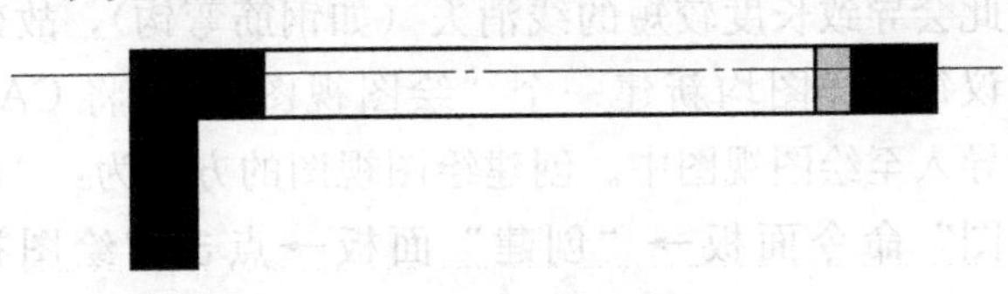

图5.4-2 边缘构件区域填充效果

边缘构件区域的编号标注，使用大样注释族实现。

参考5.1.3的方法制作标记族，将其载入到项目中即可进行边缘构件的编号注释。注释方法与前文一致，直接将对应族从项目浏览器中拖动到标注目标即可。完成标注后的效果如图5.4-4所示。

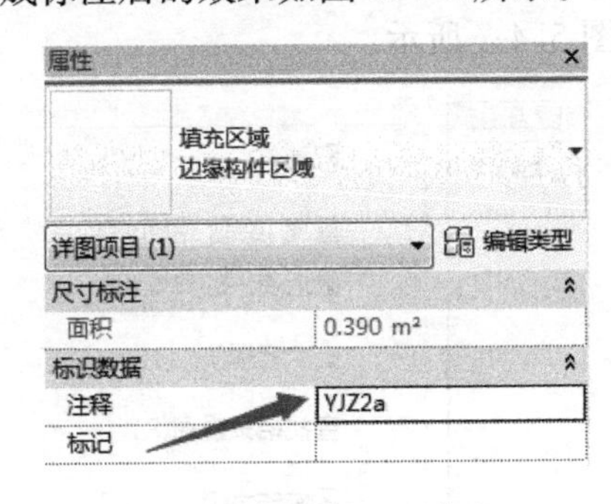

图5.4-3 添加注释信息

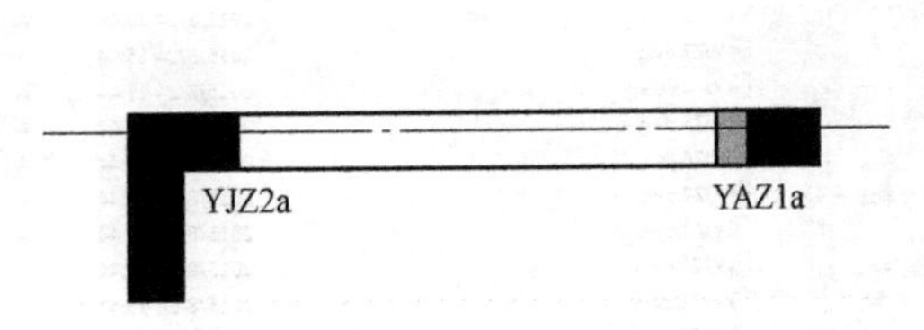

图5.4-4 约束边缘构件标注示例

5.4.4 通过CAD导入剪力墙配筋大样

剪力墙配筋大样通过CAD导入的方式完成，先在CAD中完成大样图的绘制，然后导入Revit，再加以调整修改。由于CAD导入Revit涉及比例、线型线宽、实体填充等细节问题，故有必要对其导入的注意事项及导入后的操作方法进行说明。

CAD操作部分有以下的注意事项：

1）由于导入 Revit 时，一般以“毫米”为单位进行导入，Revit 中识别的线型长度将会与 CAD 中线的实际长度一致，为了能在 Revit 中进行准确的尺寸标注和避免不必要的比例问题，故建议在 CAD 中以 1∶1 的比例绘图。

2）CAD 中的填充在导入 Revit 后将会失效，故没必要在 CAD 中进行填充操作。

3）由于导入容易出现线宽的问题，一般导入后都需要进行再处理，故没必要在 CAD 中进行线宽的设置。

4）由于建筑一般采用粗斜杠来进行尺寸标注的分割，粗斜杠在导入 Revit 后将不再为粗线，故为了避免标注工作的重复，建议在导入 Revit 后再进行尺寸标注。

5）不建议在 CAD 中绘制圆点钢筋，原因有二：其一，在 CAD 中用圆环命令（donut）绘制的点钢筋，导入 Revit 后将会变成曲线，不再是实体圆点，且无法捕捉圆心，故导入 Revit 后须将其删除，重新绘制点钢筋；其二，若在 CAD 中用“圆命令＋填充”绘制的点钢筋，在导入 Revit 后，填充将会消失，需重新填充。故为了避免工作的重复，不建议在 CAD 中绘制圆点钢筋。

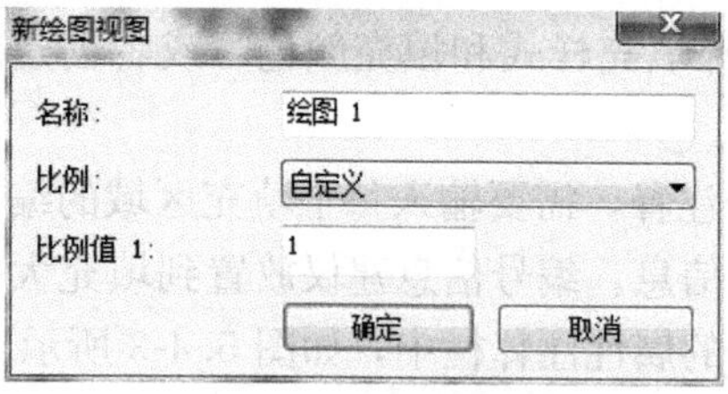

图 5.4-5　绘图比例

Revit 中操作方法及注意事项如下：

1）CAD 的详图不要直接导入到图纸集中，如此会导致长度较短的线消失（如钢筋弯钩），故建议每个详图均新建一个“绘图视图”，再将 CAD 导入至绘图视图中。创建绘图视图的方法为：“视图”命令面板→“创建”面板→点击“绘图视图”→设置详图名字和绘图比例（图 5.4-5）即可。

2）导入 CAD 的文件方法如下：点击“插入→导入→导入 CAD”按钮，选择导入的 CAD 文件，并将导入单位设为“毫米”，如图 5.4-6 所示。导入 CAD 后，由于视图显示比例的原因，导入的图形一般不会直接出现在当前视图框中，此时可在视图框空白位置点击鼠标右键，在弹出的选项中选择“缩放匹配”，如图 5.4-7 所示。

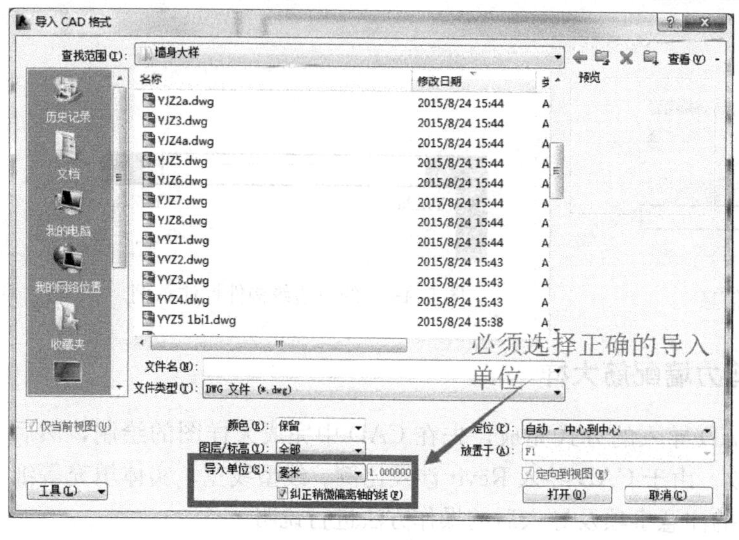

图 5.4-6　单位选择

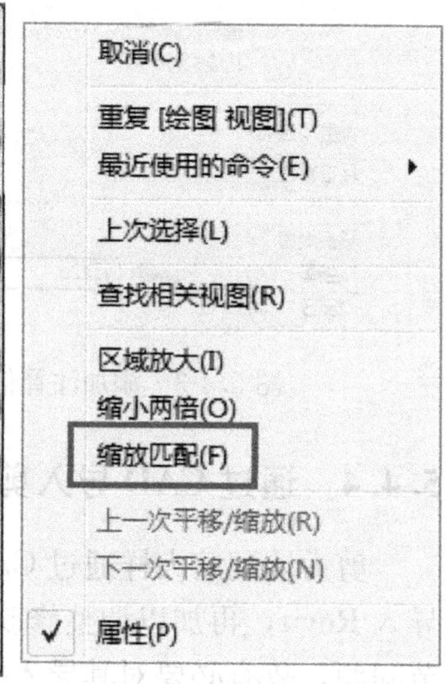

图 5.4-7　匹配缩放

3）从 CAD 导入的文件在 Revit 中将以“块”的形成存在，要进行编辑必须对其进行分解。分解方法为：点击导入的图形在“修改”命令面板中点击“分解”下拉菜单，选择分解方式，如图 5.4-8 所示。建议使用“部分分解”，“完全分解”会将图形分解为完全独立的点线，不利于图形绘制。

4）详图的尺寸标注用 Revit 自带的“对齐尺寸标注”命令。详图的点钢筋，使用 Revit 的“填充区域”命令进行绘制。具体方法不再详述。完成后的大样图如图 5.4-9 所示。

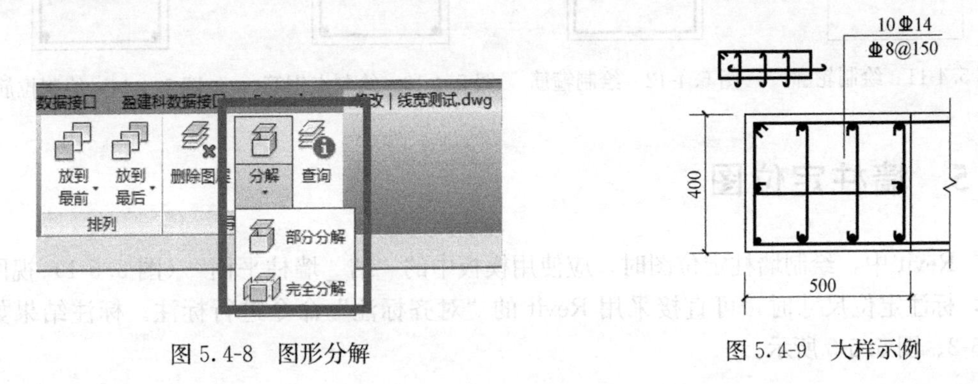

图 5.4-8　图形分解

图 5.4-9　大样示例

5.4.5　通过配套插件绘制剪力墙配筋大样

通过 AutoCAD 绘制剪力墙配筋大样并导入到 Revit 的方法操作较为烦琐，并且导入后要经过修改，影响工作效率。为解决该问题，本书提供的“向日葵结构 BIM 设计插件”专门开发了相应的工具（图 5.4-10），使得设计师可以直接在 Revit 中绘制剪力墙配筋大样，从而省去了导入和修改两个步骤，提高了绘图效率。

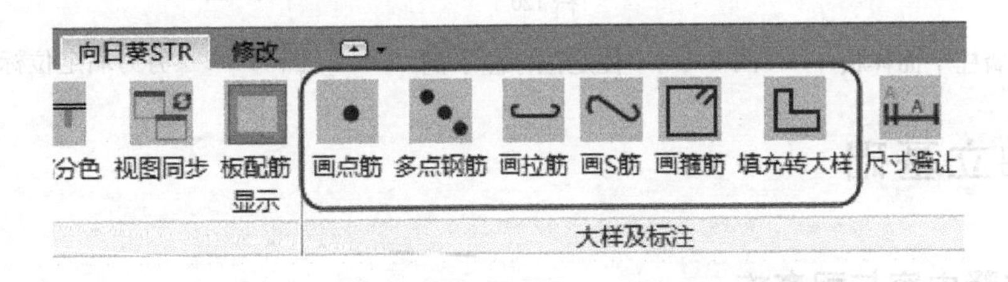

图 5.4-10　向日葵插件提供的剪力墙大样绘制工具

通过插件绘制剪力墙配筋大样的步骤如下：

1）新建视图。点击“视图→绘图视图”新建绘图视图，并设置好视图比例。

2）绘制轮廓。在绘图视图中，使用详图线绘制大样轮廓，或使用“填充转大样”命令，将平面图中的填充变成详图线，并剪切到绘图视图，如图 5.4-11 所示。

3）绘制外围箍筋。使用画箍筋工具，选择大样轮廓的两个角点，程序会往里偏移一定的距离，自动绘制箍筋，如图 5.4-12 所示。

4）绘制点钢筋。使用画点筋工具，点击要布置点钢筋的地方，程序会以点击的地方为圆心，绘制一个实体填充区域作为点钢筋，如图 5.4-13 所示。

5）绘制拉筋。使用画拉筋或画 S 筋命令，依次点选两个上一个步骤绘制的点钢筋的圆心，程序以选取的两点为基准绘制拉筋，如图 5.4-14 所示。

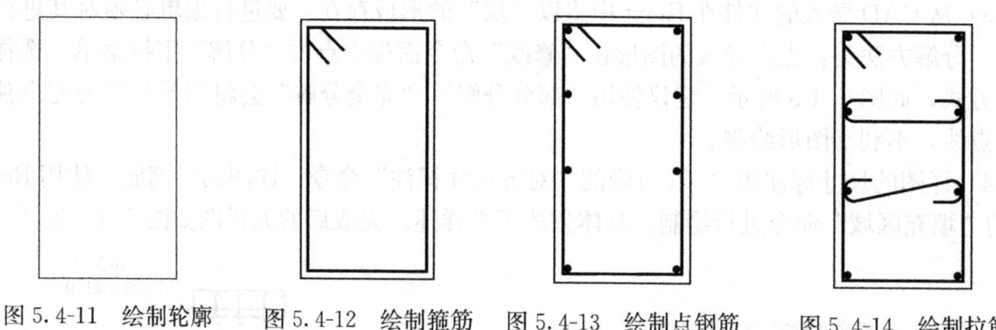

图 5.4-11　绘制轮廓　　图 5.4-12　绘制箍筋　　图 5.4-13　绘制点钢筋　　图 5.4-14　绘制拉筋

5.5　墙柱定位图

Revit 中，绘制墙柱定位图时，应使用模板中的“结＿墙柱平面”（图 5.5-1）视图样板，标注定位尺寸时，可直接采用 Revit 的“对齐标注”命令进行标注。标注结果如图 5.5-2、图 5.5-3 所示。

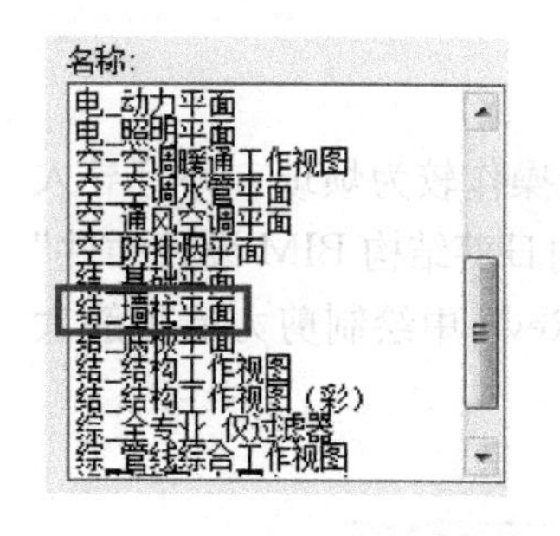

图 5.5-1　墙柱平面样板

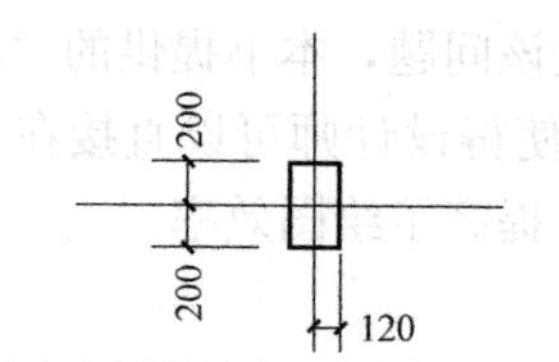

图 5.5-2　柱定位标注示例

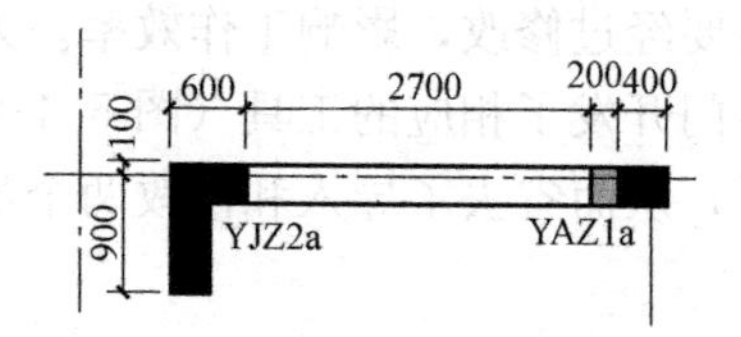

图 5.5-3　剪力墙定位标注示例

5.6　独立基础

5.6.1　注释内容与配套族

独立基础施工图中需要注释的内容有：基础编号、基础尺寸、基础配筋。

需要的标记族有：基础编号。

需要的构件族：对于每种基础类型都需要一个单独的构件族。

5.6.2　参数设置

独立基础施工图需要的共享参数和类型如表 5.6-1 所示。

将共享参数作为族参数加入基础族中，绘制施工图时，将基础施工图需要的信息填入基础图元的属性窗口中，之后用标签进行标注。

5.6.3　独立基础标注方法

1）创建共享参数文件

独立基础共享　　　　表 5.6-1

参数名	参数类型	示例值
一承台长度 A1	长度	2200
一承台宽度 B1	长度	2200
二承台长度 A2	长度	1600
二承台宽度 B2	长度	1600
三承台长度 A3	长度	800
三承台宽度 B3	长度	800
一承台高度 H1	长度	600
二承台高度 H2	长度	500
三承台高度 H3	长度	500
总高度 H	长度	1600
锥形顶部长度 TA1	长度	600
锥形顶部宽度 TB1	长度	600
锥形底部长度 BA1	长度	1200
锥形底部宽度 BB1	长度	1200
底部配筋 X	文字	&12@200
底部配筋 Y	文字	&12@200
杯口钢筋网 Sn	文字	&12@200
杯壁角筋	文字	4&16
杯壁长边中部筋	文字	6&16
杯壁短边中部筋	文字	6&16
杯口箍筋	文字	&8@100
短柱箍筋	文字	&8@200
基础编号	文字	DJJ
基础序号	文字	1

在“管理”标签下选择“共享参数”命令创建 5.6.2 提及的所有共享参数，如图 5.6-1所示。创建后，将共享参数添加到基础构件的族参数中。

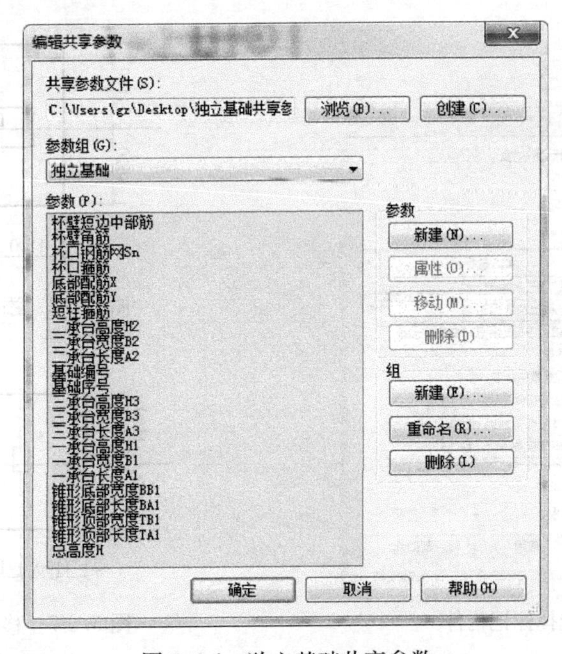

图 5.6-1　独立基础共享参数

2）创建注释文件

完成的标签的制作，并关联“基础编号”和“基础序号”两个参数（图 5.6-2），标记族制作完成后加载到项目中。

DJJ1

图 5.6-2　独立基础标注示例

3）基础编号标注

在所有基础构件中添加编号及配筋信息，如图 5.6-4 所示。进行独立基础标注前，应将视图样板选为“结_基础平面”样板，如图 5.6-3 所示。

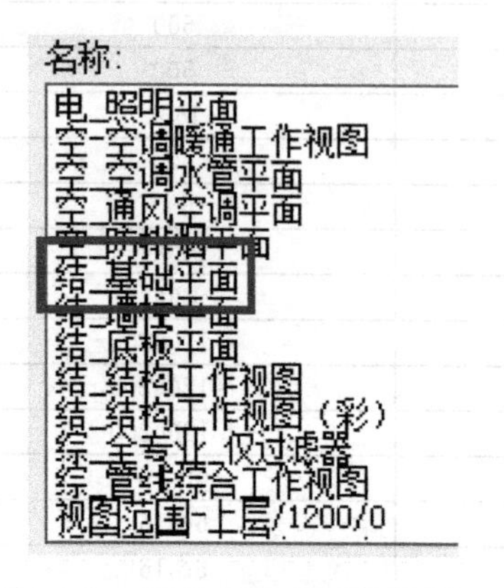

图 5.6-3　结_基础平面

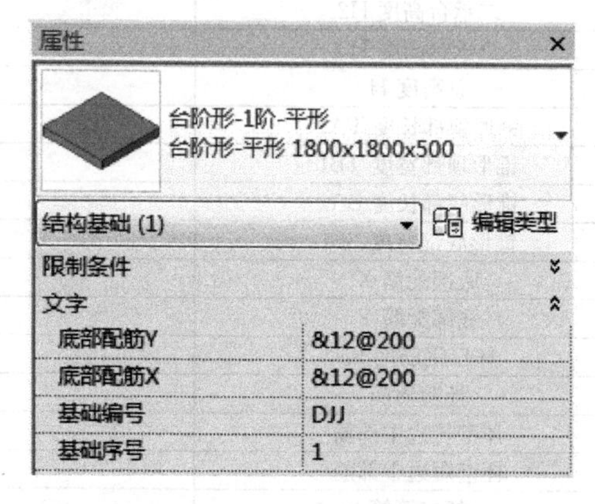

图 5.6-4　添加参数信息

点击“注释→标记→全部标记”，在弹出的对话框中选择“独立基础编号标注”，勾选“引线”，点击“确定”，如图 5.6-5 所示。

此时，所有基础构件都完成标注，但是标签位于基础构件中央，如图 5.6-6 所示。点击“修改→修改→移动”，将标签移动到适当的地方，完成标注，如图 5.6-7 所示。

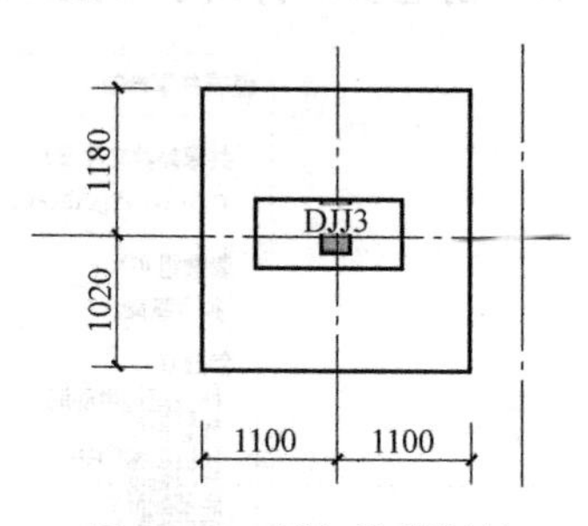

图 5.6-6　添加注释标签

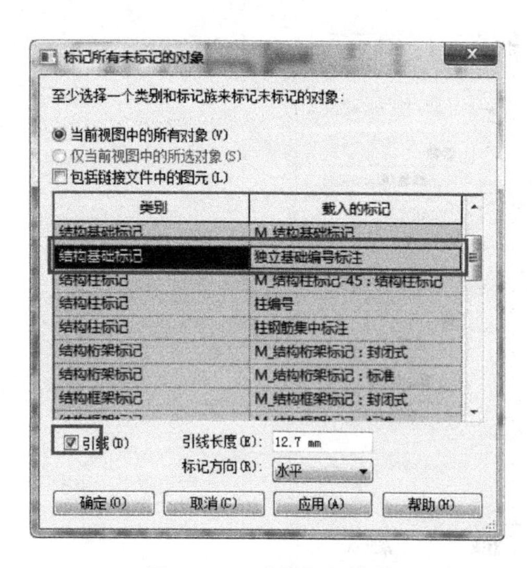

图 5.6-5　选择标记构件

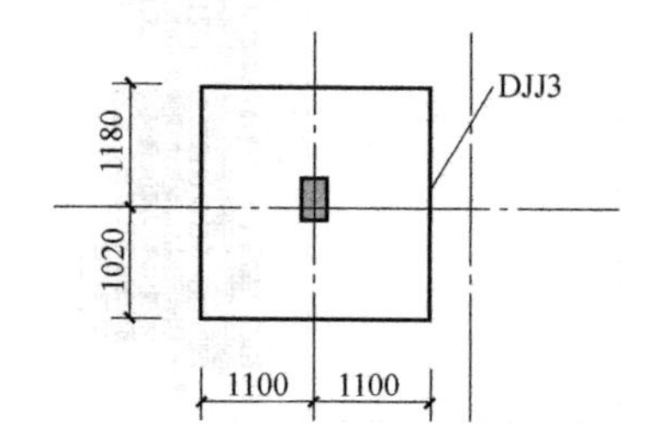

图 5.6-7　移动标签位置

5.6.4　配筋及截面表示方法

通过明细表形成基础截面及配筋表，并绘制基础配筋大样。方法如下：点击“视图→创建→明细表→明细表/数量”，创建类别为“结构基础”的明细表。点击“字段”命令面板，在“可用的字段”中选择“基础编号”等参数，点击“添加”按钮，将参数添加到“明细表字段”中，如图 5.6-8 所示。

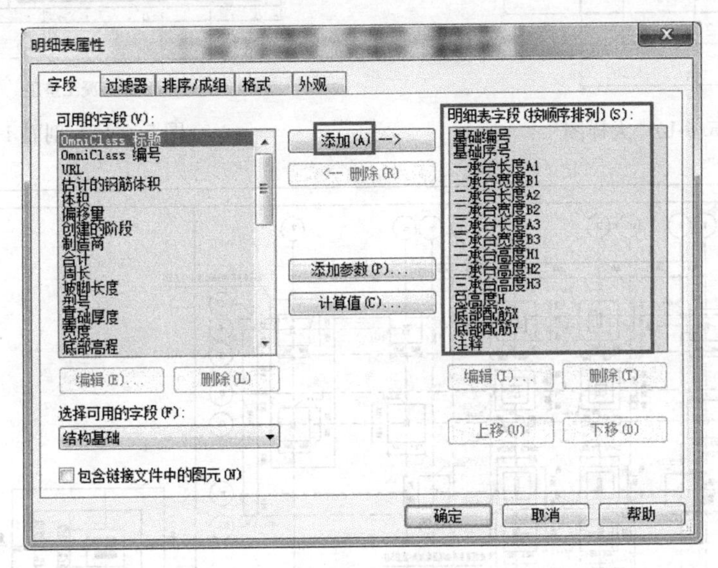

图 5.6-8　添加参数

点击“排序/成组”命令面板，在“排序方式”下拉菜单中选择“基础序号”，排序方式选择“升序”，并取消勾选“逐项列举每个实例”。点击“外观”命令面板，取消勾选“数据前的空行”，点击“确定”完成基础表。通过调整列宽、成组，让明细表显得更为精致，最后的基础表效果如图 5.6-9 所示。

<基础表>

A	B	C	D	E	F	G	H	I	J	K	L	M	N	O
基础编号		基础平面尺寸						基础高度				基础配筋		注释
编号	序号	A1	B1	A2	B2	A3	B3	H1	H2	H3	H	As1	As2	
DJJ	1	1800	1800					500			500	Φ12@200	Φ12@200	基础大样1
DJJ	2	1800	1800					500			500	Φ14@200	Φ14@200	基础大样1
DJJ	3	2200	2200					600			600	Φ14@200	Φ14@200	基础大样1
DJJ	4	2200	2200	1200	1200			500	500		1000	Φ12@200	Φ12@200	基础大样1
DJJ	5	2200	2200	1500	1500			500	600		1100	Φ14@200	Φ14@200	基础大样1
DJJ	6	2200	2200	1400	1400	600	600	500	500	500	1500	Φ12@100	Φ12@100	基础大样1

图 5.6-9　调整后的明细表

接下来绘制基础大样。基础大样原则上应在 Revit 里用详图视图，建立基础的平面、剖面图例构件，也可使用 AutoCAD 绘制，并导入到 Revit 中。若使用 CAD 绘制并导入 Revit 的方法，基础大样图和剖面图最好分成两个文件，导入 Revit 后形成两个独立视图，方便在图纸中调整位置，如图 5.6-10、图 5.6-11 所示。

新建“基础平面图”图纸，并将“基础平面图”视图、“基础表”明细表、“基础大样 1”绘图视图、“剖面 1-1”绘图视图导入到“基础平面图”图纸中，如图 5.6-12 所示。

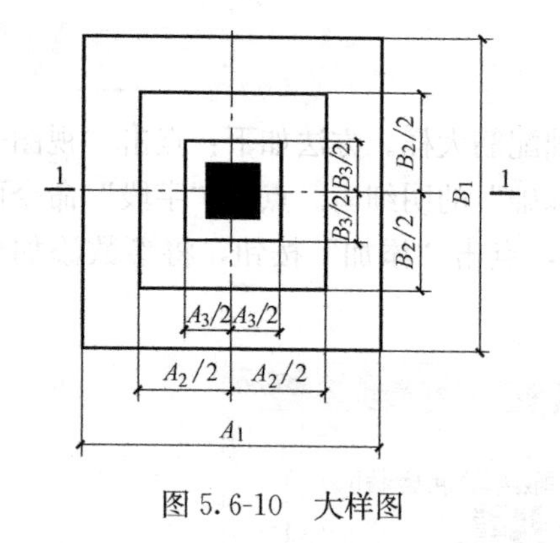

图 5.6-10　大样图

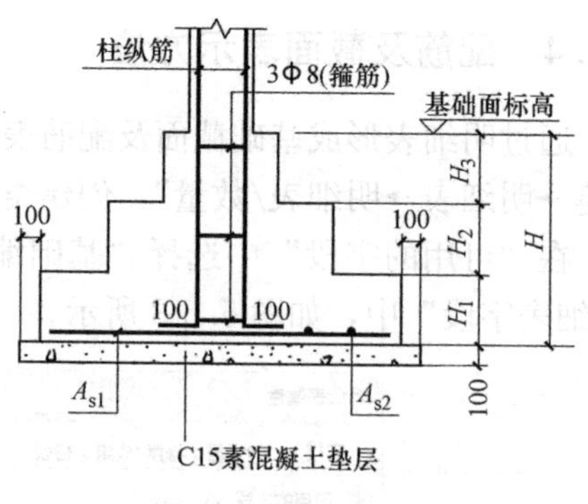

图 5.6-11　剖面 1-1

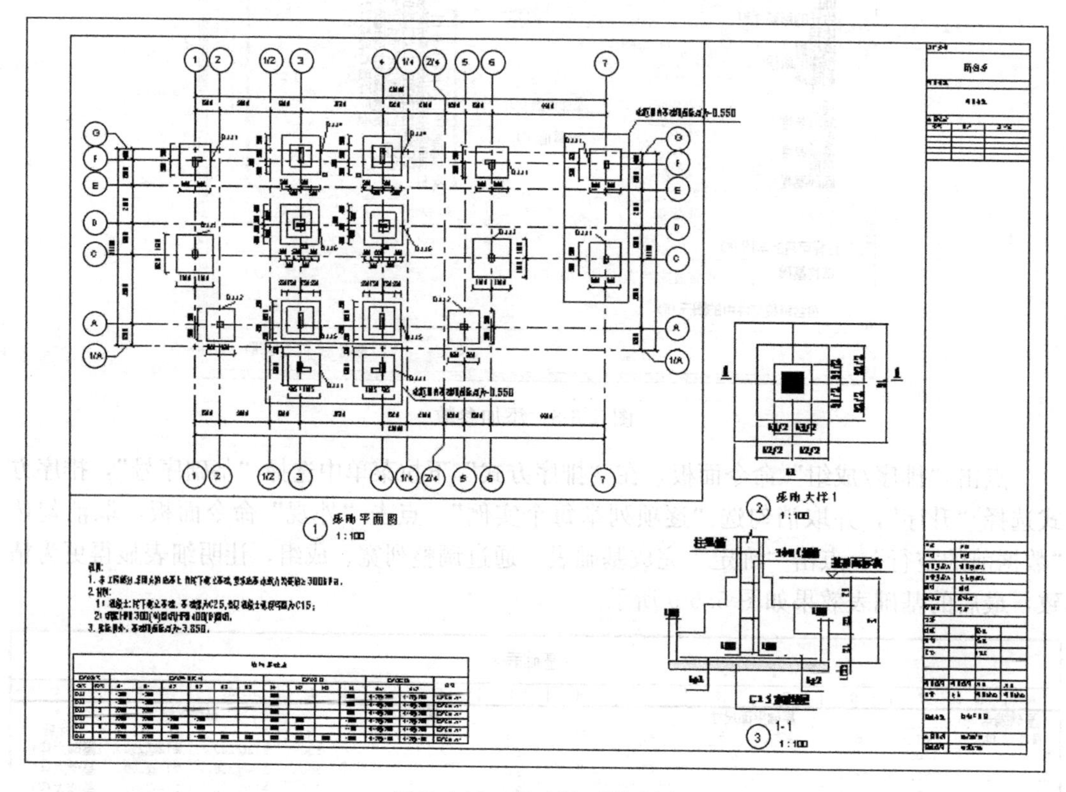

图 5.6-12　基础平面图示例

5.7　条形基础

本书介绍了两种布置条形基础的方法，一种为基于系统默认条形基础的创建方法，另一种为基于梁族的创建方法。由于基于梁族的创建方法具有更加广泛的适用性，故本章节介绍条形基础施工图标注时所述的条形基础，是基于梁族创建的条形基础。

5.7.1　注释内容与配套族

条形基础施工图中需要注释的内容有：

1）基础部分：基础编号、基础宽度、翼缘端部高度、翼缘根部高度、基础配筋。

2）基础梁部分：基础梁编号、基础梁序号、基础梁宽、基础梁高、基础梁底部通长筋、基础梁顶部通长筋、基础梁左底筋、基础梁右底筋、基础梁箍筋。

为对条形基础进行注释，需要事先做好标注族，需要的标注族如下：

模板图：基础编号（包括基础编号、基础序号，如 J1）。

配筋图：集中标注（基础梁编号、总跨数、截面、箍筋、架立筋、底筋）、截面、左底筋、右底筋、基础梁顶部通长筋、基础梁箍筋。

5.7.2　参数设置

条形基础施工图需要的共享参数和类型如表 5.7-1 所示。

条形基础共享参数　　　　**表 5.7-1**

参数名	参数类型	示例值
基础编号	文字	J
基础序号	文字	1
基础宽度	长度	1800
翼缘端部高	长度	250
翼缘根部高	长度	400
1 号钢筋	文字	&12@150
2 号钢筋	文字	&8@200
基础梁编号	文字	JZL
基础梁序号	文字	1
基础梁总跨数	文字	4
基础梁宽	长度	600
基础梁高	长度	800
基础梁底部通长筋	文字	4&20
基础梁顶部通长筋	文字	5&18
基础梁箍筋	文字	&8@200(4)
基础梁左底筋	文字	7&20
基础梁右底筋	文字	7&20

5.7.3　条形基础标注方法

1）创建共享参数文件

在“管理”标签下选择“共享参数”命令创建 5.7.2 提及的所有共享参数，如图 5.7-1 所示。

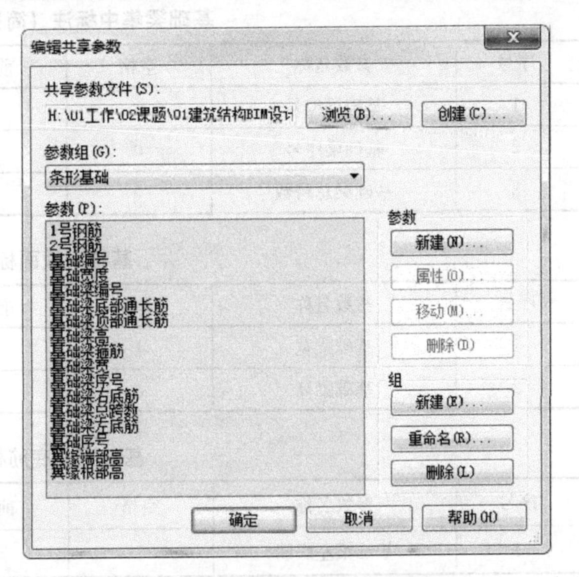

图 5.7-1　条形基础共享参数

2）“条形基础编号”标签

新建标记族并关联“基础编号”、“基础序号”两个共享参数。完成的标签如图 5.7-2 所示。

3）其他标签

用上面的方法制作其他标签，具体为：基础梁集中标注标签、基础梁集中标注标签（简）、基础梁截面标签、基础梁左底筋标签、基础梁右底筋标签、基础梁底部通长筋标签、基础梁箍筋标签。各个标记族对应的附着点及标签设置见表5.7-2～表5.7-9。

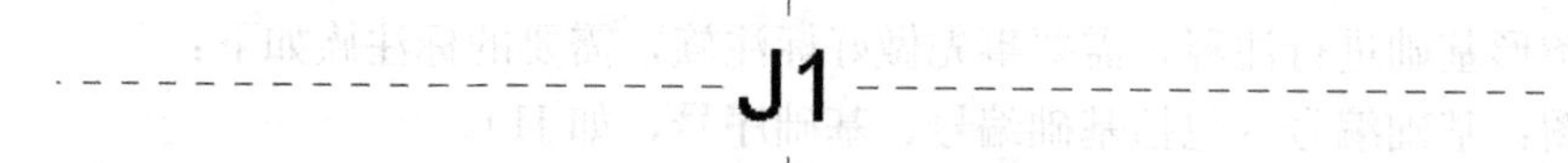

图5.7-2　条形基础标签

附着点设置　　表5.7-2

标　　签	附着点	标　　签	附着点
集中标注标签	中点	右底筋标签	终点
截面标签	中点	基础梁顶部通长筋标签	中点
架立筋标签	中点	基础梁箍筋标签	中点
左底筋标签	起点		

基础梁集中标注标签设置　　表5.7-3

序号	参数名称	空格	前缀	样例值	后缀	断开
1	基础梁编号	1		JZL		
2	基础梁序号	0		1		
3	基础梁总跨数	0	(	21B	)	
4	基础梁宽	1		600	x	
5	基础梁高	0		700		√
6	基础梁箍筋	0		&8@200(4)		√
7	基础梁底部通长筋		B	4&20	;	
8	基础梁顶部通长筋		T	5&18		

基础梁集中标注（简）标签设置　　表5.7-4

序号	参数名称	空格	前缀	样例值	后缀	断开
1	基础梁编号	1		JZL		
2	基础梁序号	0		1		
3	基础梁总跨数	0	(	2B	)	

基础梁截面标签　　表5.7-5

序号	参数名称	空格	前缀	样例值	后缀	断开
1	基础梁宽	1	(	600	x	
2	基础梁高	0		700	)	

基础梁左底筋标签　　表5.7-6

序号	参数名称	空格	前缀	样例值	后缀	断开
1	基础梁左底筋	1		5&18		

基础梁右底筋标签　　表 5.7-7

序号	参数名称	空格	前缀	样例值	后缀	断开
1	基础梁右底筋	1		5&18		

基础梁底部通长筋标签　　表 5.7-8

序号	参数名称	空格	前缀	样例值	后缀	断开
1	基础梁底部通长筋	1		5&18		

基础梁箍筋标签　　表 5.7-9

序号	参数名称	空格	前缀	样例值	后缀	断开
1	基础梁箍筋	1		&8@200(4)		

4）定制基础构件

将共享参数添加到基础构件的族参数中，并与原有族参数进行关联。关联的参数如表 5.7-10 所示。

条形基础共享参数　　表 5.7-10

共享参数	关联的族参数	共享参数	关联的族参数
基础编号	(无)	基础梁总跨数	(无)
基础序号	(无)	基础梁宽	梁宽
基础宽度	翼缘宽	基础梁高	梁高
翼缘端部高	翼缘端高	基础梁底部通长筋	(无)
翼缘根部高	翼缘根高	基础梁顶部通长筋	(无)
1 号钢筋	(无)	基础梁箍筋	(无)
2 号钢筋	(无)	基础梁左底筋	(无)
基础梁编号	(无)	基础梁右底筋	(无)
基础梁序号	(无)		

5）基础编号标注

进行条形基础标注前，应将视图样板选为“结_基础平面”样板。在属性窗口中给条形基础添加编号及配筋信息，如图 5.7-3 所示。

类型参数

参数	值
文字	
翼缘端部高	250.0
翼缘根部高	350.0
基础编号	J
基础序号	24
基础宽度	2400.0
2号钢筋	&8@200
1号钢筋	&12@150

图 5.7-3　添加基础信息

在基础布置视图中，点击“项目浏览器→族→注释符号→GDAD-条形基础编号”，通过“右键→创建实例”为条形基础添加标签，如图 5.7-4 所示。

复制建模视图，并重命名为“基础梁配筋平面图”，点击“项目浏览器→族→注释符号”，选择相应的标签，通过“右键→创建实例”为条形基础添加配筋标签，如图 5.7-5 所示。

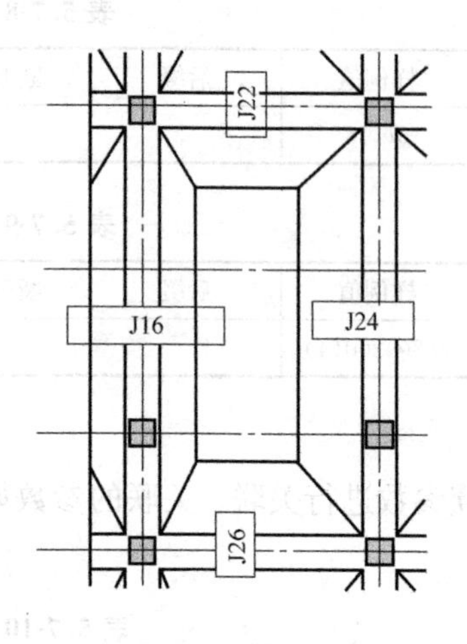

图 5.7-4 基础标注

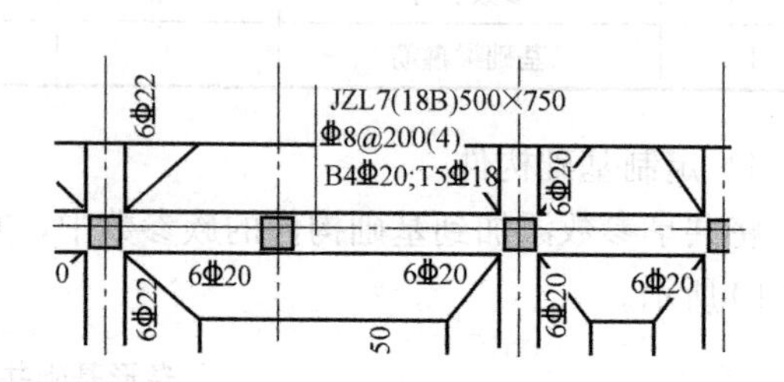

图 5.7-5 基础梁标注

6）条形基础尺寸标注

通过明细表关联并读取共享参数，形成基础截面及配筋表，通过修改明细表列宽并对信息进行分组，使得明细表更为精致，如图 5.7-6 所示。

接下来绘制基础大样，与独立基础相似，条形基础大样原则上应在 Revit 里用详图视图，建立基础的平面、剖面图例构件，也可在 AutoCAD 中绘制基础大样并导入 Revit 中。基础大样如图 5.7-6、图 5.7-7 所示。

<基础大样明细表>

A	B	C	D	E	F	G
基础编号		基础尺寸			基础配筋	
编号	序号	B	H1	H2	1号钢筋	2号钢筋
J	16	1600	350	250	Φ12@200	Φ8@200
J	18	1800	350	250	Φ12@200	Φ8@200
J	20	2000	350	250	Φ12@180	Φ8@200
J	22	2200	350	250	Φ12@150	Φ8@200
J	24	2400	350	250	Φ12@150	Φ8@200
J	26	2600	350	250	Φ12@120	Φ8@200

图 5.7-6 基础大样明细表

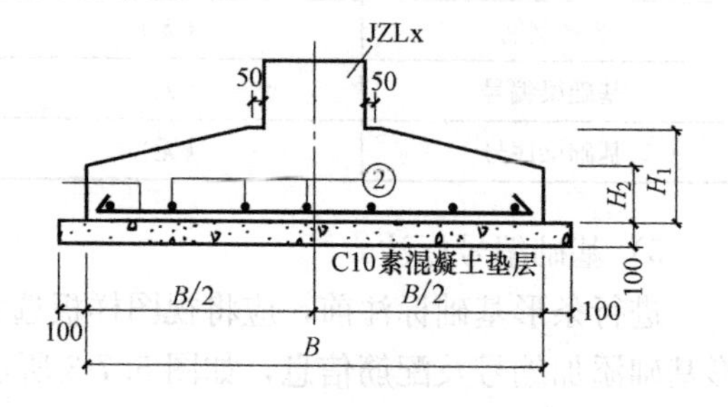

图 5.7-7 基础配筋大样

5.8 桩基础

本书给出了 Revit 中桩基础建模的两种建议方法，本章对两种方法的标注方法分别进行介绍。进行桩基础标注前，应将视图样板选为“结_基础平面”样板。

5.8.1 注释内容与配套族

桩基础主要的注释内容有：桩心定位、桩编号、承台定位、承台编号、承台面标高、承台配筋。

需要的族为读取桩号的标记族。

5.8.2　桩基础标注方法

1）桩心、承台定位

桩心、承台定位的标注方法参考墙柱定位图的相关内容。

2）桩编号、承台编号标注

桩编号信息、承台编号信息可填写于其“注释”参数中。通过创建一个与注释内容相关联的标记族（广东省建筑设计研究院模板中为“GD-结构-基础-标记→简写”注释族），即可对桩编号、承台编号进行标注。需要注意的是，由于标记族的引线不符合标注习惯，因此需要用户使用“详图线”来绘制标签的引线，如图 5.8-1 所示。

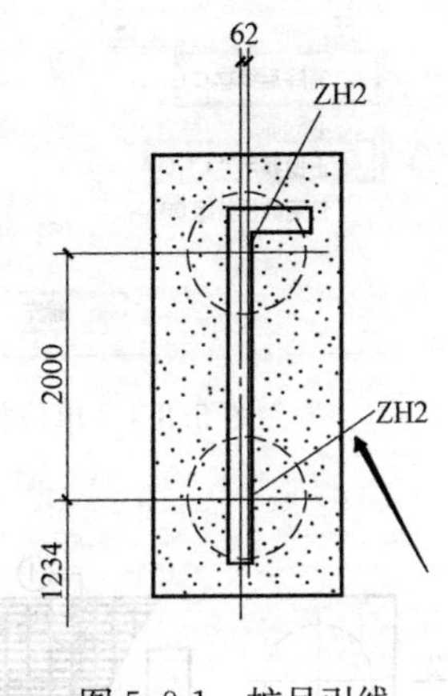

图 5.8-1　桩号引线

3）承台面标高标注

承台面标高的标注可以使用 Revit 的“高程点”命令。为使得标注样式符合绘图习惯，可对标高族进行如下设置：“符号”选为“高程点-外部填充”，“高程原点”选为“相对”，“文字与符号的偏移量”设置为“0.000mm”，如图 5.8-2 所示。在属性窗口中点击“单位格式”，如图 5.8-3 所示。

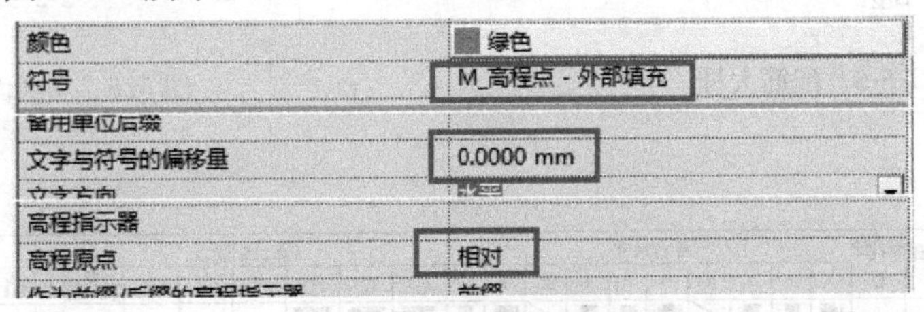

图 5.8-2　高程点设置

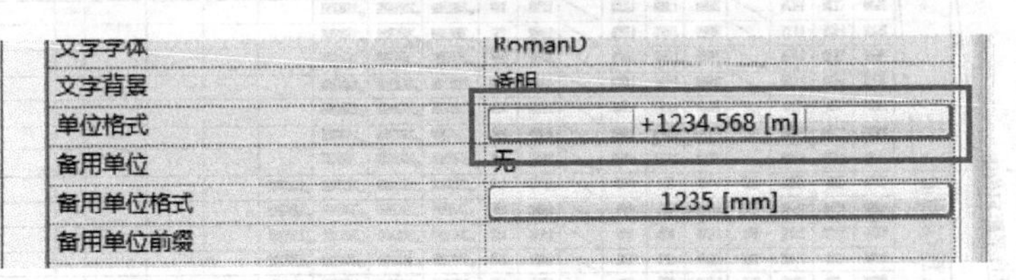

图 5.8-3　单位格式设置按钮

设置单位为“米”，舍入为“3 个小数位”，勾选“正值显示“+”和“消除后续零”，点击“确定”完成设置，如图 5.8-4 所示。设置完成后的高程标注如图 5.8-5 所示。

4）承台配筋标注

承台配筋的标注需要用到承台配筋大样以及承台配筋表。

由于承台和桩并非采用参数化的方法建模，因而无法使用明细表的方式直接生成配筋和承台尺寸表，目前比较实际的方法是在 Revit 中绘制大样，或者先通过 CAD 绘制承台大样和承台配筋表，再导入到 Revit 中。如图 5.8-6～图 5.8-8 所示。

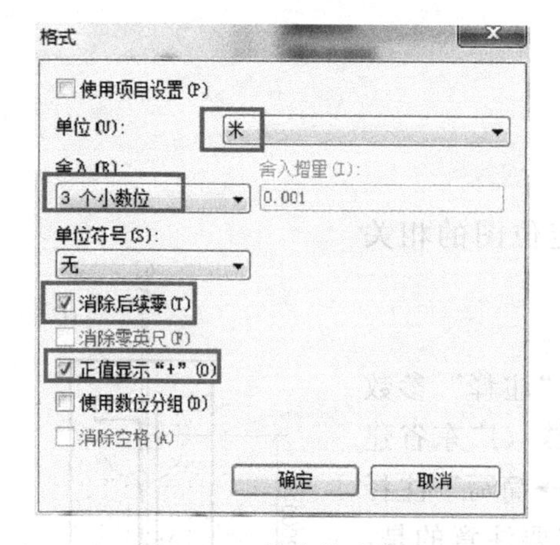

图 5.8-4 单位格式设置

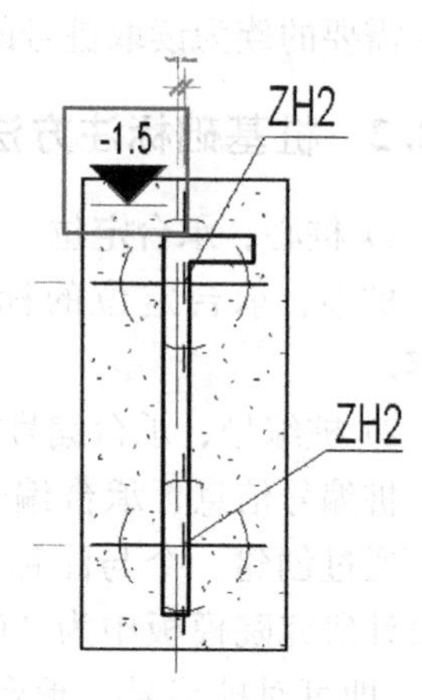

图 5.8-5 桩标注示例

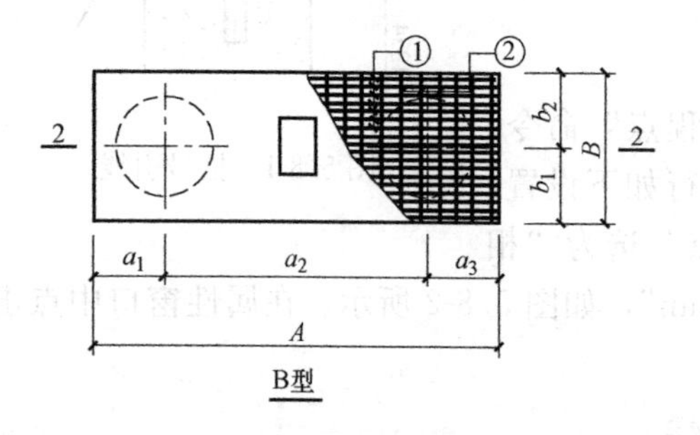

图 5.8-6 配筋大样

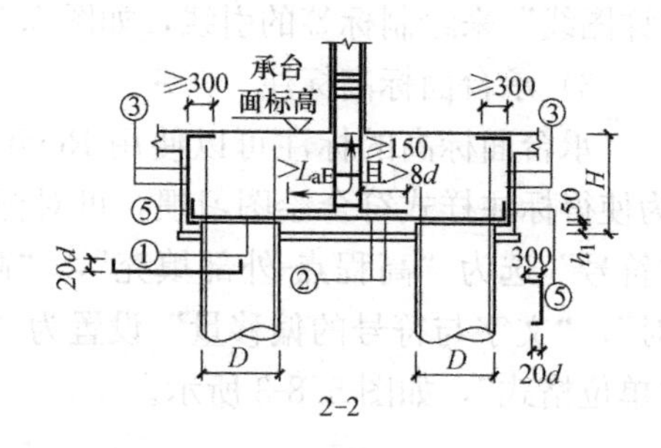

图 5.8-7 剖面 2-2

桩承台表

桩台编号	类型	承台面标高	桩外径	承台尺寸										承台配筋											备注
			D	A	a	a_1	a_2	B	b_1	b_2	b	H	h	①	②	③	④	⑤	⑥	[illegible]	b	[illegible]	5	[illegible]	
CT1-1		桩承台平面定位图	详桩平面定位图	[illegible]	[illegible]	[illegible]	/	[illegible]	[illegible]	[illegible]	/	[illegible]	[illegible]	[illegible]	[illegible]	[illegible]									
CT1-2				[illegible]	[illegible]	[illegible]	/	[illegible]	[illegible]	[illegible]	/	[illegible]	[illegible]	[illegible]	[illegible]	[illegible]									
CT1-3				[illegible]	1175	1425	/	[illegible]	[illegible]	[illegible]	/	[illegible]	[illegible]	[illegible]	[illegible]	[illegible]									
CT1-4				[illegible]	1425	1175	/	[illegible]	[illegible]	[illegible]	/	[illegible]	[illegible]	[illegible]	[illegible]	[illegible]									
CT1-5	B			[illegible]	[illegible]	[illegible]	/	[illegible]	[illegible]	[illegible]	/	[illegible]	[illegible]	[illegible]	[illegible]	[illegible]									
CT1-6				[illegible]	[illegible]	[illegible]	/	[illegible]	[illegible]	[illegible]	/	[illegible]	[illegible]	[illegible]	[illegible]	[illegible]									
CT1-7				[illegible]	[illegible]	[illegible]	/	[illegible]	[illegible]	[illegible]	/	[illegible]	[illegible]	[illegible]	[illegible]	[illegible]									
CT1-8				[illegible]	[illegible]	[illegible]	/	[illegible]	[illegible]	[illegible]	/	[illegible]	[illegible]	[illegible]	[illegible]	[illegible]									
CT1-9				[illegible]	[illegible]	[illegible]	/	[illegible]	[illegible]	[illegible]	/	[illegible]	[illegible]	[illegible]	[illegible]	[illegible]									
CT2-1				[illegible]	[illegible]	[illegible]	[illegible]	[illegible]	[illegible]	[illegible]	/	[illegible]	[illegible]	[illegible]	[illegible]	[illegible]	[illegible]								
CT2-2				[illegible]	[illegible]	[illegible]	[illegible]	[illegible]	[illegible]	[illegible]	/	[illegible]	[illegible]	[illegible]	[illegible]	[illegible]	[illegible]								
CT2-3				[illegible]	[illegible]	[illegible]	[illegible]	[illegible]	[illegible]	[illegible]	/	[illegible]	[illegible]	[illegible]	[illegible]	[illegible]	[illegible]								
CT2-4	C			[illegible]	[illegible]	[illegible]	[illegible]	[illegible]	[illegible]	[illegible]	/	[illegible]	[illegible]	[illegible]	[illegible]	[illegible]	[illegible]								
CT2-5				[illegible]	[illegible]	[illegible]	[illegible]	[illegible]	[illegible]	[illegible]	/	[illegible]	[illegible]	[illegible]	[illegible]	[illegible]	[illegible]								
CT2-6				[illegible]	[illegible]	[illegible]	[illegible]	[illegible]	[illegible]	[illegible]	/	[illegible]	[illegible]	[illegible]	[illegible]	[illegible]	[illegible]								
CT2-7				[illegible]	[illegible]	[illegible]	[illegible]	[illegible]	[illegible]	[illegible]	/	[illegible]	[illegible]	[illegible]	[illegible]	[illegible]	[illegible]								
CT2-8				[illegible]	[illegible]	[illegible]	[illegible]	[illegible]	[illegible]	[illegible]	/	[illegible]	[illegible]	[illegible]	[illegible]	[illegible]	[illegible]								
CT3-1				[illegible]	[illegible]	[illegible]	[illegible]	[illegible]	[illegible]	[illegible]	[illegible]	[illegible]	[illegible]	[illegible]	[illegible]	[illegible]	[illegible]								
CT3-2	D			[illegible]	[illegible]	[illegible]	[illegible]	[illegible]	[illegible]	[illegible]	[illegible]	[illegible]	[illegible]	[illegible]	[illegible]	[illegible]	[illegible]								
CT3-3				[illegible]	[illegible]	[illegible]	[illegible]	[illegible]	[illegible]	[illegible]	[illegible]	[illegible]	[illegible]	[illegible]	[illegible]	[illegible]	[illegible]								
CT3-4				[illegible]	[illegible]	[illegible]	[illegible]	[illegible]	[illegible]	[illegible]	[illegible]	[illegible]	[illegible]	[illegible]	[illegible]	[illegible]	[illegible]								
CT3-5	F			[illegible]	[illegible]	[illegible]	[illegible]	[illegible]	[illegible]	[illegible]	[illegible]	[illegible]	[illegible]	[illegible]	[illegible]	[illegible]	[illegible]								
CT3-6				[illegible]	[illegible]	[illegible]	[illegible]	[illegible]	[illegible]	[illegible]	[illegible]	[illegible]	[illegible]	[illegible]	[illegible]	[illegible]	[illegible]								
CT4-1	E			[illegible]	[illegible]	[illegible]	[illegible]	[illegible]	[illegible]	[illegible]	[illegible]	[illegible]	[illegible]	[illegible]	[illegible]	[illegible]	[illegible]	[illegible]	[illegible]						详水图大样
CT6-1																									

图 5.8-8 桩承台表

5.9　筏板基础

筏板基础分为平板式筏基和梁板式筏基，梁板式筏基分为肋梁上平及下平两种形式。

5.9.1　注释内容与配套族

对于筏板基础的筏板，其注释方法与楼板的注释方法相同，可直接使用楼板的板筋族进行注释。对于筏板基础的梁，建模时可直接使用上部结构的梁族，其注释内容与上部结构的框架梁基本相同，其不同点及解决办法如下：

1）两者的配筋集中标注的表示方法稍有不同，底部通长筋会加前缀“B”，顶部通长筋会加前缀“T”。解决办法为：另建一个集中标注族，在标记族中设置前缀。

2）筏板基础梁一般集中标注“左底筋”、“右底筋”，而非“左负筋”、“右负筋”。解决办法为：将“左底筋”、“右底筋”的配筋值填入“左负筋”、“右负筋”的参数栏中，使用“左负筋”、“右负筋”的标签进行标注，但是移动标签的位置到梁的下方。

筏板基础标注时可以直接用上部结构的楼板和梁的标注族。但由于基础梁与上部结构梁配筋表示方法稍有不同，因而需要另外制作一个集中标注族。

5.9.2　参数设置

筏板基础的筏板使用“基础底板”系统族进行创建，其配筋使用“详图大样族”进行标注、板面标高用“标高族”进行标注，筏板局部板厚可能会有变化，但是工程实践上，一般是用“区域填充”的方法进行标注，因而，筏板基础的筏板无需添加共享参数。

筏板基础的基础梁，由于直接使用上部结构的梁族，因而无需另外定制共享参数。

5.9.3　筏板基础标注方法

1）“基础梁集中标注”标签

进行条形基础标注前，应将视图样板选为“结 _ 基础平面”样板。打开“梁集中标注 . rfa”，将其另存为“筏板基础梁集中标注 . rfa”，在属性栏中点击“标签”后的“编辑”按钮，在“标签参数”栏中，为“上部通长钢筋”添加前缀“T”，为“底部通长钢筋”添加前缀“B”，如图 5. 9-1 所示。点击“确定”按钮，完成标签，如图 5. 9-2 所示。

2）基础梁标注

在属性窗口中给基础梁添加编号及配筋信息，如图 5. 9-3 所示。复制建模视图，并重命名为“基础梁配筋平面图”。

在“基础梁配筋平面图”中，点击“项目浏览器→族→注释符号→筏板基础梁集中标注→筏板基础梁集中标注”，点击“右键→创建实例”，为基础梁添加标签，并将标签移动到适当的地方，完成标注，如图 5. 9-4 所示。

用同样的方法，使用对应的标记族，为基础梁添加负筋、底筋等标注，如图 5. 9-5 所示。

标签参数

	参数名称	空格	前缀	样例值	后缀	断开
6	箍筋	0		&8@200		☐
7	箍筋肢数	0	(	2	)	☑
8	通长筋左括号	1		(		☐
9	上部通长钢筋	0	T	2&12		☐
1	通长筋右括号	0		)	;	☐
1	底部通长钢筋	0	B	3&18		☑
1	腰筋	0		N2&14		☑
1	梁面标高	0	(	H+0.05	)	☐

图 5.9-1　修改标签

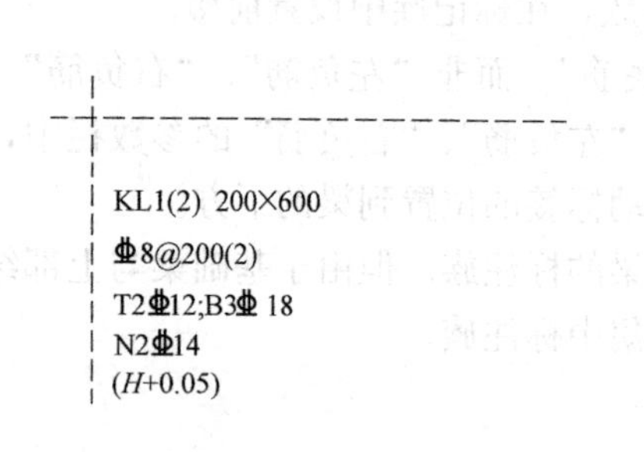

图 5.9-2　完成标签修改

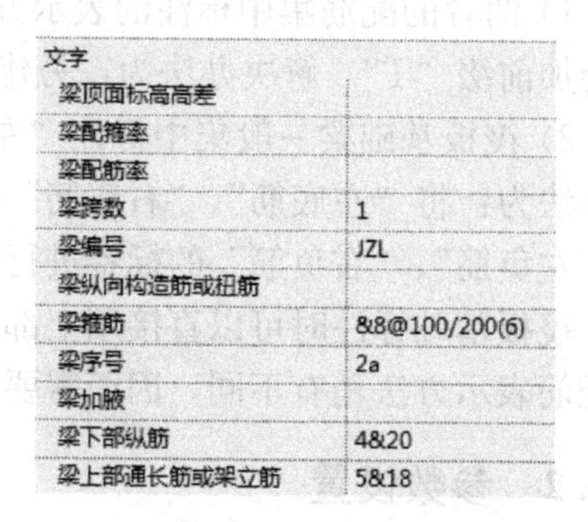

文字	
梁顶面标高高差	
梁配箍率	
梁配筋率	
梁跨数	1
梁编号	JZL
梁纵向构造筋或扭筋	
梁箍筋	&8@100/200(6)
梁序号	2a
梁加腋	
梁下部纵筋	4&20
梁上部通长筋或架立筋	5&18

图 5.9-3　添加基础梁信息

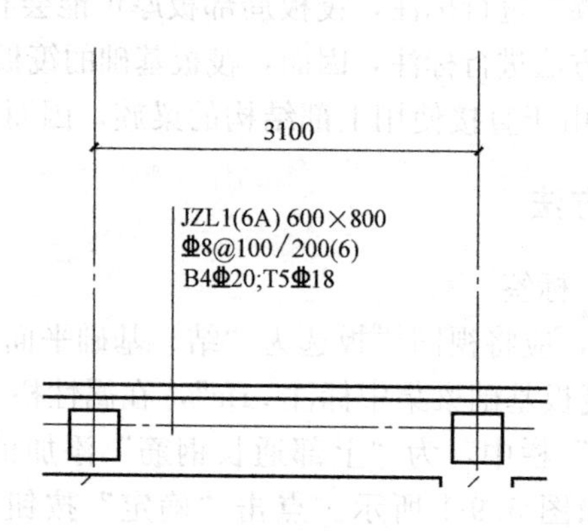

图 5.9-4　基础梁标注示例

3）局部筏板加厚标注

设某工程中筏板厚度为 300mm，局部筏板加厚为 400mm，筏板配筋图中可使用视图过滤器，用自动填充的方式表示加厚的区域，过滤器设置如图 5.9-6 所示。

通过视图过滤器，可以将所有厚度 400mm 的筏板都被填充成设置的样式，如图5.9-7所示。

4）筏板配筋标注

从项目浏览器中通过“右键→创建实例”将“板底筋”族和“板负筋”族加载到绘图窗口，使用 5.2 节的方法绘制板钢筋，如图 5.9-8 所示。

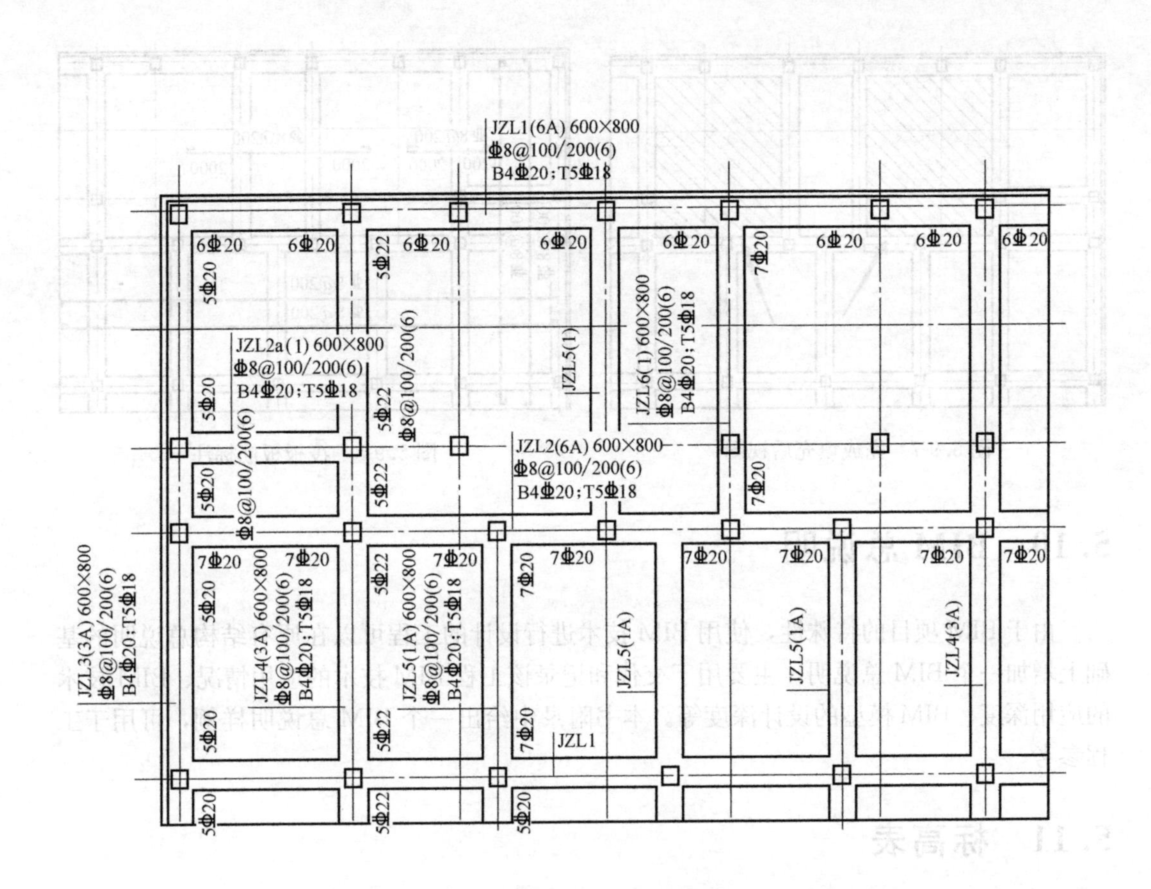

图 5.9-5　筏板基础图示例

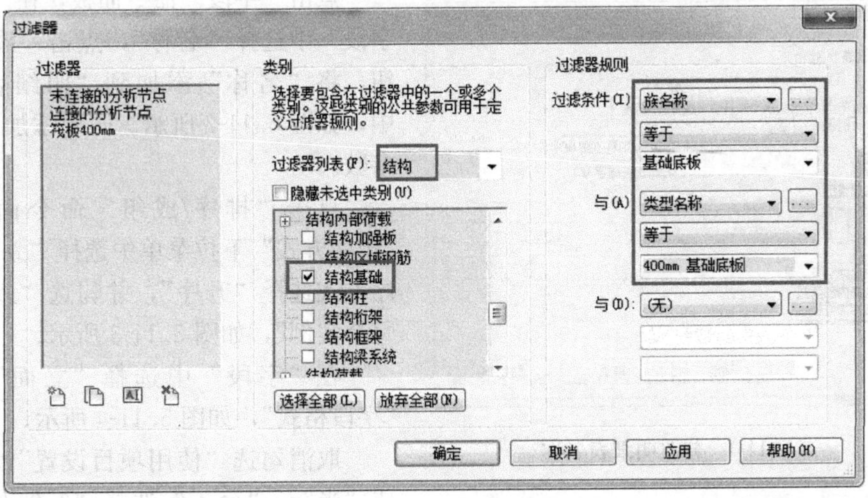

过滤器

过滤器
未连接的分析节点
连接的分析节点
筏板400mm

类别
选择要包含在过滤器中的一个或多个类别。这些类别的公共参数可用于定义过滤器规则。
过滤器列表(F): 结构
隐藏未选中类别(U)
结构内部荷载
结构加强板
结构区域钢筋
结构基础
结构柱
结构桁架
结构框架
结构梁系统
结构荷载
选择全部(L)　放弃全部(N)

过滤器规则
过滤条件(I): 族名称
等于
基础底板
与(A): 类型名称
等于
400mm 基础底板
与(N): (无)

确定　取消　应用　帮助(H)

图 5.9-6　过滤器设置

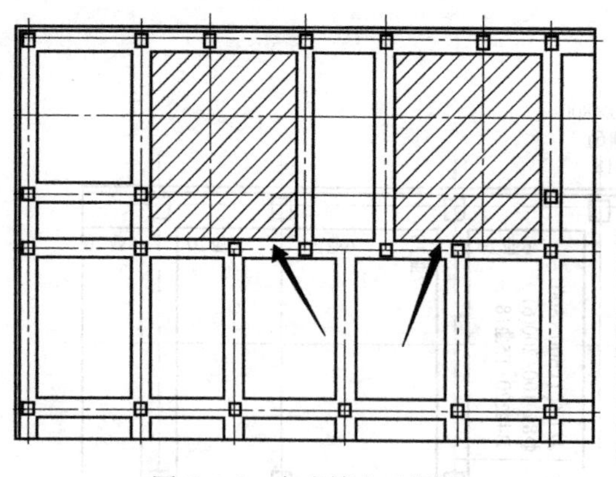

图 5.9-7 完成填充后视图

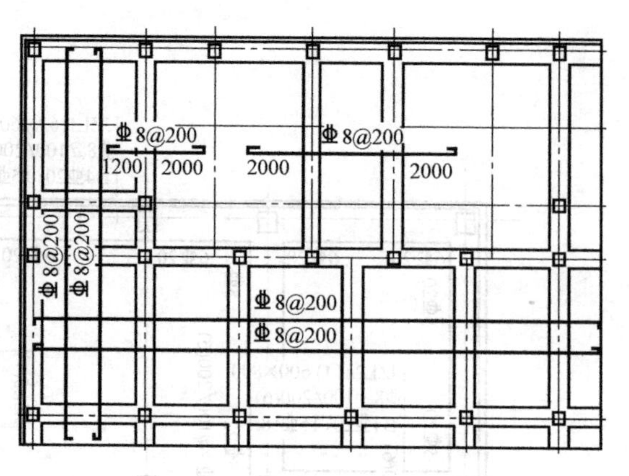

图 5.9-8 筏板板筋标注

5.10 BIM 总说明

由于 BIM 项目的特殊性，使用 BIM 技术进行设计的工程可以在原有结构总说明的基础上增加一个 BIM 总说明，主要用于交代和记录该工程 BIM 技术的应用情况、BIM 技术的应用深度、BIM 模型的设计深度等。本书附录中给出一个 BIM 总说明样例，可用于工程参考。

5.11 标高表

在 Revit 中，使用明细表制作结构标高表。新建标高表的方法如下：点击“视图→创建→明细表→明细表/数量”，按图 5.11-1 所示选择项目，并输入标高表名称。

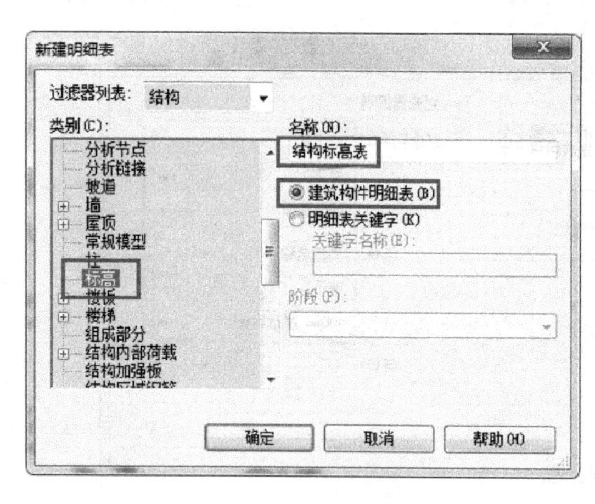

图 5.11-1 修改明细表名称

点击“字段”命令面板，在“可用的字段”中选择“名称”，点击“添加”按钮，将“名称”添加到“明细表字段”中，如图 5.11-2 所示。同理添加“立面”参数。

点击“排序/成组”命令面板，在“排序方式”下拉菜单中选择“立面”，排序方式选择“升序”，并勾选“逐项列举每个实例”，如图 5.11-3 所示。

在“字段”中选择“立面”，点击“字段格式”，如图 5.11-4 所示。

取消勾选“使用项目设置”，单位改成“米”，“舍入”选择“3 个小数位”，点击“确定”，如图 5.11-5 所示。

回到“明细表属性”对话框，点击“外观”，取消勾选“数据前的空行”。为使标高表的标题接近制图习惯，将“立面”字段改为“标高”，将“名称”字段改为“楼层”，并将

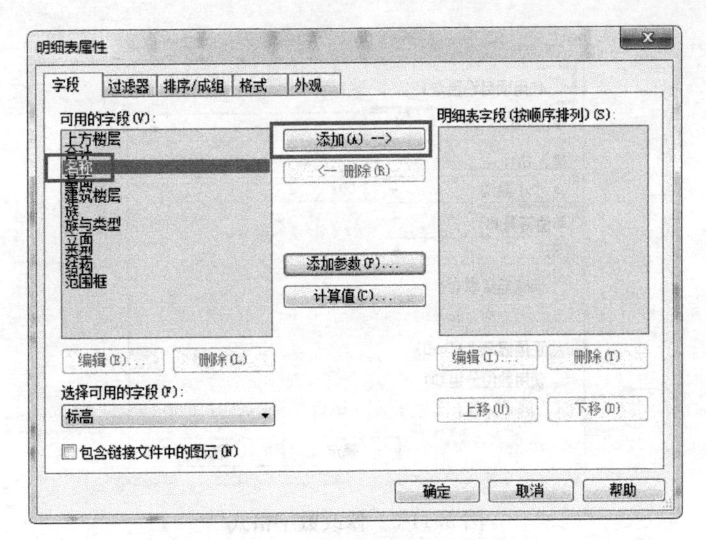

图 5.11-2　添加“名称”字段

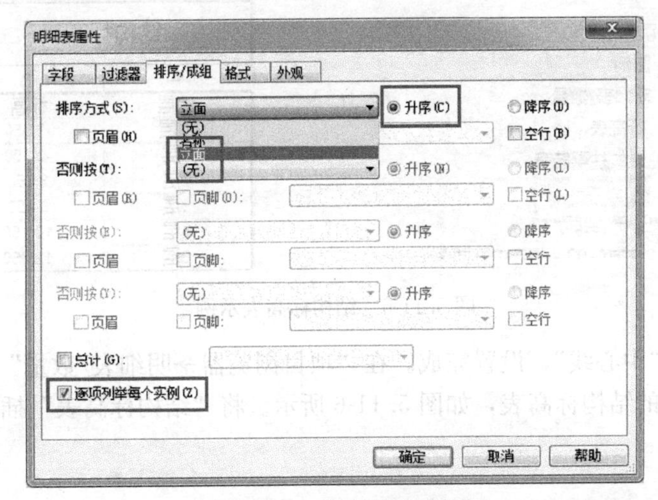

图 5.11-3　设置排序规则

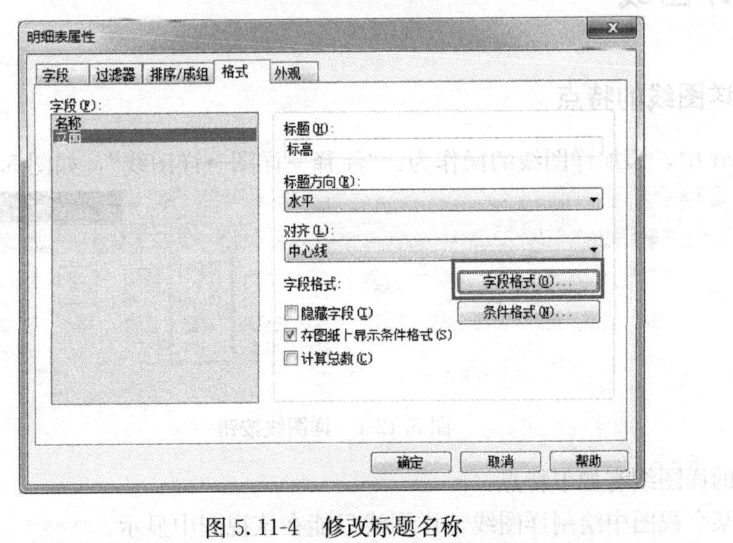

图 5.11-4　修改标题名称

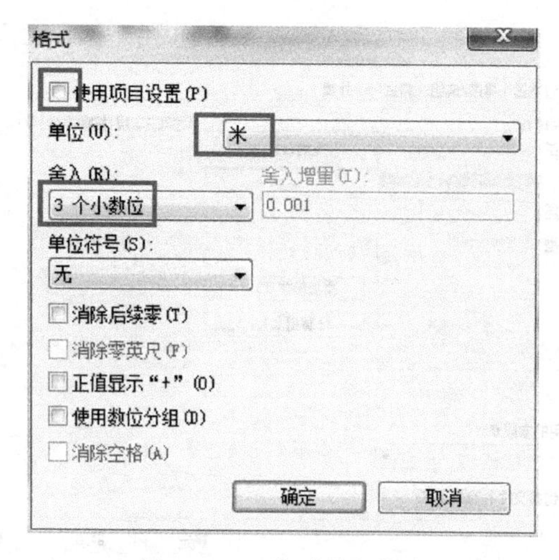

图 5.11-5　修改数字格式

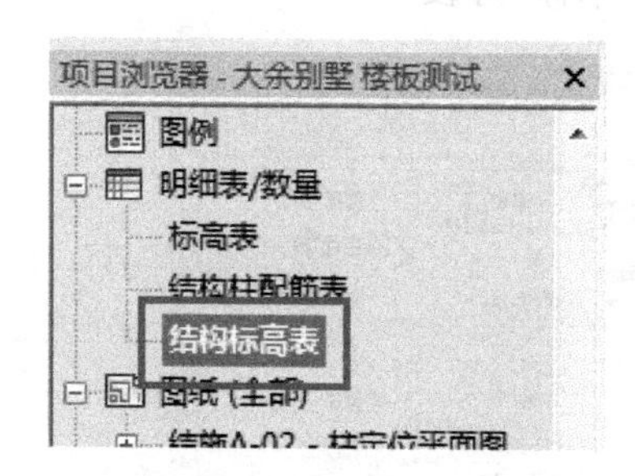

<结构标高表>

A	B
楼层	标高
-1层	-3.350
1层	-0.050
2层	3.550
3层	6.850
4层	10.150
5层	12.350

图 5.11-6　结构标高表示例

对齐方式设置为“中心线”，设置完成。在“项目浏览器→明细表/数量”中双击“结构标高表”，查看生成的结构标高表，如图 5.11-6 所示。将“结构标高表”插入到图纸的方法见 5.13 节。

5.12　详图线

5.12.1　详图线的特点

在 Revit 中，添加详图线的操作为：“注释→详图→详图线”，如图 5.12-1 所示。

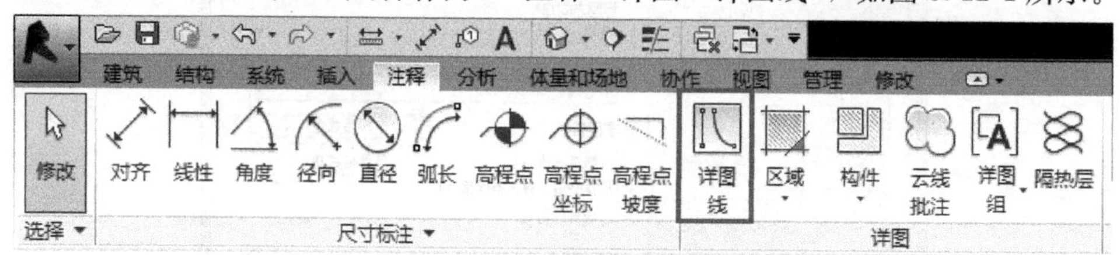

图 5.12-1　详图线按钮

Revit 的详图线有如下特点：

1）在某个视图中绘制详图线，详图线只能在该视图中显示。

2）详图线为系统族，不能修改。

3）详图线可为直线、多边形、圆、圆弧、椭圆、半椭圆。

4）详图线只有“线样式”唯一一个可以修改的实例参数。

5）详图线无类型参数，不能像一般族一样新增类型。

5.12.2　线样式设置

详图线只有“线样式”唯一一个可以修改的实例参数，因而，不同的详图线只能通过“线样式”进行区分。线样式的设置方法如下：

点击“管理→设置→其他设置”，在下拉菜单中选择“线样式”，如图5.12-2所示。

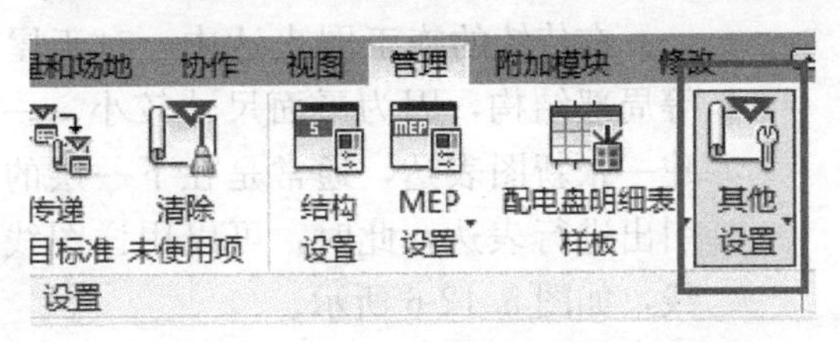

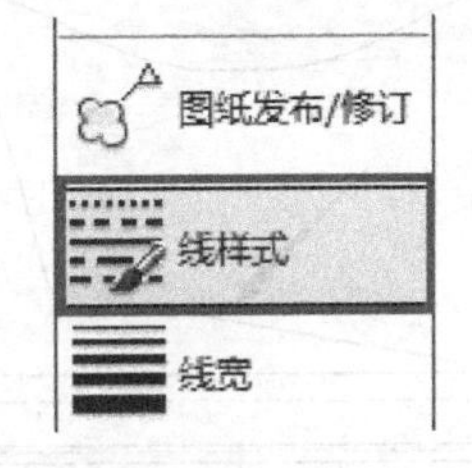

图5.12-2　线样式按钮

点击“线”类别前的“+”号，展开可以看到项目中现有的所有线样式。点击修改“子类别→新建”，在弹出的“新建子类别”窗口填入新建的子类别的名称，如：楼板附加筋。在“线样式”框中修改“楼板附加筋”样式的线宽、线颜色和线型图案，如将“线宽”改为“8”，“线颜色”改为“红色”，“线型图案”改为“Dash”，如图5.12-3所示。

类别	线宽 投影	线颜色	线型图案
<超出>	1	黑色	实线
<钢筋网外围>	1	RGB 127-127-127	划线
<钢筋网片>	1	RGB 064-064-064	实线
<隐藏>	1	黑色	隐藏
<面积边界>	6	RGB 128-000-255	实线
中粗线	3	黑色	实线
宽线	5	黑色	实线
旋转轴	6	蓝色	中心线
楼板附加筋	8	红色	Dash
线	1	RGB 000-166-000	实线
细线	1	黑色	实线
隐藏线	1	RGB 000-166-000	划线
隔热层线	1	黑色	实线

图5.12-3　修改颜色和线型

设置完毕后，绘制详图线时，就可以使用“楼板附加筋”样式，如图5.12-4所示。

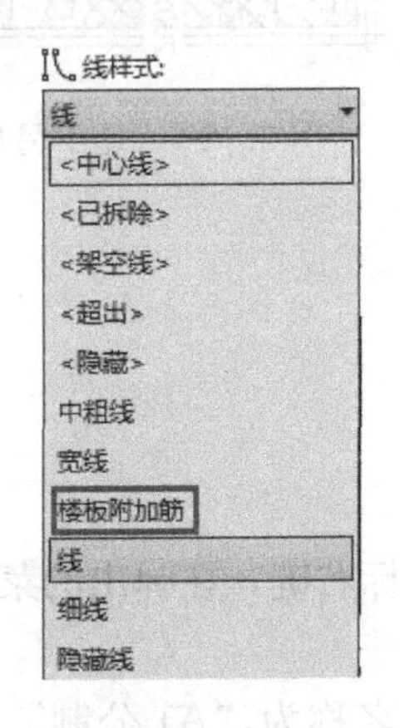

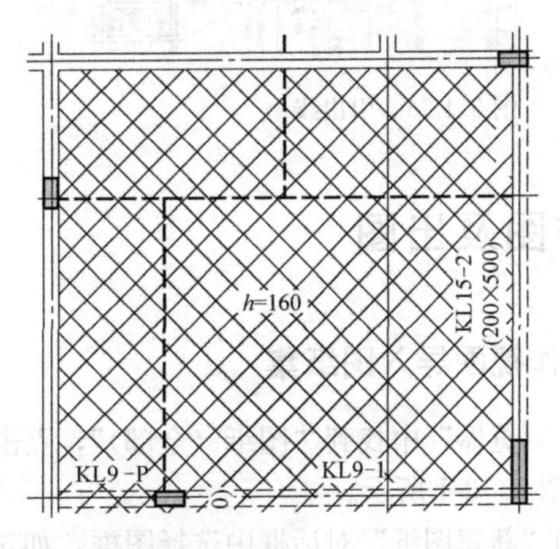

图5.12-4　详图线绘制示例

5.12.3 详图线的应用

详图线的使用较为灵活，一般用于施工图的辅助表达。施工图绘制中，以下几种情况可以使用详图线：

1）楼板开洞符号

在 Revit 中，若对楼板进行开洞处理，那么楼板周围的梁会变为实线，但是开洞处不会有开洞符号。为在施工图中表达楼板开洞，可以在平面视图中，通过使用详图线绘制开洞符号来表达，如图 5.12-5 所示。

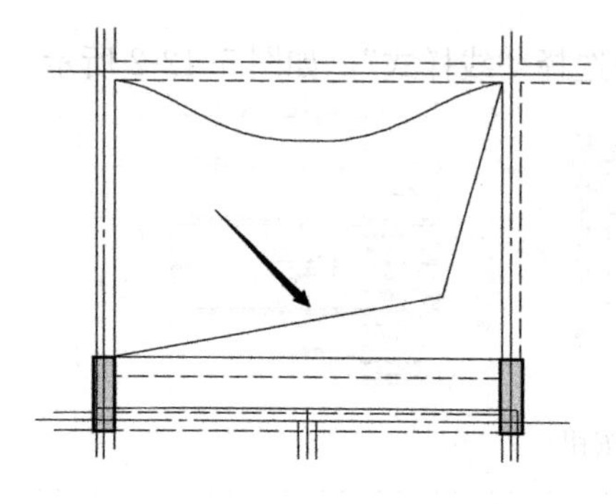

图 5.12-5 楼板开洞符号

2）引出线

在传统的施工图表达中，对于屋面小塔楼等局部结构，因为平面尺寸较小，一般不会新建一张新图表达，通常是在下一层的平面图上引出进行表达，此时，可以用详图线作为引出线，如图 5.12-6 所示。

3）墙下另加钢筋

结构施工图设计中，墙下无梁处需要另加钢筋，此时，可以用详图线来表达另加钢筋的位置，如图 5.12-7 所示。

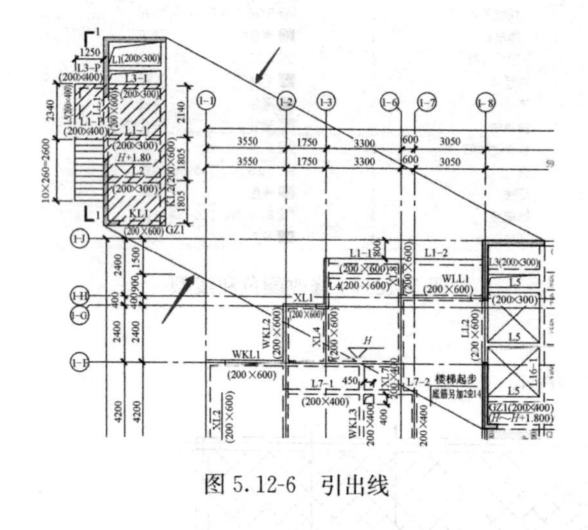

图 5.12-6 引出线

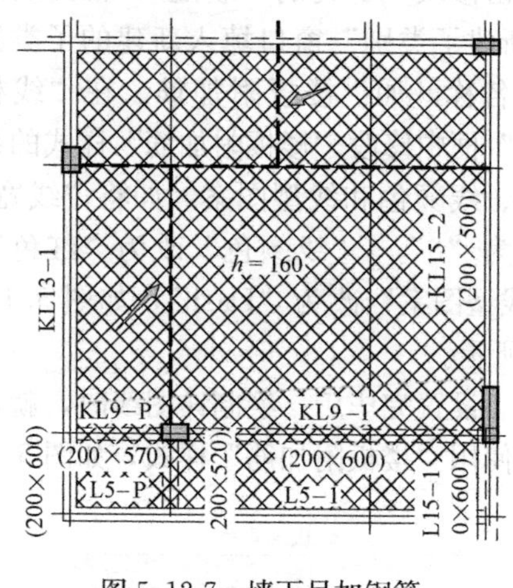

图 5.12-7 墙下另加钢筋

5.13 布图及出图

5.13.1 工作视图导入图纸集

在“项目浏览器”中找到“图纸（全部）”，点击鼠标右键，在弹出的菜单中点击“新建图纸”，如图 5.13-1 所示。

在弹出的“新建图纸”对话框中选择图框，如选择名称为“A1 公制”的图框，点击

"确定"，如图5.13-2所示。若用户自己创建了图框，则选择相应的用户自定义图框。

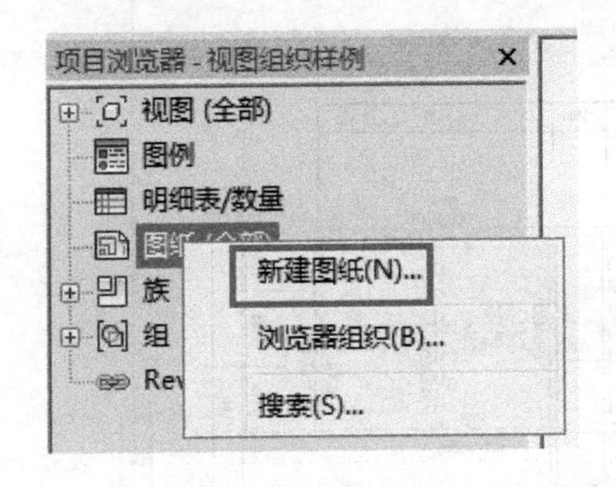

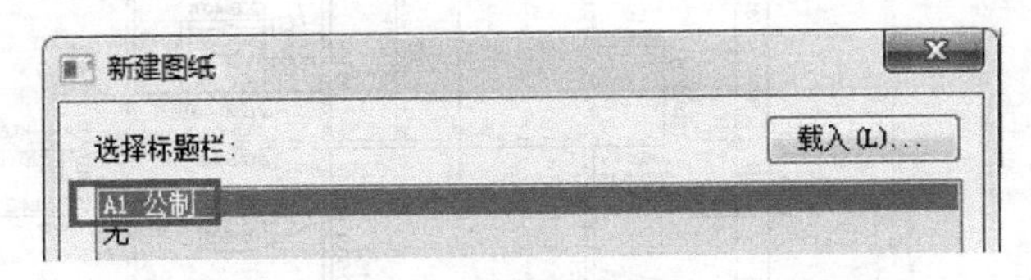

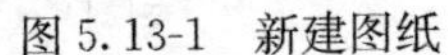
图5.13-1 新建图纸

图5.13-2 选择图幅

此时，视图变为"图纸"视图，同时，"项目浏览器"中"图纸（全部）"一栏，出现刚刚新建的图纸，默认名称为"S.1-未命名"，如图5.13-3所示。

鼠标在"S.1-未命名"上点击"右键→重命名"，在弹出的"图纸标题"对话框中修改编号和名称，如编号改为"结施D01-003"，名称改为"一层平面布置图"，如图5.13-4所示。

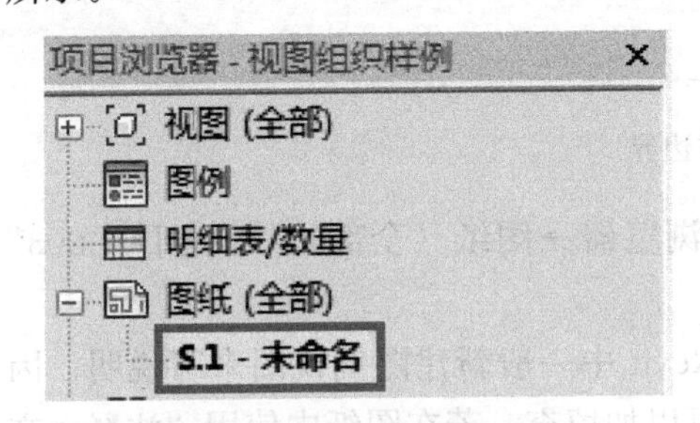

图5.13-3 完成图纸新建

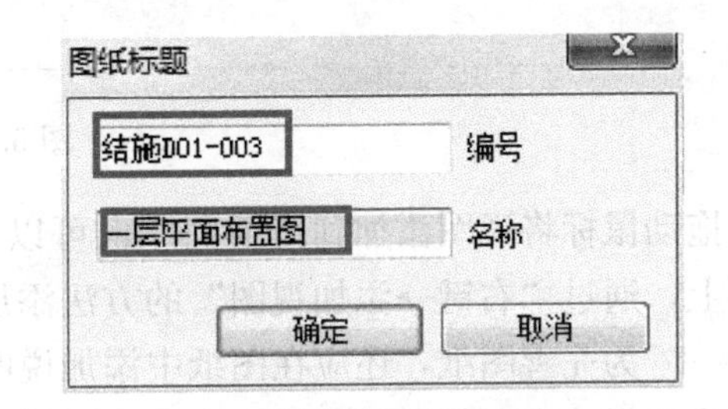

图5.13-4 修改图纸名

注意，创建图纸时最好按照图纸编号的顺序依次创建，因为Revit会识别用户自定义的图纸编号，在创建下一个图纸时，自动进行编号递增。如，第一个图纸编号用户修改为"结施D01-003"，则创建下一个图纸时，默认的编号为"结施D01-004"。

刚刚新建的图纸视图中只有图框，接下来在图纸中添加相应的视图。

为使添加到图纸的视图仅显示用户需要的范围，在图纸中添加视图前，应先进入视图窗口，对视图的边界进行设置。

在"项目浏览器"中选择"一层平面图纸图"进入视图，在属性栏中勾选上"裁剪视图"和"裁剪区域可见"，如图5.13-5所示。

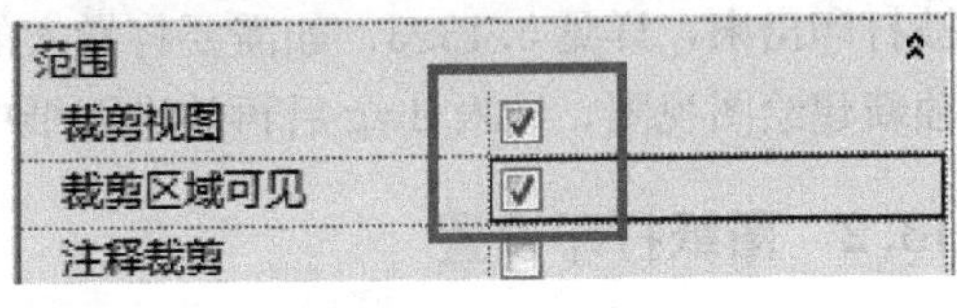

图5.13-5 设置裁剪区域

此时绘图窗口中出现视图的边界线，点击边界线，边界线变为蓝色，拖动边界上的小圆点，可对视图范围进行修改，如图5.13-6所示。

定义好视图范围后，便可将视图添加到图纸集中。双击"项目浏览器→图纸（全部）→结施D01-003"进入图纸视图，在"项目浏览器→视图"中选择"一层结构平面图"，

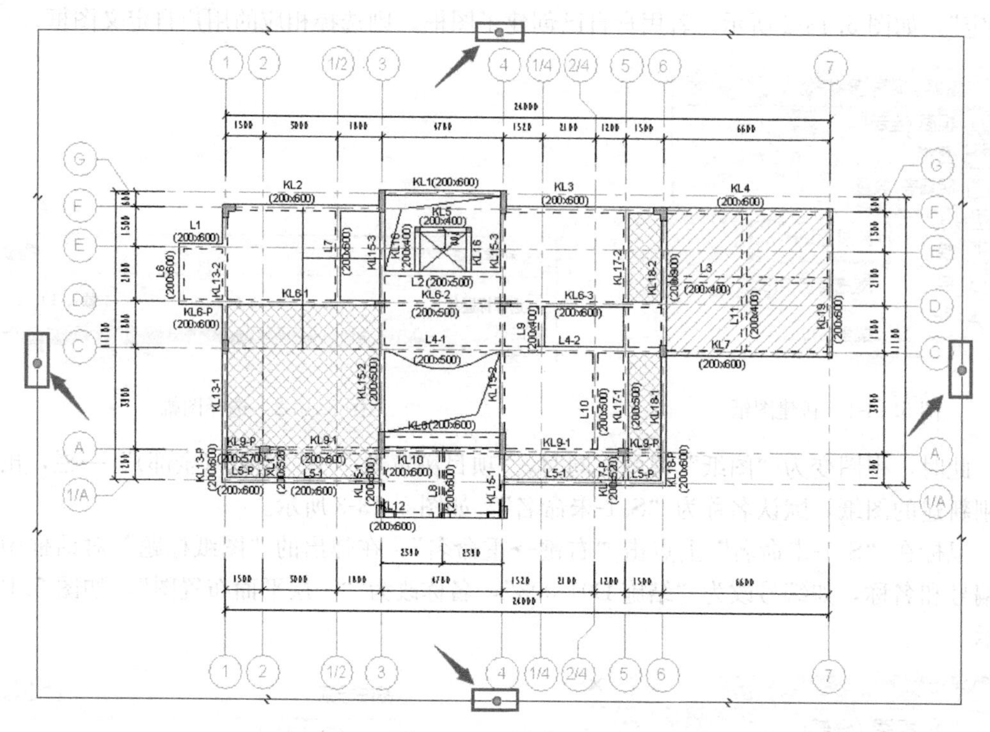

图 5.13-6 修改边界

拖动鼠标将视图添加到图纸到。也可以在“项目浏览器→图纸（全部）→结施 D01-003”上，通过“右键→添加视图”的方法添加视图。

为完善图纸，还应在图纸中添加说明文字。Revit 中一般新建图例视图来写说明，因为这样才可以将说明文字放在多个图纸中，而且可以加填充。若在图纸中使用“注释→文字→文字”来添加说明，则不能加填充。

通过在面板中点击“视图→创建→图例”创建图例视图，在图例视图下点击“注释→文字→文字”，将说明文字添加到图例中。使用与添加平面视图同样的方法在图纸中添加图例视图。“一层结构平面图”布置完成，如图 5.13-7 所示。在图纸中可以看到视图框（箭头所指），打印图纸时，用户可以在视图属性中取消勾选“裁剪范围可见”，使得视图框不可见，也可以在打印设置中通过设置“隐藏范围框”和“隐藏裁剪边界”使得视图框不被打印出来，详见 5.13.3。如需要将导入的 dwg 图形（如某些大样图）放入图纸，可单独新建绘图视图，导入 dwg 后再放进图纸中。

5.13.2 图纸打印设置

主设置界面如图 5.13-8 所示，打印机一般使用 Adobe Acrobat，该软件打印功能齐全，稳定性好，但不是免费软件。也可使用免费的 PDF 打印机，如 Foxit Reader PDF Printer、PDFCreator 等，国产的福昕 PDF 阅读器（目前为免费软件），该阅读器提供的 Foxit Reader PDF Printer 也同样为免费软件。

打印范围可以选择“当前窗口”、“当前窗口可见部分”或“所选视图/图纸”。后者可以选择多个图纸或视图进行批量打印。需要注意的是，当在“打印范围”中选择了“所选

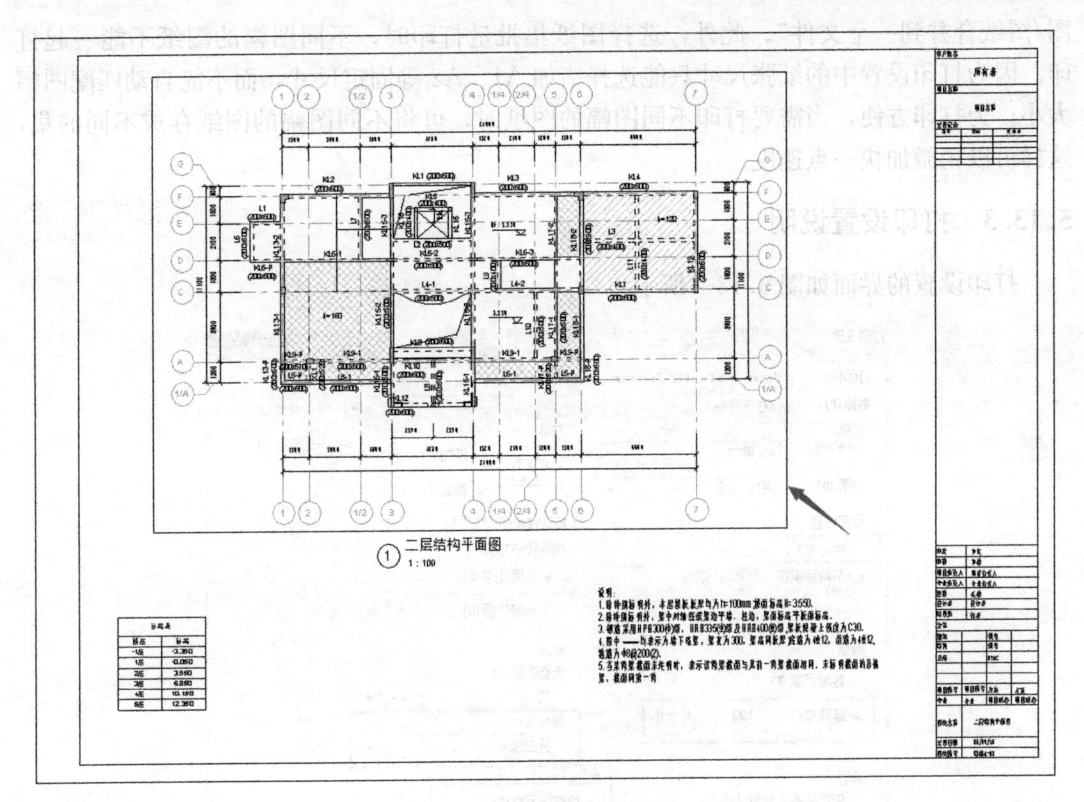

图 5.13-7　图纸布置示例

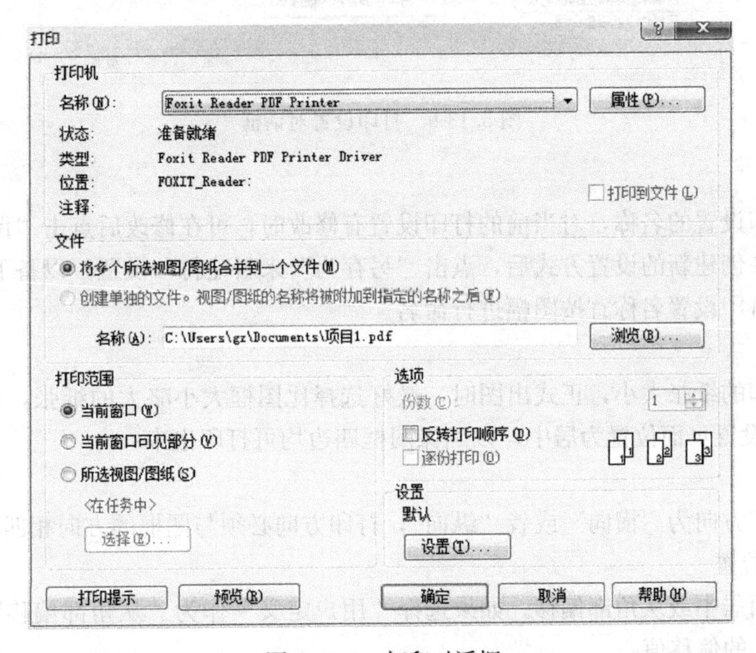

图 5.13-8　打印对话框

视图/图纸”时，“文件”选项会变成“创建单独文件”，这是 Revit 的默认设置，若想将打印的图纸都合到一个文件里（如合并到一个 PDF 文件中），要注意选择“将多个所选视图/图纸合并到一个文件”。此外，选择图纸集批量打印时，不同图幅的图纸不能一起打印。因为打印设置中的纸张尺寸只能选择诸如 A1、A2 等固定尺寸，而不能自动匹配图幅大小。为打印方便，当需要打印不同图幅的图纸时，可将不同图幅的图纸存成不同的集，这样可以稍微加快一点速度。

5.13.3 打印设置说明

打印设置的界面如图 5.13-9 所示。

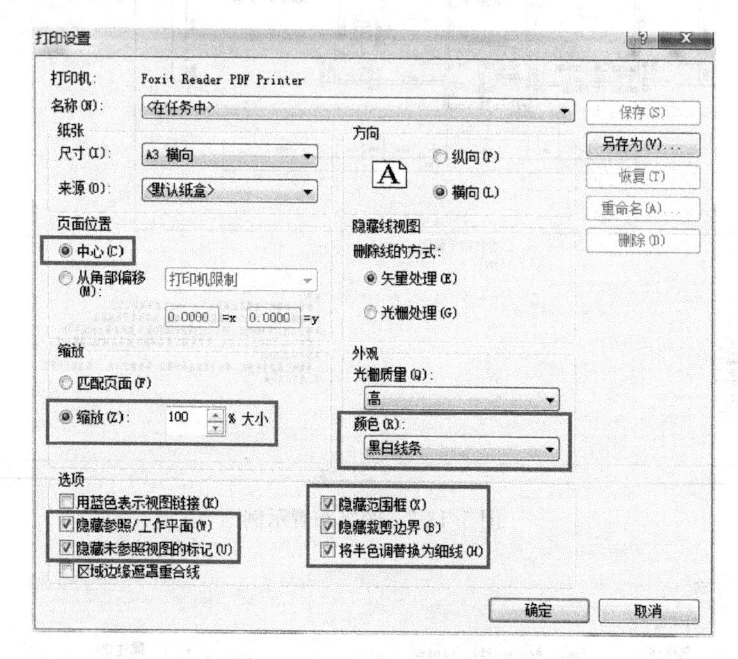

图 5.13-9 打印设置对话框

1）名称

当前打印设置的名称，对当前的打印设置有修改时，可在修改后点击“保存”来保存修改，也可在创建新的设置方式后，点击“另存为”来新建打印设置，以备下次打印时采用，新建的打印设置名称宜按图幅进行命名。

2）纸张

选择打印的纸张大小，正式出图时，最好选择比图框大小略大的纸张，如“Oversize A1”等，并设置页面位置为居中，以确保图框四边均可打印出来。

3）方向

选择打印方向为“横向”或者“纵向”，打印方向必须与图框的方向相匹配。

4）页面位置

选择页面居中或从角部偏移。如果选择“用户定义”作为“从角部偏移”，需要输入“X”和“Y”的偏移值。

5）隐藏线视图

可以选择对隐藏线的处理方式。一般情况下，选择“矢量处理”即可满足结构出图的要求。

6）缩放

指定是将图纸与页面的大小匹配，还是缩放到原始大小的某个百分比。当使用“布满页面”的方式进行打印时，打印设置中的“缩放”设置，应选择“缩放100%”，而非“匹配页面”。因为选择“匹配页面”时，会因为图纸与页面完全匹配，而导致图框最外围的框线打印不出来。因此，正式出图时，应选择“缩放到100%”，打印草图（或内部交流图）时，可选择“匹配页面”。

7）外观

“光栅质量”选项控制传送到打印设备的光栅数据的分辨率，质量越高，打印时间越长。

“颜色”下拉框可选择打印颜色为彩色、黑白线条或者灰度，各个设置的区别如下：

彩色：会保留并打印项目中所有的颜色。

黑白线条：所有文字、非白色线、填充图案线和边缘以黑色打印。所有的光栅图像和实体填充图案以灰度打印。（该选项对于发布到DWF不可用。）

灰度：所有颜色、文字、图像和线以灰度打印。（该选项对于发布到DWF不可用。）

8）选项

“用蓝色表示视图连接”：默认情况下用黑色打印视图链接，但是也可以选择用蓝色打印。

“隐藏参照/工作平面”：如标题。

“隐藏未参照视图的标记”：如标题。

“区域边缘遮罩重合线”：使遮罩区域和填充区域的边缘覆盖与它们重合的线。

“隐藏范围框”：如标题。

“隐藏裁剪边界”：如标题。

“将半色调替换为细线”：如果视图以半色调显示某些图元，则可以将半色调图形替换为细线。

第 6 章 结构可视化检测分析

Revit 作为一个三维设计软件，与传统的二维设计过程有一个显著的区别，即构件的可视化。这种可视化不单体现在展示构件的几何形态，更重要的是可以表现出构件之间的组合关系，并通过多种表现方式来直观地进行分类、检测与分析。这些表现手法可以辅助设计人员全面、清晰地展示设计意图，检查设计成果，同时可以更直观地对各专业设计人员以及施工方进行设计交底。

在结构的可视化检测与分析方面，有些功能是 Revit 自带的，有些则需要通过二次开发编写插件来实现。

本章介绍通过 Revit 及二次开发插件实现结构多种可视化检测分析的方法。

6.1 模型对比

工程变更是实际工程在设计和施工过程中不可避免的，项目规模越大，检查难度越高，耗时越长。Revit 本身不具备强大的前后模型对比检查功能，要快速对模型进行对比则必须利用 Navisworks 来实现。

Navisworks Manage 是 Autodesk 公司推出的一款用于分析、仿真和项目信息交流的全面审阅软件，所有的 Revit 模型均可导出 NWC 格式供 Navisworks 调用。利用 Navisworks 的模型对比功能可快速寻找发生变更的构件，并对变更构件高亮显示，同时更可一键返回 Revit 进行修改。下面分别介绍模型对比方法及一键返回修改方法。

6.1.1 模型对比方法

利用 Navisworks 进行模型对比前，必须先将 Revit 导出为 NWC 格式。导出方法：

点击 Revit 菜单→点击“导出”→格式选择为 NWC 格式→点击 Navisworks 设置按钮→导出下拉菜单选择“整个项目”其他均可保持默认→设置文件名→点击保存即可。

Navisworks 导出设置对话框如图 6.1-1 所示。

将新旧模型均导出为 NWC 格式后即可利用 Navisworks 进行模型对比，对比步骤：

打开 Navisworks Manage→常用命令面板→点击附加按钮→选择需要对比的模型文件→点击模型树按钮→在模型树中按住 Ctrl 键分别点选新旧模型项目→点击“比较”按钮 比较→设置比较内容→点击确定即可。操作界面如图 6.1-2～图 6.1-4 所示。

应注意“比较”对话框（图 6.1-4）中“查找以下方面的区别”仅勾选“几何图形”即可，若都勾选则会令比较毫无意义，因而几乎所有信息均会有区别，整个项目模型均会高亮显示。图 6.1-4 右侧的“结果”选项建议全部勾选，其中“隐藏匹配”选项及“高亮显示结果”选项则必须勾选。勾选“隐藏匹配”选项后，系统会自动隐藏匹配的构件（即无更改的构件)；勾选“高亮显示结果”则可对不匹配的构件采用高亮颜色进行区分（图 6.1-5 和图 6.1-6），其高亮颜色意义如下：

黄色：第一个项目包含在第二个项目中未找到的内容，即第一个项目中与第二个项目不同的内容；

青色：第二个项目包含在第一个项目中未找到的内容，即第二个项目中与第一个项目不同的内容；

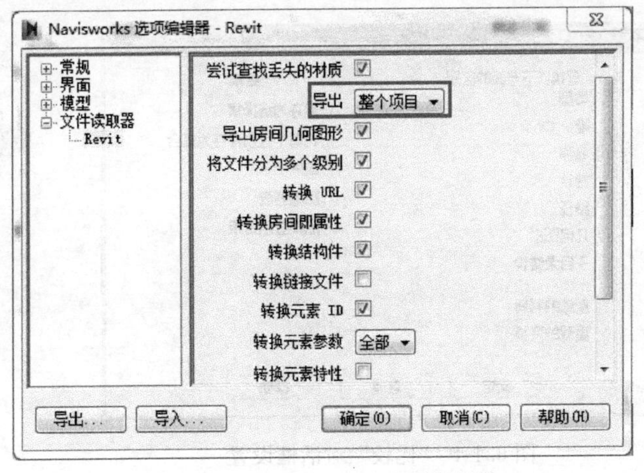

图 6.1-1　Navisworks 选项编辑器

红色：具有差异的项目。由于 Revit 构件会进行连接切割，而某个构件发生了变化，其相邻构件的连接切割关系均会发生变化，因而此类构件也会被高亮显示，即红色构件代表变更构件的相邻构件。

若发现高亮颜色不明显，可通过更改模型的显示模式来解决。更改方法：“视点”命令面板→“渲染样式”面板→“模式”下拉菜单→选择合适的显示方法即可。显示模式拥有：完全渲染、着色、线框、隐藏线四种可选，建议使用“着色”及“隐藏线模式”，其效果分别如图 6.1-5 和图 6.1-6 所示，不建议使用默认的“完全渲染”模式。

图 6.1-5 和图 6.1-6 表示模型的一根梁截面尺寸发生了改变，黄色表示的为第一个模型的梁构件，青色表示的为第二个模型的梁截面。“着色”模式下，由于两模式梁位置相同，故表示并不明确，切换至“隐藏线”模式时可清晰表达构件间关系，第二个模型的梁完全包裹在第一个模型的梁中。

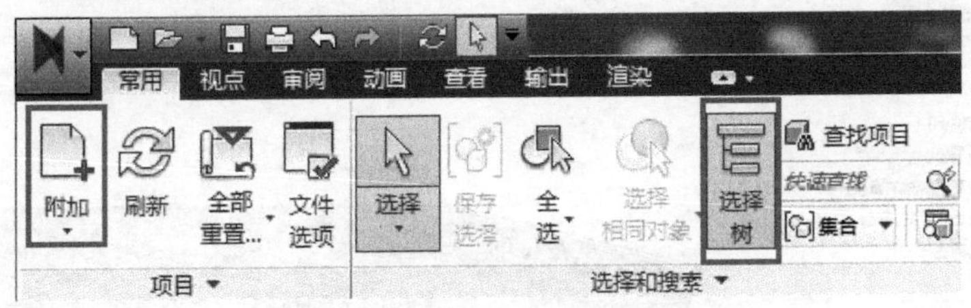

图 6.1-2　Navisworks 常用命令面板

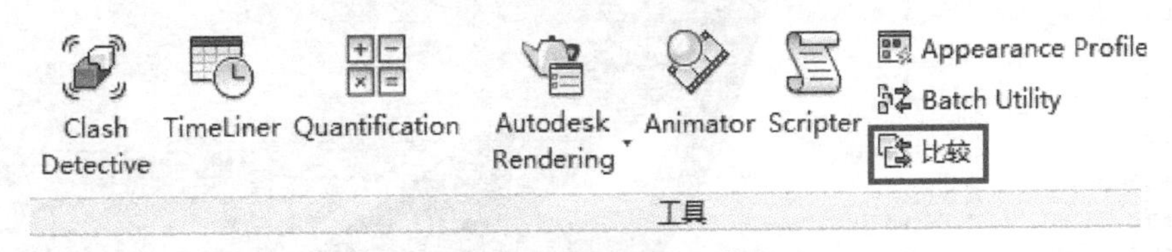

图 6.1-3　“比较”按钮位置

6.1.2　一键返回 Revit 修改方法

一般情况下，在 Navisworks 中完成前后模型对比后，需要返回 Revit 中进行模型修

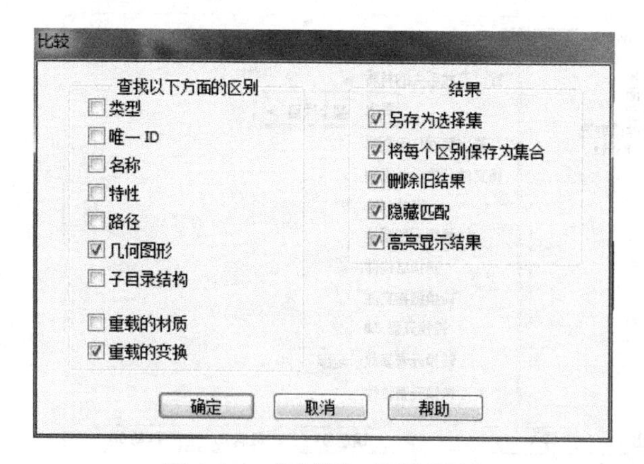

图 6.1-4 “比较”对话框设置

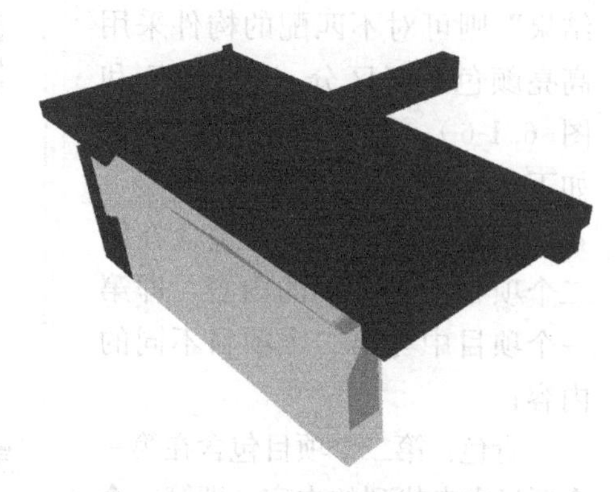

图 6.1-5 模型比较“着色”效果

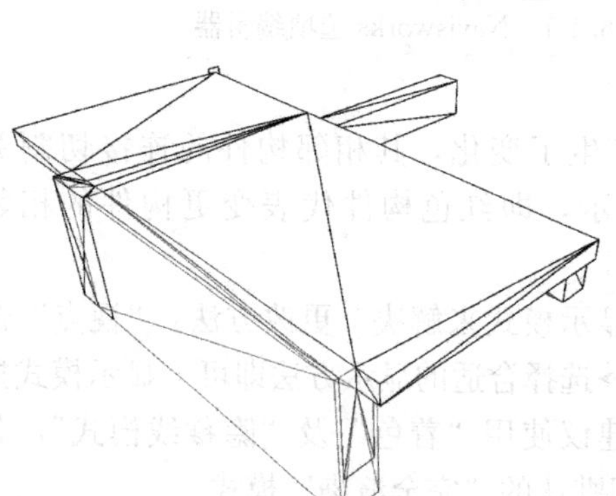

图 6.1-6 模型比较“隐藏线”效果

改，此时若手动返回 Revit 进行构件查询非常不方便，而 Navisworks 提供了一键返回 Revit 的功能，大大提高了用户修改模型的效率。

操作方法：

步骤一——Revit 中操作：

在 Revit 中打开相应的模型项目→“附加模块”命令面板→“外部工具”下拉菜单→点击“Navisworks SwitchBack”命令。

步骤二——Navisworks 中操作：

完成模型比较→左键点击选中构件→鼠标右键弹出菜单（图 6.1-7）→点击返回即可。返回 Revit 后系统会新建一个三维视图，并高亮构件，以方便用户修改，如图 6.1-8 所示。

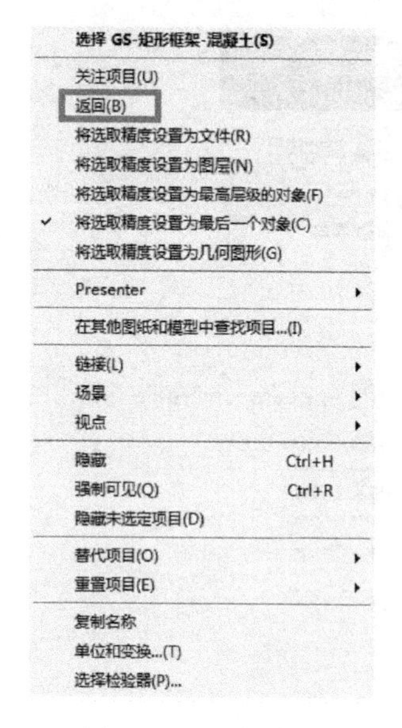

图 6.1-7 右键菜单

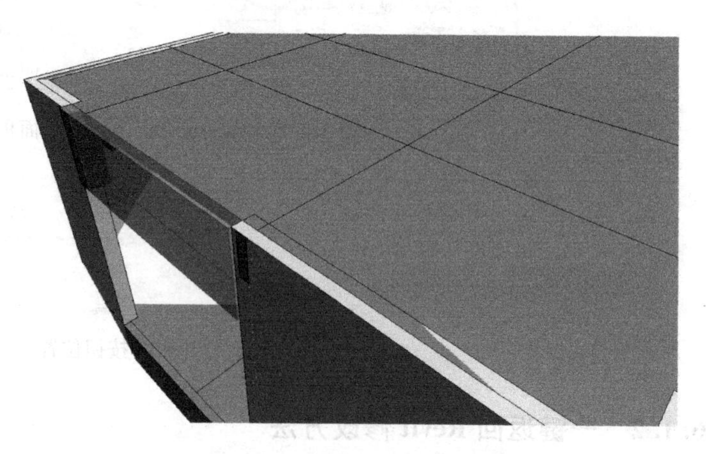

图 6.1-8 返回 Revit 后的效果

6.1.3　基于插件的模型对比

Navisworks 提供的对比功能虽然强大而快速，但其功能过于强大，当构件的连接关系改变时，程序依然将其判断为模型有修改（比方说降板也会引起梁的变化），这个与设计习惯不符，并且对比时经常产生大量意义不大的变化提醒。本书提供的“向日葵结构 BIM 设计插件”开发出了一个用于模型对比的工具（图 6.1-9），使用该工具进行模型对比，可以屏蔽由于构件连接关系、切割关系的变化产生的无效对比结果，具有更强的实用性。

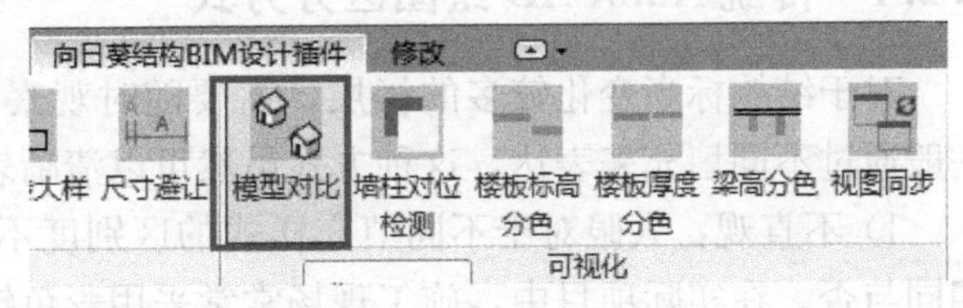

图 6.1-9　模型对比工具

该插件的原理，是先批量取消连接关系进行对比，对比之后再恢复原来的连接关系。该插件可以对两个打开的 rvt 文件的当前视图进行对比，如果需要对比整个文件，则将当期视图设为整体的 3D 视图即可。具体操作如下：

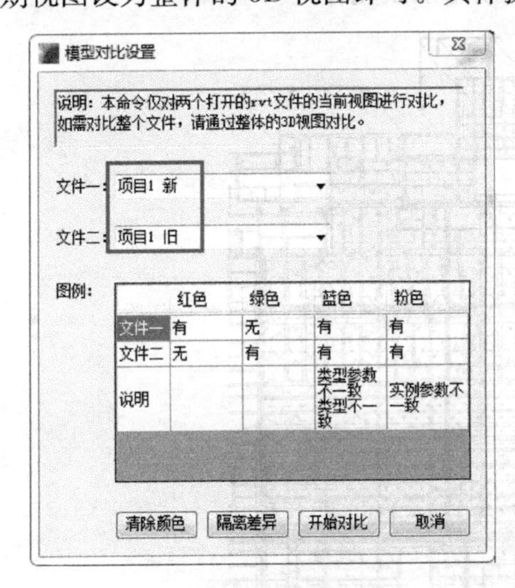

图 6.1-10　工具界面

1）打开需要对比的两个文件，将其当期视图设为需要对比的视图。

2）运行“模型对比”命令，在下拉框中选择需要对比的文件，如图 6.1-10 所示。

3）点击“开始对比”按钮进行对比。

该插件的对比结果与 Navisworks 的对比结果稍有不同，比如图 6.1-11 中圈示部位，如果用 Navisworks 进行对比，由于紫色梁的高度发生变化，与紫色梁垂直的梁，虽然本身截面不变，但由于其连接关系发生变化（被紫色梁切割），也会被识别为改变。如果用本书的插件进行对比，与紫色梁垂直的梁不会被识别为改变，与设计习惯更加符合。

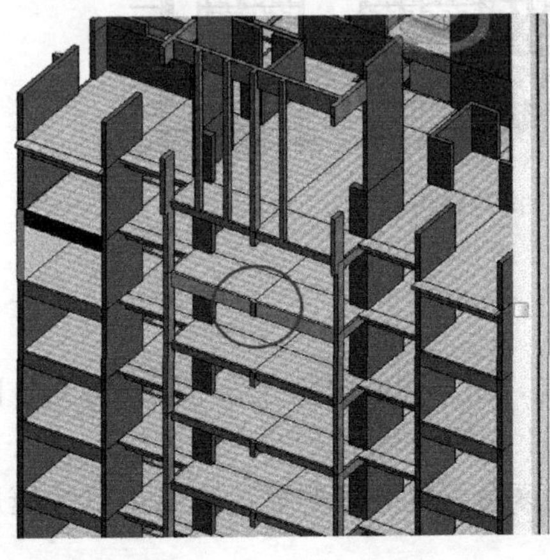
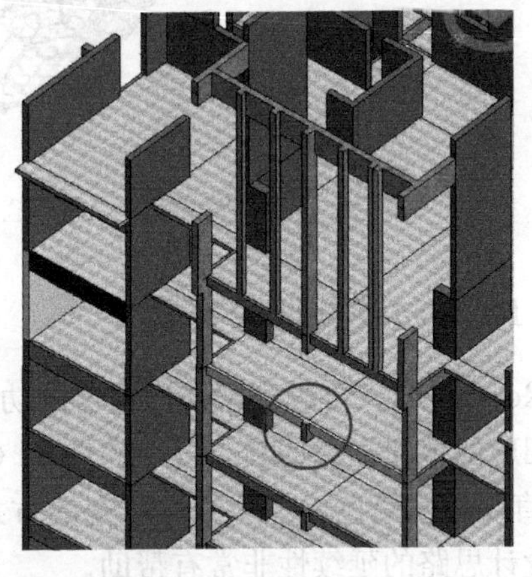

图 6.1-11　对比结果的差异

6.2 结构板标高区分

6.2.1 传统 AutoCAD 绘图区分方式

对于结构标高变化较多的楼层，需要随时观察楼板的标高。以往用 AutoCAD 绘图，一般通过不同填充来表达，这种方式虽然可以清晰表达标高，但有以下缺点（图 6.2-1）：

1）不直观：人眼对于不同填充样式的区别度不是很大，往往需要仔细分辨才能确定相同与否。在实际项目中，施工现场常常采用彩色铅笔填色进行区分。

2）不统一：同样的填充图案，在不同的图纸可能表达不同的标高，因此每张图都要对照图例进行分辨。

3）容易出错：设计过程如果反复修改标高，很容易出现数值修改，但忘记改填充图案的状况。

4）不会自动新增：对于新出现的标高，不会自动增加填充样式。

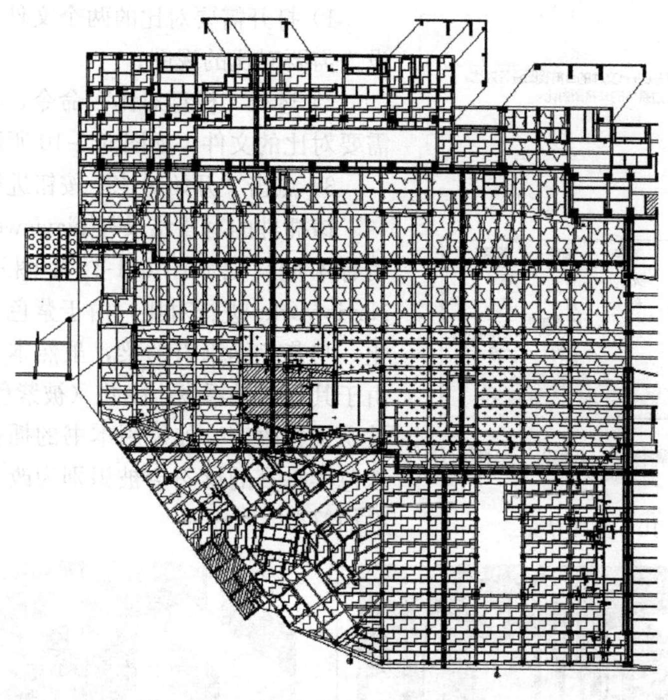

图 6.2-1　AutoCAD 区分楼板标高方式

6.2.2 Revit 过滤器区分方式

在 Revit 平台，可以利用其过滤器的功能，用不同的颜色区分不同的标高，同时也可以设定相应的填充样式。其有以下的优点（图 6.2-2、图 6.2-3）：

1）直观：用颜色或者颜色＋填充的方式区分，区分度明显，人眼可以快捷反应，因此对于设计思路的延续性非常有帮助。

2）统一：通过视图样板，整个 Revit 文件各个视图均可应用同样的过滤器设置，并且可以通过传递项目标准，将其传递到其他 Revit 文件，使各文件、各视图均保持一致。

3）不会出错：在设计过程中修改标高，只要新的标高值也在已设定的过滤器范围内，软件会自动根据过滤器的设定条件更新显示，杜绝手工操作出错的可能。

4）可应用在 3D 视图：这是 AutoCAD 绘图所不具备的优势。

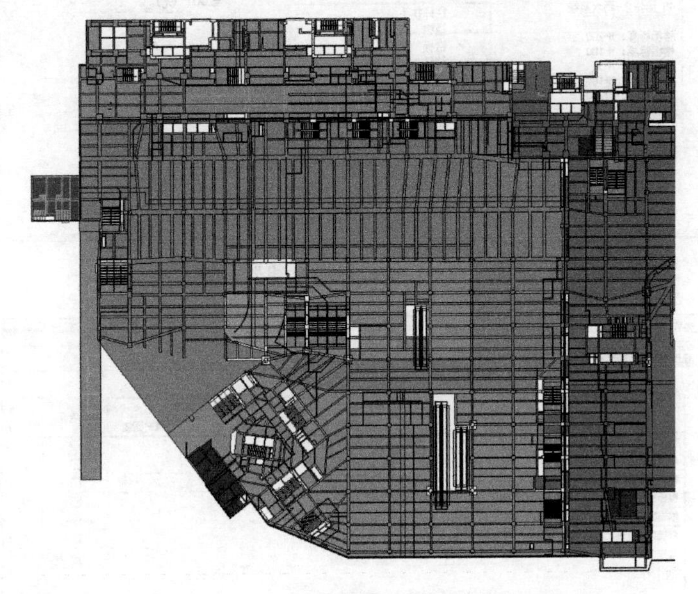

图 6.2-2　Revit 过滤器区分楼板标高效果

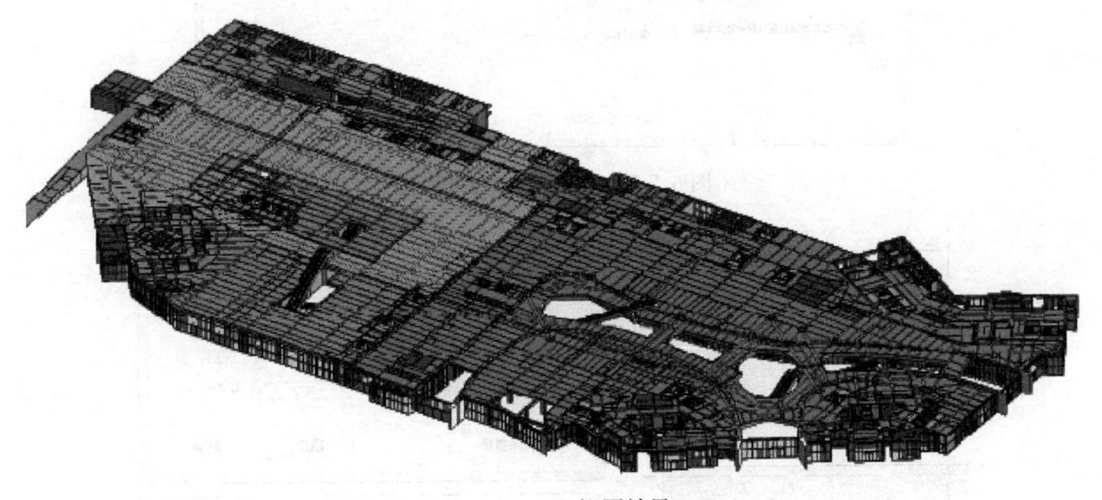

图 6.2-3　3D 视图效果

Revit 楼板标高过滤器的设置如图 6.2-4 所示，以楼板标高为 H－450 为例，类别选择“楼板”，过滤条件设为：“自标高的高度偏移”“等于”“－450”，过滤器命名为“楼板标高：H－450”。

将各种标高对应的过滤器都设置好后，添加到当前视图，并分别设置其表面填充图案的颜色与填充样式。如果不是为了出图，可以将填充样式设为“实体填充”，视觉对比更加明显。如果是为了出图，需按不同标高区分不同的填充样式，并将填充线条的颜色设为黑色或者深灰色（图 6.2-5、图 6.2-6）。

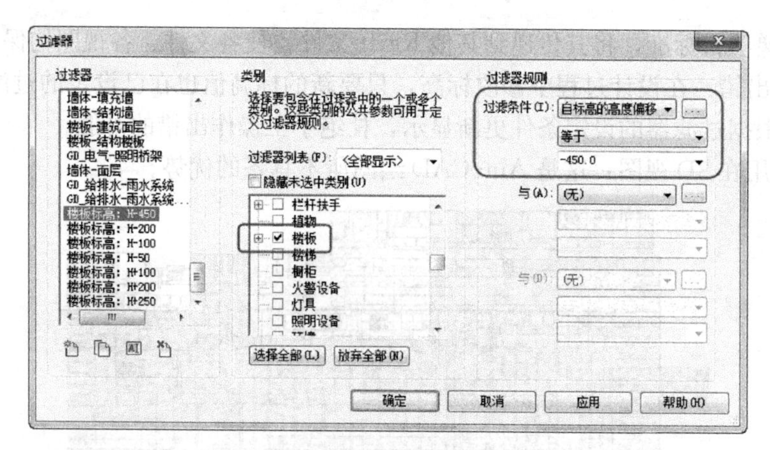

图 6.2-4　楼板标高过滤器设置

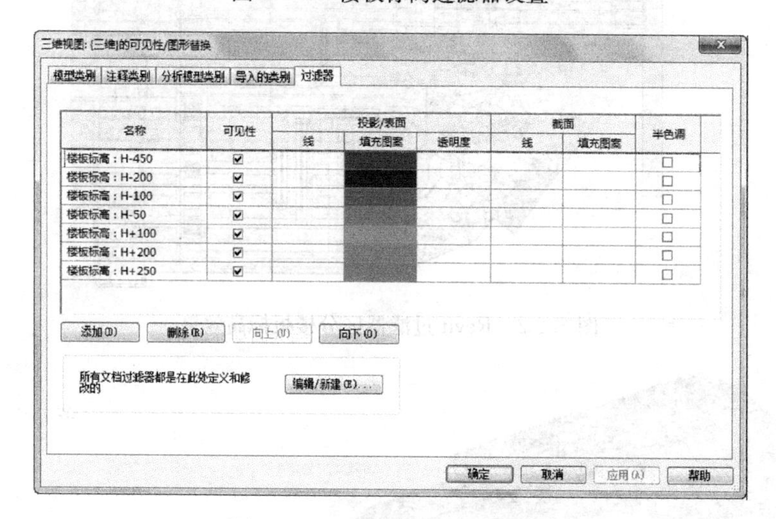

图 6.2-5　过滤器显示方式设置

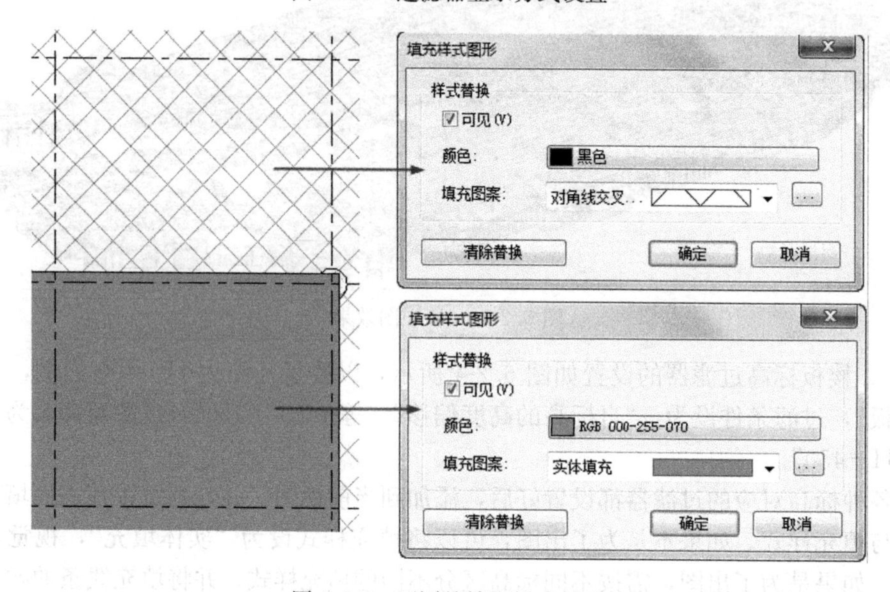

图 6.2-6　不同的填充样式效果

但Revit的过滤器功能也有缺陷：

1）不会自动新增：在设计过程中修改标高，如果新的标高值尚未设定对应的过滤器，则不会显示颜色，只按默认样式显示。

2）不会加图例：不同颜色代表不同的标高值，应有图例作为对照参考（3D视图无法添加填充区域，一般应在平面视图添加图例），但Revit的过滤器没有图例功能，需要手动添加，这个过程有可能会出错或者疏漏。

6.2.3 Revit插件区分方式

为了解决上述问题，我们开发了一个名为“楼板标高分色”的插件，该插件可实现以下功能（图6.2-7、图6.2-8）：

1）自动根据所有楼板标高偏移值分别建立过滤器，解决自动新增的问题。

2）过滤器统一命名。

3）自动在平面视图加图例。

4）不同的视图、不同的文件，相同的标高偏移值对应相同的颜色，统一由软件自动控制，这样可以避免出错。

这样就弥补了Revit过滤器的不足，使用起来效率提高很多。命令运行后，程序自动扫描整个Revit文件所有楼板的标高偏移值，并列表显示，按设定的算法计算对应的颜色，并统计数量。点击“分色显示”按钮即可自动添加列表中的过滤器，并设定好颜色。效果与图6.2-2、图6.2-3是一样的。

楼板标高过滤器

标高	过滤器名称	是否已有	数量	颜色	填充
H-450	楼板标高：H-450	☑	1	200, 0, 255	
H-200	楼板标高：H-200	☑	5	[illegible]	
H-100	楼板标高：H-100	☑	40	0, 155, 255	
H-50	楼板标高：H-50	☑	47	0, 205, 255	
H+100	楼板标高：H+100	☑	2	0, 255, 170	
H+200	楼板标高：H+200	☑	12	0, 255, 70	
H+250	楼板标高：H+250	☑	33	0, 255, 20	

分色显示　取消颜色　确定　取消

图6.2-7　楼板标高分色命令界面

如需取消颜色，可以手动从视图“可见性设置”里删除这些过滤器，也可以重新运行命令，点击“取消颜色”即可。另外的“选择”按钮可以将符合选定条件的楼板选出来，供设计人员进行观察或修改。

虽然可以显著提高效率，但这个插件尚未解决所有问题：

1）楼板修改标高后，如果是新出现的标高值，需重新运行命令才能增加过滤器，不会自动添加。

楼板标高：H-450
楼板标高：H-200
楼板标高：H-100
楼板标高：H-50
楼板标高：H+100
楼板标高：H+200
楼板标高：H+250

图6.2-8　自动添加图例

2）填充样式目前没有提供选择，直接设为实体填充，原因是填充样式难以像颜色那样，通过算法将数值变换为对应的样式。即使转换过来，也可能由于疏密程度难以控制而导致效果不佳，因此在最后的出图阶段，建议手动设置填充样式。

6.3 结构板厚区分

6.3.1 传统 AutoCAD 绘图区分方式

结构楼板厚度的表达与楼板标高的表达类似。在传统的 AutoCAD 绘图方式中，一般通过不同填充来表达不同的楼板厚度，如图 6.3-1 所示。这种方式与上一节“结构板标高区分”所述的缺点是一样的，在此不再赘述。

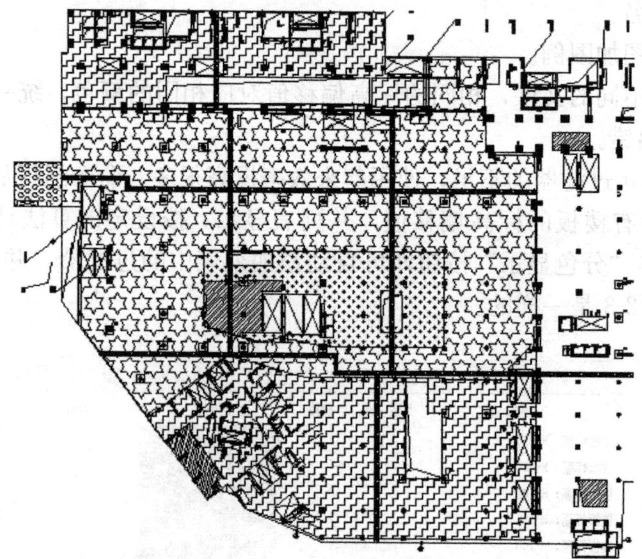

图 6.3-1　AutoCAD 表达不同楼板厚度

6.3.2 Revit 过滤器区分方式

在 Revit 中，楼板厚度与楼板标高有一点不一样的地方，即 Revit 过滤器不支持直接按楼板厚度作为过滤条件，如图 6.3-2 所示。因此需要另外想办法。

常用的方法是用类型名称作为过滤条件，如图 6.3-3 所示。这个方法多了一层转换，并且没有强制性的保障，也就是说，即使类型名称为“GD _ 钢筋混凝土楼板 120”，也不保证它的楼板厚度的确就是 120，只能依靠设计人员有良好的建模习惯，因此是不够可靠的。

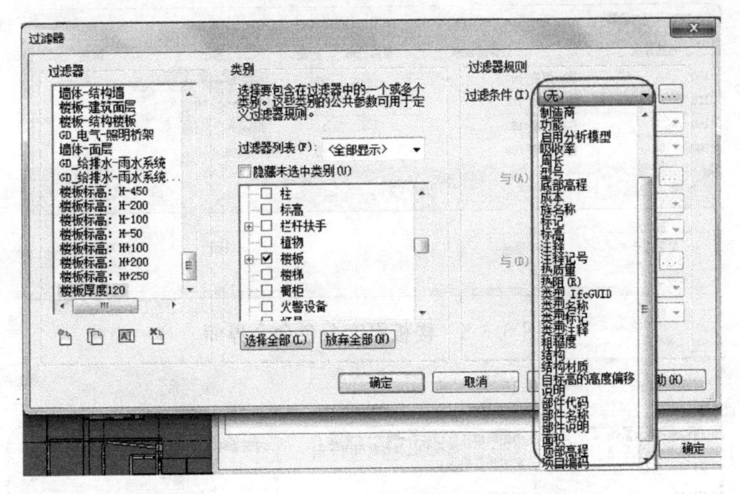

图 6.3-2　Revit 不支持楼板厚度作为过滤条件

6.3.3　Revit 插件区分方式

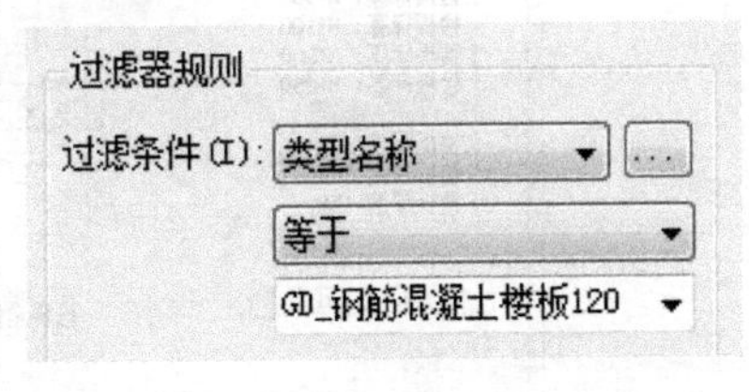

图 6.3-3　用类型名称作为过滤条件

为了解决上述问题，我们开发了一个名为“楼板厚度分色”的插件，该插件与“楼板标高分色”类似，但由于 Revit 过滤器不支持楼板厚度作为过滤条件，因此本插件需另外加多一个步骤，即为楼板添加一个名为“楼板厚度”的共享参数，再以该参数作为过滤条件来添加过滤器。通过本插件可实现以下功能：

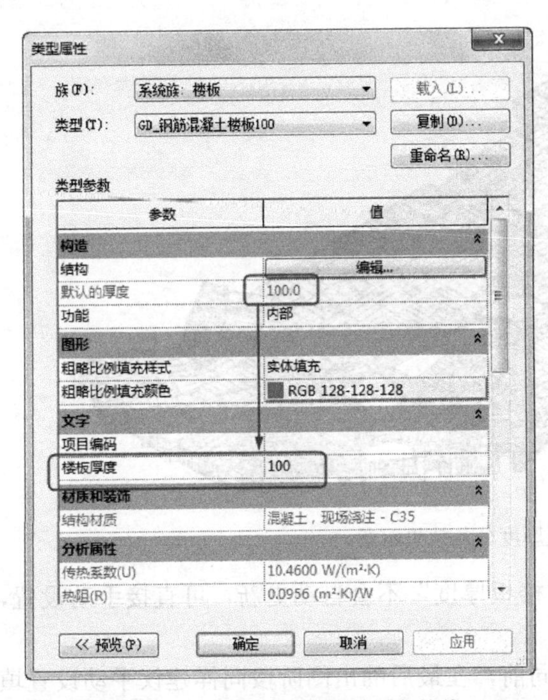

图 6.3-4　自动设置楼板厚度参数值

1）自动添加“楼板厚度”作为楼板类型的共享参数，并自动提取所有楼板类型的厚度值，赋予该参数，如图 6.3-4 所示。

2）按照不同的楼板厚度值分别建立过滤器，解决自动新增的问题，如图 6.3-5、图 6.3-6 所示。

3）过滤器统一命名。

4）自动在平面视图加图例。

5）不同的视图、不同的文件，相同的楼板厚度值对应相同的颜色，统一由软件自动控制，这样可以避免出错。

命令效果如图 6.3-7 所示。与“楼板标高分色”类似，本插件也尚未解决所有问题：

1）楼板更换类型（非新建类型）时，其颜色会自动改变；但如果是新建楼板类型，则不会自动新建过滤器，需重新运行命令。

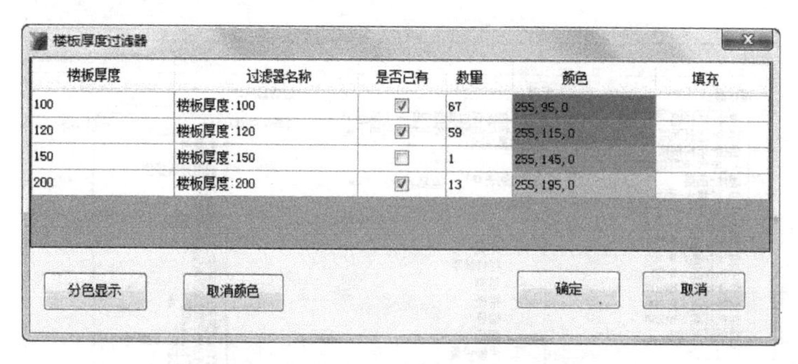

图 6.3-5　楼板厚度分色命令界面

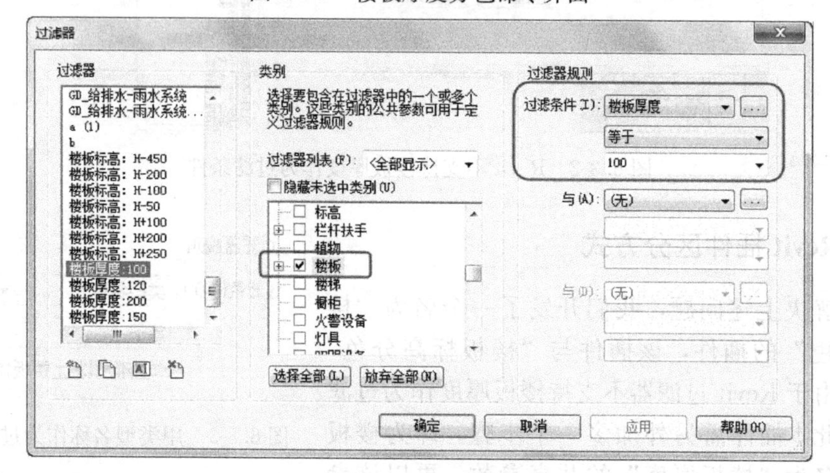

图 6.3-6　自动新建过滤器

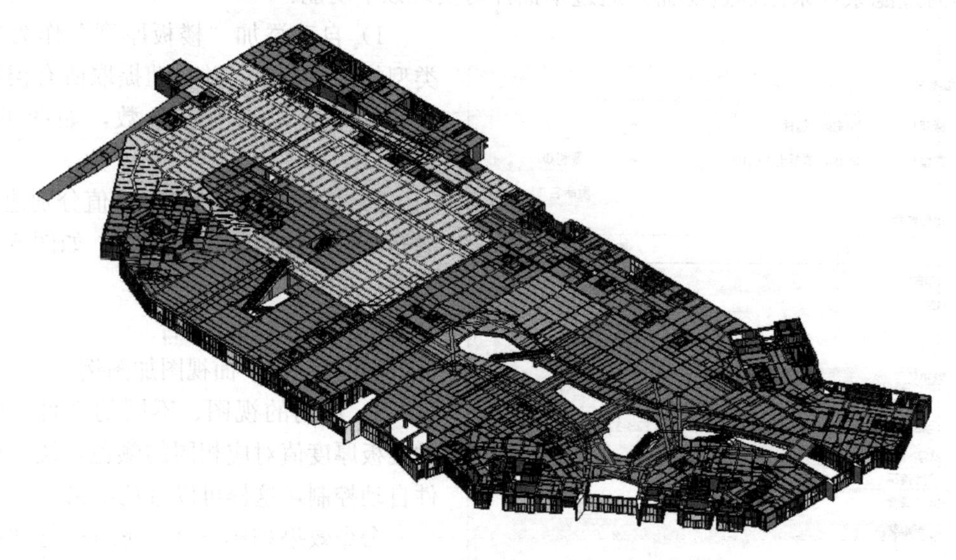

图 6.3-7　楼板厚度分色效果示意

2）如果是新建楼板类型，共享参数“楼板厚度”不会自动更新，可直接手动设置，或重新运行命令。

3）填充样式目前没有提供选择，原因同前，在最后的出图阶段同样建议手动设置填充样式。

6.4　梁高区分

传统AutoCAD绘图一般直接在平面图中进行梁的标注，包括梁截面以及梁的配筋信息。但在多专业协同设计过程中，其他专业关注的重点往往只是梁高，于是只能从密密麻麻的标注中逐个查找梁截面信息，效率低下且非常不直观。

Revit的参数化构件特性为这个需求提供了技术条件。按照前面两节的思路，我们可以考虑用过滤器来设置不同梁高不同颜色显示，但这个思路有以下问题：

1）在一个稍大的项目里，梁高值可能有非常多，过滤器需要设置十多个甚至数十个，手工操作非常烦琐。

2）Revit的梁属于可载入族，并无固定的“梁高”属性，因此过滤器的条件设置也相当麻烦，与楼板厚度的过滤器类似，需另外设一个表达梁高的共享参数，再把梁的各个类型的梁高值赋予该参数，再根据该参数设置过滤器条件。

3）如有新增加的梁高值，同样不会自动更新。

因此，如果通过过滤器手动区分梁高，效率非常低下，同样需要通过插件来实现。我们开发了一个名为“梁截面高度分色”的插件，与前面两节介绍的步骤类似，通过本插件可实现以下功能：

1）自动添加“梁截面高度”参数作为结构框架的共享参数，并自动计算所有梁的梁高值，赋予该参数。

2）按照不同的梁截面高度分别建立过滤器，解决自动新增的问题，如图6.4-1、图6.4-2所示。

梁截面高度过滤器

梁截面高度	过滤器名称	是否已有	数量	颜色	填充
300	梁截面高度:300	☑	0	215, 255, 0	
350	梁截面高度:350	☑	0	165, 255, 0	
400	梁截面高度:400	☑	0	115, 255, 0	
500	梁截面高度:500	☑	0	15, 255, 0	
550	梁截面高度:550	☑	0	0, 255, 35	
600	梁截面高度:600	☑	0	0, 255, 85	
650	梁截面高度:650	☑	0	0, 255, 135	
700	梁截面高度:700	☑	0	0, 255, 185	
800	梁截面高度:800	☑	0	0, 220, 250	
800	梁截面高度:800	☑	0	0, 220, 250	
850	梁截面高度:850	☑	0	0, 170, 250	
900	梁截面高度:900	☑	0	0, 120, 250	

分色显示　取消颜色　确定　取消

图6.4-1　梁截面高度分色命令界面

3）过滤器统一命名。

4）自动在平面视图加图例。

不同的视图、不同的文件，相同的梁高值对应相同的颜色，统一由软件自动控制，这

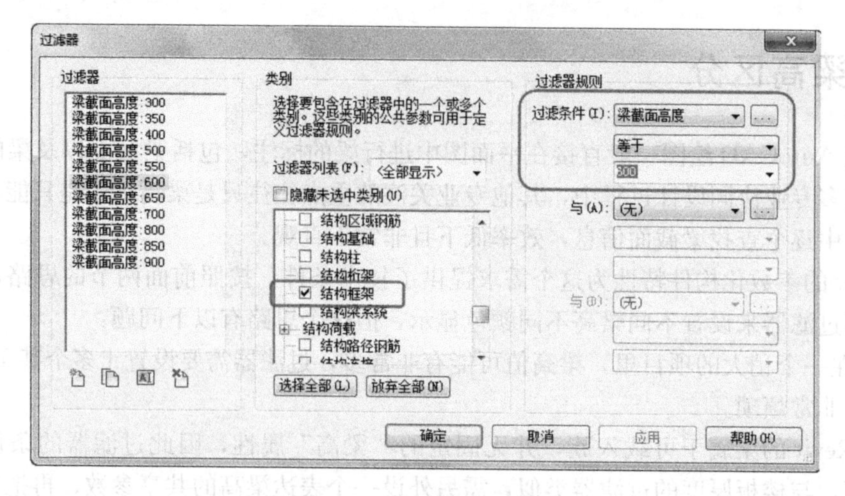

图 6.4-2　自动新建过滤器

样可以避免出错。

命令效果如图 6.4-3 所示。与前两节的插件类似，本插件也尚未解决所有问题：

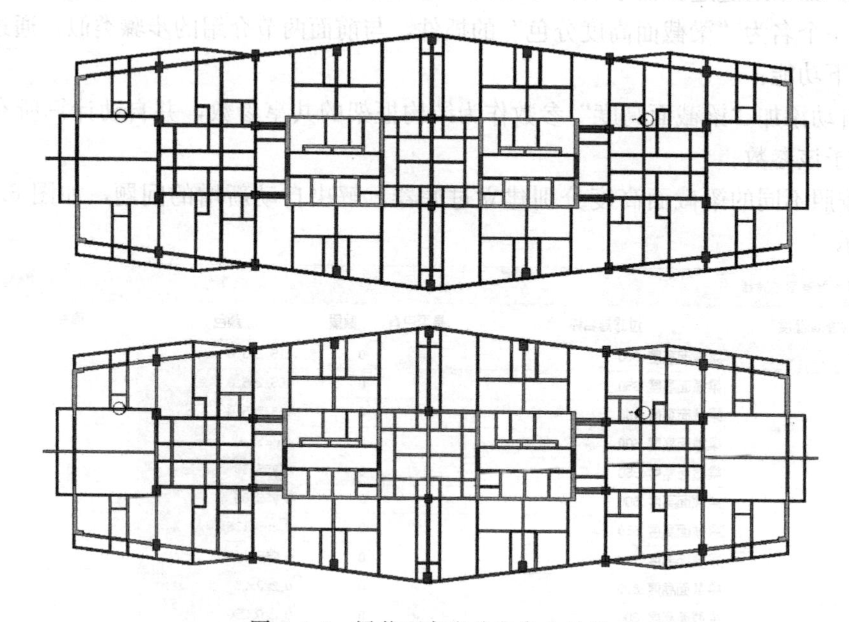

图 6.4-3　梁截面高度分色命令效果

1）梁更换类型（非新建类型）时，其颜色会自动改变；但如果是新建梁族类型，则不会自动新建过滤器，需重新运行命令。

2）如果是新建梁族类型，共享参数“梁截面高度”不会自动更新，可直接手动设置，或重新运行命令。

6.5　结构柱对位检测

传统 AutoCAD 绘图方式下，竖向结构的对位只能通过多个平面的叠图对照方式来检测，由于操作麻烦，设计人员经常略过这个步骤，很容易出现错漏或者偏位的情况。另外对于高层结构常见的竖向结构分段缩小截面的设计处理、局部出现的梁上柱等特殊部位，也需要提醒设计及施工方特别留意，因此对于竖向结构的上下楼层对位检测，是保证设计质量的一个必要步骤。

基于BIM的设计方式，虽然可以直观反映竖向结构的几何形态，但并不能直接反映出上述的收分、梁上柱等特殊部位，也无法检测出由于误差或疏漏等原因引起的柱偏位问题，需要通过二次开发的方式来实现这个目的。

我们开发的“结构柱对位检测”插件通过对结构柱构件的上下层关系进行搜索、检测、分类、赋色，将竖向结构的特殊变化部位直观展示出来，对于施工交底非常有帮助，同时也可以杜绝由于设计疏漏或操作上的误差引起的结构墙柱偏位问题。

插件一般在3D视图运行，界面如图6.5-1所示，对于特殊的结构柱竖向关系分为五类：收分柱、偏位柱、梁上柱、墙上柱、孤柱、斜柱或底层柱。其中孤柱或底层柱为下方没有支承的结构柱，至于其原因是下方的支承结构没有建模，还是由于疏漏造成的，就需要设计人员自己判断了。

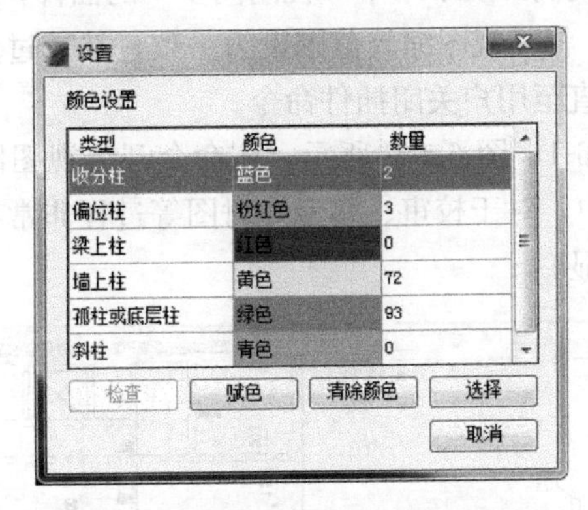

图6.5-1　结构柱对位检测命令界面

运行效果如图6.5-2所示。示例为高层建筑的塔楼局部，从中可直观看出结构柱分段缩小截面的部位分布。

图6.5-2　结构柱对位检测命令效果

6.6 视图同步查看

Revit 是多视图软件，实际设计过程中往往同时打开多个平、立、剖等多种视图进行设计：

1）同时打开同一楼层的梁、板、墙柱等平面视图，以便随时切换对图；

2）同时打开上下相邻的多个楼层平面，以便查看上下层之间的结构对位关系；

3）同时打开平面与 3D 视图，互相对照，查看构件的三维效果；

4）协同设计时打开其他专业的视图，以便对照不同专业的平面布置。

在设计校审阶段，多视图的对照尤其频繁。虽然 Revit 视图切换非常方便，但有一个缺点，即视图缩放范围无法同步，需反复将不同视图缩放到大概一致的范围才能进行对图，并且只能手动操作，无法严格保证范围相同、缩放比例相同，影响了效率与效果。

为了解决这个问题，我们开发了一个“视图同步”的插件，该插件可以检测当前窗口中激活的平面与 3D 视图，将其视图缩放范围设为一致，并通过无模态窗口，使这些视图持续、实时地保持一致，直至用户关闭插件命令。

插件运行效果如图 6.6-1、图 6.6-2 所示，该命令开启视图同步模式期间，不影响其他 Revit 操作。实际使用中，对于校审、多专业对图等过程非常有帮助，尤其是平面范围较大的项目，效果非常明显。

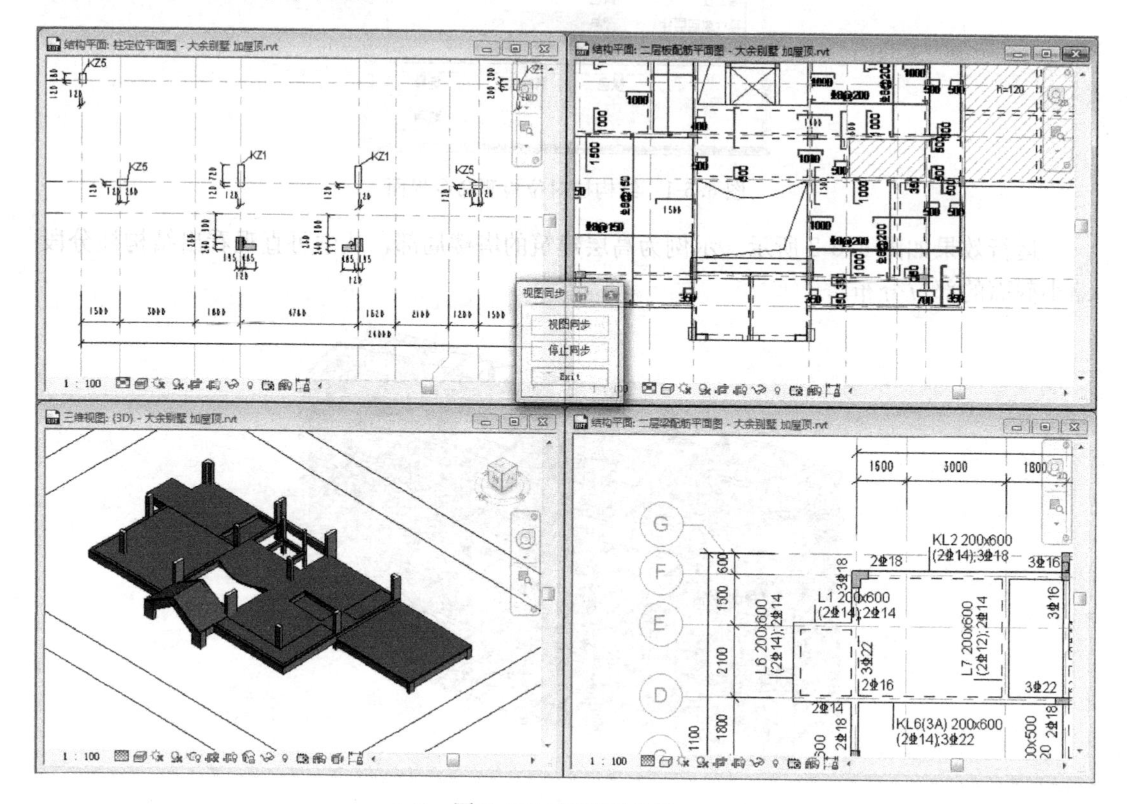

图 6.6-1　视图同步前

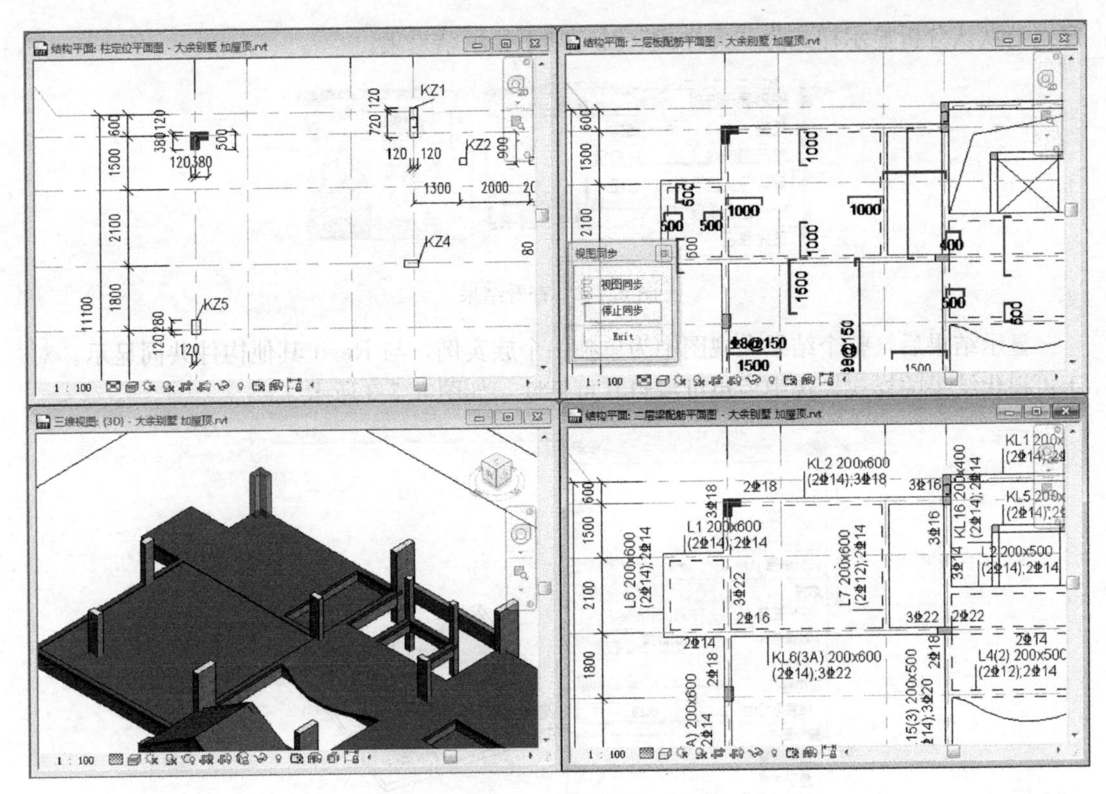

图 6.6-2　视图同步后

6.7　板配筋可视化

在绘制板结构施工图时，根据规范要求板钢筋伸入板长度满足 1/4 跨度的要求。本功能可对板 1/4 范围和板跨进行可视化呈现，如图 6.7-1 所示，当绘制板钢筋或复核配筋时，可供参考。

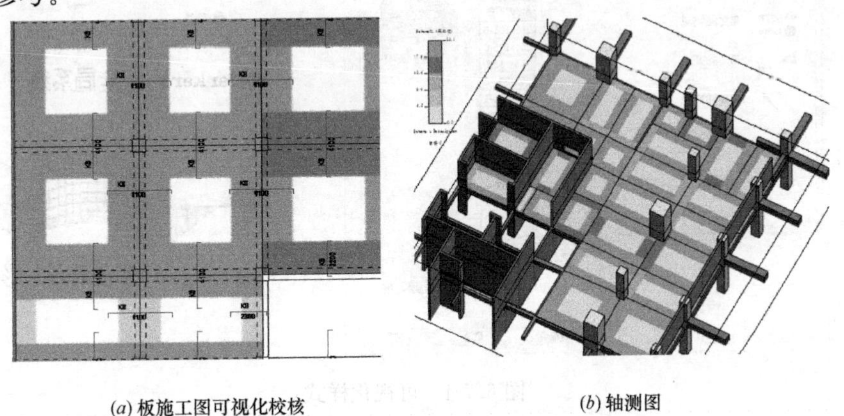

(a) 板施工图可视化校核　　(b) 轴测图

图 6.7-1　板配筋可视化

执行完本功能后，模型将包含设计可视化结果，在视图属性的“默认分析显示样式”参数栏中，可进行可视化显示和样式设置，如图 6.7-2 所示，其中“板筋”样式为事先设定。当默认分析显示样式为“无样式”时，则不显示结果集。

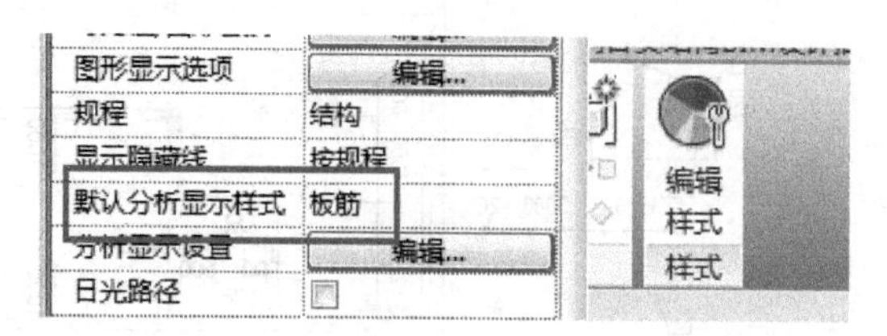

图 6.7-2　查看结果

显示结果后，整个结果在视图中为单独一个族实例，与 Revit 其他构件共同显示。对于可视化结果的样式，选中后也可编辑其可见性，如图 6.7-3 所示。

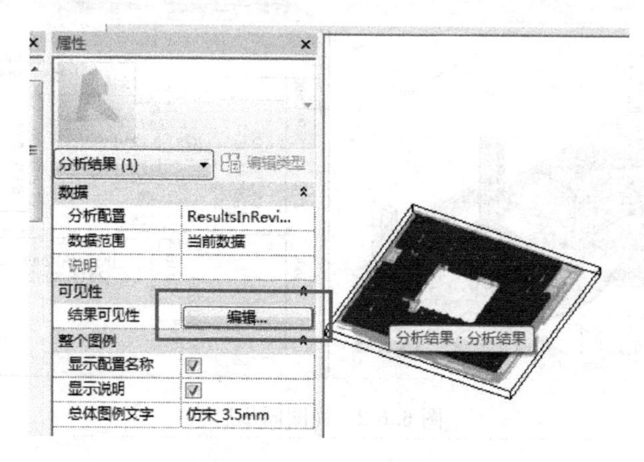

图 6.7-3　设计结果族

在分析结果样式设置中，可根据数据形式，进行设置，如图 6.7-4 所示。

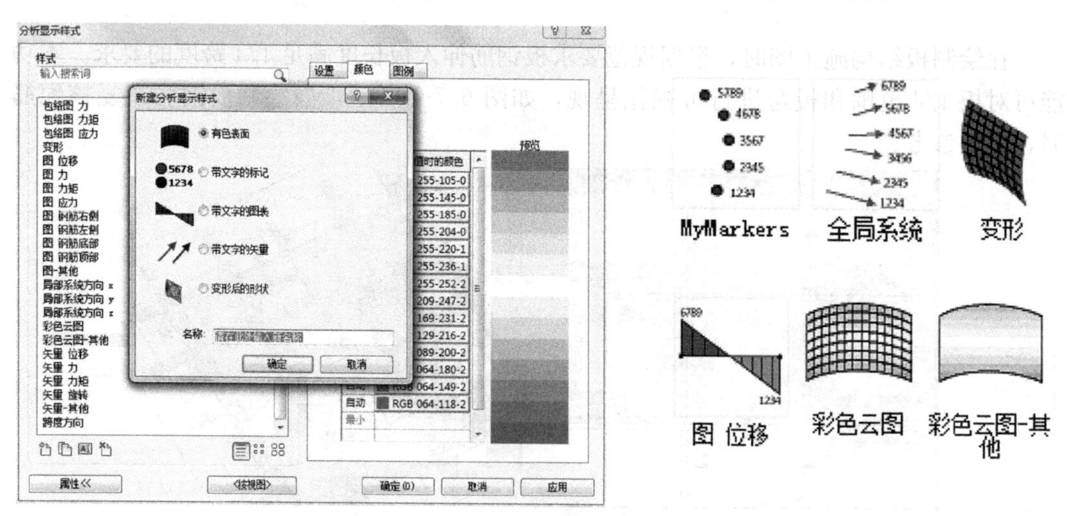

图 6.7-4　可视化样式

第7章　结构专业内协同设计

大部分工程项目需要多个工程师协作才能完成。Revit 软件提供了两种协同方法，一种是基于工作集的协同方法，一种是基于链接模型的协同方法。基于工作集的协同方法是一种较能体现 BIM 优势的协同方法，但是，当工程项目较大时，使用基于工作集的协同方法会由于受计算机硬件条件的限制而影响工作效率，给工程师带来一定的不便。而基于链接的协同方法在管理上相对灵活，受计算机硬件条件的限值较小。因而，如何结合目前常用的计算机硬件条件，选择合适的协同方法，是 BIM 实践中需要解决的问题。本章结合相关文献和 BIM 实践，对工作集协同和链接协同的优缺点和适用范围进行研究，对工程实践中如何选取协同方式给出建议。

对于结构专业，在 BIM 实践中还关心计算模型与 Revit 模型的协同问题。实现计算模型与 Revit 模型一体化是结构 BIM 发展的目标，然而目前尚没有软件能完全实现计算模型与 Revit 模型的统一，如何在现有条件下，实现计算模型与 Revit 模型的协同，减少模型错漏，是结构专业 BIM 实践应解决的问题。本章基于目前的软件条件，对当前条件下计算模型与 Revit 模型的协同方法进行研究，并给出了墙、梁、板、柱四种结构最重要构件的模型校核方法。

7.1　工作集协同与链接协同

Revit 提供了两种协同方式，一种是基于工作集的协同，一种是基于链接模型的协同。工作集的协同是多个设计人员同时编辑一个模型的一种协同方法；链接模型的协同则是各个设计人员独立编辑模型，通过链接“看”到其他设计人员的模型，但不能对其他设计人员的模型进行编辑，类似于 AutoCAD 的“外部参照”功能。

工作集的应用方法，是先建立一个中心文件，各个设计人员将中心文件拷贝到本地，作为中心文件的多个备份，设计人员独立编辑自己的本地文件，通过将本地文件与中心文件同步，实现对中心文件的编辑，工作集的应用方法如图 7.1-1 所示。

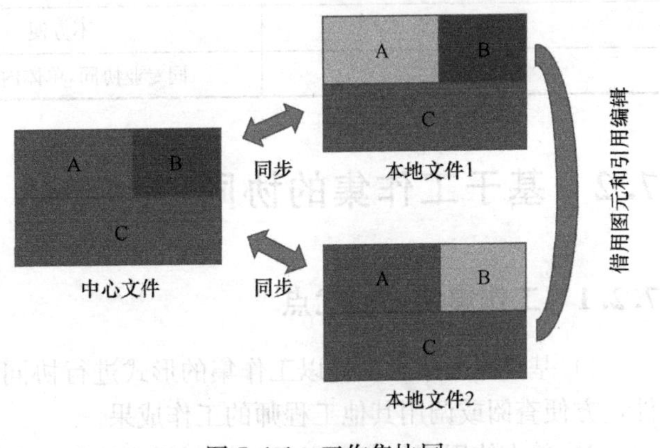

图 7.1-1　工作集协同

链接模型的应用方法，是各个设计人员独立建立自己的文件，通过链接可以在自己的文件中看到其他人的文件内容，但不可以对其他人的文件进行编辑。链接模型的应用方式如图 7.1-2 所示。

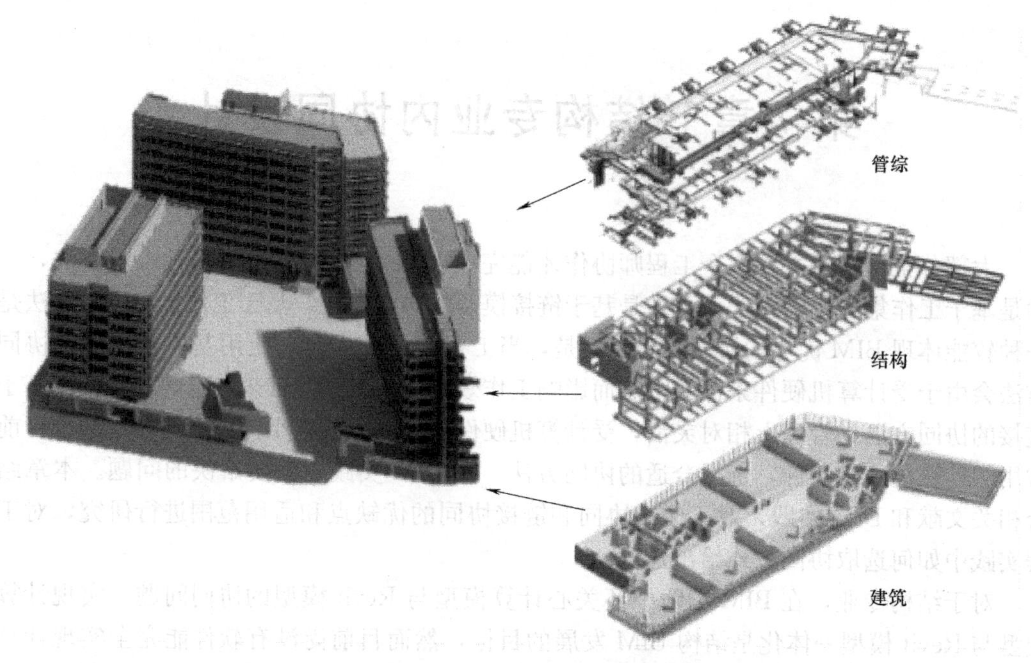

图 7.1-2 链接式协同

网络文献《Revit 协同设计时工作集与链接应用心得》[3] 对两种协同方式的性能进行对比，对比结果如表 7.1-1 所示。对比结果表明，基于目前的软件性能和计算机性能，基于链接式的协同比基于工作集的协同拥有更好的操作性和稳定性。

工作集协同与链接协同的性能对比 **表 7.1-1**

协同方式	工作集协同	链接协同
项目文件	同一中心文件,不同本地文件	不同文件:主文件和链接文件
更新	双向、同步更新	单向更新
编辑其他成员构件	通过借用后编辑	不可以
工作模板文件	同一模板	可采用不同模板
性能	大模型时速度慢	大模型时速度相比工作集快
稳定性	目前不是太稳定	稳定
权限管理	不方便	简单
适用性	同专业协同,单体内部协同	专业间协同,单体之间协同

7.2 基于工作集的协同

7.2.1 工作集协同的优点

1）基于同一中心文件以工作集的形式进行协同设计，本地模型可随时同步到中心文件，方便查阅或调用其他工程师的工作成果。

2）单人使用工作集可以通过控制图形的显示来提高工作效率，具体介绍见 7.2.6。

3）通过工作共享，本地与云端都保留了项目文件，可以增强项目文件的安全性。

7.2.2　工作集协同的缺点

1）项目规模大时，中心文件非常大，使得工作过程中模型反映很慢，降低工作效率。

2）工作集在软件层面实现比较复杂，Revit 软件的工作集目前在性能稳定性和速度上都存在一些问题，特别是在软件的操作响应上。

7.2.3　工作集协同的适用性

一般来说，工作集适用于规模较小（项目在 2 万 m^2 以内，总图纸数量不超过 100 张），设计人员不超过 5 个，且同一个专业内仅有一个设计人员的情况。当工程规模较大、参与人员较多时，建议采用链接式的协同方式。

7.2.4　工作集协同的操作

工作集协同的大致操作流程如下：

1）在局域网内选定工程项目的服务器，设定可进行读写操作的服务器路径。

2）将项目的 Revit 初始文件复制到服务器，并以“项目名称＋中心文件”命名，如“某别墅＋中心文件 . rvt”，如图 7. 2-1 所示。为避免频繁更改中心文件的名称，命名时应避免使用日期。

3）项目负责人打开中心文件，完成中心文件工作集的创建。具体操作如下：

打开文件后，在 Revit 界面上点击“协作→工作集→工作集”，如图 7. 2-2 所示。

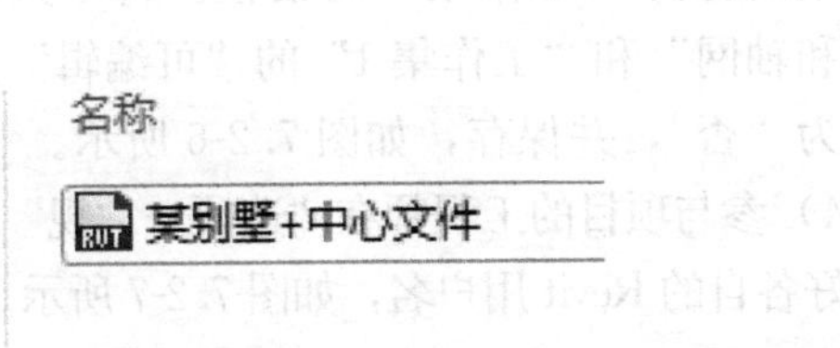

图 7. 2-1　中心文件命名示例

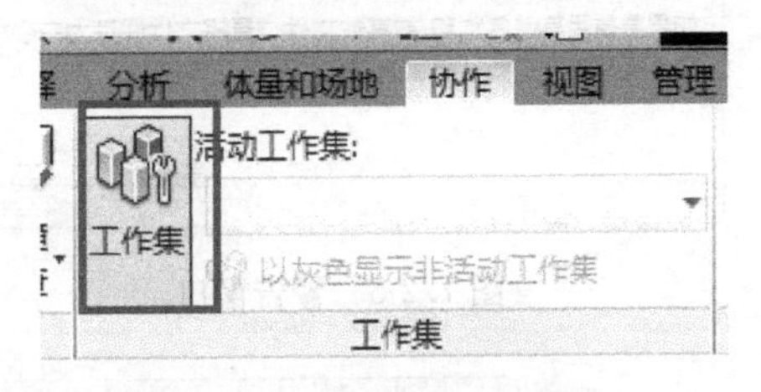

图 7. 2-2　工作集按钮

软件弹出对话框询问是否将标高和轴网移动到工作集“共享标高和轴网”，将剩余图元移动到工作集“工作集 1”，此时不修改默认设置，直接在弹出的对话框中点击“确定”按钮，如图 7. 2-3 所示。

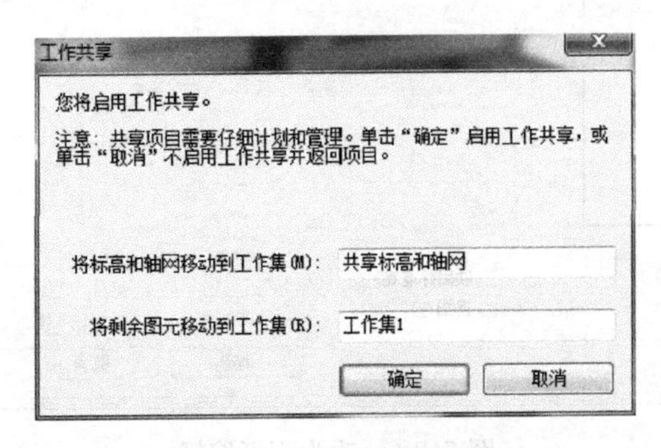

图 7. 2-3　工作共享对话框

点击确定后软件创建了两个基础工作集：“共享标高和轴网”和“工作集 1”，如图 7.2-4 所示。

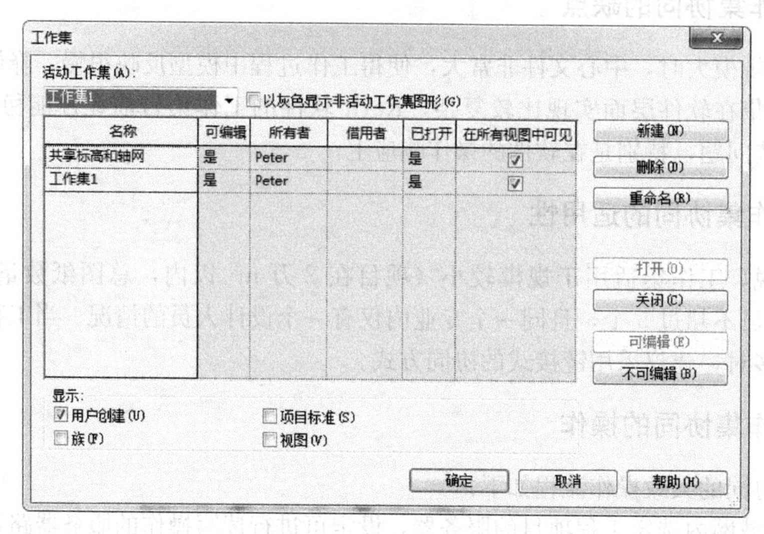

图 7.2-4　工作集对话框

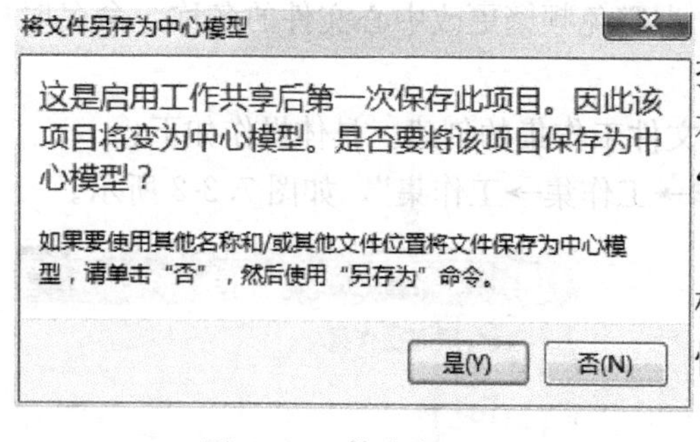

图 7.2-5　警告窗口

关闭“工作集”对话框，点击“保存”按钮，此时软件弹出窗口询问是否将文件另存为中心模型，如图 7.2-5 所示，点击“是”，将该模型直接保存为中心模型。

重新打开“工作集”对话框，将“共享标高和轴网”和“工作集 1”的“可编辑”属性改为“否”，并保存，如图 7.2-6 所示。

4）参与项目的工程师在“选项→常规”中设定好各自的 Revit 用户名，如图 7.2-7 所示。

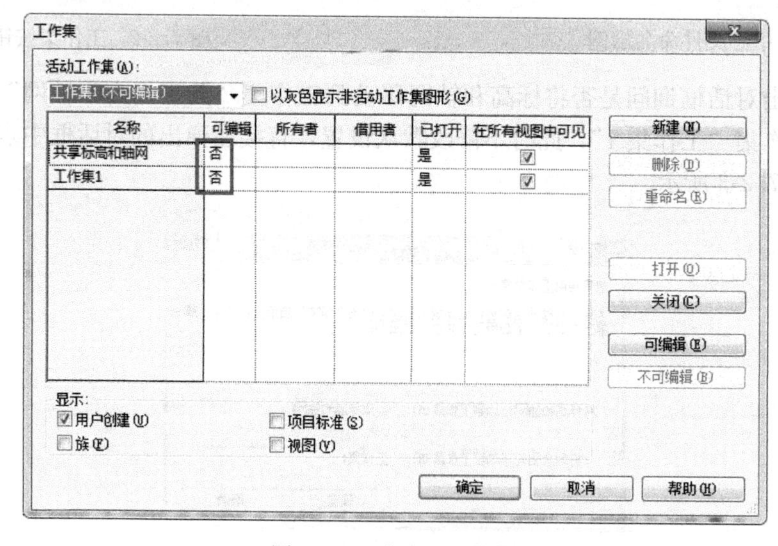

图 7.2-6　改为不可编辑

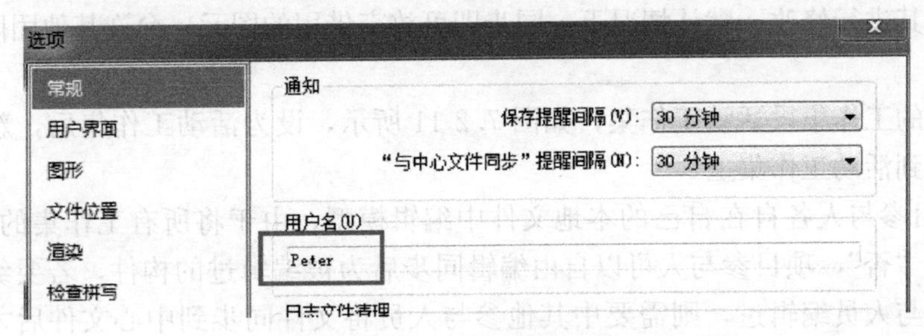

图 7.2-7　改用户名

5）创建本地文件。建议将中心文件拷贝至本地文件夹，而不是通过“另存为”的方式，建议以“项目名称＋用户名＋日期”命名，如“某别墅＋Peter＋20150511”。

6）参与项目的工程师分别建立自己的工作集，不要占用别人的工作集。具体操作如下：

点击“协作→工作集→工作集”，进入工作集对话框（图 7.2-4），点击“新建”按钮，新建工作集，并以自己的名字命名工作集，如图 7.2-8 所示。

点击“与中心文件同步”，将文件同步到中心文件中，如图 7.2-9 所示。

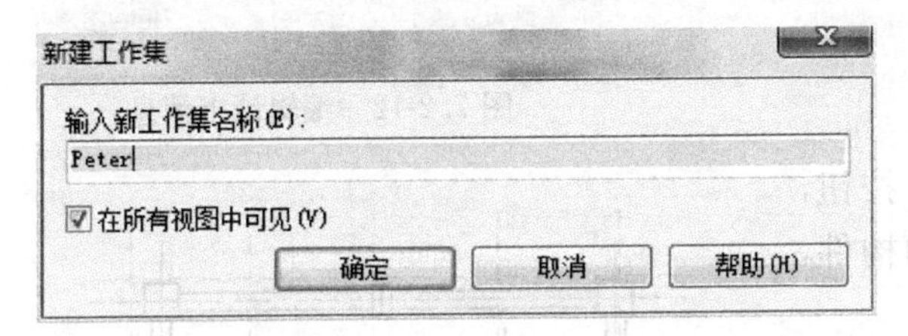

图 7.2-8　新建工作集对话框

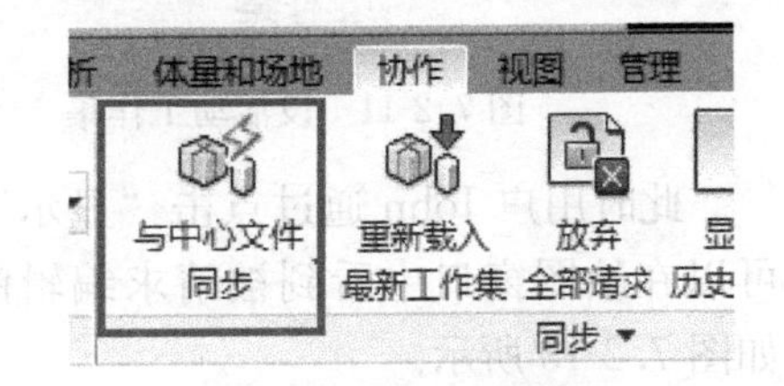

图 7.2-9　与中心文件同步

同步完成后重新进入“工作集”对话框，将所有用户的“可编辑”属性都改成“否”，包括自己创建的工作集，如图 7.2-10 所示。将所有用户的“可编辑”属性都改成“否”之后，编辑未被其他团队成员编辑的图元时，Peter 用户将自动成为该图元的借用者，可

名称	可编辑	所有者	借用者	已打开	在所有视图中可见
Peter	否			是	☑
共享标高和轴网	否			是	☑
工作集1	否			是	☑

图 7.2-10　改为不可编辑

根据需要对其进行修改，默认情况下，同步即可放弃借用的图元，允许其他团队成员对其进行编辑[1]。

将自己的工作集设活动工作集，如图 7.2-11 所示，设为活动工作集后，新增的构件会自动添加到活动工作集上。

7）项目参与人各自在自己的本地文件中编辑模型，由于将所有工作集的“可编辑”属性都改为“否”，项目参与人可以自由编辑同步后为被编辑过的构件，若要编辑的某构件被其他参与人员编辑过，则需要中其他参与人员将文件同步到中心文件后才可以进行编辑。

假设用户 Peter 要编辑的某个构件被 John 编辑过，则在 Peter 编辑该构件时，会弹出警告框，同时用户 John 会收到软件发出的编辑请求，如图 7.2-12 所示。

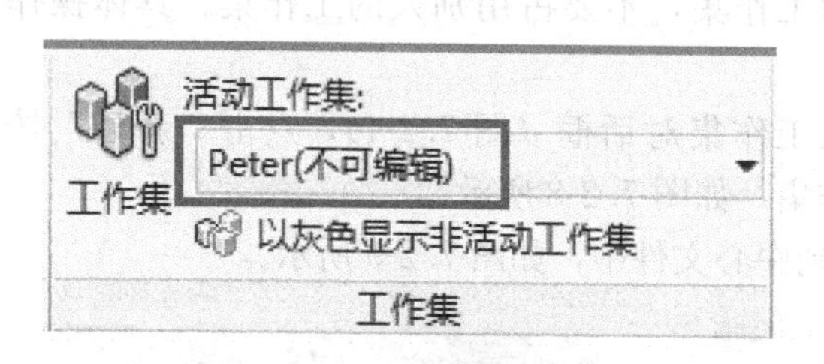

图 7.2-11　设活动工作集

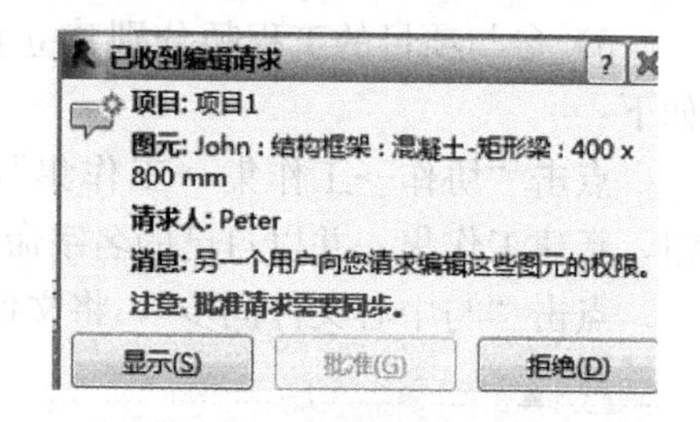

图 7.2-12　编辑请求消息

此时用户 John 通过点击“显示”按钮，可以在绘图窗口中看到被请求编辑的构件，如图 7.2-13 所示。

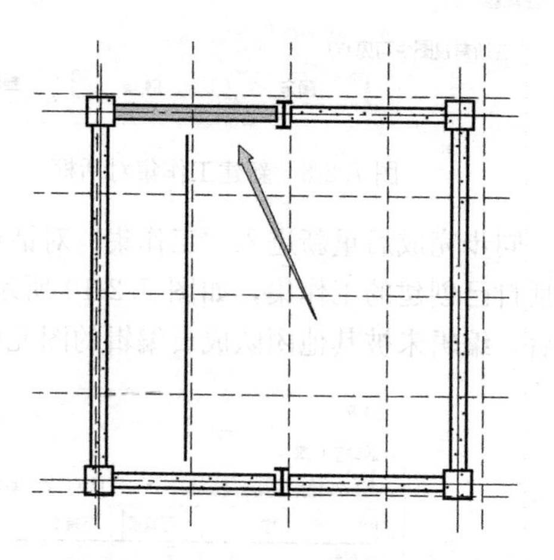

图 7.2-13　显示被请求编辑的构件

由于用户 John 此时还没有对中心文件进行同步，故没法在编辑请求窗口直接同意用户 Peter 的编辑请求，请求窗口的“批准”按钮呈灰色，如图 7.2-14 所示。

此时，若用户 John 点击“中心文件同步”将本地文件进行同步，则可以批准用户 Peter 的编辑请求，批准后，用户 Peter 会收到“请求被允许”的通知，如图 7.2-15 所示。获得批准后，用户 Peter 可以自由地对该构件进行编辑。

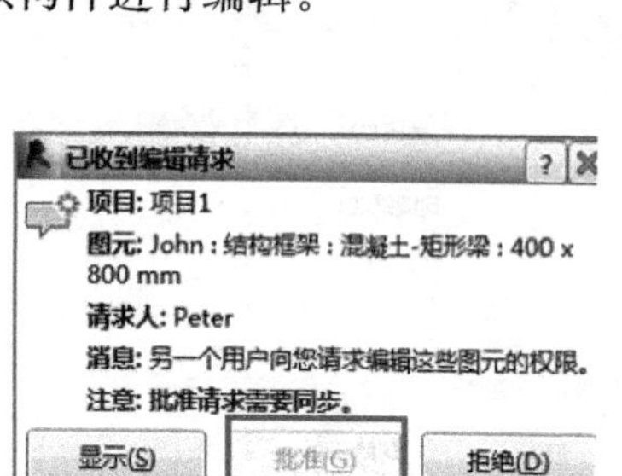

图 7.2-14　批准按钮

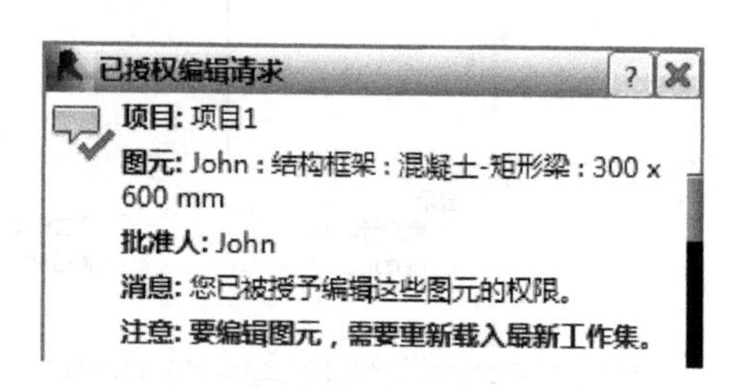

图 7.2-15　授权编辑请求

7.2.5　工作集协同的注意事项

1）工作集协同的工作模式是建立中心模型（中心文件），中心模型将存储项目中所有工作集和图元的当前所有权信息，并充当该模型所有修改的分发点。所有用户都应保存各自的中心模型本地副本，在该工作空间本地进行编辑，然后与中心模型进行同步，将其所做的修改发布到中心模型中，以便其他用户可以看到他们的工作成果。

2）在项目工作共享启动后，项目的设置需要考虑到多人及多文件交互的需要，项目中成员的软件版本应保持高度一致，否则会导致软件兼容性问题。

3）打开服务器上的中心文件时，应使用初始界面上的“打开”按钮（图 7.2-16）打开中心文件，不使用双击的方式打开。

图 7.2-16　打开按钮

打开时不勾选“从中心分离”和“新建本地文件”，由于“新建本地文件”是默认勾选的，要注意取消勾选该项，如图 7.2-17 所示。

图 7.2-17　取消勾选新建本地文件

4）由于将所有用户的“可编辑”属性都设成“否”，所以同步中心文件即视为放弃借用的图元，因此，同步后编辑过的图元重新处于“无主”的状态，其他用户都可以自由地对该构件进行编辑。这样做虽然为工作带来了一定的便利性，但也造成了一定的权责混乱。项目参与人在进行构件编辑时应注意不能无故编辑其他人的构件，特别是其他专业的构件。

5）参与项目的工程师在建立工作集前要设好自己的 Revit 用户名，避免用户名出现“Administrator”的情况。

6）项目设计的过程不建议本地文件与中心文件脱离。当回家加班等需要将本地文件拷贝回家，临时脱离中心文件是危险的。原则上团队中只能有一名工程师把本地文件与中心文件脱离，以免工作冲突。回家后提示找不到中心文件，可强制占用所有权限进行工作，回单位后重新同步并放弃所占用的权限。如多名工程师同时脱离中心文件进行编辑并出现构件冲突，自动以最后同步的为准。

7）中心文件不可重命名或移动路径，否则所有本地文件要重新连至新的中心文件。当中心文件损坏时，可将一个本地文件拷贝至原中心文件的路径，代替原有中心文件。

8）如需要把与中心文件相邻的本地文件变回独立文件，打开本地文件时勾选“从中心文件分离”，另存即可，如图 7.2-18 所示。

图 7.2-18　勾选从中心文件分离

7.2.6 个人工作集的应用

工作集不止在团队协作中可以应用，个人也可以通过对工作集的灵活应用来提高工作效率。个人应用工作集主要是通过工作集控制不同工作集上构件的可见性，通过可见性控制提高工作效率。

通过工作集的显示与否的控制有别于“视图可见性控制”。“视图可见性控制”可以控制图元在视图上显示与否，而工作集屏蔽的内容在各个视图上均会被屏蔽，系统内存也不会对屏蔽的内容进行处理，因而改善了项目的运行性能。“视图可见性控制”类似于CAD的图层关闭，工作集控制类似于CAD的图层冻结。

个人应用工作集有如下优势：

1）能够提高电脑的运行速度，因为如果把不需要打开的工作集关掉的话，那么软件运行速度会变快。

2）永久性控制显示和隐藏，我们只需要打开现在需要用的工作集，其他的关掉。这不光能加快工作效率，而且还不需要去用临时隐藏把不需要的东西给隐藏掉。减少了很多操作，而且观察模型也更加直观方便。

3）个人用的工作集合还同样可以给团队协作用。

4）很方便快速地把某一层或某一部分直接提取出来，当删除某一个工作集时，里面的所有构件也会跟随删掉。

个人应用工作集的方法如下：

1）启动工作集，并根据需要新建不同的工作集，如图7.2-19所示。

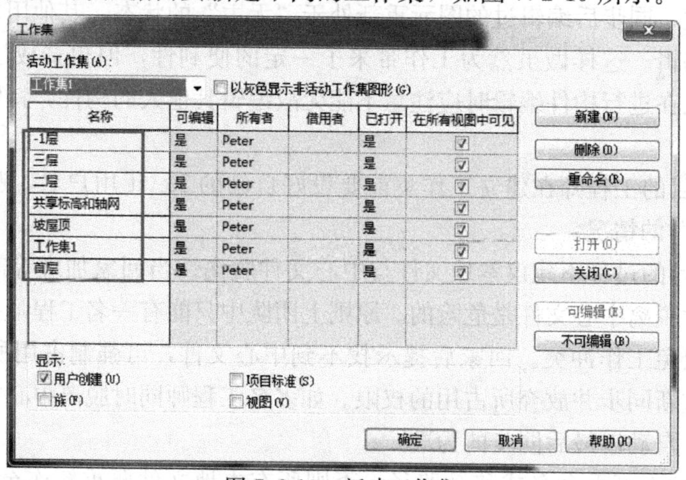

图7.2-19　新建工作集

图7.2-20　复制中心文件

2）将文件存储到指定服务器路径上，然后从服务器上拷贝文件到本地。若使用自己的电脑作为服务器，则新建一个中心文件文件夹，将文件复制到该文件夹内，再新建一个本地文件文件夹，将中心文件复制到本地文件夹内，如图7.2-20所示。

3）对于已有的构件，选择相应的构件，在属性栏中将其划分到相应的工作集中。对于新增的构件，将不同的工作集设置为活动工作集，并在该活动工作集上编辑，则该构件默认被分配到活动工作集中，如图 7.2-21、图 7.2-22 所示。

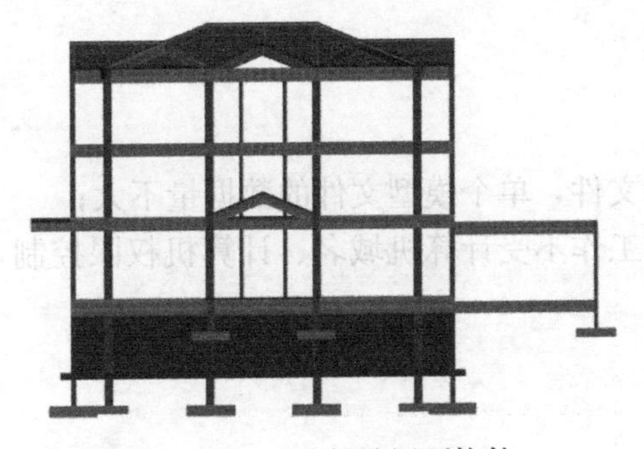

图 7.2-21　选择坡屋顶构件

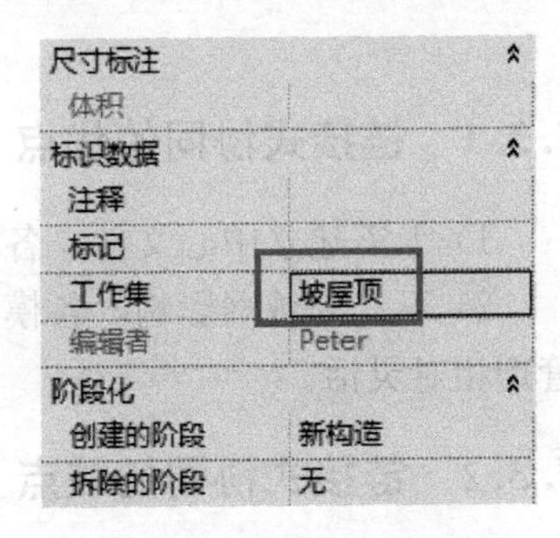

图 7.2-22　指定到工作集中

4）通过工作集的可见性设置来控制不同工作集的可见性，如图 7.2-23 所示。

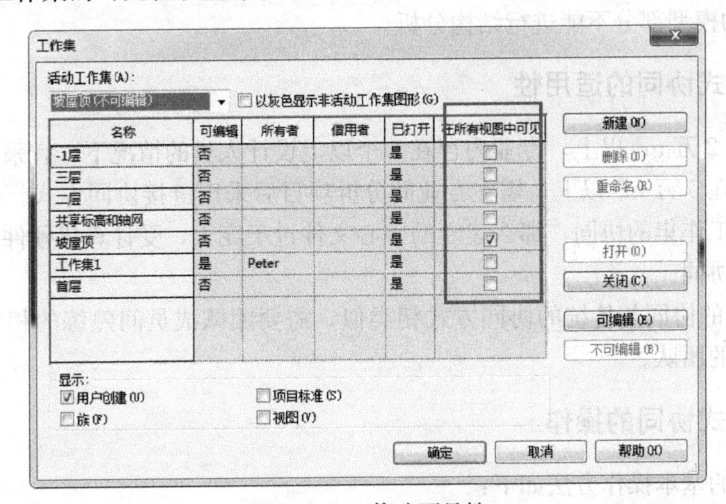

图 7.2-23　修改可见性

提取整体模型时，只需要在打开中心文件的时候勾选“从中心分离”即可，如图 7.2-24 所示。

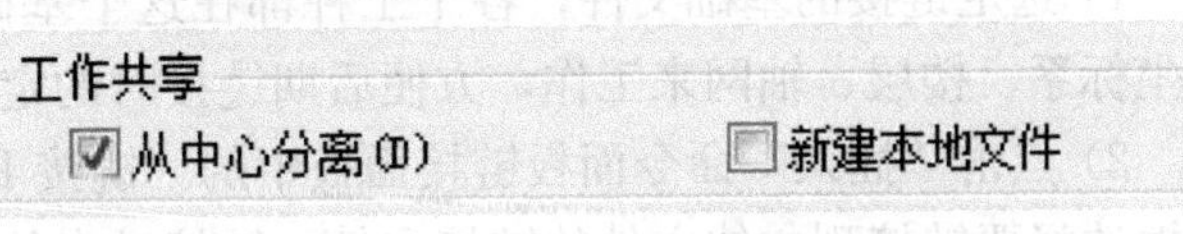

图 7.2-24　提取整体模型

提取部分模型时，将需要提取的部分设为“不可见”，其他区域设为“可见”，如图 7.2-25 所示，把不提取的其他区域直接删除，最后不执行“同步中心文件”，将删除了其他区域的模型另存为新模型即可。

名称	可编辑	所有者	借用者	已打开	在所有视图中可见
-1层	否		Peter	是	☑
三层	否		Peter	是	☑
二层	否			是	☐
共享标高和轴网	否			是	☑
坡屋顶	否		Peter	是	☑
工作集1	否		Peter	是	☑
首层	否		Peter	是	☑

图 7.2-25　设置可见性

7.3 基于链接的协同

7.3.1 链接式协同的优点

1）无需建立中心文件，各部分独立一个模型文件，单个模型文件的数据量不大；

2）不受局域网影响，各模型文件相对独立，工作不受计算机域名、计算机权限控制，管理相对灵活。

7.3.2 链接式协同的缺点

1）链接式的协调没有中心文件，本质上还是多对多的协同方式，与传统的协同方式类似，没有体现 BIM 的优势。

2）链接的模型部分不能进行结构分析。

7.3.3 链接式协同的适用性

1）项目在 2 万 m^2 以上，专业内存在 2 个以上设计人员的情况下，宜采用链接式的协同方式，项目在 5 万 m^2 以上，需在专业间分拆项目后采用链接协同方式。体量较大的工程若采用基于工作集的协同，那么建立的中心文件过于庞大，受计算机硬件的限制，适合采用链接式的协同。

2）链接式的协同与传统的协同方式相类似，需要团队成员间熟练的相互配合，适合于契合度较高的团队。

7.3.4 链接式协同的操作

项目链接的基本操作方法如下：

1）选定链接的基础文件，各个工种都在这个基础文件上建模，确保各成员基于同一个坐标系、楼层、轴网来工作，方便后期链接时的定位。

2）点击“插入”命令面板链接面板中的“链接 Revit”命令（图 7.3-1），在弹出的对话框选择要链接到主体文件的链接文件，链接进来的模型定位方式应选择“自动—原点到原点”。

3）链接文件载入到主体文件中，并且，链接文件的基点与主体文件的“基点”相对齐。

4）若出现原点不对位的情况，使用“移动”命令移动链接文件，将其移动到正确的位置。并采用“管理”命令面板的“发布坐标”功能（图 7.3-2）记录该位置，链接位置会作为位置信息返回到链接文件中。Revit 中发布坐标的操作较为烦琐，且容易出错。因此建议，在各专业建模前应先确定好协同方式，若确定采用基于链接的协同方式，应根据操作步骤 1，事先确定链接的基础文件，从而保证项目中所有模型都基于相同的原点建模。

5）绑定链接，选择链接进来的模型，并点击“修改 | RVT 链接→绑定链接”（图 7.3-3）进行链接模型的绑定，绑定之后，外部链接的 Revit 项目文件将以“组”的形式

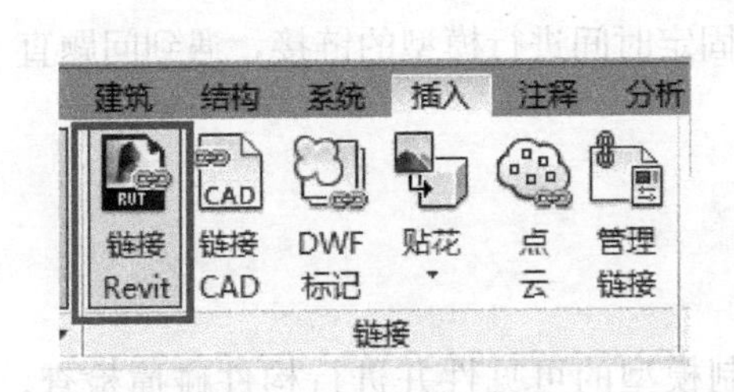

图 7.3-1 链接 Revit

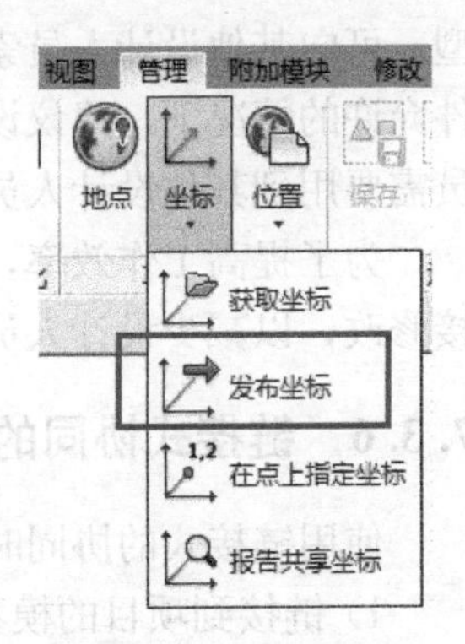

图 7.3-2 发布坐标

内置到当前的项目文件中。值得注意的是，进行绑定链接操作时，软件会要求选择绑定的图元和基准（图 7.3-4），此时，如果不勾选“标高”（或“轴网”），则绑定后链接模型的“标高”（或“轴网”）将被删除。若勾选了“标高”，链接模型的标高会合并到原模型中，并自动重新排号；若勾选了“轴网”，链接模型的轴网会合并到原模型的轴网中，影响范围不改变。链接模型可以通过绑定链接转换为“组”，“组”也可以通过链接操作转换为“外部链接”（图 7.3-5）。

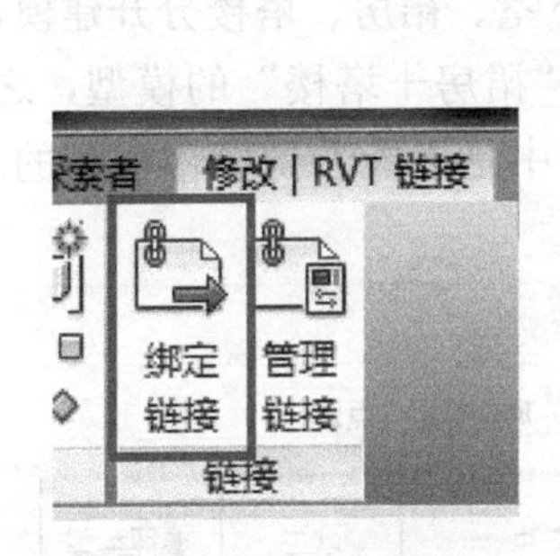

图 7.3-3 绑定链接

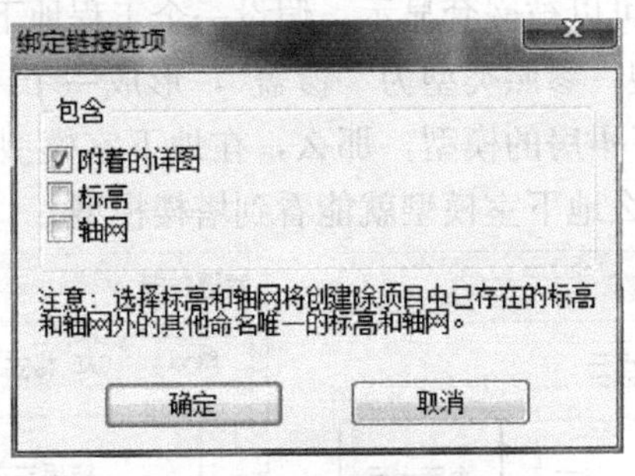

图 7.3-4 绑定链接选项

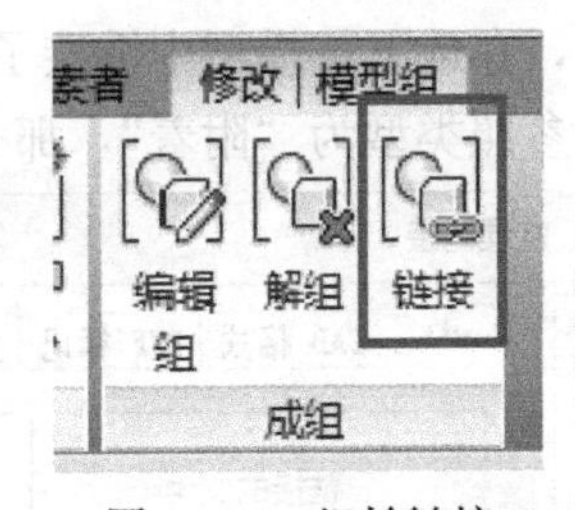

图 7.3-5 组转链接

7.3.5 模型修改的协同方法

目前建筑结构的设计过程中，免不了因各种原因造成的设计反复修改，传统的设计方法中，当设计需要修改时，通常有以下几种情况：

1）改动较小，不影响计算模型时，只修改 CAD 图纸，计算模型不修改。

2）改动较大，计算模型需要与 CAD 图纸一同修改，但工程师可根据经验直接修改模型，无需在模型中进行反复计算时，先修改 CAD 图纸，再修改计算模型，进行计算复核。

3）改动较大，且需在计算模型中反复计算后才能确定修改方案时，先修改计算模型，确定方案后再修改图纸。

基于目前的软件水平和技术条件，尚不能做到 Revit 模型与计算模型合二而一，在 Revit 模型与计算模型分开的前提下，模型修改的协同方式与传统的协同方式没有太大的区别。

当结构专业内部采用基于链接的协同时，若某个设计人员需要用到其他设计人员的模型，可向其他设计人员索要模型，并与自己的模型进行校对，但这种做法比较麻烦，在条件允许的情况下，建议设计人员将工作文件放在公司服务器共享文件夹里，这样当设计人员需要用到其他设计人员的模型时，只需自己更新链接文件即可。

为了提高工作效率，设计人员可每周约定一个固定时间进行模型的链接，遇到问题直接修改，以减少设计人员间的交流成本。

7.3.6 链接式协同的注意事项

使用链接式的协同时，有以下的注意事项：

1）链接到项目的模型可通过视图显示功能控制模型的可见性并进行构件碰撞检查。一般情况，链接进来的模型不能进行编辑，必要时也可通过绑定链接并解组的方式进行解组编辑，但该过程是不可逆的，不建议采用该方法。需要对链接过来的模型进行修改时可通过编辑链接原模型后重新链接进来。

2）在“管理链接”命令面板中可以选择参照类型为“覆盖”（图 7.3-6）或者“附着”（图 7.3-7），若参照类型为“覆盖”，那么当链接模型的主体链接到另一个模型时，将不载入该链接模型，这是默认设置；若参照类型为“附着”，那么当链接模型的主体链接到另一个模型时，将显示该链接模型[1]。可以简单地理解为：“覆盖”类型的链接不被嵌套显示，“附着”类型的链接可以被嵌套显示。假设一个工程地下室、裙房、塔楼分开建模，裙房模型链接了塔楼的模型，参照类型为“覆盖”，形成一个“裙房+塔楼”的模型，之后，在地下室模型中链接了裙房的模型，那么，在地下室模型中是不能看到塔楼模型的。若参照类型为“附着”，那么地下室模型就能看到塔楼模型。

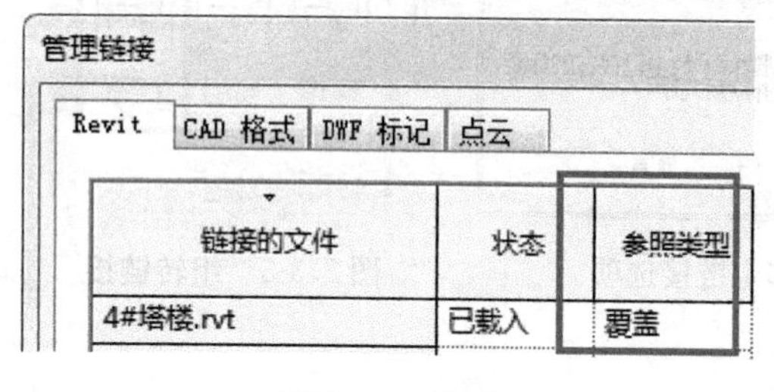

图 7.3-6 覆盖

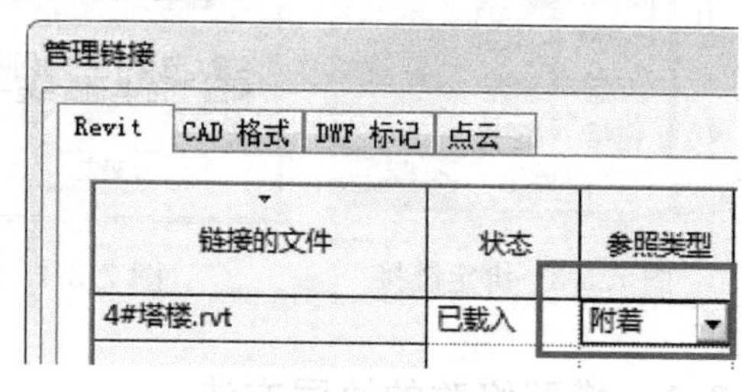

图 7.3-7 附着

3）第一次载入时必须使用“自动—原点到原点”，而不能采用“自动—中心到中心”。因为“自动—中心到中心”方法的“中心”位置其实是整个模型的三维中心，使用“自动—中心到中心”方法载入的模型，其三维中心与主体模型的三维中心相对齐，因而通常情况下载入的模型在竖直方向上会有错动。而采用“自动—原点到原点”的方式，能保证模型图元保持原来的标高。

4）各专业模型建议都在建筑 Revit 模型的基础上进行建模，以保证各专业链接在一起时位置的准确性。

5）单体模型有拆分的，建议先建立一个附带轴网的定位文件，各个拆分部分都在这个定位文件的基础上进行建模，保证各个部分链接时位置能对上，减少链接模型时的协调成本。

6）结构专业 Revit 模型建议与建筑的 Revit 模型采用同一个轴网文件，方便链接时的定位。从结构软件导入的模型无法实现这一点，建议先建议一个空的结构文件，链接建筑模型（或者项目公用的轴网模型）进行定位，建立竖向构件的 Revit 模型，取得定位点，然后导到 YJK 中，完善结构计算模型，此时如果将 YJK 模型导回 Revit 模型，能够识别回一开始的定位点，保证重新链接建筑模型时不需要再调整位置。

7.4 计算模型与 Revit 模型的协同

7.4.1 协同方法的讨论

只要使用了正确的族类型，Revit 的结构模型可以产生对应的分析模型，但是该分析模型只能与 RobotStructural Analysis 软件（以下简称：Robot）进行双向链接。由于 Robot 软件在目前的结构专业，特别是工民建专业中应用极少，不属于主流的设计软件，故 Revit 提供的计算模型与 Revit 模型的双向链接功能，在实际的工程应用上并不能发挥作用。

目前常用的结构分析软件，如 PKPM、广厦、盈建科等皆能在一定程度上实现计算模型与 Revit 模型互导，但是都没有达到双向链接的程度，特别当设计深度较深，Revit 模型非常精细时，模型互导无法满足双向链接的要求。盈建科建筑结构设计软件（简称：YJK）目前正在开发与将 YJK 模型与 Revit 模型双向链接的方法，但相关产品还没有在市场上投放。

因此，基于目前的软件水平，若结构真正专业使用 Revit 进行结构设计，建议计算模型与 Revit 模型分开建模。理由如下：

1）目前没有一款常用的结构计算软件能实现计算模型与 Revit 模型的双向链接。

2）计算模型与 Revit 模型的协同是贯穿整个设计过程的，目前的常用计算软件都提供了与 Revit 的模型互导功能，但互导模型的方法只能在项目开始时第一次形成模型的时候使用，设计过程中通常需要对模型进行反复多次修改的情况，互导模型的方式无法满足要求。

3）随着设计的深入，Revit 模型的信息量不断增大，特别是当 Reivt 模型已经填入共享参数并对构件进行标注时，互导模型的方式使用代价太大，甚至不如手工校对。

4）Revit 模型是对真实结构的精确表达，而计算模型通常是对结构的简化，使用 BIM 的工程通常是外形较为复杂的工程，对此类工程，结构计算方面需要进行简化的地方可能更多，计算模型与真实模型的差异性会更大，甚至完全不同（如不考虑结构梁的起坡等），两者有时难以协调。

5）链接的模型无法进行结构分析，基于链接的协同难以协调 Revit 模型与计算模型。

6）Revit 中标准层是通过“组”来实现的，假设对某个结构层建组，并复制出 8 个标准层，每一次修改，Revit 都会更新 8 个标准层，限于目前的硬件水平，每次更新 8 个标准层都会花 1min 左右，相当于每次保存都要等上 1min，因此，Revit 中不宜过早地进行标准层的复制。但是计算时需要一个拥有完整标准层的 Revit 模型，与上述矛盾。

7）导入的模型由于与其他专业的模型无法使用同一个轴网文件，链接时需要手动定位，给链接带来一定的麻烦。

计算模型与 Revit 模型分开建模有如下优势：

1）族选择方面变得自由，不必要使用计算软件提供的族，可以自由选择，对模型中使用的族可以根据需要进行修改。

2）建模方式自由，可以对模型进行自由分割模型和链接。

3）模型精确性增加，可以避免因多次模型转换带来的不准确性。

4）建模标准的制定更加自由和合理，计算模型导平面图到CAD时，其图层规则与设计单位的制图标准并不相同，从计算模型导入的Revit模型，不一定能满足建模标准。若要建模标准反过来满足计算软件的要求，则难免会有不合理的地方。

7.4.2 实用协同方法

若计算模型与Revit模型分开建模，可以利用Revit的某些功能，方便与计算模型的校核。

1）梁截面校核

Revit提供了“梁注释”功能，通过选择注释样式为“结构框架标记：标准”（图7.4-1），可以直接对所有梁截面进行注释。在计算软件中显示梁截面，即可对梁截面进行校核。由于“梁注释”产生的梁标签与计算软件“显示梁截面”产生的梁标签在位置上基本相同，并且每跨梁都会有截面数值显示，因此用该方法进行校核较为方便，如图7.4-2所示。

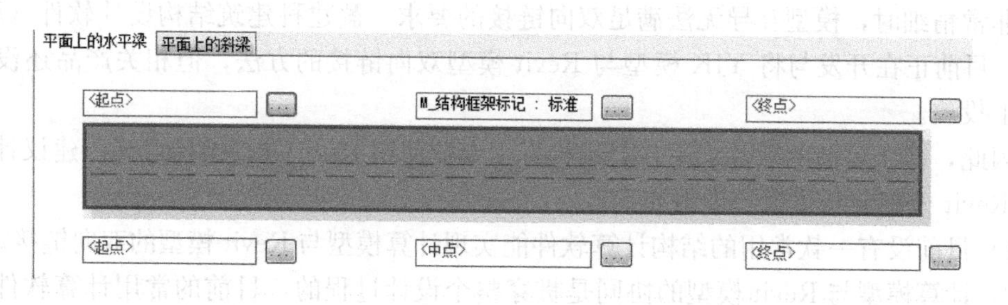

图7.4-1 梁注释

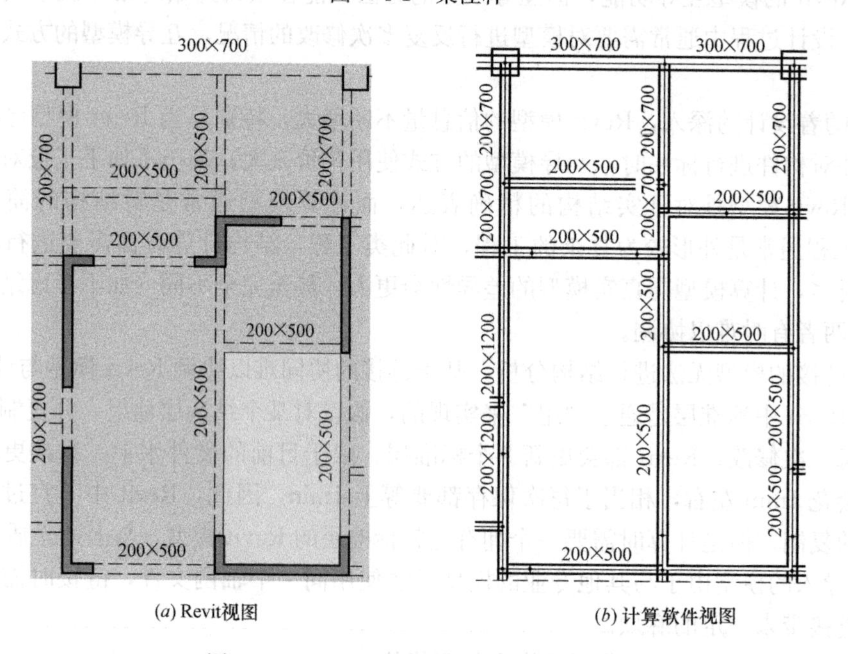

图7.4-2 Revit视图与计算软件视图对比

2）板截面校核

通过视图样板将不同厚度的楼板设为不同颜色，在YJK中的“修改板厚”面板，设置不同板厚以“板填充”的方式进行显示，可以很方便地对楼板厚度进行校核，如图7.4-3、图7.4-4所示。

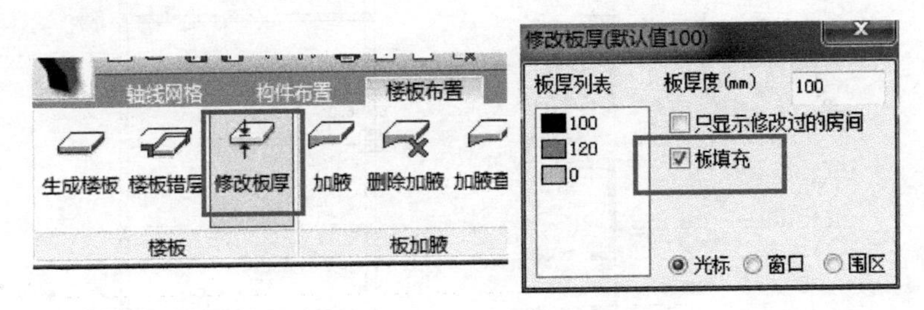

图7.4-3　板厚显示

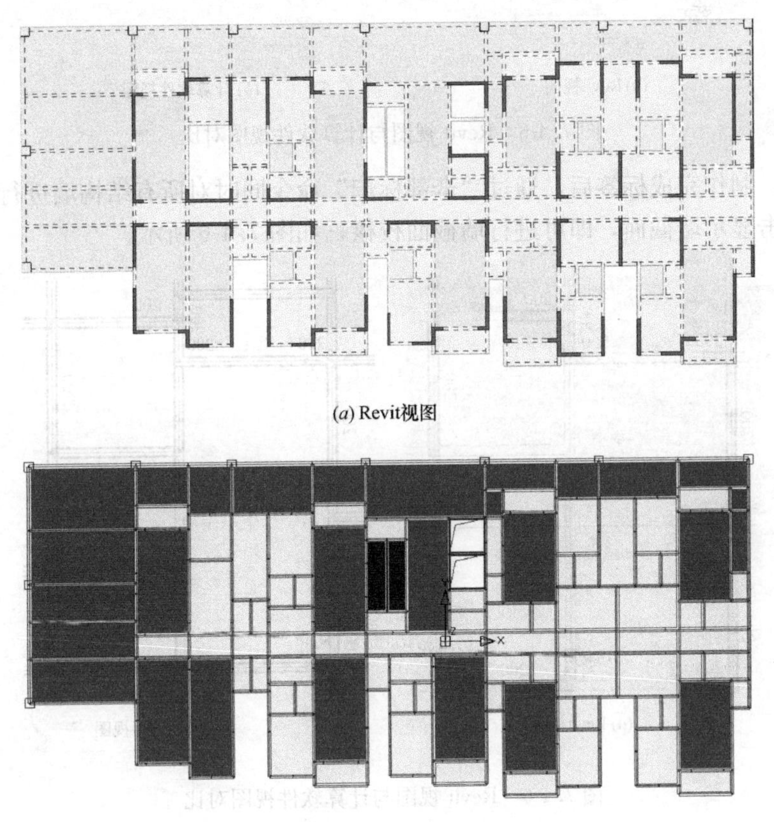

(a) Revit视图

(b) 计算软件视图

图7.4-4　Revit视图与计算软件视图对比

3）柱截面校核

Revit提供了“全部标记”功能，通过选择注释样式为“结构柱标记”（默认设置），可以直接对所有柱截面进行注释。在计算软件中显示柱截面，即可对柱截面进行校核，如图7.4-5所示。

4）墙截面校核

Revit没有提供默认的墙截面标签，需要用户自己制作结构墙标签，对墙的构件类型

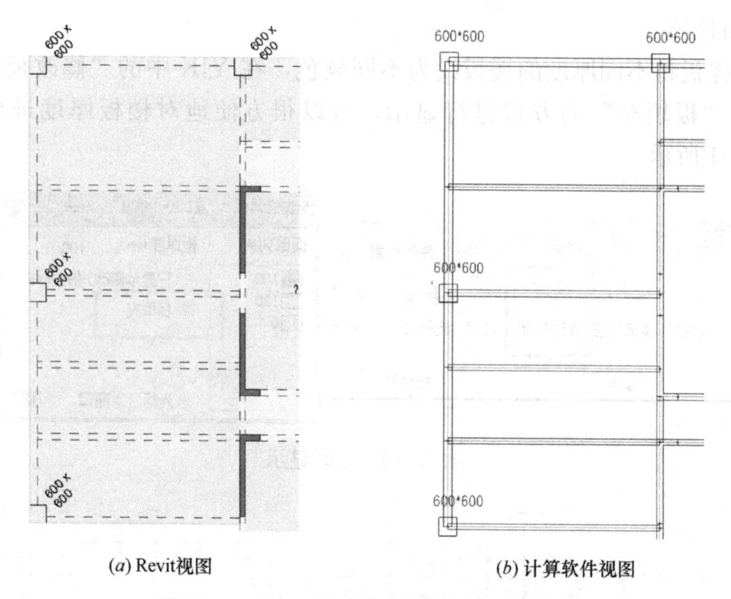

(a) Revit视图　　(b) 计算软件视图

图 7.4-5　Revit 视图与计算软件视图对比

名进行标注。制作完成标签后，通过“全部标记”命令同时对所有结构墙进行标注。在计算软件中点击显示墙截面，即可进行墙截面校核，如图 7.4-6 所示。

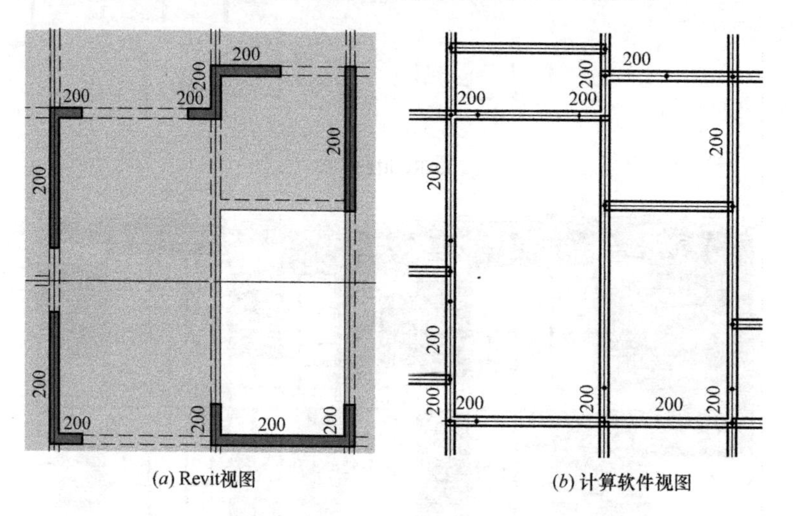

(a) Revit视图　　(b) 计算软件视图

图 7.4-6　Revit 视图与计算软件视图对比

7.5　大体量模型拆分原则

基于 Revit 的分工方法与传统的分工方法并无冲突，设计团队可以根据以往的人员分工安排，考虑 Revit 软件的硬件限制后进行分工。结构模块的拆分可遵循以下原则：

1）由于受计算机软硬件限制，一般情况下可控制单个模型的建筑面积不超过 2 万 m^2，且单个模型文件大小不超过 100M。

2）对于一个场地上有多栋楼的模型，不同单体分别建立一个文件，如图 7.5-1 所示。

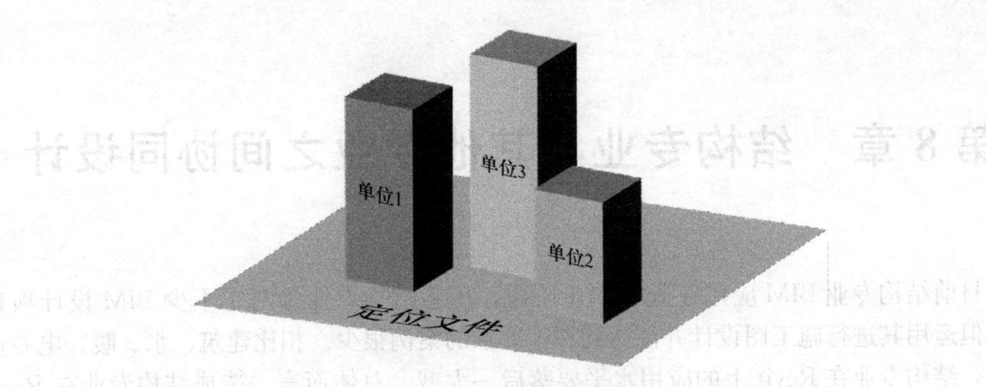

图 7.5-1　单体分开建模

3）对于高层建筑，可优先考虑按照竖向楼层进行划分，如将地下室、裙房、塔楼分别建立一个文件，如图 7.5-2 所示。

4）对于多塔结构，可把每个塔分别建立一个独立的文件，如图 7.5-3 所示。

图 7.5-2　竖向楼层分开建模

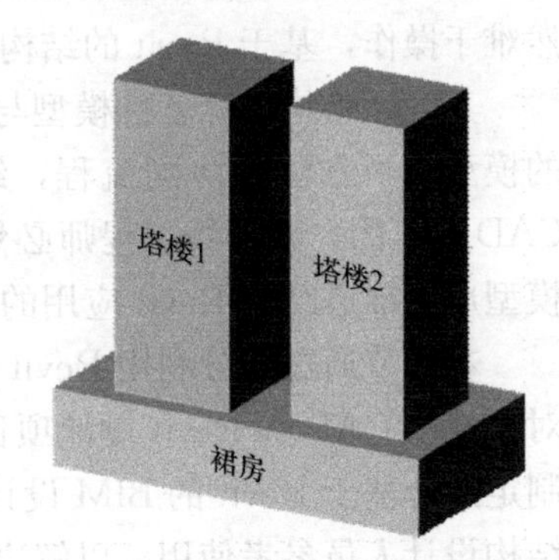

图 7.5-3　塔楼分开建模

5）如果地下室或裙房等单层建筑面积超过 2 万 m^2，可根据结构分缝位置或建筑防火分区进行水平区域划分，如图 7.5-4 所示。

6）上部结构、下部结构不同轴网的，必须分开成独立的模型，如图 7.5-5 所示，一般来说地下室和裙楼会使用大轴网，塔楼则使用小轴网，所以如果已经是地下室、裙房、塔楼分别建模，则一般不会出现轴网冲突的问题。

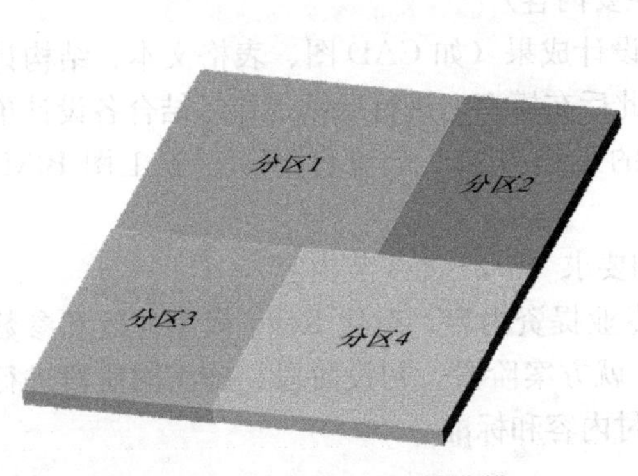

图 7.5-4　地下室分区域建模

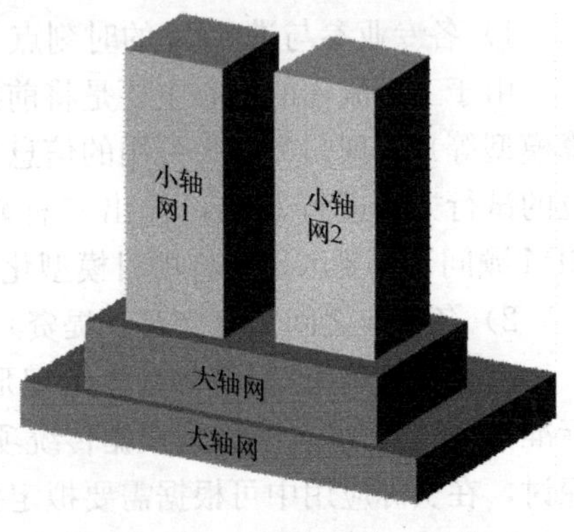

图 7.5-5　不同轴网分开建模

第 8 章　结构专业与其他专业之间协同设计

目前结构专业 BIM 应用还处于起步阶段，尽管结构专业参与了不少 BIM 设计项目中，但运用其进行施工图设计并能达到深度要求的案例很少。相比建筑、水、暖、电专业而言，结构专业在 Revit 上的应用水平要落后一大截。总体而言，造成结构专业在 Revit 应用上举步维艰的原因主要下列几点：

其一，结构专业应用 Revit 时，应采用何种工作流程、工作内容是什么、如何安排人员岗位、如何与其他专业进行协同、分阶段相互提供资料（提资）的内容和要求是怎样，这几方面目前均未有统一有效的操作方法。如不提出具体的工作流程，一线结构工程师必然难于操作，基于 Revit 的结构 BIM 技术必然难于推广。

其二，结构计算软件模型与 Revit 结构施工图模型的信息不统一。如若没有合理有效的模型统一方法和协同流程，结构工程师需同时维护结构计算模型、Revit 协同模型、CAD 施工图，则一线工程师必然不会使用 Revit 进行生产工作。因而如何合理协调两种模型成为推进结构 Revit 应用的关键。

本章节通过充分利用 Revit 软件的功能，参照传统 CAD 设计流程和专业间提资标准，对现有的 CAD 和 Revit 设计项目进行总结，对各类型 BIM 设计的流程进行介绍和比较，制定适合基于 Revit 的 BIM 设计工作流程、人员安排、互提资料的内容和要求，供一线结构设计人员参考使用，以解决工作流程和要求不确定的问题。而模型统一问题的解决方法主要将于第七章“结构专业内协同”章节进行详述。

8.1　多专业工作流程概述

结合 Revit 项目特性和传统的 CAD 施工图流程，在多专业协同设计中，主要解决的关键点主要有：

1）各专业参与进 BIM 的时刻点（8.1 节主要内容）

由于工作流程的核心主要是将前期离散的设计成果（如 CAD 图、表格文本、结构计算模型等）整理归类成为可用的信息化模型，此后在模型上进行后续工作。结合各设计单位的试行方式进行总结，提出三种较为可行的工作方式：全流程 BIM、施工图 BIM、BIM 顾问。主要区别为将项目模型化的阶段。

2）各专业之间信息交互（提资）的内容和要求（8.2～8.4 节内容）

主要参考传统 CAD 的信息组织形式和多专业提资内容，对比 Revit 模型的族和参数标准，在 8.2～8.4 节分别根据传统项目流程，就方案阶段、初设阶段、施工图阶段进行探讨，在实际应用中可根据需要拟定提资的交付内容和标准。

3）具体应用 Revit 进行协同的方法

如模型如何拆分与组织，专业间相互链接等具体操作和相关问题。

在实际工程中，通常需根据甲方需要、项目规模及复杂程度、设计团队 BIM 设计能力等多个方面，决定应用 BIM 的程度。但在日后的技术发展过程中，大趋势是向着全流程 BIM 的方向发展。因此，在下文各设计阶段的工作流程中，主要以全流程 BIM 为基础进行专业间协同的相关研究。

8.1.1　全流程 BIM

全流程 BIM 各专业参与阶段　　　**表 8.1-1**

专业阶段	建筑	结构	设备	勘察	幕墙	人防	施工
方案	●	●		○			
初设	●	●	●	○			
施工图	●	●	●		○	○	
施工	●	●	●		●		●

注：●：模型参与；○CAD 图、表格、文本等离散形式参与。

全流程 BIM（“前 BIM”）是指在方案阶段，建筑便开始构建 BIM 模型，并给予结构专业进行辅助布置竖向构件和对复杂楼盖等环节进行初步的可行性评估。详见表 8.1-1。

1）优势

传统流程中方案阶段可能只有很粗的体块模型，强调空间布局但不强调具体构造。但把项目模型化需有一定的设计深度和合理性。因此，与传统设计流程相比，建筑专业需在方案阶段定下更多的细节。尽管对建筑专业有更高的要求和更大的工作量，但对结构和设备专业而言，可方便地提前进行很多工作，也会减少后期很多变更。

2）劣势

方案设计人员需有较强的设计经验，通常采用有一定施工图经验的设计人员进行方案工作。否则后期方案变更较多，增大各专业的工作量。

8.1.2　施工图 BIM

施工图 BIM 各专业参与阶段　　　**表 8.1-2**

专业阶段	建筑	结构	设备	勘察	幕墙	人防	施工
方案				○			
初设	○	○		○			
施工图	●	●	●		○	○	
施工	●	●	●		●		●

施工图 BIM 即到达施工图阶段（或方案阶段末期），才进行模型的建立，在进行施工图设计阶段在不断根据其他专业的要求，进行调整和深化，并采用施工图模型生成施工图。详见表 8.1-2。

1）优势

（1）结构布置准确：直接在建筑模型上进行结构布置调整，错误较少，并可导出到结构计算软件，直接生成各阶段的图纸。

(2) 配筋信息规范化后便于维护：信息化后的构件截面、配筋信息也可以方便地进行校核或统计。结合平法规则和插件可生成三维钢筋，给予施工单位进一步的模型运用。

2) 劣势

(1) 计算软件不同步：结构计算软件与BIM模型信息交互较为困难。尽管两个方向都可一次性导出，但此后，修改其中一模型时，另一模型不能与之同步。

(2) 图纸标注不灵活：由BIM的理念，图纸上的标注均应依赖于构件上的参数化信息，除了需要为每个标注定义参数和制作图面注释族，规范化的图纸也减少了标注的灵活性。

8.1.3 BIM顾问

BIM顾问各专业参与阶段　　表8.1-3

专业阶段	建筑	结构	设备	勘察	幕墙	人防	施工
方案							
初设							
施工图	○	○	○		○		
施工	●	●	●		●		●

如"BIM管综"、"BIM算量"等局部应用，是目前较为成熟的方式。在完成完整施工图后，才建立模型进行三维交底、碰撞、管综等查错工作。在发现问题后，结构专业再进行计算复核、调整施工图。详见表8.1-3。

1) 优势

设备和建筑专业主要以几何物理信息驱动，而结构专业以计算配筋信息驱动。因此在管综阶段是最容易体现BIM模型的优势。

2) 劣势

由于模型通常由其他专业或BIM专项团队调整，不包含钢筋、型钢等信息，较难进行算量统计、抽筋、复杂节点钢筋排布交底等工作，对结构作用有限。

8.2 方案阶段

8.2.1 工作内容及要求

方案设计阶段结构专业一般作为配合及顾问的角色，不需要专门出图纸或成果，在文字表述困难时可附加结构布置图纸进行说明。此阶段可根据复杂程度，结构与建筑专业可通过CAD图、通过工作集编辑建筑Revit模型、或通过Revit链接结构模型，这三种方式进行协同。对于结构体型较为复杂的项目，在投标阶段需要提供如屋盖、大跨连廊、大悬挑、异形结构的结构布置方案。则需要建立结构模型，并链接建筑专业模型，可采用"复制监视"轴网和标高进行部分结构布置，以确保专业间使用同一轴网和标高，结构在初步调整后可直接在Revit中出图。

此外，方案阶段涉及大量设计依据、设计参数、设计限制条件的文字说明，该部分内容对以后的建筑设计及竣工后的建筑维护有着重大的意义，因而从建筑信息化模型理念出发，该部分内容也应整合进建筑模型中。但由于 Revit 没有提供该部分信息的输入接口，目前可以文字的方法进行输入，存放于 Revit 项目参数或图纸集中，以方便日后的查阅。

8.2.2　Revit 应用流程及人员安排

1）Revit 应用流程及工作内容

在该阶段结构专业主要工作内容是参照 Revit 的建筑初步模型在结构软件中进行模型绘制及计算，并将相应建筑方案可行的结构方案反馈回建筑专业。其工作顺序可按图 8.2-1 中的流程进行。

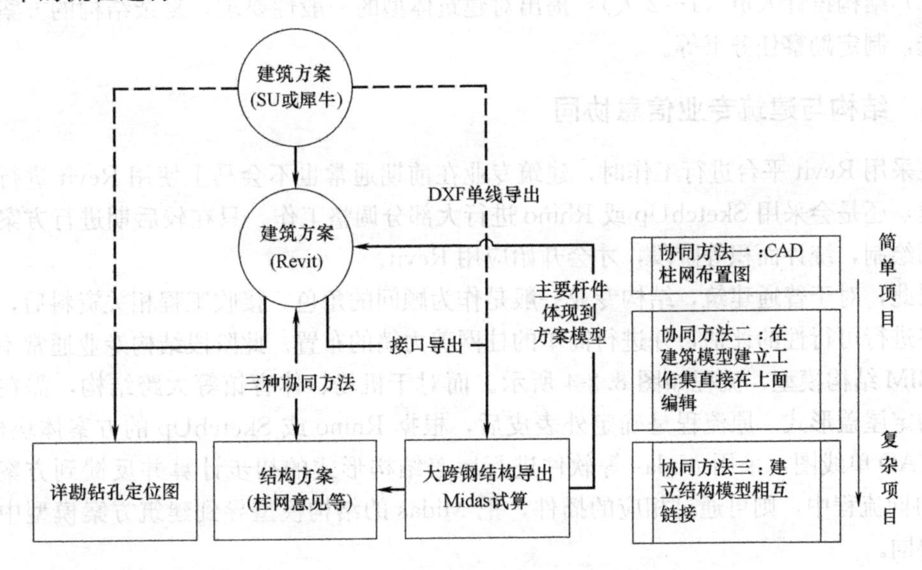

图 8.2-1　方案阶段结构主要工作流程

方案阶段结构专业的主要工作内容主要可分为三部分：

一部分为设计依据及标准的制定，该部分主要为文档内容，目前不涉及 Revit 的操作。而从 BIM 理念出发，该部分内容应被写入信息化模型中，如何写入，储存于何处目前尚未定论，目前设计人员可以文字形式将设计条件等信息输入 Revit，建议存放于图纸集中，方便查阅。可结合“结构设计总说明”中的相关项目进行归档输入，后期可在通用图模板中进行参数的调用，如图 8.2-2、图 8.2-3 所示。如采用何种高程系统、坐标系统等信息录入后建筑和结构专业均可调用。

另一部分内容为结构竖向构件的初步布置和复杂屋盖、局部大跨等部分的布置图。上述布置图不要求截面尺寸的标注，结构布置仅作示意用途，对出图要求较低，作为给建筑专业进行造型设计的一般性要求，可用 CAD 等其他形式进行信息协同，并直接在建筑专业的 Revit 模型上进行布置和出图。

第三部分为基础详细勘察相关设计，可结合建筑总平面图，通过 CAD 或 Revit 模型

2 建筑结构安全等级及设计使用年限

2.1 本工程为 框架－核心筒 结构。

2.2 本工程建筑结构的安全等级为 二 级，结构设计基准期为50年，类别为 丙类（裙房部分为乙类） 类，地基基础设计等级为 甲 级。

☑ 2.3 本工程人防区人防工程战时防核武器抗力等级为核 6 级，防常规武器

图 8.2-2 总说明图纸中的基本信息

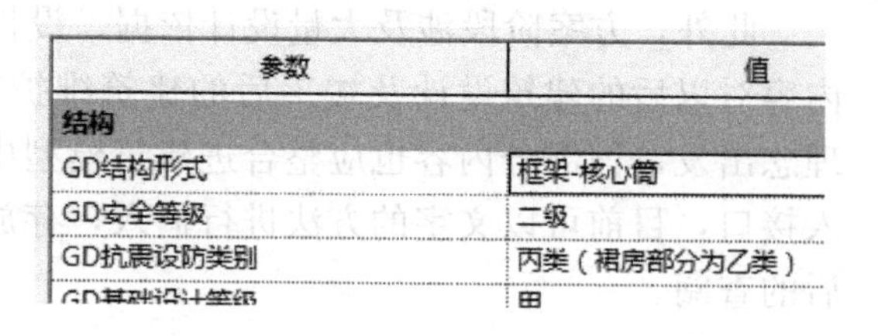

参数	值
结构	
GD结构形式	框架-核心筒
GD安全等级	二级
GD抗震设防类别	丙类（裙房部分为乙类）
GD基础设计等级	甲

图 8.2-3 对应 Revit 模型“项目信息”中的条目

进行钻点的布置和出图工作，具体仍以蓝图交付。

2）人员安排

（1）工种负责人（1人）：确定结构体系，可行性判断等。

（2）结构设计人员（1～2人）：提出对建筑体型的一般性要求，复杂结构的方案试算和比选，制定勘察任务书等。

8.2.3 结构与建筑专业信息协同

在采用Revit平台进行工作时，建筑专业在前期通常也不会马上使用Revit进行方案的搭建，还是会采用SketchUp或Rhino进行大部分调整工作。只在较后期进行方案的平立剖图绘制，统计面积等阶段，才会开始应用Revit。

因此，对于普通建筑，结构专业一般是作为顾问的角色，接收工程相关资料后，对项目方案进行可行性的评估，并进行简单的柱网剪力墙的布置。此阶段结构专业通常不需要建立BIM结构模型，流程如图8.2-4所示。而对于机场、体育馆等大跨结构，需在方案阶段初定屋盖形式。原流程是确定外表皮后，根据Rhino或SketchUp的方案体块模型，导出CAD单线图，采用Midas等软件进行屋盖结构形式的初步计算并反馈到方案。在BIM协同流程中，则可通过相应的插件，把Midas的结构模型导到建筑方案模型中予以提资协同。

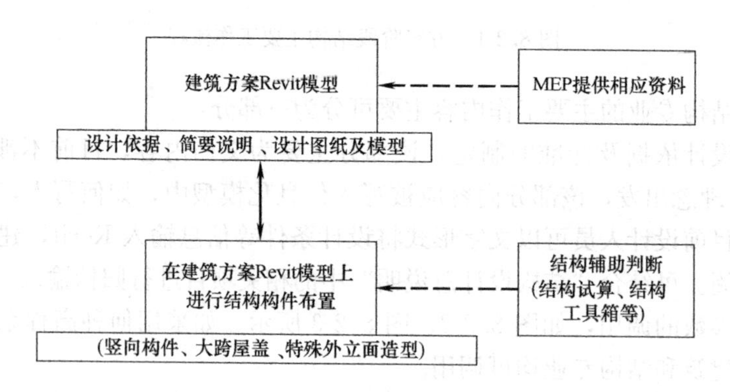

图 8.2-4 方案阶段建筑与结构信息协同

参考《民用建筑工程设计互提资料深度及图样》[1]的相关要求，本阶段按一个时段互提资料，对部分信息可通过BIM模型进行信息整合协同，具体信息在Revit模型中的存储形式可参考表8.2-1、表8.2-2。

结构专业接收建筑专业提供资料　　　　表 8.2-1

提出专业	内容		深度要求	表达方式			
				图	表	文	BIM 模型
建筑	设计依据		工程设计有关的依据性文件			●	
			建筑单位设计任务书			●	
			政府有关主管部门对项目设计提出的要求，如根据城市规划对建筑高度限制，说明建筑物、构筑物的控制高度（包括最高和最低高度限值）；人防平战设置要求，防护等级等			●	
			城市规划限定的用地红线、建筑红线及地形测量图	●			○场地模型中的红线等信息
			设计基础资料：气象、地形地貌、地质初（勘）察报告及外网条件			●	
			工程规模（如总建筑面积、总投资、容纳人数等）			●	○项目信息文本描述
	简要说明		列出主要技术经济指标，以及主要建筑或核心建筑的层数、层高和总高度等项指标；功能布局		●	●	○项目信息
			设计标准（包括工程等级、建筑的使用年限、耐火等级、装修标准等）		●	●	○项目信息
			总平面布置说明	●			○项目信息
	设计图纸	总平面图	场地的区域位置、场地的范围	●			●场地模型
			标注场地内与原有建筑及规划的城市道路和建筑物的距离，并注明需保留的建筑物、古树名木、历史文化遗存	●			
			场地内拟建道路、停车场、广场、绿地及建筑物的布置，表示出主要建筑物与用地界线（或道路红线、建筑红线）及相邻建筑物之间的距离，场地竖向控制设想	●			
			标注建筑物名称、出入口位置、层数	●			
		各层平面图	尺寸：总尺寸、开间、进深尺寸和柱网尺寸	●			●方案模型
			各房间使用名称、主要房间面积	○			
			各楼层地面标高；屋面标高	●			
			室内停车库的停车位和行车路线	●			
			划分防火分区	●			
		立面图	选择一、两个有代表性的立面	●			○由模型生成
			各立面主要部位和最高点或主体建筑的总高度	●			
			平、剖面未能表示的屋顶标高或高度	●			
			标注外墙面所采用的饰面材料	●			
		典型剖面	标出各层标高及室外地面标高、特殊指明的房间名称	●			
			标出各层竖向尺寸及总的竖向尺寸	●			
			如遇有高度控制时，还应标明最高的标高	●			○图面标注

注：BIM 模型列中，●：提供模型，○：提供族参数、视图内标注注释、二维详图构件等表达。

结构专业提供资料　　表 8.2-2

接收专业	内容	深度要求	表达方式			
			图	表	文	BIM模型
各专业	结构布置原则	开间、进深和柱网建议尺寸，剪力墙布置间距及数量，确认建筑的平面长宽比、高宽比、结构收进和突出的尺寸及高度等	●		●	● 建筑模型工作集协同建立柱网
	上部结构选型	采用砌体结构、框架结构、框架-剪力墙结构、剪力墙结构、筒体结构、混合结构、钢结构等			●	
	基础	初估基础埋深，地基基础设计等级，可能的基础形式			●	
	大跨度、大空间结构	结构可能的形式，网架结构，预应力混凝土结构等			●	
	结构单元划分	结构伸缩缝，沉降缝，防震缝的预计位置和预计宽度			●	
	结构设计标准参数	结构抗震设防烈度；结构安全等级；设计使用年限				●建筑模型内项目信息

8.3 初设阶段

8.3.1 工作内容及要求

初设阶段主要根据建筑专业提供达到一定深度的方案模型，进行各项指标的确定，进行结构布置、方案比选、确定截面、计算及调整。并根据详勘结果进行基础选型和布置。

成果要求完成“初步设计说明”中的结构部分、各层结构平面图（模板图）、基础布置平面图。对于政府工程，需提供造价单位统计清单进行招标等工作。对于超限工程，此阶段需进行超限报告审查。如有绿色节能建筑评价要求，需初步确定各项评分和需要配合的工作。

目前结构在初设阶段仍主要以 PKPM 或 YJK 进行结构布置和调整，完成后导出到 Revit 输出模板图。

8.3.2 Revit 应用流程及人员安排

主要工作流程可参考图 8.3-1 所示。

1）Revit 协同与出图方法

初步设计阶段 Revit 接入的流程基本上与方案阶段流程类似，但由于结构需要出图，如果方案阶段采用工作集方式在建筑模型上布置结构构件，无独立的结构模型，则在此阶段需要开始建立结构 Revit 模型。同时在此阶段，开始需要有结构计算模型介入进行试算。

从建筑方案深度而言，有以下两种情况：

（1）建筑方案只有造型三维模型和部分 CAD 图纸；

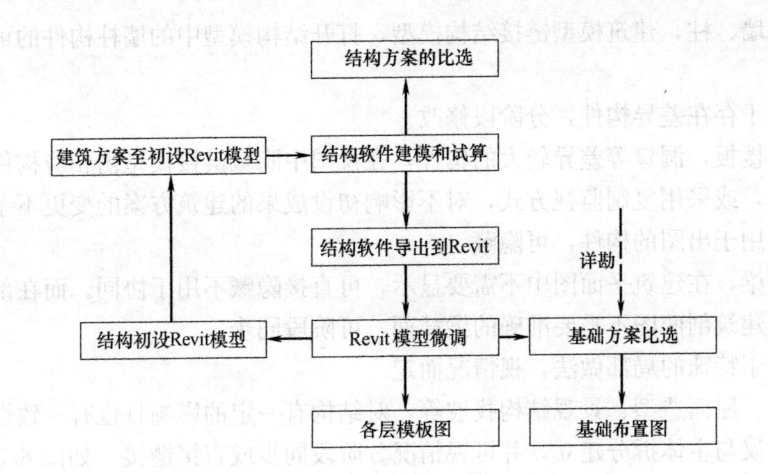

图 8.3-1　初步设计阶段结构与建筑协同设计流程

由于 Revit 软件的特性，轴网标高等信息需事先确定，否则后期修改会比较麻烦。因此初设阶段初期建议待建筑专业确定轴网等基本信息后，通过复制监视方式把场地轴网同步到结构模型再进行结构初设模型和图纸的工作。工期不赶时，可先由建筑完成大致模型(楼板标高隔墙等)。工期赶时则需各专业同时根据方案初定的 CAD 图纸进行模型构建。结构专业前期可先进行计算模型的搭建，再转为 Revit 模型。

(2) 建筑方案已有 Revit 模型

此情况通常为建筑方案较为稳定，也能达到一定深度，此时，结构专业可直接在模型上导出竖向构件到计算软件，再布置其他构件，在进行完计算后，导出到 Revit 生成各层平面布置图。

而在初设阶段，也有计算模型与初设模型统一性的问题。因此，在建立 Revit 模型的方法上有两种方法：

① 在 PKPM 或 YJK 中，建立竖向构件准确的计算模型，每次调整完后可直接导出给予建筑专业协同。由于初设阶段主要需要柱网协调，梁偏心等问题可在施工图阶段再作调整。当需要完成模板图时，再利用 Revit 模型生成各层平面布置简图。此方法适用于较为简单的项目。

② 结构计算软件按照正常工作流程建立并导出到 Revit。在反复修改调整后，通过插件或 CAD 叠图等方式在 Revit 中重新校核调整至一致。此方法可参考 8.4 节对施工图阶段的要求，主要适用于要求较为严格，含复杂多塔、钢屋盖等，有多个计算模型和设计人员在 Revit 结构模型上共同工作的情况。

2) 相关问题

本阶段，由于建筑方案很大可能还在不断调整，建筑和结构构件通常也不能完全对上。如采用 Revit 平台进行协同，会出现大量碰撞、不合理的部位。为避免套用对方专业模型时，出现较大差别影响出图，此阶段建议按设计深度，明确构件的归属，以局部协同的方式进行。

根据项目设计的不同环节，有下列要求可供参考：

(1) 对于主要构件，直接链接用于出图

如结构墙、柱，建筑模型链接结构模型，打开结构模型中的墙柱构件的可见性，用于建筑出图。

(2) 对于存在差异构件，分阶段修改

如结构楼板，洞口等差异较大的构件，在视图中隐藏链接模型内相应构件。可自行建立相应构件，或采用复制监视方式，对不影响初设成果的建筑方案的变更不予修改。

(3) 不用于出图的构件，可隐藏

如结构梁，在建筑平面图中不需要显示，可直接隐藏不用于协同。而在剖面图中可保留，但由于建筑剖面图不需要准确的梁截面，可阶段同步。

(4) 对于特殊的局部做法，视情况而定

如连廊、屋面造型、景观结构找坡等，对结构有一定的影响且也有一致性要求，则此部分构件建议与主体拆分建立，并可视情况分阶段同步或直接链接。如图 8.3-2 为某项目的钢结构连廊，由于建筑仍处于方案推敲阶段，对定位未明确，在修改楼板时，由于连廊与主体归并在一起建立楼板，对结构有影响。对此类情况，可把楼板拆分建立，只链接主体结构的楼板，连廊部分两个专业单独维护。

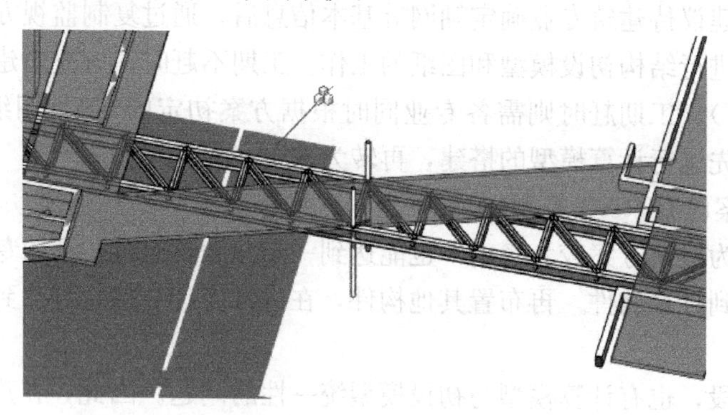

图 8.3-2　构件归属问题

3) 人员安排

初设阶段人员安排应视项目复杂程度确定。

(1) 工种负责人 (1 人)：控制性参数、总说明图、轴网图等。

(2) 混凝土结构计算 (1～4 人)：模型试算及维护 Revit 模型、方案比选、基础选型。

(3) 钢结构 (屋盖) 计算 (1～3 人)：模型试算、方案比选。

8.3.3　结构与建筑专业的信息协同

在初设阶段，结构专业与建筑专业的协同是最为密切但又是较为困难的。原因是在方案到初设阶段的过渡时段，建筑深度不足，不确定性较多，但建筑专业的时间进度通常偏慢，导致结构专业进度延后，只能按经验预估。而在初设阶段的协同主要是信息的输入过程，而施工图阶段则是构件调整的过程。在此阶段，有下列问题需要注意：

1) 计算模型信息量不足，需进行补充建模

在此阶段，在以往 CAD 阶段主要提供 PKPM 的计算截面简图，供建筑专业在前期使用，后期绘制完模板图后，再进行定位协同。采用 Revit 平台时，可通过插件把 PKPM 的计算信息导出到 Revit 提供建筑专业进行协同。

如某项目，在初设前期，结构专业各层都按标准层布置梁柱（未考虑露台变化），进行计算后，不提供截面简图的 CAD 图，而是直接导出到 Revit 模型中，并进行信息的补充建模，如加入钢柱与混凝土梁交接部位的环板，如图 8.3-3 所示，供建筑专业协同。其后，建筑专业在外立面布置不规则的跃层。反馈到结构专业后，取消相应楼板，如图 8.3-4 所示。其后，建筑反馈，希望取消期间的连系梁和环板。经过结构对跃层柱的计算长度调整计算后，再次反馈到模型和建筑专业中。

图 8.3-3　计算模型的补充建模（柱帽连接处及环板）

图 8.3-4　跃层信息协同

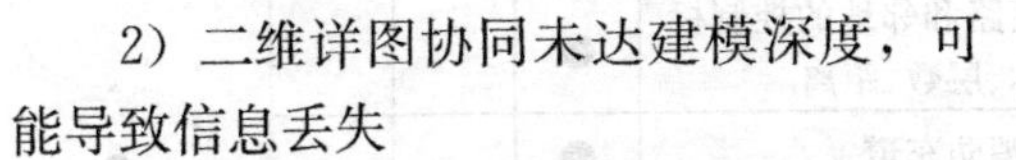

2）二维详图协同未达建模深度，可能导致信息丢失

在初设阶段的前期未能精细建模，结构 Revit 模型中部分较难建模的部分、或建模后较难出图，如对建筑和设备专业影响不大时，可在图纸上用二维详图构件进行表达，如图 8.3-5 所示。如在钢结构连接部位，为了便于建模和出图，使用二维的详图构件在桁架剖面图上表达连接板。尽管对其他专业影响不大，但仍需提醒建筑专业留意相关部位。

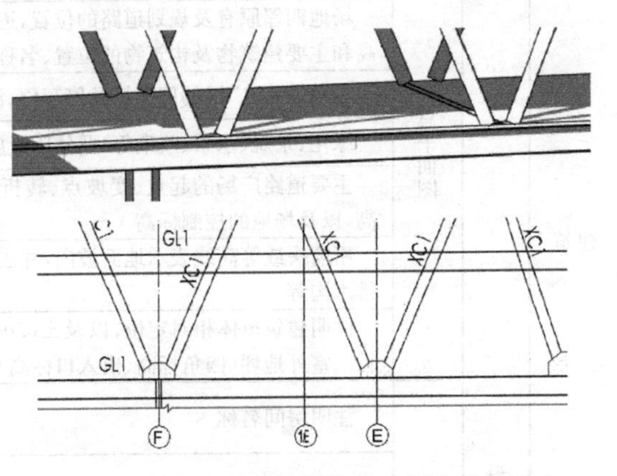

图 8.3-5　钢结构连接板的二维表达差异

本阶段按两个时段互提资料，建筑专业在进行初步设计阶段向结构专业提供资料，结构专业向各专业提资，对部分信息可通过 BIM 模型进行信息整合协同，具体协同的信息在 Revit 模型中的存储形式可参考表 8.3-1～表 8.3-3。

结构专业接收建筑专业提供资料（第一时段）　　表 8.3-1

提出专业	内　容	表达方式			
		图	表	文	BIM 模型
建筑	经主管部门批准的方案设计审批意见			●	
	依据主管部门、建设单位审查意见，适当调整方案设计图纸（总平面布置、平、立、剖面图）	●			● 调整后的方案模型
	在初步设计过程中需要补充和调整的内容			●	

结构专业接收建筑专业提供资料（第二时段） **表 8.3-2**

提出专业	内容		深度要求	表达方式			
				图	表	文	BIM 模型
建筑	设计依据		补充设计任务书			●	
			规划委员会审定后的设计方案通知书			●	
			建设单位对方案的修改意见和有关会议纪要等文件			●	
			建设单位提供的地形图、红线图、市政道路（现状、规划）、管线图（规划或现状）及地质勘测资料	●		●	
	简要设计说明		概述经过调整的方案设计（包括：层数、层高、总高度。结构造型和墙体材料。建筑内部的交通组织、防火设计以及无障碍、节能、智能化、人防等）设计情况和采取的特殊技术措施		●	●	
			多子项工程的单子项可用建筑项目主要特征表作综合说明		●	●	
			建筑工程有特殊要求和其他需要另行委托设计、加工的工程内容			●	
	设计说明书		建筑说明部分			●	
			消防/人防/环保设计专篇（建筑部分）			●	
	设计图纸	总平面图	测量坐标网、坐标值，场地范围的测量坐标（或定位尺寸）道路红线、建筑红线或用地界线	●			● 场地模型 平面标 注构件族
			场地四邻原有及规划道路的位置，道路和邻地的控制标高和主要建筑物及构筑物的位置、名称、层数、距离	●			
			场地道路、广场的停车场及停车位、消防车道	●			
			绿化、景观（水景、喷泉等）及休闲设施的布置示意	●			
			主要道路广场的起点、变坡点、转折点和终点的设计标高，以及场地的控制标高	●			
			用箭头或等高线表示地面坡向，并表示出护坡、挡土墙、排水沟等	●			
			注明建筑单体相对定位，以及±0.000与绝对标高的关系。室外地坪（四角标高、出入口标高）	●			
		各层平面图	注明房间名称	●			● 房间实例参数
			注明承重结构的轴线及编号、柱网尺寸和总尺寸	●			● 结构模型
			主要结构和建筑构配件，如非承重墙、壁柱、门窗、楼梯、电梯、自动扶梯、中庭（及其上空）、平台、阳台、雨篷、台阶、坡道等	●			● 结构模型
			主要建筑设备的固定位置，如水池、卫生器具与设备专业有关的设备位置	●			● 水电空模型
			建筑平面的防火分区和防火分区的分隔位置、面积及防火门、防火卷帘的位置和等级，同时应表示疏散方向等	●			● 模型平面标记
			变形缝位置	●			
			室内、室外地面设计标高及地上、地下各层楼地面标高	●			
			室内停车库的停车位和行车线路及机械停车范围	●			
			人防分区图、人防布置图，防护门、防护密闭门、口部、通风竖井等	●			
			管道井及其他专业需要的竖井位置，楼屋面及承重墙上较大洞口的位置	●			● 模型洞口
			当围护结构采用特殊材料时，应注明与主体结构的定位关系；有特殊要求的房间放大平面布置	●			

续表

提出专业	内容		深度要求	表达方式			
				图	表	文	BIM 模型
建筑	设计图纸	立面图	立面图两端的轴线号	●			
			立面外轮廓及主要结构和建筑部件的可见部分	●			
			平、剖面未能表示的屋顶标高或高度	●			
			外墙面上的装饰材料	●			
		剖面图	建筑物两端的轴线	●			○ 由模型生成各视图，图面标注信息
			主要结构和建筑构造配件部分，如：地面、檐口、女儿墙、梁、柱、内外门窗、阳台、挑廊、共享空间，电梯机房、楼板、屋顶等，或其他特殊空间	●			
			各层楼地面和室外标高，以及室外地面至建筑檐口或女儿墙顶的总高度，各楼层之间尺寸	●			
			楼地面、屋面、吊顶、隔墙、外保温、地下室防水处理示意	●			

注：BIM 模型列中，●：提供模型，○：提供族参数、视图内标注注释、二维详图构件等表达。

结构专业提供资料（第二时段）　　　表 8.3-3

接受专业	内容	深度要求	表达方式			
			图	表	文	BIM 模型
各专业	上部结构选型	对方案阶段结构选型的确认和补充			●	
	基础平面图	独立基础、条形基础、交叉梁基础、筏形基础、箱形基础、桩基等	●		●	● 基础构件图纸视图
	楼层、屋顶结构平面布置草图	梁、板、柱、墙等结构布置及主要构件初步估计截面尺寸	●			● 结构构件图纸视图
	结构区段（单元）的划分及后浇带	结构缝的位置及宽度，后浇带的位置和宽度（注明收缩后浇带或沉降后浇带）			●	○ 二维详图
	大跨度、大空间结构的布置	大跨度、大空间部分结构，采用平面结构、空间结构、预应力结构或其他新型结构。针对不同的结构体系提出相应的设计参数，如结构的高跨比等。提出节点构造草图，如大跨度屋盖的钢结构内部节点和支座节点构造	●		●	○ PMSAP 或 Midas 模型转 Revit；构造大样 CAD 绘制
	地基处理	地基处理范围、方法和技术要求			●	
	设计说明书	结构设计说明（包括人防设计说明）			●	

注：BIM 模型列中，●：提供模型，○：提供族参数、视图内标注注释、二维详图构件等表达。

8.3.4　结构与水、暖、电专业信息协同

初设阶段，主要是根据 MEP 的布置，确定结构荷载。在确定主要梁截面后，反馈到建筑专业，通过建筑专业对净高等指标进行协调。

此阶段的中前期，MEP 通常还未建立 Revit 模型，协同过程也不涉及模型上的操作，因此与传统 CAD 平台的协同方式相似，如图 8.3-6 所示。但对结构荷载取值信息，可在 MEP 进行房间布置的同时写入建筑及结构 Revit 模型中。设备专业在前期参与到建筑专业的模型中，根据需要对房间信息进行参数化，如图 8.3-7 所示。在校对和施工图阶段，提供各专业校核，以保证设计荷载取值满足使用要求。该项工作结构专业提供对相关信息的要求，建筑与设备专业互相协调具体的工作形式。

房间名称		面积(平方)	设置位置	设备荷载需求(kg/m²)	发热量（W/台柜）
弱电机房	消防、安防控制中心	80	首层，可直通室外	1000	25000 W/间
	设备监控中心	80	首层	1000	15000 W/间
	电信机房	20	首层	1000	15000 W/间
	联通机房	20	首层	1000	15000 W/间
	移动机房	20	首层	1000	15000 W/间
	有线电视机房	15	首层	1000	15000 W/间
楼层	强电间	10	每个防火分区	600	平均 5000W/间
	弱电间	10	每个防火分	500	平均 5000W/间

图 8.3-6　文本及 CAD 图纸提资范例

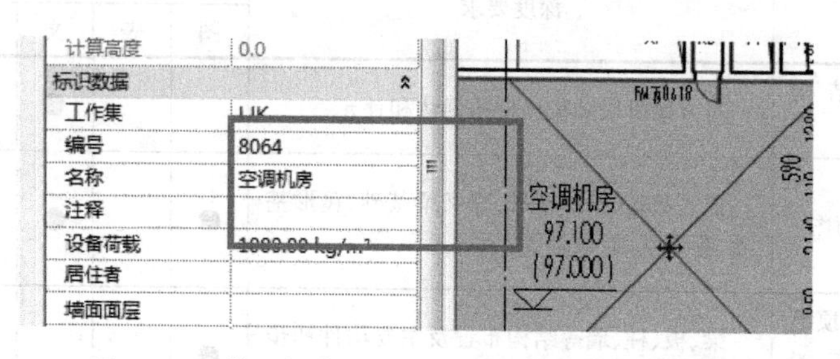

图 8.3-7　模型提资范例（对应房间中的实例参数）

结构与设备专业信息协同的相关内容可根据表 8.3-4、表 8.3-5 进行。

结构专业接收给水排水、暖通、电气专业提供资料（第一时段）　　表 8.3-4

提出专业	内容	深度要求					表达方式			
		位置	尺寸	标高	荷载	其他	图	表	文	BIM 模型
给水排水	楼板、承重墙上要开的大洞(如设备运输、维修洞)	●							●	● 模型洞口
	屋顶板或楼板上要放置较重设备(如中转层水箱、水泵房等)	●				估算荷载(kg/m²)			●	● 房间参数
	有特殊要求的空间(如需拔柱、去楼板的用房)	●		●				●	●	● 房间参数 明细表
暖通	各专业机房(制冷机房、锅炉房、热交换站、空调机房等)					面积及净高要求、设置区域、荷载		●	●	● 房间参数，明细表

续表

提出专业	内容	深度要求					表达方式			
		位置	尺寸	标高	荷载	其他	图	表	文	BIM模型
电气	楼板、承重墙上要开的大洞(如设备运输、维修洞)	●							●	● 模型洞口
	屋顶板或楼板上要放置较重设备(如卫星天线、中转层变配电所)	●				估算荷载(kg/m²)		●	●	● 房间参数明细表
	有特殊要求的空间(如需拔柱、去楼板的用房)	●			●			●	●	● 房间参数明细表

结构专业接收给水排水、暖通、电气专业提供资料（第二时段）　　表 8.3-5

提出专业	内容	深度要求					表达方式			
		位置	尺寸	标高	荷载	其他	图	表	文	BIM模型
给水排水	消防水池、生活水池、屋顶水箱(池)、集水井(坑)等构筑物	●	●	●		贮水容积、水腐蚀性	●			
	给水排水设备(水泵、热交换器、冷却塔、水处理设备等)	●	●		●		●			● 构筑物模型
	承重结构上的大型设备吊装孔	●	●				●			
	穿基础的给水排水管道	●		●		套管管径	●			
	管沟	●	●				●			
暖通	制冷机房(电制冷机房或吸收式制冷机房)设备平面图	●	●	●	●		●	●		● 构筑物模型
	燃油燃气锅炉房设备平面布置	●	●	●	●		●	●		
	空调机房设备荷载要求	●	●	●	●		●	●		● 房间信息
	换热站设备平面布置	●	●	●	●		●	●		● 模型
	管道平面布置	●		●	●	核心筒、剪力墙等部位较大开洞	●			● 模型
	设备吊装孔及运输通道	●		●	●		●			● 模型房间信息
电气	变配电室(站)、柴油发电机房、各弱电机房等	●			●		●			● 模型
	各类电气用房电缆沟、夹层	●	●				●	●		● 模型
	安装在屋顶板或楼板上的设备	●			●		●	●		● 模型
	电气(强电、弱电)竖井	●			●		●	●		
	配电箱、设备箱、进出管线需在剪力墙上的留洞	●	●	●			●	●		● 模型洞口
	设备基础、吊装及运输通道的荷载要求	●			●		●	●		● 房间信息明细表
	有特殊要求的功能用房	●		●		面积	●	●		● 房间信息

8.4 施工图阶段

8.4.1 工作内容及要求

在施工图阶段的工作内容包括：

1）勘察交底（布置图，发文）；

2）结构施工图审查文件（图纸目录、设计说明、设计图纸、计算书）；

3）人防部分的审查文件（图纸、计算书）；

4）结构施工图（图纸目录、设计说明、设计图纸）；

5）施工交底（各注意事项和具体要求细则，各场会议纪要，发文，关键部位施工模型）。

采用 Revit 进行结构设计时，基本沿用 CAD 工作流程和内容要求，而对于结构施工图、专业间协同，这两个环节采用三维 BIM 模型进行出图工作，具体流程和要求则有所不同，但成果要求与 CAD 图纸相同。工程计算书目前一般以文档形式交付，不属于 Revit 的操作范畴，在此不做详细讨论。结构施工图设计内容及其深化要求详见其他章节，按照相关交付标准进行。

而施工图阶段的设计说明主要包括：工程概况、设计依据、设计等级、主要荷载及特殊荷载取值、图纸说明及构造说明。该部分主要为文档内容，可在 Revit 中制作施工总说明图纸样板族，实现总说明的参数化修改，方便套用。

8.4.2 模型的文件架构协调

1）多专业模型相互链接模式

在方案和初设阶段，模型构件较为简单，对各专业一致性要求也较低，可直接在对方模型内建工作集进行设计，或按单专业单模型进行协同，期间集中几次对模型进行链接校核即可。如项目较复杂，前期各阶段也可适当参考施工图模型架构进行简化组织。

而在施工图阶段，对施工图模型，为便于维护，通常会对模型按一定该规则进行拆分（具体可参考“结构专业内协同”章节）。

常见做法为：对跨工作团队跨专业按链接模型进行，其余按工作集对同一模型进行协同。参考 CAD 出图时的链接管理模式，提供下述模型分块组织模式，见图 8.4-1，具体工程可细化或简化合并（为便于出图，简单模型不建议按层再次划分模型）。

2）文件互相链接时的构件划分原则

在方案和初设阶段通常可在建筑模型中内建结构工作集进行管理，但在施工图模型中，不建议用此方式，建议采用更为独立的模型间相互链接模型，在这种协同模式下，在对模型进行构件专业划分时，可采用“直接利用其他专业模型”和“复制监视到本专业模型”两种方式。且有下列情况需要事先协调，明确划分：

（1）楼板：楼板通常由结构板和建筑面层组成。而在设计过程中，结构专业控制结构板厚度，建筑专业控制板面标高，面层厚度等其他内容。同时，由于建筑通常会把板归并

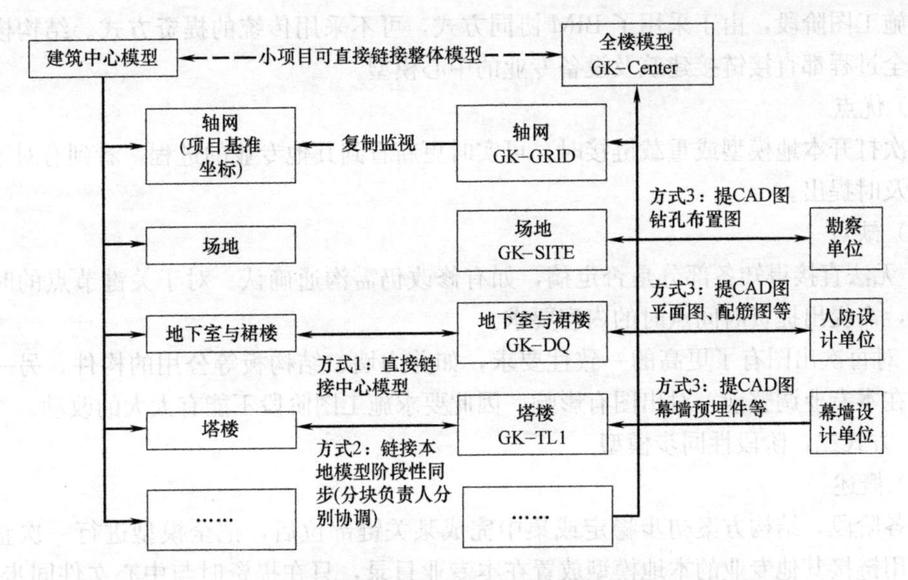

图 8.4-1　施工图阶段结构与建筑 Revit 模型相互链接协同架构简图

建立，不会在梁位断开，与结构习惯不符，不能采用复制监视的方式协同。综合而言，楼板的协同较为困难，建议分别绘制楼板，协调校核时着重关注。

（2）剪力墙：均由结构控制。但在链接时，需对链接实例参数勾上“房间边界”，以供建筑计算面积时作为边界。建筑绘制核心筒大样时需绘制墙体面层，此项由建筑专业自行解决。

（3）挡土墙：通常由结构完成，复杂车道、景观堆土、挡土墙顶标高较为复杂等情况，可由建筑确定，结构完成计算配筋。

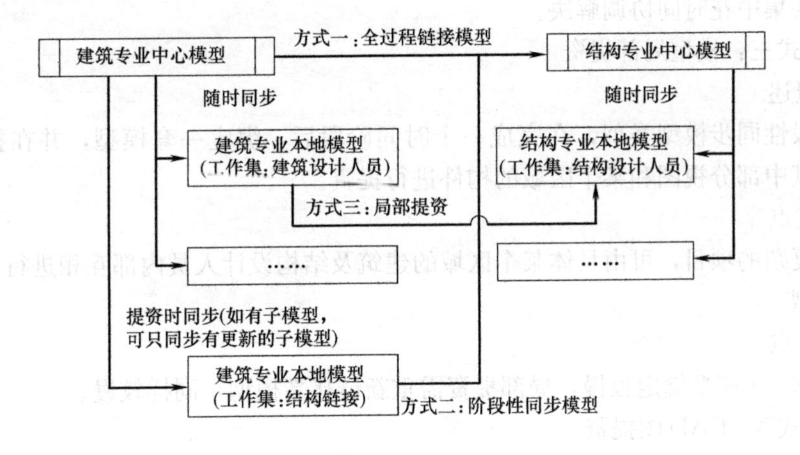

图 8.4-2　几种链接方式

8.4.3　提资模式与项目进度控制

1）方式一：全过程链接模型

（1）概述

在施工图阶段，由于采用了BIM协同方式，可不采用传统的提资方式。结构模型在工作的全过程都直接链接建筑及设备专业的中心模型。

(2) 优点

每次打开本地模型或重载链接时，可实时更新看到其他专业的进程，看到有对不上的地方可及时提出。

(3) 缺点

① 无法直接得知各部分是否定稿，如有修改仍需沟通确认。对于关键节点的时间进度控制，需提出提资时间点时的内容要求。

② 对每次出图有了更高的一致性要求，如剪力墙、结构板等公用的构件，另一方修改后，在本专业调整前，对出图有影响。因此要求施工图阶段不能有太大的改动。

2) 方式二：阶段性同步模型

(1) 概述

在各阶段，结构方案初步稳定或集中完成某关键部位后，把全模型进行一次整体提资。采用链接其他专业的本地模型放置在本专业目录，只在提资时与中心文件同步一次，或按阶段绑定一套独立的模型，进行提资和归档。

(2) 优点

项目进行过程中，建筑专业会集中对某个局部的做法进行推敲深化，如地下室复杂的弧形车道、地下室顶板的消防楼梯做法等。在每个阶段逐一提资可以较好控制项目进程，根据时间节点要求，逐一解决各关键节点的设计工作。不会被其他专业未稳定的过程模型干扰。对于各专业交流较不紧密时（如外单位合作的项目）可采用本方式。

(3) 缺点

与传统CAD方式类似，未能体现BIM优势。阶段性提资后，会突然出现大量冲突部位，仍需要集中花时间协调解决。

3) 方式三：模型局部提资

(1) 概述

与阶段性同步模型类似，在完成一个时间阶段后，绑定一套模型，并在提资单中注明，只对其中部分视图和某个区域的构件进行提资。

(2) 优点

对较复杂的项目，可由具体某个区域的建筑及结构设计人员内部互相进行，而不会影响整体模型。

(3) 缺点

目前Revit模型绑定很慢，局部提资需重新链接新模型，同样较慢。

4) 方式四：CAD图提资

(1) 概述

对接收方无法应用BIM模型时，采用传统的提CAD图方式进行。

(2) 优点

适用性强。

如部分结构图纸采用Revit的构件导出CAD作为底图，在CAD进行钢筋标注，可以兼顾土建模型的定位，也可以保留传统CAD配筋的灵活。

在与其他计算软件信息互通的时候，可直接导入如截面简图等信息进行专业内协同。

(3) 缺点

平面图不能体现三维设计的优势。

出现信息孤立，CAD图导出后，信息与原模型不互通。如提供勘察单位的钻点布置图后，得到的勘探信息不能自己反馈回BIM模型中。

上面四种方式，见图8.4-2，应灵活结合应用。

1) 简单项目：建筑专业与结构专业的中心模型直接相互引用，如图8.4-3～图8.4-5所示。

链接的文件	状态	参照类型	位置未保存	保存路径	路径类型
海创中心-Archi-中心文件.rvt	已载入	覆盖	☐	..\..\..\建筑\工作图\BIM\	相对

图8.4-3　建筑模型链接结构模型

链接的文件	状态	参照类型	位置未保存	保存路径	路径类型
海创+结构+中心文件.rvt	已载入	覆盖	☐	..\..\..\..\结构\BIM\Revit文件\海创+结	相对

图8.4-4　结构模型链接建筑模型

链接的文件	状态	位置未保存	大小	保存路径	路径类型
轴网.dwg	已载入	☐	60.1 K	..\CAD底图\轴网.dwg	相对

图8.4-5　建筑模型链接轴网CAD图

2) 复杂项目的基础部分：CAD图提资。

如某工程，基础设计部分采用CAD图的方式，链接由Revit模型导出的柱网CAD图，在保证基础图纸与模型一致性的情况下，也能发挥传统CAD灵活绘图的优势。

3) 楼梯、复杂顶板、幕墙连接做法、屋顶做法：模型局部提资。

8.4.4　Revit应用流程及人员安排

采用Revit平台协同，与传统CAD平台的协同出图流程类似，只是把CAD绘图工作放到Revit上完成。对于结构专业而言，协同的几个关键点是：

(1) 反复协同修改后，保证计算模型与Revit施工图模型的一致性。

(2) 保证实配钢筋满足计算结果要求。

(3) 结构模型与建筑模型的构件保持一致。

(4) 结构荷载取值与建筑施工功能相符。

结合前两阶段的工作内容，以下提供两种施工图设计阶段的工作流程，设计人员可根据工程量的大小及人员安排情况进行选择。

1）方案一：单向传递的设计流程

采用计算软件单向导出Revit模型，进行偏心、降板等调整后，提资给建筑，无误后在Revit平台出结构施工图，流程见图8.4-6。

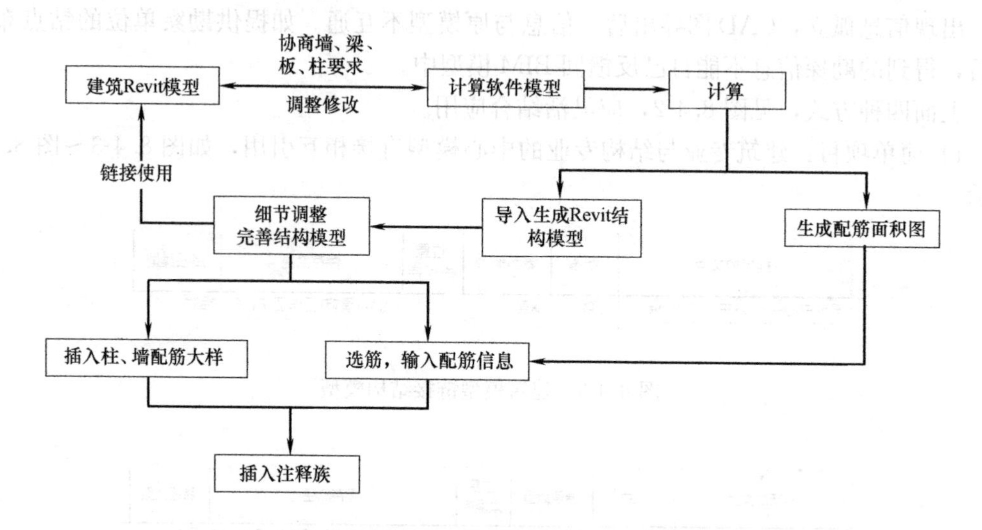

图8.4-6　施工图阶段结构与建筑专业协同设计流程方案一

（1）该方案工作流程

① 前期已有初步的CAD建筑方案，方案阶段已通过CAD或Revit协同方式确定基本的轴网柱网。

② 建筑进行Revit模型的工作、结构专业根据方案的CAD图，进行结构布置和计算模型的计算工作。

③ 结构计算基本完成后，可导出成Revit模型。链接建筑模型，根据需要调整梁柱偏心、降板、开洞等情况。

④ 在③导出过程中，可把配筋面积等信息也一并导出。但由于后期可能会有所修改，且目前相关插件不成熟，调整后，仍需要通过链接配筋面积图（WPJx.T）进行施工图的配筋校核工作。

⑤ 在后期构件截面有调整时：

a. 在链接建筑模型后，设计人员发现有碰撞和其他不合理情况，双方沟通，如可直接确定解决方案，直接在模型中修改，后期再反馈到计算模型中复核。

b. 在计算模型计算完后，某些构件超筋，先反馈到模型上，给予建筑专业复核是否允许调整。

c. 在每次同步完计算模型和结构模型后，需重出配筋面积图进行复核。

（2）该流程方案的优点

① 沿用目前的设计流程，结构工程师容易适应；

② 结构模型的方案修改完全在结构计算软件中进行，能避免Revit结构模型的反复修改的问题。

(3) 该流程方案的缺点

① 建筑专业无法及时获取 Revit 结构模型；

② 没有改变传统的专业间协同方法，没发挥 Revit 协同的优势。

(4) 该流程 Revit 出图的前提

① 梁、柱、墙、板构件族已添加配筋参数（共享参数和项目参数），可在构件属性中输入配筋信息；

② 已制作用于读取配筋信息的标注族；

③ 已制作好参数化的墙、柱配筋大样。

(5) 适用项目类型

该流程方案适用于面积较小，修改内容不多，参与人员较少，而又需进行 BIM 设计的工程项目。

(6) 方案人员安排

以一栋单塔办公楼为例：

① 项目负责人：控制性参数、总说明图、轴网图等。

② 结构设计人员：方案比选，调模型。

③ 结构设计人员：建模，配筋出施工图。

2) 方案二：反复迭代的设计流程

(1) 该方案协同工作流程

基本流程与方案一相似。对于较为复杂的项目（如大底盘多塔商品房、局部连体的多个单体建筑等），通常会拆分为多个建筑模型和结构模型。结构计算模型也有多个，由几个团队分别进行设计后，进行模型拼装，取得包络结果后再次复核。同时，施工图 Revit 模型和计算模型也由不同人进行维护。具体流程见图 8.4-7。

本方案把构件的截面尺寸和偏心信息分别维护。在方案一的基础上，当有构件调整时，修改 Revit 模型或计算模型，并将 CAD 图作为信息传递的媒介，同步修改另一模型。工作流程的最终成果为施工图纸，可视项目复杂程度，把图纸工作尽量提前转移至 Revit 平台，减少信息缺失导致协同期间发生的问题。

在项目进行期间，遇到相关问题的操作流程：

① 当建筑提出微调构件截面尺寸或定位，经结构专业初步判断可行时，可先在 Revit 中修改后，高亮标记。而后集中在计算模型手动修改相应的截面并计算，调整配筋。

② 在调模型阶段，部分构件算不过，在结构软件反复调整最终完成后，可利用计算软件生成的构件截面平面图（如 PKPM 中的 WPJW *. T），映射回 Revit 模型的相应构件截面尺寸，但不根据计算模型对构件的偏心信息进行修改。

③ 当有较大较复杂的变动时，如增加消防电梯、开洞等，需两个模型手动修改。

④ 在各个阶段末期，把计算结果导入映射到构件参数上，对全部截面尺寸、配筋面积进行复核。

(2) 该流程方案的优点

① 建筑专业可以及时提取 Revit 结构模型；

② 结构专业可以在 Revit 中实现与其他专业的协同修改；

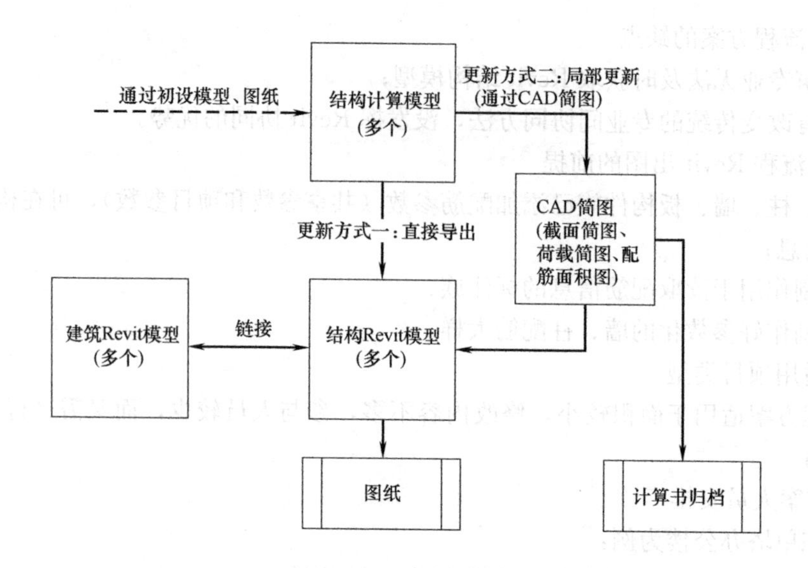

图 8.4-7　施工图阶段结构与建筑专业协同设计流程方案二

③ 适用于模型局部需要反复修改的项目。

(3) 该流程方案的缺点

① 需要专门安排人员进行 Revit 结构模型与计算模型的修改更新工作；

② Revit 结构模型的修改信息反馈给计算模型进行修改是通过“衬图”的功能实现，目前只有 YJK 拥有该功能，PKPM 和广厦修改起来会较为麻烦。

(4) 该流程 Revit 出图的前提

① 梁、柱、墙、板构件族已添加配筋参数（共享参数和项目参数），可在构件属性中输入配筋信息；

② 已制作用于读取配筋信息的标注族；

③ 已制作好参数化的墙、柱配筋大样。

(5) 适用项目类型

适用于建筑面积较大，方案修改内容较多，参与结构设计的人员较多时，可采用该流程方案实现 Revit 的接入。

(6) 人员安排

以一栋双塔办公楼带钢结构连体裙房的结构专业全流程 Revit 平台设计为例：

① 工种负责人（1 人）：控制性参数、总说明图、轴网图等。

② 结构模型维护与计算（混凝土 1 人+①）：初设时开始参与，进行模型试算等工作，施工图阶段接收其他设计人员变更反馈并修改地下室及裙楼计算模型，接受塔楼模型，拼模型进行多塔模型计算，提指标等。

③ 结构模型维护与计算（钢结构 1 人）：初设时开始参与，进行模型试算等工作，进行时程分析、弹塑性计算，撰写超限报告。施工图阶段负责裙房的混凝土和钢结构建模，施工图。CAD 绘制大样。

④ 基础及地下室设计人员（1 人+①②）：施工图阶段参与。可按需要把模型分块试算，后反馈到②的总计算模型上，并修改各自的 Revit 模型。且各分块由一人负责控制分

项计算模型和 Revit 模型的构件几何信息，具体大样可根据计算结果配筋。

⑤ 裙房设计人员（1 人）：由于裙房为钢结构连廊，由③兼任。

⑥ 塔楼设计人员（每栋塔楼各 1 人）：维护施工图模型，出各层平面图，绘制塔楼 CAD 的混凝土大样图，维护单塔计算模型。

⑦ 校核（1 人，可由②兼）：校核计算模型与 Revit 模型截面是否一致、配筋面积是否满足计算等。

8.4.5　结构与建筑专业的信息协同

本阶段需要经常与建筑专业进行提资和各具体部位构造的推敲，各专业分三个时段互提资料，见表 8.4-1～表 8.4-5 所示。

结构专业接收建筑专业提供资料（第一时段）　　表 8.4-1

<table>
<tr><th rowspan="2">内容</th><th colspan="4">表达方式</th><th rowspan="2">备注</th></tr>
<tr><th>图</th><th>表</th><th>文字</th><th>BIM 模型</th></tr>
<tr><td>经主管部门批准的方案设计审批意见</td><td></td><td></td><td>●</td><td></td><td rowspan="3">审批意见由建设单位提供资料</td></tr>
<tr><td>依据主管部门、建设单位审查意见，适当调整方案设计图纸（总平面布置图、平面图、立面图、剖面图）</td><td>●</td><td></td><td></td><td>●模型</td></tr>
<tr><td>在初步设计过程中需要补充和调整的内容</td><td></td><td></td><td>●</td><td>●模型及说明</td></tr>
</table>

结构专业接收建筑专业提供资料（第二时段）　　表 8.4-2

<table>
<tr><th colspan="3" rowspan="2">内容</th><th rowspan="2">深度要求</th><th colspan="4">表达方式</th></tr>
<tr><th>图</th><th>表</th><th>文</th><th>BIM 模型</th></tr>
<tr><td colspan="3" rowspan="2">设计依据</td><td>经过确认的地形图、红线图、市政管线图及经过审查的地质勘测资料</td><td>●</td><td></td><td>●</td><td></td></tr>
<tr><td>经过各专业确认后第一时段设计图纸</td><td>●</td><td></td><td></td><td></td></tr>
<tr><td rowspan="7">设计图纸</td><td rowspan="7">总平面图</td><td rowspan="2">平面图</td><td>建筑物、构筑物（人防工程、地下车库、油库、贮水池等隐蔽工程以虚线表示）的名称或编号、层数、定位、标高</td><td>●</td><td></td><td></td><td>●
项目信息</td></tr>
<tr><td>广场、停车场、运动场地、道路、无障碍设施、排水沟、挡土墙、护坡的定位尺寸</td><td>●</td><td></td><td></td><td>●
模型</td></tr>
<tr><td rowspan="2">竖向图</td><td>场地四邻的道路、水面、地面的关键性标高</td><td>●</td><td></td><td></td><td rowspan="2">●
模型</td></tr>
<tr><td>广场、停车场、运动场地的设计标高</td><td>●</td><td></td><td></td></tr>
<tr><td rowspan="3">其他</td><td>挡土墙、护坡或土坎顶部和底部的主要设计标高及护坡坡道</td><td>●</td><td></td><td></td><td rowspan="3">●
模型</td></tr>
<tr><td>管道综合：需要注明各管线与建筑物构筑物的距离和管线间距</td><td>●</td><td></td><td></td></tr>
<tr><td>注明影响其他专业的，如喷水池、假山等造景位置</td><td>●</td><td></td><td></td></tr>
</table>

续表

内容		深度要求	表达方式			
			图	表	文	BIM 模型
设计图纸	简要设计说明	墙体、墙身防潮层、地下室防水、屋面、外墙面等材料和做法	●	●	●	○ 总说明 图面注释
		室内装修:明确楼面构造做法厚度,顶棚吊顶高度等	●		●	
		对采用新技术、新材料的做法说明及对特殊建筑造型和必要的建筑构造说明	●	●	●	
		门窗表及门窗性能(防火、隔声、防护、抗风压、保温、空气、雨水渗透等)	●	●	●	
		电梯、自动扶梯选择及性能(功能、载重量、速度提升高度停站数)	●		●	
		墙体及楼板预留孔洞需封堵时的封堵方式	●		●	
	各层平面图	承重墙、柱及其定位轴线和轴线编号,内外门窗位置、编号及定位尺寸,门的开启方向,注明房间名称	●			● 平面视图标注
		轴线总尺寸(或外包总尺寸)、轴线间尺寸(柱距、跨度)、门窗洞口尺寸、分段尺寸	●			● 平面视图标注
		墙体厚度(包括承重墙和非承重墙)及其与轴线关系尺寸	●			● 墙体族
		变形缝位置、尺寸	●			○平面表达
		主要建筑设备和固定家具的位置;如卫生器具、雨水管、水池、台、橱、柜、隔断等	●			○ 构件平面表达
		电梯、自动扶梯及步道、楼梯(爬梯)位置和楼梯上下方向示意	●			● 楼电梯族
		承重墙、柱及其定位轴线和轴线编号,内外门窗位置、编号及定位尺寸,门的开启方向,注明房间名称	●			○ 平面表达
		补充主要结构和建筑构造部件的位置、尺寸和做法索引;如:中庭、天窗、地沟、地坑、重要设备或设备机座的位置尺寸、各种平台、夹层、人孔、阳台、雨篷、台阶、坡道、散水、明沟等	●			○ 平面表达
		室外地面标高、底层地面标高、各楼层标高、地下室各层标高	●			●按实际建模, 视图标注
		各专业设备用房面积、位置及有关技术要求等	●			○房间标注
		屋面平面图应有女儿墙、檐口、屋脊(分水线)、出屋面楼梯间、水箱间、电梯间、屋面上人孔及排水方式,如:雨水口、天沟、坡度、坡向等	●			●
		车库的停车位和通行路线	●			○模型平面表达
		特殊工艺要求土建配合放大图部分,特殊部位平面节点大样	●			○
		室内装修构造材料表:如:顶棚、地面、内墙面、屋面保温等	●			○ 明细表

续表

内容		深度要求	表达方式			
			图	表	文	BIM 模型
设计图纸	立面图	两端轴线编号，立面转折较复杂时可用展开立面表示，但应准确注明转角处的轴线编号	●			
		立面外轮廓及主要结构和建筑构造部件的位置	●	●		○ 由模型生成
		平、剖面未能表示出来的屋顶、檐口、女儿墙、窗台等	●			
		在平面图上表达不清的窗编号	●			
		立面饰面材料	●			
	其他	凡在平立剖图中或文字说明中无法交代清楚的建筑构配件和构造	●			○
		人防口部设计、人防专业门型号、扩散室和风井处理，出地面风井、人防地面部分做法	●			○
		特殊装饰物的构造尺寸，如旗杆，构(花)架等	●			○
	剖面图	墙、柱轴线和轴线编号	●			
		剖切到或可见的主要结构，如室外地面、底层地(楼)面、各层楼 板夹层、平台、屋架、屋顶、出屋面烟囱、檐口、女儿墙、门、窗、楼梯、台阶、坡道、阳台、雨篷等	●			
		高度尺寸：外部尺寸：门、窗、洞口高度、层间高度、室内外高差、女儿墙高度、总高度	●			○ 由模型生成
		构筑物及其他屋面特殊构件等标高，室外地面标高	●			
		标高：主要结构和建筑构造部件的标高，如地面、楼面(含地下室)、屋面板、屋面檐口、女儿墙顶、高出屋面的建筑物	●			

注：BIM 模型列中，●：提供模型，○：提供族参数、视图内标注注释、二维详图构件等表达。

结构专业接收建筑专业提供资料（第三时段）　表 8.4-3

内　容	表达方式				备　注
	图	表	文	BIM 模型	
楼、电梯大样图	●			○	大样图采用 CAD 绘制
装饰柱、墙节点大样	●			○	
墙身节点大样	●			○	

结构专业提供各专业资料（第二时段）　表 8.4-4

内　容	深度要求	表达方式			
		图	表	文	模型
楼层的结构平面图	主要构件梁、板、柱、剪力墙的截面尺寸，特别是影响建筑平面布置、剖面、层高的构件尺寸，注明结构楼板面标高。给出边缘构件位置和尺寸	●			● 模型及平面视图
基础平面图	应包括基础的埋置深度，基础平面尺寸及轴线关系，箱基、筏基或一般地下室的底板厚度，地下室墙及人防各部分墙体(临空墙、门框墙、扩散室、滤毒室、风机房等)厚度	●			● 模型及平面视图

续表

内　容	深度要求	表达方式			
		图	表	文	模型
大跨度、大空间结构	布置方案,主要杆件截面尺寸。如预应力梁截面尺寸,网架结构的矢高及网格尺寸	●			● 模型及平面视图
砌体结构墙	给出构造柱的平面位置和尺寸	●			● 模型墙柱平面视图
楼梯、坡道	结构形式,梁式、板式			●	○ 楼层平面说明
室外人防通道、防倒塌棚架等结构的有关资料	结构形式及主要构件尺寸	●	●		● 模型
室外管沟、管架	结构形式及构件尺寸	●			● 模型
室外挡土墙	挡土墙的形式和尺寸	●			● 模型

结构专业提供资料（第三时段）　　　　表 8.4-5

接受专业	内容	深度要求	表达方式			
			图	表	文	模型
建筑	各种设备、电气用房结构平面图及设备基础平面图	梁、板、柱、剪力墙的截面尺寸及其轴线定位关系	●			● 模型
给水排水	各种给排水设备用房(水泵,中水站,热交换器)结构平面图及设备、水池基础平面图	梁、板、柱、剪力墙的截面尺寸及其轴线定位关系,楼板、梁、剪力墙需要留置的洞位置尺寸	●			● 模型
暖通	制冷机房、空调机房、锅炉房等的结构平面图,结欧古开洞位置图	梁、板、柱、剪力墙的截面尺寸及其轴线定位关系,楼板、梁、剪力墙需要留置的洞位置尺寸	●			● 模型
电气	变配电室(站)、发电机房(包括电缆沟)等的结构平面图	梁、板、柱、剪力墙的截面尺寸及其轴线定位关系,楼板、梁、剪力墙需要留置的洞位置尺寸	●			● 模型

1）建筑信息协同

在传统协同方式中，通常就局部有修改的 CAD 图进行反复提资。采用 Revit 后，可采用更新链接的建筑模型（如直接链接建筑中心模型，可重新加载；如链接建筑本地模型，可进行与中心文件同步的操作）进行。在更新建筑模型后，结构可协调项目部分节点构造，如结构构件对建筑的影响，实时反映到建筑模型上。并在会审时决定具体方案。

某项目的幕墙混凝土结构，如图 8.4-8 所示，在 PKPM 等计算模型中，并不会把这部分内容建在计算模型中，只会把计算的荷载加到主梁上。在结构 Revit 施工图模型中，在计算软件导出模型的基础上，对相应构件进行补充建模，提供三维协同后，同时也可反映到结构图纸上。

通过应用多专业协同平面视图样板，可对建筑和结构模型中的梁、建筑墙、洞口等信息进行归类和高亮显示，类似于传统 CAD 平台的叠图校核，如图 8.4-9 所示。

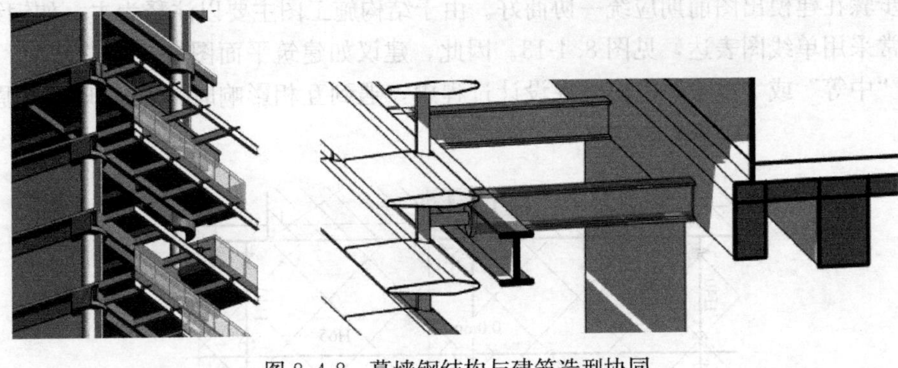

图 8.4-8　幕墙钢结构与建筑造型协同

2）图面表达协同

由于结构模型通常不链接建筑模型出图，但建筑模型会链接结构模型，利用结构模型中的结构构件出图。在采用 Revit 平台后，由于双方同时出图，叠模型的同时，不少图纸上的表达也会被迫引入，相互影响。

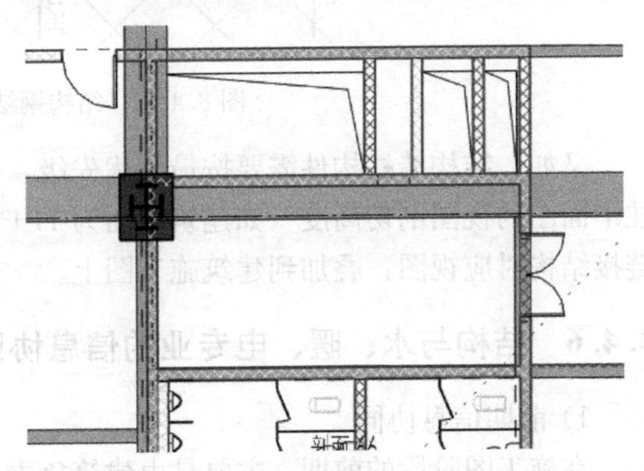

图 8.4-9　模型相互链接平面叠模型校核

如图 8.4-10～图 8.4-12 所示，在结构的基础平面施工图中，为了标注承台编号等内容，常在三维族内直接放置常规注释族，及符号线等图纸所需的注释内容。这种“构件即图纸”的方式便于施工图表达，但这类信息却无法在建筑模型中隐藏。因此常需互相协商，可通过修改族内可见性或其他方式进行协调。

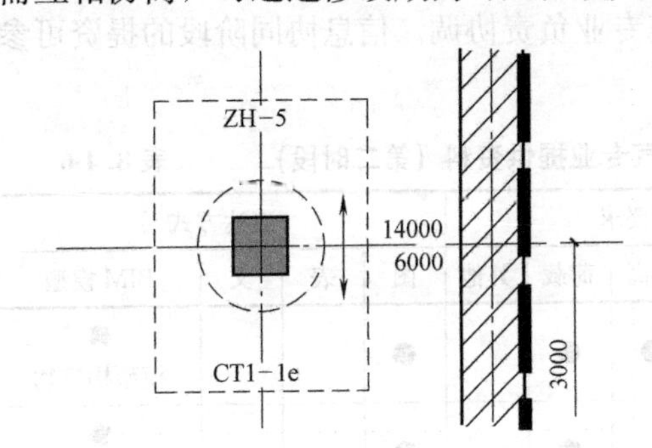

图 8.4-10　结构图图面表达

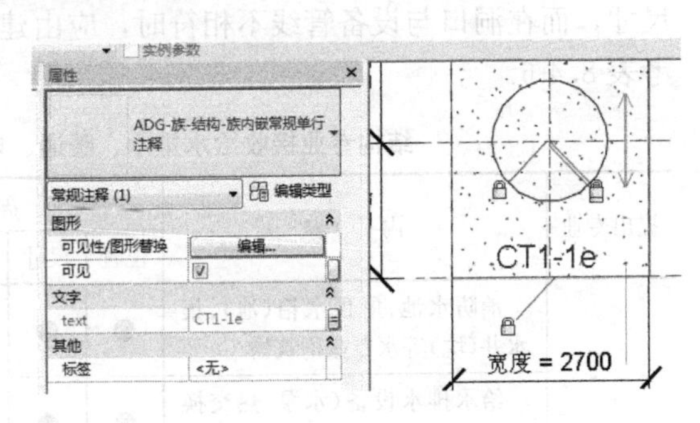

图 8.4-11　承台族内嵌注释

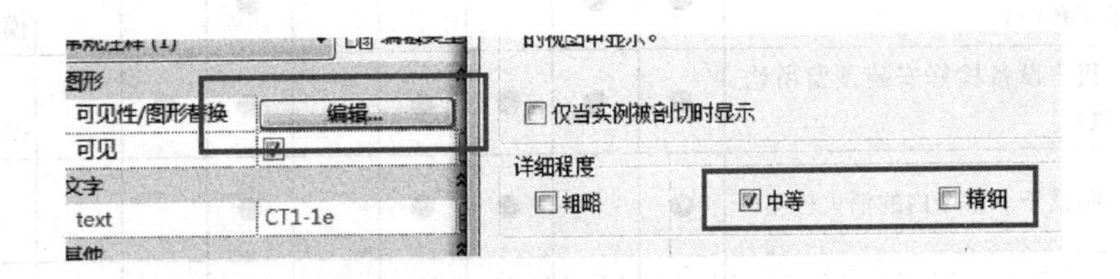

图 8.4-12　按出图需要隐藏注释

此步骤在建模出图前期应统一协商好。由于结构施工图主要以注释为主，如钢结构的部分也常采用单线图表达，见图8.4-13。因此，建议如建筑平面图统一按“精细”出图，结构按“中等”或“粗略”出图，在设计过程中，遇到互相影响时，经建筑专业提醒后，作修改。

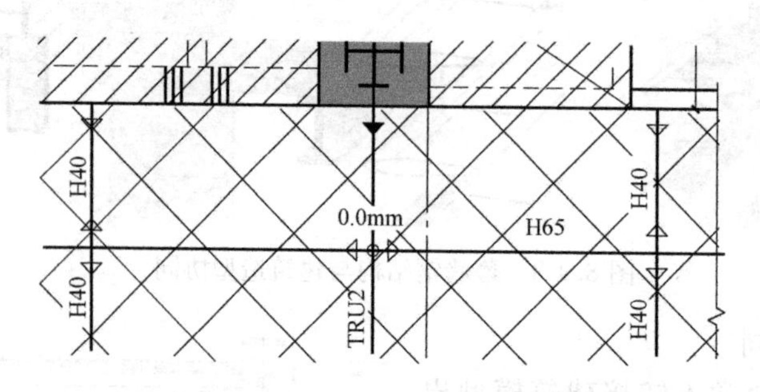

图8.4-13　结构钢结构粗略等级出图

又如：结构墙柱构件需要按最高优先级，在建筑图中显示。因此需与建筑协调结构墙柱平面图的视图剖切高度（如建筑平面为H+1.500，墙柱平面应为H+1.600），再通过链接结构对应视图，叠加到建筑施工图上。

8.4.6　结构与水、暖、电专业的信息协同

1）前期信息协同

在施工图阶段的前期，主要是由建筑负责与设备专业协调。建筑专业根据设备专业提的条件，对模型进行开洞、控制洞口面积、设备荷载等工作。在传统CAD协同时，建筑图经常对洞口标注“尺寸详空施”等文字，导致结构专业需要再次翻查空调专业施工图，确认洞口大小。在采用Revit协同后，结构专业主要还是负责核对建筑模型中的各种开洞尺寸，而在洞口与设备管线不相符时，应由建筑专业负责协调。信息协同阶段的提资可参考表8.4-6。

结构专业接收给水排水、暖通、电气专业提供资料（第二时段）　　表8.4-6

提出专业	内　容	深度要求					表达方式			
		位置	尺寸	标高	荷载	其他	图	表	文	BIM模型
给水排水	消防水池、屋顶水箱(池)、集水井(坑)等水专业构筑物	●	●	●	●		●			● 模型构筑物
	给水排水设备(水泵、热交换器、冷却塔、水处理设备)等基础	●	●		●		●			● 模型构筑物
	位于承重结构上的大型设备吊装孔(洞)	●	●				●			● 模型洞口族信息
	机房设备检修安装预留吊钩(轨)	●	●	●	●		●	●		● 模型预埋件标注
	暗设于承重墙内的消火栓箱	●		●	●		●			● 模型
	穿板时大于直径300预留洞	●	●				●			● 模型洞口

续表

提出专业	内　容	深度要求					表达方式			
		位置	尺寸	标高	荷载	其他	图	表	文	BIM 模型
给水排水	管沟	●	●				●			● 管网模型
	较大管径管道固定支架	●	●				●			
	穿梁、剪力墙、基础的管道预留孔洞或预埋套管	●	●	●			●			
	穿过人防围护结构管道	●	●	●			●			
	穿水池池壁防水套管	●	●	●			●			
	穿地下室外墙防水套管	●	●	●			●			
暖通	制冷机房设备平面布置图排水沟平面布置	●			●		●	●		● 模型
	燃油燃气锅炉房设备平面布置、排水沟平面布置	●	●				●			
	换热站设备平面布置、排水沟平面布置	●			●		●	●		
	空调机房	●			●		●	●		● 房间信息
	通风机	●	●	●			●	●		● 模型
	设备吊装孔及运输通道	●			●		●	●		
	设备检修安装吊钩、运行方式	●	●	●	●		●			
	管道吊装荷载	●					●	●		○ 模型参数及注释
	管道固定支架推力	●					●	●		
	混凝土预埋件、预留洞	●	●	●	●		●			○ 模型
	人防工程墙体、楼板预埋件、预留洞	●	●	●			●			
电气	变配电室（站）、柴油发电机房、各弱电机房等	●			●	必要时提供动荷载	●			● 房间信息
	各类电气用房电缆沟、夹层	●	●				●			●
	安装在屋顶板或楼板上的设备	●	●		●		●	●		
	电气(强电、弱电)竖井	●	●		●	留洞尺寸	●	●		● 竖井洞口族标注
	配电箱、设备箱、进出管线需在剪力墙上留洞	●	●	●			●	●		○
	配线暗管的最大交叉高度要求			●		管径	●	●	●	
	设备基础、吊装及运输通道	●			●		●			●
	缆线进出建筑物、主要敷设通道预埋件、留洞	●	●	●			●			●

续表

提出专业	内容	深度要求					表达方式			
		位置	尺寸	标高	荷载	其他	图	表	文	BIM 模型
电气	灯具、母线吊挂、开关柜固定、变压器吊装、变压器牵引地锚等预埋件	●	●	●	●		●			○ 预埋件二维构件
	设备基础、设备吊装及检修所需吊轨、吊钩等	●	●	●	●		●	●	●	○ 吊钩二维构件标注
	有特殊要求的功能房	●	●	●	●		●	●	●	● 房间信息
	卫星天线	●	●	●	●		●			○
	利用基础钢筋、框架柱内钢筋、屋顶结构做防雷、接地、等电位连接装置					施工要求	●		●	○ 二维构件标注
	防侧击雷	●	●		●	钢门窗圈梁与柱筋连接要求			●	○ 二维构件标注
	防雷接地装置预埋件	●	●	●			●		●	● 二维标注

注：BIM 模型列中，●：提供模型，○：提供族参数、视图内标注注释、二维详图构件等表达。

2）后期信息协同

在施工图阶段的后期，设备专业运用 Revit 进行管综调整及出图已较为成熟。通常在进行管综的过程中，结构专业可根据要求，适当调整构件截面。对预留孔洞的工作，通常可提供一个允许最大开洞、开洞部位的基本准则。

3）出图时协同的相关问题

设备专业出图的相关问题通常与建筑专业相似。但由于结构施工图模型不会链接其他专业的模型，因此结构出图时不会发生类似问题。

8.4.7 结构施工图检查内容

Revit 上由于建筑专业与结构专业使用同一结构构件模型（建筑专业通过链接方式调用结构模型），因而在出图时避免了大量专业间不一致的问题，大大简化了出图工作量。

采用 Revit 后无需进行的检查内容：

1）无需进行构件编号与详图号的一致性检查；

2）无需进行构件编号与梁、板、墙、柱、基础表的一致性检查；

3）无需进行引用详图号及剖面号与有关图纸的一致性检查；

4）桩编号与桩基础大样图编号的一致性检查；

5）无需进行结构梁尺寸及标高与建筑图洞口尺寸、洞顶标高、节点详图、楼梯大样等的一致性检查；

6）无需检查门窗开洞要求或楼电梯间开洞尺寸的检查（由于建筑专业链接结构专业

模型进行装饰装修的添加，开洞空间若不能满足建筑要求，建筑专业可实时在 Revit 中提交更改申请进行修改，相当于该部分检查工作转移给建筑专业进行）；

7）无需进行图层打印样式、显隐状态、视口范围的检查。

实际上结构施工图内容较多，Revit 目前尚且不能完全脱离 CAD 出图。而联合两种软件出图时，有很多施工图细节容易被忽视。故以下列举施工图中容易出错的细节问题，根据具体出图方式，供图纸检查时使用。

采用 Revit 后仍需进行的检查内容：

1）轴号及各部分尺寸是否齐全、正确，文字是否重叠（用 Revit 直接生成的轴号一般不能满足编号要求，需手动修改）；

2）各构件截面及定位尺寸（轴线关系、标高）是否正确、无遗漏，楼面及坡屋面标高变化处是否均已剖切大样；

3）计算模型反复修改后，Revit 中结构模型尺寸可能未能实时更新，需检查梁截面尺寸、楼板厚度是否与计算模型一致；

4）预留洞口是否已做加强处理。是否已创建剖面图；

5）超长平面结构是否已设后浇带，各层平面后浇带的定位是否一致，地下室平面与侧面后浇带定位是否一致；

6）梁上种柱情况，平面图的视深设置及可见性设置是否正确，平面图上是否已正确表达其投影关系，节点部位的加强措施是否已剖切表示；

7）砌体结构过梁、圈梁、构造柱等是否在平面图上表示清楚；

8）梯屋面层水池、电梯维修吊钩位置是否正确；

9）桩基础平面图是否完整标注桩截面、桩顶标高及定位尺寸；

10）筏基及桩承台上的设备沉井及电梯基坑尺寸是否符合要求。

8.5　设计校审方式

目前 CAD 流程中，从计算模型到实际施工，结构校审的主要内容有：

1）计算模型的合理性判断；

2）图纸是否满足规范、计算结果的要求；

3）专业间校审土建构件布置。

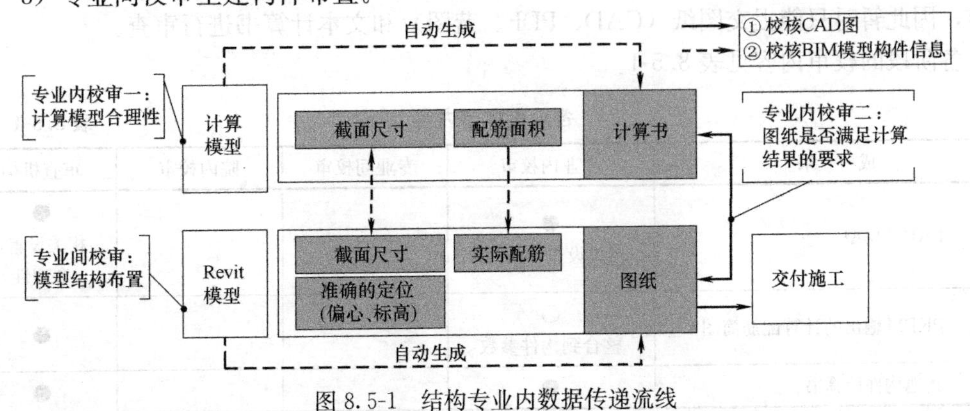

图 8.5-1　结构专业内数据传递流线

而在应用Revit进行设计时，第二点则主要解决截面尺寸、配筋面积（计算模型提供）与实配钢筋（设计人员输入到族参数中）的关系，可通过二次开发自动完成；第三点则主要通过模型链接协同的方式进行。具体结构的数据传递流线如图8.5-1所示。

8.5.1 专业内校审

1）在完成钢筋施工图后，由校核人对配筋面积等内容进行校审。在采用Revit平台协同后，如构件信息足够详细，如包含计算软件的配筋面积和实配面积，可采用插件校审进行辅助。并需校核是否满足相关规范。

2）楼梯、侧壁、车道、水池、挡土墙等在CAD平台绘制的大样内容，有可能与Revit平台的模型和各平面对不上。可采用下列方法：（1）搭建准确的土建模型，采用Revit剖切图作为CAD底图绘制钢筋大样。（2）如不影响其他专业的具体构造，可放宽建模深度，只建大致模型，采用CAD大样图表示，并以大样CAD图为准。

8.5.2 专业间校审

1）本内容通常贯穿整个施工图设计阶段。主要协调洞口、集水坑、开洞大小、净高控制等。如采用全过程相互链接建筑专业模型，在设计过程中即可同时进行校核。

2）从各设计单位的应用情况来看，运用BIM后，由于可以从三维视图剖切模型进行协同，建议可固定（如每周一次）一个时间，各专业会审一次，把问题集中解决，并记录形成会议纪要。

8.5.3 院内校审

1）主要仍按原有标准，对图纸进行审查，同时提供模型，但对模型暂不作具体要求。审查成果可在模型中的平面视图中标注，也可标记在构件参数中，或截取三维图记录在审查报告中。

2）计算书与传统工程要求一致，截面尺寸、计算配筋面积等内容可整合在结构模型中供查阅。

8.5.4 审查机构校审

由于目前国家未正式出台BIM交付的相关规定，且最终造价算量等信息均以施工图为准，因此暂时只能提交图纸（CAD、PDF、蓝图）和文本计算书进行审查。

各阶段的校审内容见表8.5-1。

各阶段校审内容 表8.5-1

成果		专业内校审	专业间校审	院内校审	审查机构
计算书	PKPM模型	● 相关设置，合理性			● 相关设置，合理性
	PKPM输出的计算配筋简图	○ 整合到构件参数			●
	其他构件计算书	●			●

续表

成果		专业内校审	专业间校审	院内校审	审查机构
模型	Revit 模型	● 结构布置	● 链接模型 洞口 构件布置	● 结构布置	
	Revit 模型内含的图纸	● 图面表达		● 图纸配筋	
	Revit 构件中包含的计算结果 *	● 校核超筋等信息		○	
	Revit 构件中包含的配筋出图信息	● 校核配筋面积 相关规范要求		○	
图纸	Revit 导出的 CAD 图纸			○	● 校核配筋面积 相关规范要求
	CAD 绘制的图纸	●	●	●	●
文档	Revit 中保存的项目信息*	● 复核总说明等信息			
	文档说明			●	●

* 需保证 Revit 信息的准确性，建议通过插件等方式导入 PKPM 等计算软件的结果至土建构件参数上。

8.6 结构与外单位信息协同

在甲方、施工方等外单位 Revit 平台协同过程中，由于对模型的标准确立不明确，应用成果的传递较难，数据难以直接应用。目前国家相关统一标准仍在制定，如需进行，则需具体就双方所需的数据标准协调后再进行。下列就常见的几个与外单位协调过程进行 BIM 应用举例。

8.6.1 勘察

在方案阶段，由建筑确定建筑体量，并由结构专业完成初步竖向构件布置后，确定钻孔布置并交由勘察单位完成详勘，具体内容可参考表 8.6-1。

勘察单位接收结构提供资料　　表 8.6-1

接收专业	内容	深度要求	表达方式			
			图	表	文字	BIM 模型
勘察	项目基本情况	项目基本信息			●	
	拟建建筑情况					●方案模型
	结构布置情况	柱网信息				●柱网模型
	勘探要求	钻点布置、工程量、入岩岩性及深度等	●	●	●	●模型基础平面视图

孔号	孔口标高	桩型	岩层数据 2~2淤泥； 2~3 可塑粉质黏土；2~4 硬塑粉质黏土；2~5 淤泥质粉质黏土；2~6 细砂； 3~1 粉质黏土；4~1 破碎灰岩；4~2 完整灰岩； 3~2 土洞；4~3 溶洞												桩长	桩底高程	计算承载力	溶洞顶板厚度	链接	设置桩底高程
191	5.52	1	1~1	2~1	2~2	2~3	2~4	2~6	4~1	4~3	4~1	4~3	4~1	4~2	22.30	-16.78	1200	3	计算书	-16.78
			3.52	-1.78	-2.98	-5.48	-15.08	-16.78	-19.78	-21.33	-24.23	-26.23	-26.78	-31.93						
192	5.52	1	1~1	2~2	2~3	2~4	2~6	3~1	4~1	4~3	4~1	4~3	4~2		21.85	-16.33	1241	3.65	计算书	-16.33
			3.02	0.62	-2.58	-9.38	-14.28	-16.33	-19.98	-21.98	-22.58	-23.58	-28.83							
193	5.52	1	1~1	2~1	2~4	4~1	4~3	4~2							22.85	-17.33	1417	1.05	计算书	-17.33
			3.42	-2.58	-17.33	-18.38	-18.98	-24.13												
194	5.52	1	1~1	2~3	2~4	4~1	4~3	4~2							19.05	-13.53	1354	1	计算书	-13.53
			4.32	3.02	-13.53	-14.53	-15.48	-20.73												
195	5.62	1	1~1	2~1	2~2	2~4	2~6	4~1	4~2						30.58	-24.98	1476	无	计算书	-24.98
			4.22	-6.38	-8.58	-22.78	-24.98	-26.88	-32.18											
196	5.62	1	1~1	2~4	2~5	2~6	4~1	4~3	4~2						28.38	-22.78	1316	1.7	计算书	-22.78
			2.42	-4.38	-8.68	-22.78	-24.48	-25.08	-31.68											
197	5.62	1	1~1	2~4	2~5	2~6	4~1	4~3	4~2						27.78	-22.18	1348	3.1	计算书	-22.18
			2.82	-6.68	-9.38	-22.18	-25.28	-25.98	-31.28											
198	5.55	1	1~1	2~1	2~2	2~4	4~1	4~3	4~1	4~2					22.70	-17.15	1007	3	计算书	-17.15
			3.95	-4.85	-8.15	-17.15	-20.15	-20.65	-21.25	-26.85										
199	5.55	1	1~1	2~1	2~2	2~4	2~6	4~2	4~1	4~3	4~1	4~2			22.90	-17.35	1116	2.5	计算书	-17.35
			3.85	-2.45	-5.05	-11.45	-17.35	-18.15	-19.85	-21.05	-22.15	-27.55								
200	5.55	1	1~1	2~4	2~5	3~1	4~2	4~1	4~3	4~1	4~2				24.50	-18.95	1274	1.7	计算书	-18.95
			4.05	-3.95	-8.45	-18.95	-19.35	-20.65	-22.25	-22.85	-28.15									
201	5.55	1	1~1	2~1	2~2	2~4	2~5	3~1	4~1	4~2					26.80	-21.25	819	无	计算书	-21.25
			4.35	1.75	-0.95	-5.45	-16.95	-21.25	-23.25	-28.85										

图 8.6-1　传统勘察资料

在地质勘察的环节，主要通过报告、图纸、表格等方式接收勘察单位的成果，如图 8.6-1 所示。可根据需要，把勘察报告中的等高线导入场地模型中，对布桩和桩长持力层进行校核，如图 8.6-2 所示。

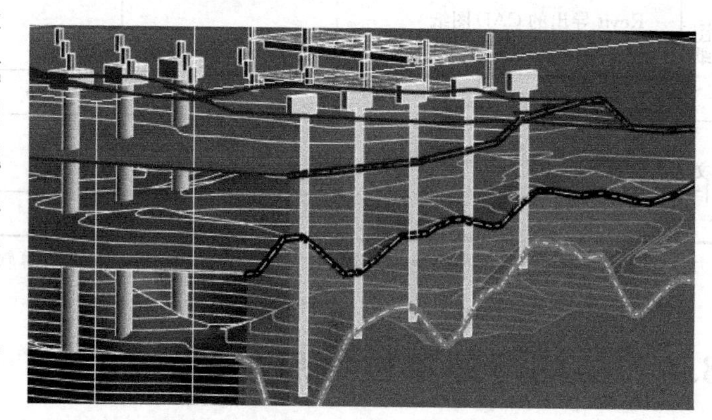

图 8.6-2　勘察资料信息化后与基础设计三维协同

8.6.2　幕墙、人防、景观等

在施工图阶段，甲方可进行幕墙招标，并由幕墙单位完成深化工作。通常要求能在完成施工图前，得到幕墙的深化图纸，进行幕墙埋件布置、构件承载力复核等工作，以减少后期方案变更、植筋等工作。此项需根据幕墙单位是否应用 BIM 而决定协同方式。而对接收幕墙设计信息后，在图纸上对相应埋件位置进行标注即可。如采用 BIM 进行，可参考表 8.6-2 的标准。其他各专业现阶段也是以 CAD 协同为主。

结构接收幕墙单位提供资料　　　**表 8.6-2**

接收专业	内　　容	表达方式			
		图	表	文字	BIM 模型
结构	埋件大样，尺寸，钢材型号，施工方式	●	●		● 模型
	幕墙计算简图和支座荷载情况	●			○ 模型支座反力参数
	幕墙平面、立面图	●			● 模型
	幕墙其他说明文档			●	

8.7 施工阶段及后期服务

施工阶段及后期服务的工作内容主要是跟施工方和幕墙等后期介入的单位进行信息协同，主要包括：

8.7.1 施工交底

现阶段图纸审查、施工、结算依据仍是以图纸为准，同时辅以技术交底函。在施工交底时，对复杂部位可生成三维剖切图等信息在发文中提供参考，如图8.7-1所示。

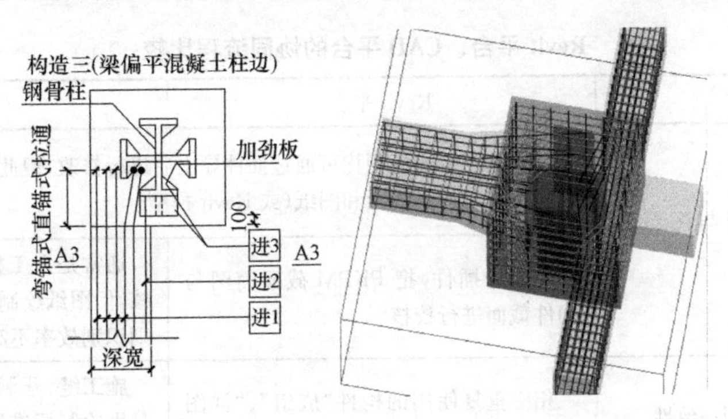

图8.7-1　复杂钢筋节点施工交底

由于目前三维钢筋构建的工具仍未完善，因此对于这类构建，建议局部建立实体钢筋模型，同类构件也不必重复建立，并只在设计阶段在结构专业内作为方案可行性推敲和截图提供施工单位，在最终的归档模型和提资模型中，不建议包含本部分的内容。

8.7.2 适用于施工的BIM模型

对于有应用BIM能力的施工单位，设计单位可提供BIM模型，并就关键信息的数据构成进行整理。如：现有部分单位应用Revit模型进行钢筋三维抽筋放样的工作，如设计模型包含依照平法规则信息，可通过插件等方式转换为三维钢筋网。

在设计阶段为便于出图和反复的模型调整，模型通常不会过度细分为多个模型，但到了施工阶段，特别是交付到设备专业进行管综等调整后，模型复杂程度剧增。在对结构模型基本稳定的情况下，可按分塔、施工缝、防火分区等原则，对模型进行进一步的细分，以满足施工阶段模型的深度要求。

8.7.3 变更、竣工模型与归档

完成施工图后，应对施工图模型进行归档，并将当前模型作为竣工模型。在发生变更时，在竣工模型上进行修改并出施工变更的图纸和修改通知。对于模型变更的管理：

图8.7-2　应用阶段化存储项目变更信息

1）在设计前期，由于变更较多，可在方

案、初设、施工图审查等各关键节点，把中心模型分离一个模型作为归档模型。

2）在施工阶段，可采用阶段化进行管理，如图 8.7-2 所示。其中，修改通知单与 Revit 模型中的阶段一一对应，修改通知单内图纸可采用复制视图、阶段化图形替换进行出图及变更注释。

8.8 Revit 平台、CAD 平台的协同流程比较

综合本章节的研究，把设计过程中运用 CAD 和运用 Revit 进行专业间协同的一些关键点进行比较，见表 8.8-1。

Revit 平台、CAD 平台的协同流程比较 **表 8.8-1**

<table>
<tr><th colspan="2">工作内容</th><th>Revit 平台</th><th>CAD 平台</th></tr>
<tr><td rowspan="4">专业内协同与校审</td><td rowspan="2">计算模型与图纸一致性</td><td colspan="2">首次的图纸或模型均可通过插件导出后进行修改，但此后如有修改，设计人员需同时修改计算模型和图纸(或 Revit 模型)</td></tr>
<tr><td>可通过插件，把 PKPM 截面简图与构件截面进行校核</td><td>通常是人工校核，也可采用插件校核，但图纸绘制和标注需比较规范，否则识别效率不高</td></tr>
<tr><td>各层平面图一致性</td><td>相应重复使用的构件“成组”、“详图组”</td><td>施工缝、开洞等有一定规律的构件分别绘制标准层图，各平面链接对应 CAD 图</td></tr>
<tr><td>平面图与大样图一致性</td><td>(1)大样图采用 CAD 绘制，协同方式与 CAD 平台相同
(2)Revit 出梯井平面图、剖面图，在 CAD 中绘制配筋，不需校核</td><td>人工校核</td></tr>
<tr><td colspan="2">与建筑专业信息协同</td><td>模型对模型、链接平面视图</td><td>图纸对图纸</td></tr>
<tr><td colspan="2">与设备专业信息协同</td><td>直接在模型布置相关井道供设备专业布置管线</td><td>由建筑专业把设备图纸的洞口标注到建筑施工图上，结构专业与建筑进行协同(如深度不足需翻阅设备图纸)</td></tr>
<tr><td colspan="2">与外单位信息协同</td><td>可导出 CAD 图，可提供辅助模型</td><td>采用 CAD 图、表格、文字等方式</td></tr>
<tr><td colspan="2" rowspan="2">专业间协同(提资)方式</td><td>统一模型共同布置构件、或阶段性更新模型</td><td>按图纸提平面图或大样图</td></tr>
<tr><td colspan="2">连梁高度、洞口等尺寸，共同协商定一个统一的布置标准</td></tr>
<tr><td colspan="2" rowspan="2">专业间校审方式</td><td>设计过程半色调链接对方模型随时校核；管线布置的碰撞检测；集中进行模型会审</td><td>集中进行图纸会审；每次提资后校对一遍</td></tr>
<tr><td colspan="2">人工在平面图检查净高比较紧张的部位</td></tr>
<tr><td colspan="2">设计进度控制方式</td><td>阶段性提资，或直接链接建筑模型，均按正式提资的设计方案为准。对前期未确定的方案，仍可提前供结构专业进行前期工作</td><td>按进度计划和正式提资单确定相应责任</td></tr>
<tr><td colspan="2">归档及出图</td><td>模型、PDF 图、(导出 CAD 图)</td><td>CAD 图，PDF 图</td></tr>
</table>

8.9　结构与其他专业协同设计小结

本章参考现有 CAD 项目的多专业协同设计流程和要求，根据 Revit 平台结构专业内工作流程进行整合。将以往施工图中以 CAD 离散线、文字存储的数据，按 Revit 构件信息划分后，增加流程中结构 Revit 模型的内容，全流程汇总后如图 8.9-1 所示。图中各阶段详细流程和互提资料的内容，可参见 8.2～8.4 节的相应内容。

在本章研究的前期调查时也发现，现阶段应用 Revit 进行结构设计的项目非常少，进行结构施工图设计的就更少。结合部分设计院的反馈，在多专业协同的环节，主要问题和原因有五个方面。对于这些难点和工程设计流程，本章研究了基于 Revit 进行设计时的各项流程和重点难点，结合 BIM 模型数据结构和操作的相关特性，对传统 CAD 的设计流程进行优化，提出了运用 Revit 进行多专业协同的具体流程，针对性地提出几个可行的解决方法。

1）其他单位（或其他专业）不使用，无法承接成果：甲方不要求；造价、施工等外单位不承接模型成果；建筑专业不使用，或不用来出施工图（即模型未能达到施工图深度）。

解决方法：在项目前期先选择工作模式（全流程 BIM、施工图 BIM、BIM 顾问），对各专业统一出图要求可保证“模型＝图纸”，即可满足设计阶段的协同要求。对于实施可行性，根据目前各单位应用 BIM 设计的情况，主要瓶颈在于结构专业，而建筑和设备专业应用 Revit 完成设计和施工图工作已经较为成熟。由于建筑是主导专业，可先从建筑专业进行推广。对外单位，可配合其要求进行施工阶段的扩展应用。

2）工作内容、提资流程和要求、成果形式等均不明确：结构专业在全专业 BIM 设计中，较为完整详尽的工程案例较少，只对个别新颖应用点有所阐述，而会遇到什么问题和解决方法都不清楚，结构设计人员不敢贸然运用陌生的新平台进行设计工作。

解决方法：由于目前并没有国家地方标准，行业内案例较少，未有较为认可的流程要求。根据 CAD 平台协同的提资要求，结合 Revit 工程应用时的要点和 BIM 模型数据结构和操作的相关特性，提出方案阶段、初步设计阶段、施工图阶段的几种工作流程和人员安排，并补充 05SG105《设计互提资料深度及图样》中各阶段提资的 BIM 模型要求，以及可能遇到问题的解决方法。

3）钢筋信息不需要协同，结构钢筋采用 Revit 出图意义不大：钢筋信息输入与平面表达出图等较为烦琐，钢筋信息在设计过程中也不需要与其他专业协同。

解决方法：在采用“图面表达”章节，套用标注族、视图样板等流程进行设计，可保证模型即图纸，不需另外维护一个只用于专业间协同的 BIM 模型，可完成模板图和钢筋平面图的工作。此外也可采用 Revit 出模板图，在 CAD 中进行钢筋标注。但就结构专业而言，通过传统 CAD 进行钢筋标注的信息离散，也不便于维护与校核。钢筋参数化后，除了规范出图、便于改图改钢筋外，也可通过插件灵活进行自动化校核配筋面积、配筋率、校核规范相关要求，对结构专业自身的信息化发展有极大帮助。

4）反复修改、变更麻烦，工作量大：建筑专业经常修改方案，如仍沿用传统 CAD 协同流程，改模型的工程量过大。

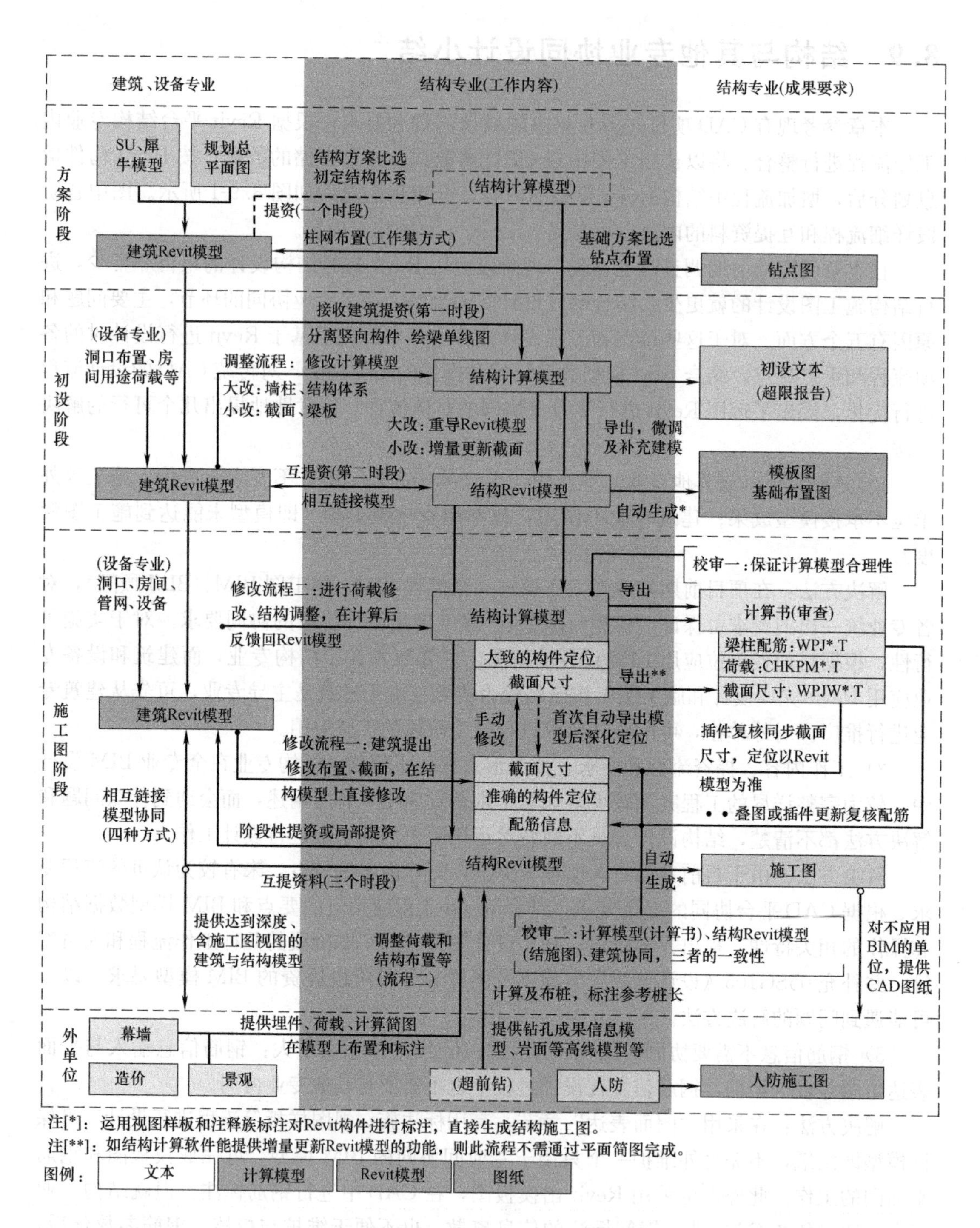

图 8.9-1　全流程结构设计流程汇总

解决方法：建筑在前期各阶段应用 Revit 后，将提前增加设计深度，将减少后期的修改。本章也提出两种提资方式（紧密链接、阶段提资），根据项目需要选用。如紧密链接沟通较强，可及时发现变更和问题；阶段提资则沿用 CAD 模式的优势。而在需要变更时，运用组、过滤器、改族类型等技巧，与改 CAD 图相比，更方便和准确，也减少很多重复性工作。

5）协同服务器架设问题：认为应用 BIM 需要专门的协同服务器，且硬件要求较高。

解决方法：参考有相关经验的单位，应视工程量和工作模式灵活配置。对于大部分设计单位，均在同一局域网内进行协同工作，只需采用传统的文件共享服务器放置中心模型，设计人员本地建立本地模型即可完成协同工作，与 CAD 参照协同相同。Revit Server 主要用作基于互联网连接的跨区域协作，并不适合单个设计院内进行多专业协同。

第 9 章　框架结构 BIM 设计指导

前面章节介绍了基于 Revit 的建模技术和施工图绘制方法，框架结构是一种较为常见的建筑结构，本章以一个别墅项目为背景，从工程应用的角度，结合前面各章节所介绍的方法，介绍其从建模到形成施工图的过程，为工程师进行框架结构的 BIM 设计提供一定的指导。

9.1　项目概况

案例工程为一别墅，占地约为 17m×10m，结构采用混凝土框架结构，柱距约 5m，地上 3 层，地下 1 层，结构主体高度为 12.3m，地下层高 3.3m，首层层高 3.6m，其他层层高 3.3m，4 层设坡屋顶。建筑平面图、立面图如图 9.1-1、图 9.1-2 所示。

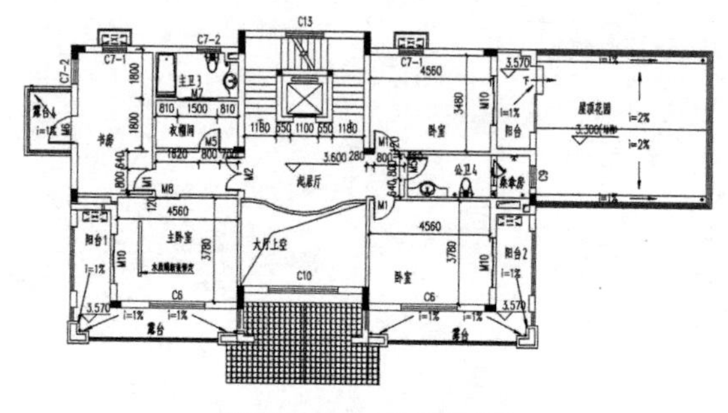

图 9.1-1　二层平面图

图 9.1-2　立面图

9.2　建立结构模型

9.2.1　新建项目文件

打开 Revit 软件，显示主界面，点击“项目→新建→浏览”，选择本书提供的样板“GDADRI-Revit.rte”，如图 9.2-1 所示，点击“确定”后进入绘图界面。点击“保存”按钮，将项目保存到硬盘中，本例文件名为：“别墅工程案例”。

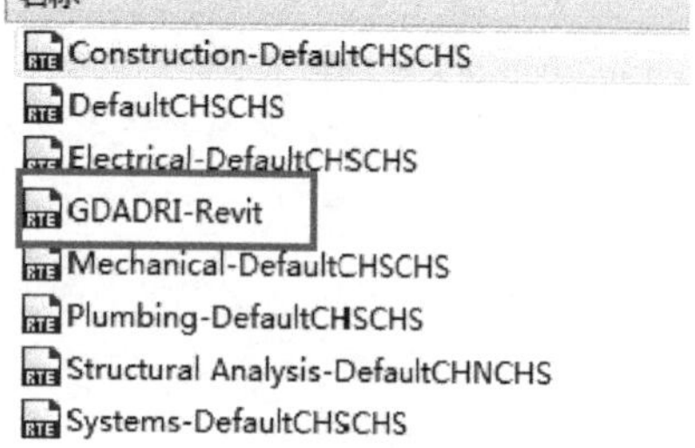

名称

Construction-DefaultCHSCHS
DefaultCHSCHS
Electrical-DefaultCHSCHS
GDADRI-Revit
Mechanical-DefaultCHSCHS
Plumbing-DefaultCHSCHS
Structural Analysis-DefaultCHNCHS
Systems-DefaultCHSCHS

图 9.2-1　选择样板

9.2.2　建立标高

按表 9.2-1 所示的标高表新建各楼层的标高，新建完毕后立面视图如图 9.2-2 所示。同时创建相应的结构平面，如图 9.2-3 所示。

结构标高表　　表 9. 2-1

楼层名	标高值	楼层名	标高值
F-1	－3. 350	F3	6. 850
F1	－0. 050	F4	10. 150
F2	3. 550	F5	12. 350

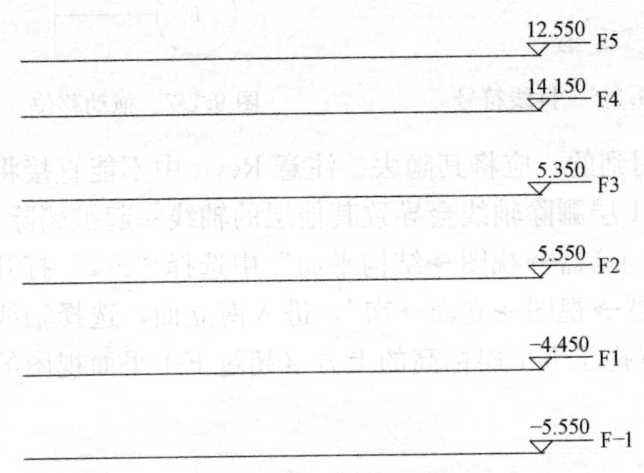

图 9. 2-2　立面视图

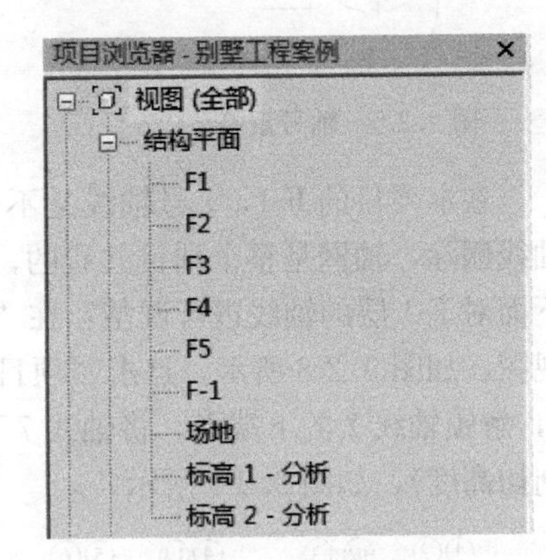

图 9. 2-3　结构平面

9. 2. 3　建立轴网

采用 Revit 的"轴网"命令，按本书前面章节所述的步骤绘制如图 9. 2-4 所示的轴网。

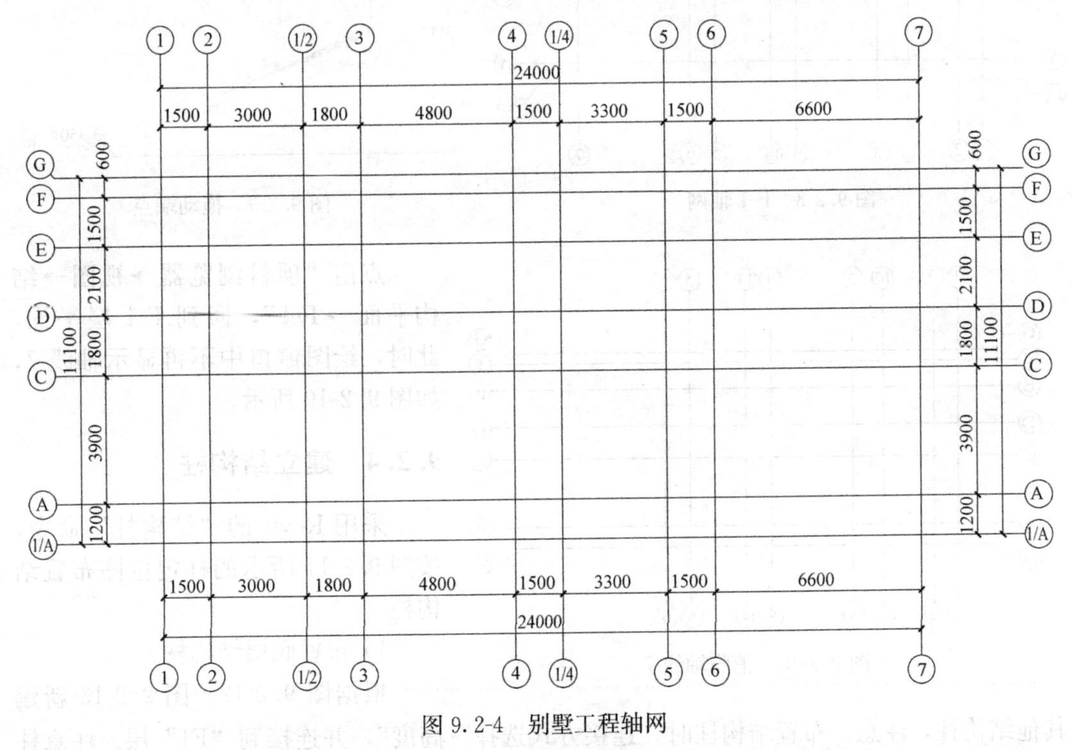

图 9. 2-4　别墅工程轴网

绘制完轴线后，由于"轴线 G"与"轴线 F"距离太近，轴号重叠在一起，如图 9. 2-5 所示。现对这种情况进行处理：选择"轴线 G"，点击"轴线 G"旁的折线符号，如图 9. 2-6

所示。此时，“轴线 G”的轴号往下折，将其拖动到合适位置，如图 9.2-7 所示。其余重叠轴号同样处理。

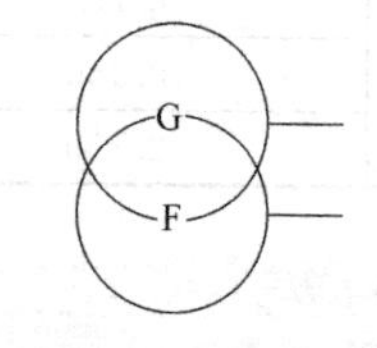

图 9.2-5　轴号重叠

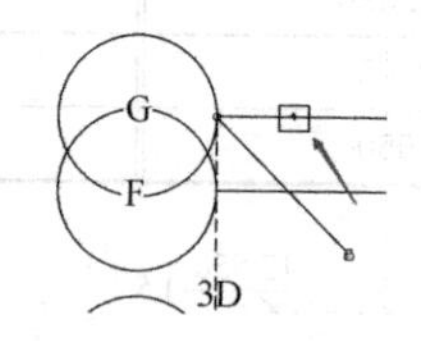

图 9.2-6　拆线符号

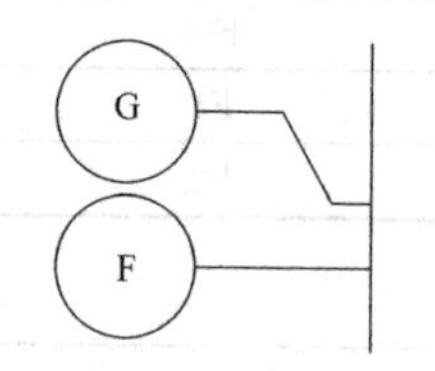

图 9.2-7　拖动移位

在本项目的 F-1，7 号轴线是不需要用到的，应将其隐去。注意 Revit 中不能直接将轴线删除，轴网是整个项目共有的，在 F-1 层删除轴线会导致其他层的轴线一起被删除。下面对 F-1 层的轴线进行调整：在“项目浏览器→视图→结构平面”中选择“F-1”打开视图，如图 9.2-8 所示。点击“项目浏览器→视图→立面→南”，进入南立面，选择轴线 7，解锁轴线 7 的下端点，将轴线 7 下端点拖至 F-1 层标高的上方（超过 F-1 平面视图的剖切高度），如图 9.2-9 所示。

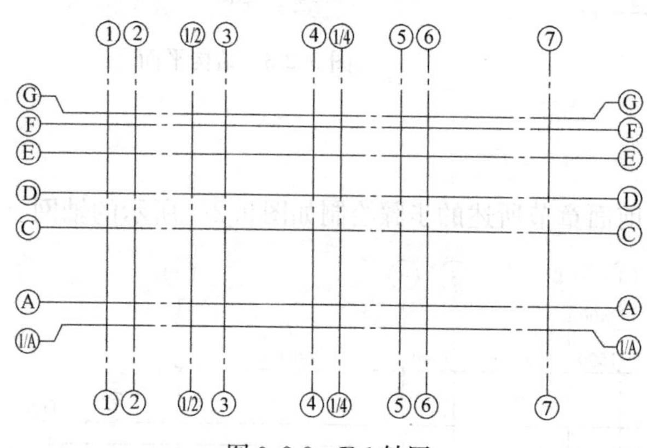

图 9.2-8　F-1 轴网

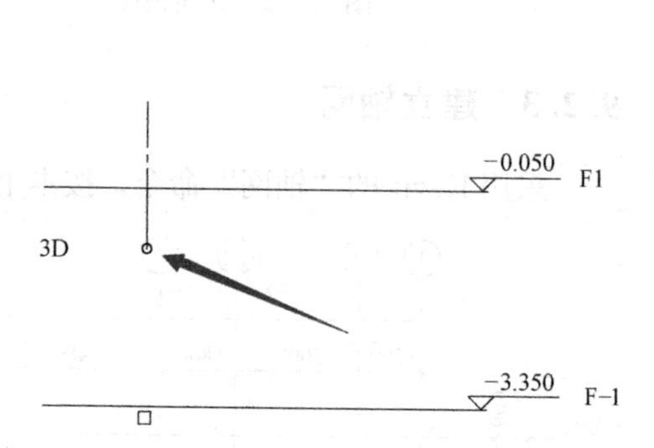

图 9.2-9　拖动端点

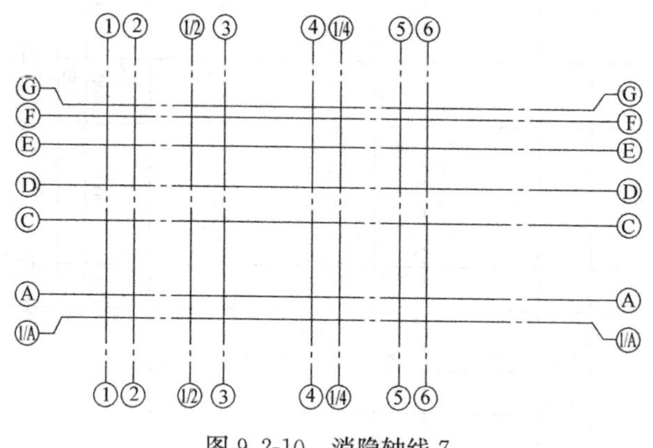

图 9.2-10　消隐轴线 7

点击“项目浏览器→视图→结构平面→F-1”，回到 F-1 层平面，此时，绘图窗口中不再显示轴线 7，如图 9.2-10 所示。

9.2.4　建立结构柱

采用 Revit 的“结构柱”命令，按图 9.2-11 所示的柱定位图布置结构柱。

1）布置底层结构柱

根据图 9.2-12、图 9.2-13 新建其他结构柱，注意，布置结构柱时，连接方式选择”高度”，并连接到“F1”层。注意柱定位并非对中，实际操作时可先对中放置，再手动偏移，或临时新建“参照平面”作为辅助定位线，用“对齐”命令给柱定位，然后再删掉参照平面。

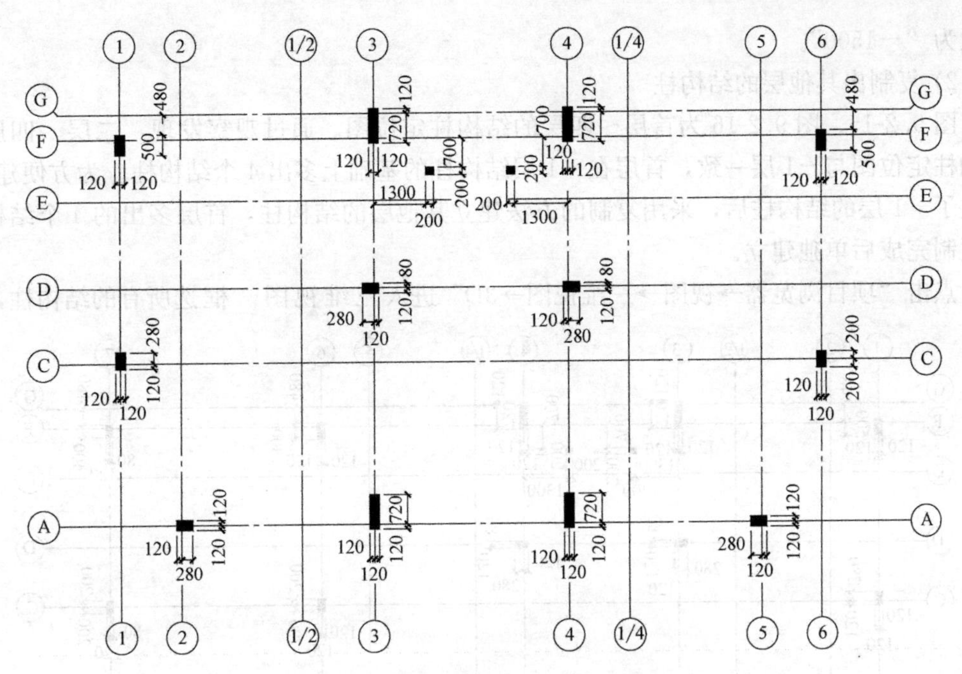

图 9.2-11　F-1 层柱定位平面图

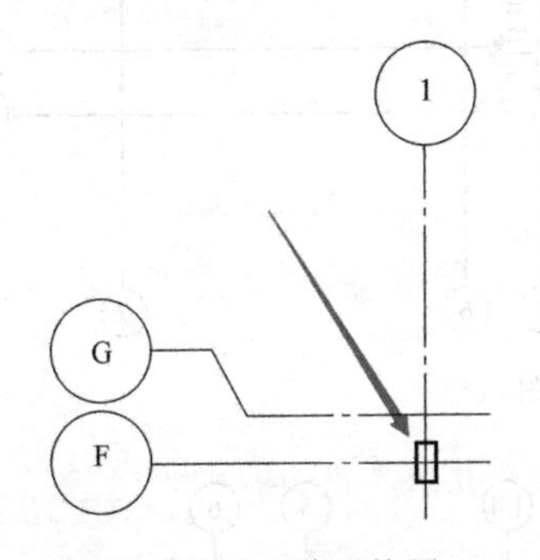

图 9.2-12　放置柱子

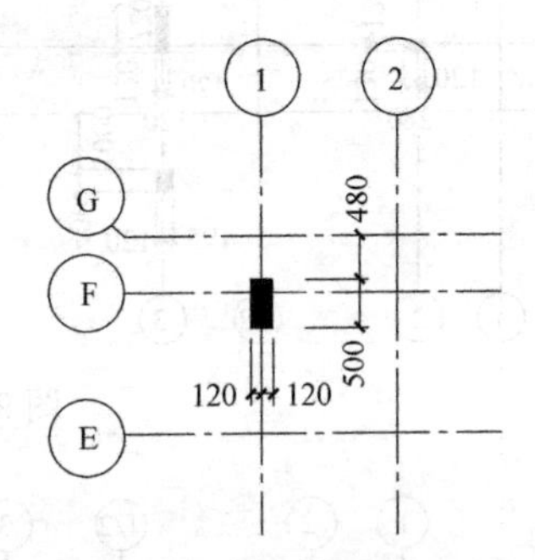

图 9.2-13　原柱位

完成后的 F-1 层如图 9.2-14 所示。选中本层所有柱子，在属性窗口中将其底部偏移

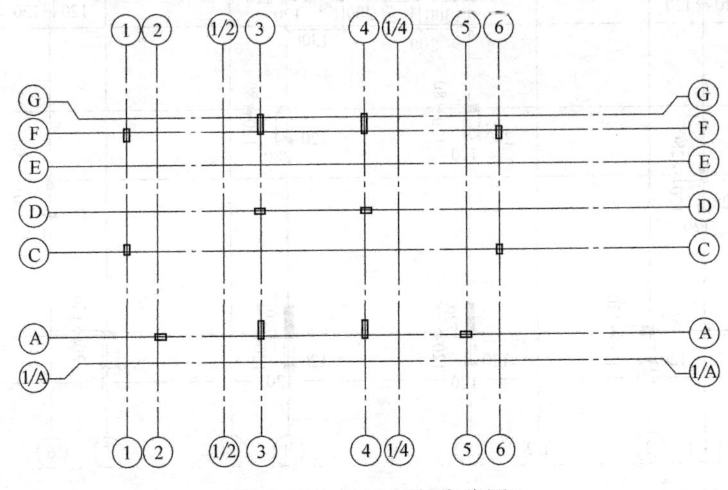

图 9.2-14　F-1 层柱定位图

修改为“－1500”。

2）复制出其他层的结构柱

图 9.2-15、图 9.2-16 为首层～四层的结构柱定位图。通过观察发现，二层～四层的结构柱定位图与－1 层一致，首层在－1 层结构柱的基础上多出 4 个结构柱。为方便建模，建立了－1 层的结构柱后，采用复制的方法建立其他层的结构柱，首层多出的 4 个结构柱在复制完成后单独建立。

点击“项目浏览器→视图→三维视图→3D”进入三维视图。框选所有的结构柱，按

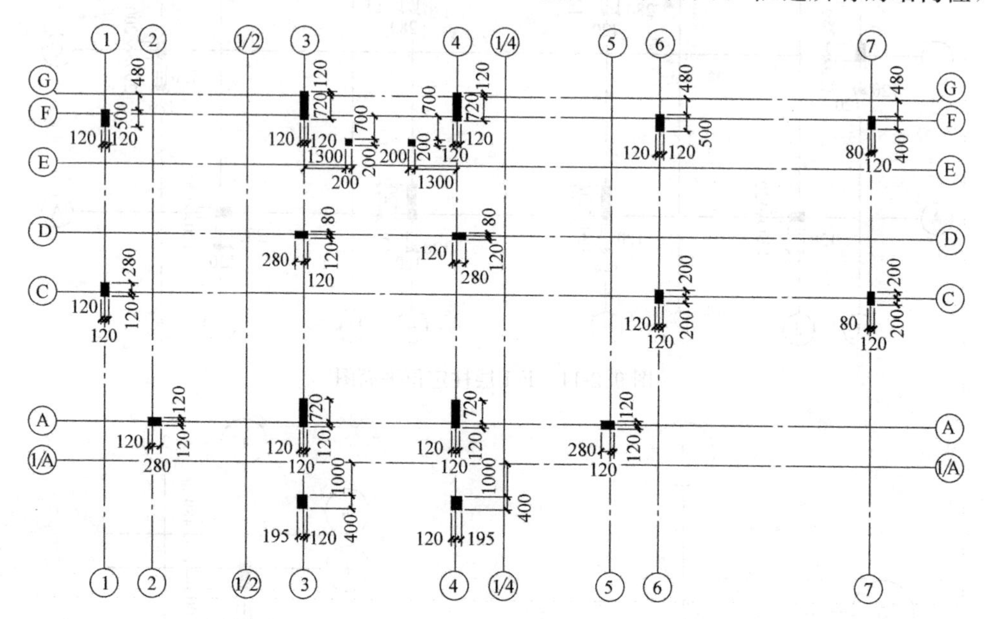

图 9.2-15　F1 层柱定位图

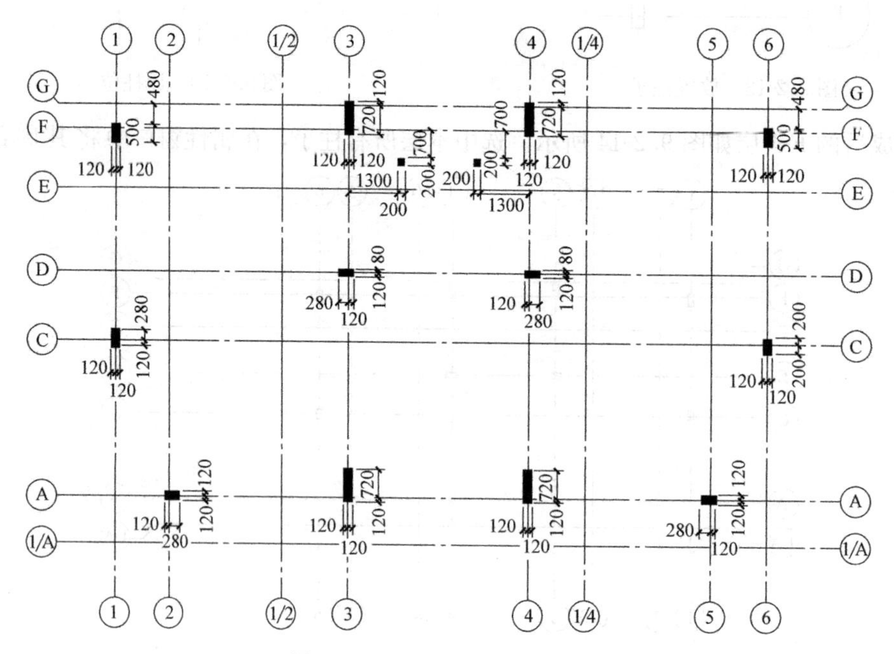

图 9.2-16　F2～F4 层柱定位图

Ctrl+C 进行复制。之后点击“修改｜选择多个→剪贴板→粘贴→与选定的标高对齐”（此处不能用 Ctrl+V 进行粘贴），如图 9.2-17 所示。在弹出的窗口中选择标高为“F2”，单击确定。此时，视图中会出现新复制出的结构柱，并且所有新复制出的结构处于高亮状态，如图 9.2-18 所示。

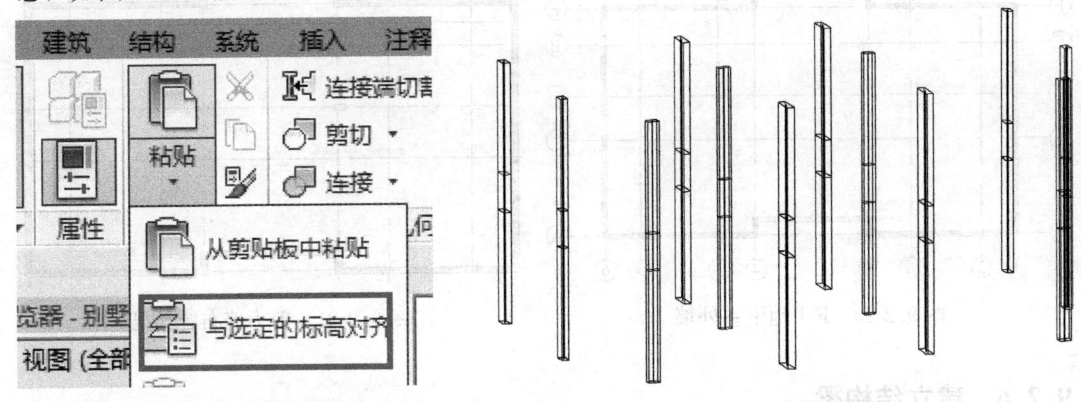

图 9.2-17　与选定的标高对齐　　　　图 9.2-18　复制出新柱

用过滤器功能选择新复制出的结构柱，在属性窗口中将“底部偏移”值改为“0”，这样就完成了首层柱子的复制。用同样的方法复制出二层、三层的结构柱。

3）补充首层的结构柱

点击“项目浏览器→结构平面→F1”，进入 F1 层的结构平面，根据图 9.2-19 所示，建立首层多出的 4 个结构柱，并将其“底部标高”设为“F1”层，“顶部标高”设为“F2”层，“底部偏移”设为“−1500”。至此，本例子所有结构柱建模完毕。

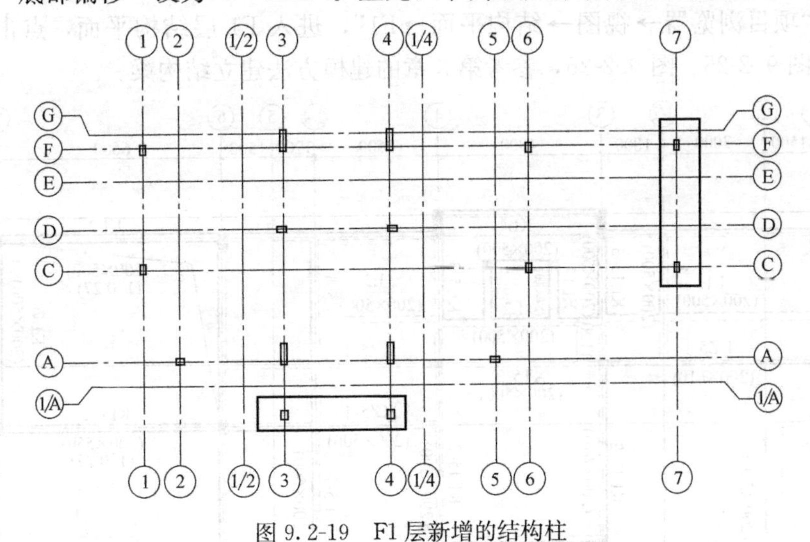

图 9.2-19　F1 层新增的结构柱

9.2.5　布置剪力墙

本案例的 F-1 层为地下室，地下室四周由一圈地下室外墙形成封闭结构，在 Revit 中，采用“剪力墙”族进行地下室外墙的建模。F-1 地下室外墙的布置图如图 9.2-20 所示。图中，斜线填充区域为地下室外墙（需要布置剪力墙的位置），实体填充区域为结构柱，地下室外墙厚度为 200mm。按照图 9.2-20 完成 F-1 地下室剪力墙的布置，布置结果如图 9.2-21 所示。

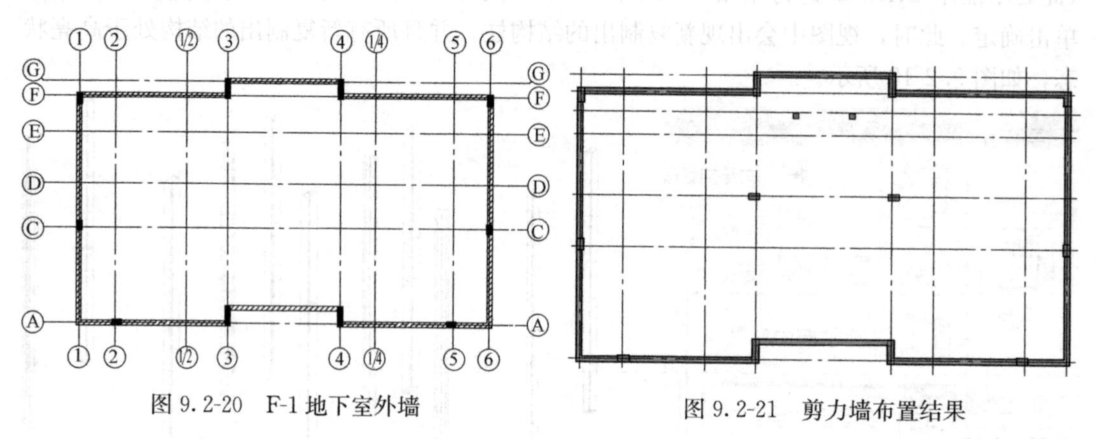

图 9.2-20　F-1 地下室外墙　　　　图 9.2-21　剪力墙布置结果

9.2.6　建立结构梁

1）平面布置图

图 9.2-22～图 9.2-25 为按平法标注的结构布置平面图。图中，主要标注了结构梁的截面尺寸、梁定位以及梁面标高，未标明梁面标高的梁，其梁面标高为其所在层的楼面标高，未标明定位的梁，梁中平轴线或者梁边平柱边。坡屋顶对应的斜梁，建模方式见 3.7 节。

2）布置结构梁

点击“项目浏览器→视图→结构平面→F1”，进入 F1 层结构平面，点击“结构→梁”，根据图 9.2-25、图 9.2-26，参考第 3 章的建模方法建立结构梁。

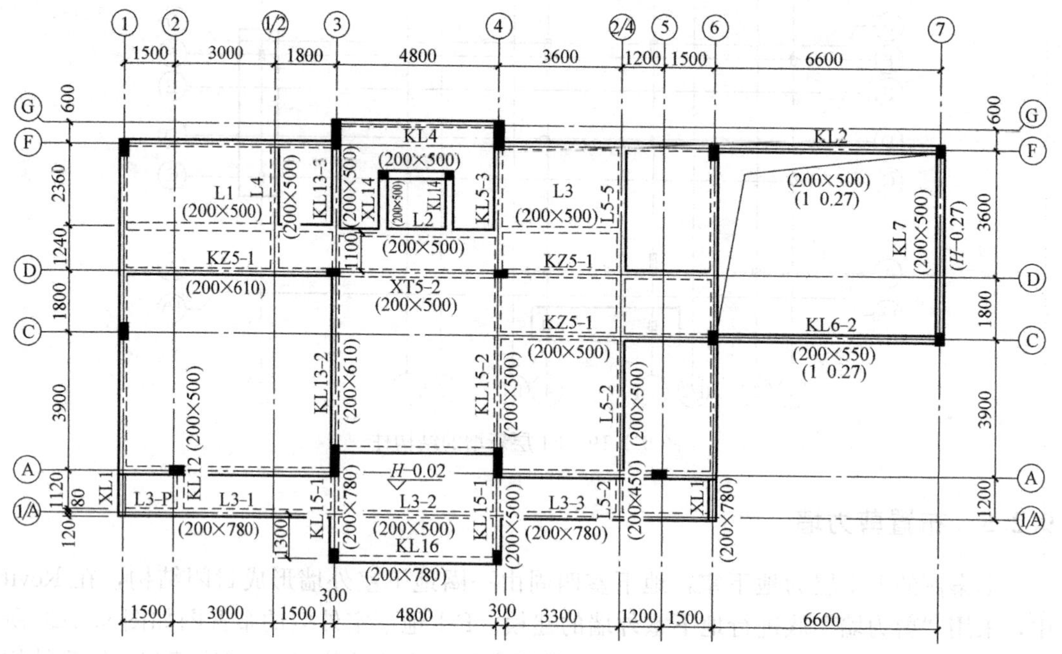

图 9.2-22　首层结构平面图

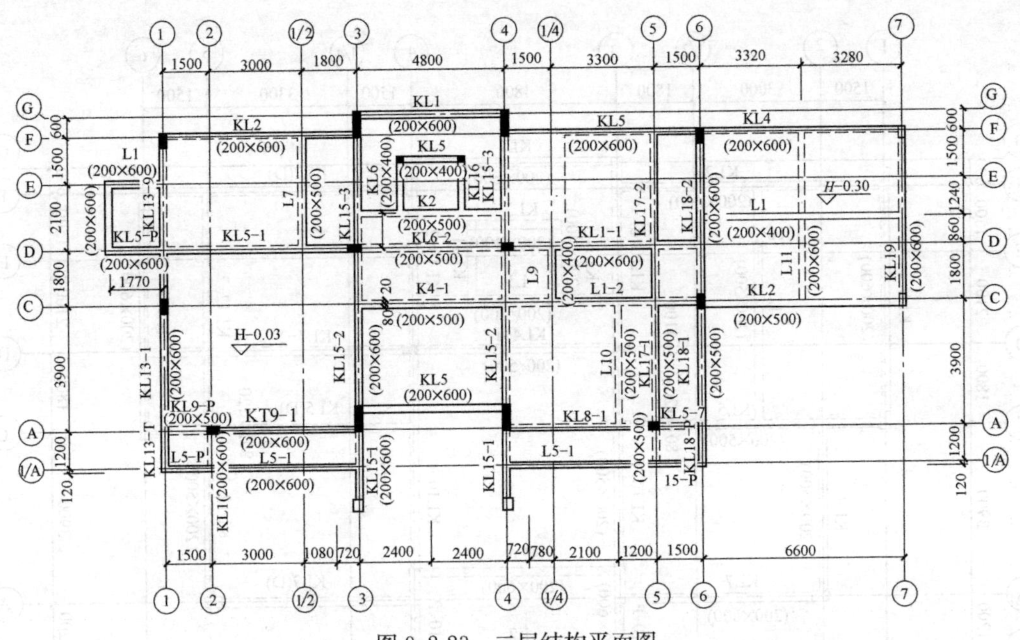

图 9.2-23　二层结构平面图

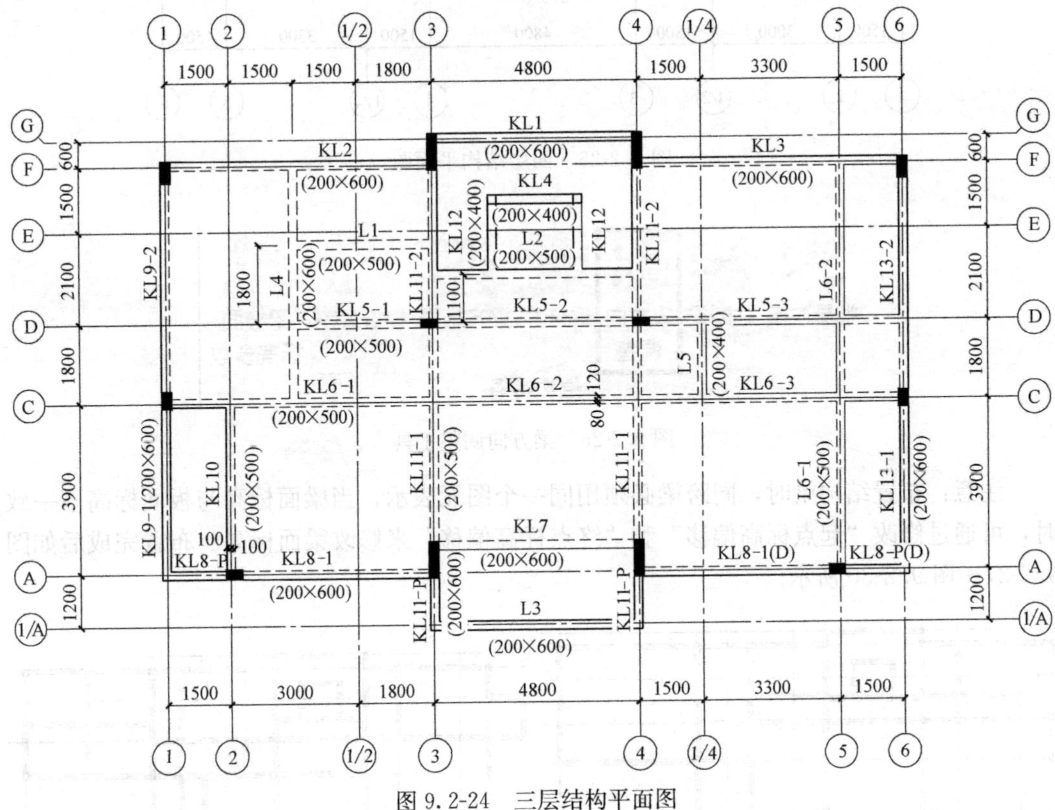

图 9.2-24　三层结构平面图

建模要特别注意布置梁时候的方向，对于水平梁是从左到右，对于竖直梁是从下到上。若建模时没有考虑梁方向，或者由于捕捉等原因不方便按该原则建模的，可以使用本书提供的向日葵工具箱中的“梁方向调整”工具（图 9.2-26）进行梁方向修正。

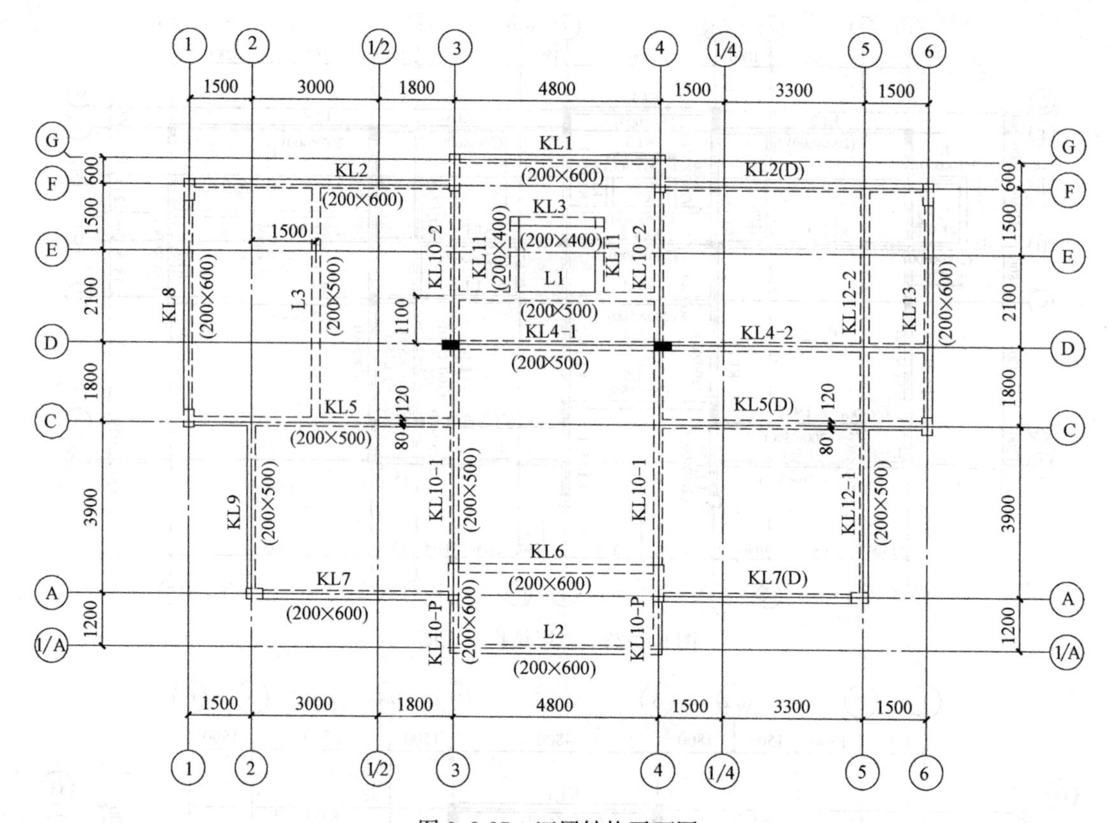

图 9.2-25　四层结构平面图

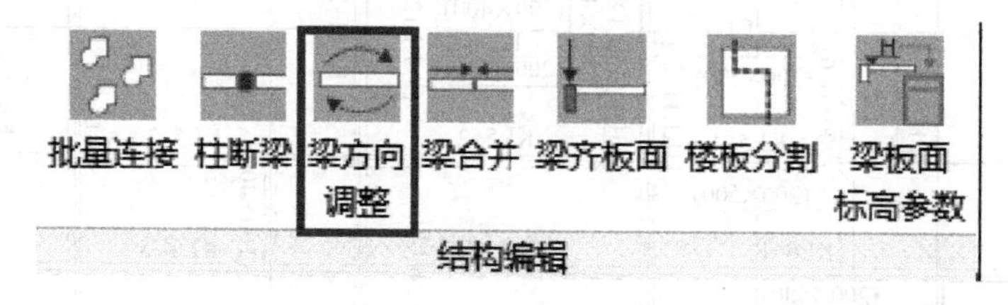

图 9.2-26　梁方向调整工具

注意：布置结构梁时，同跨梁必须用同一个图元表示，当梁面标高与板面标高不一致时，可通过修改“起点标高偏移”和“终点标高偏移”来修改梁面标高。布置完成后如图 9.2-27～图 9.2-30 所示。

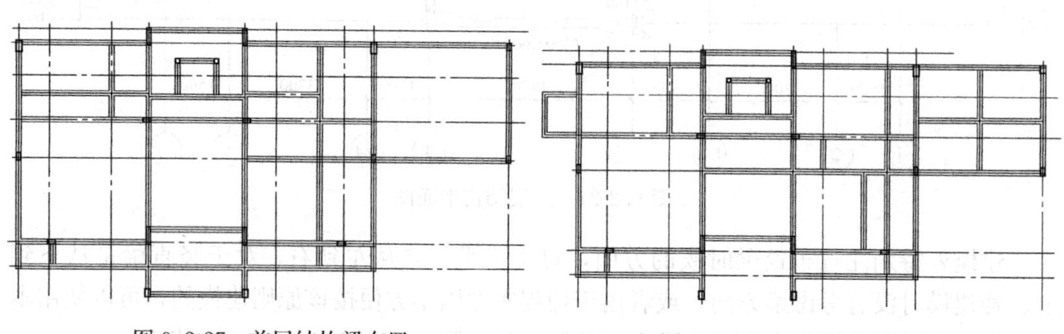

图 9.2-27　首层结构梁布置

图 9.2-28　二层结构梁布置

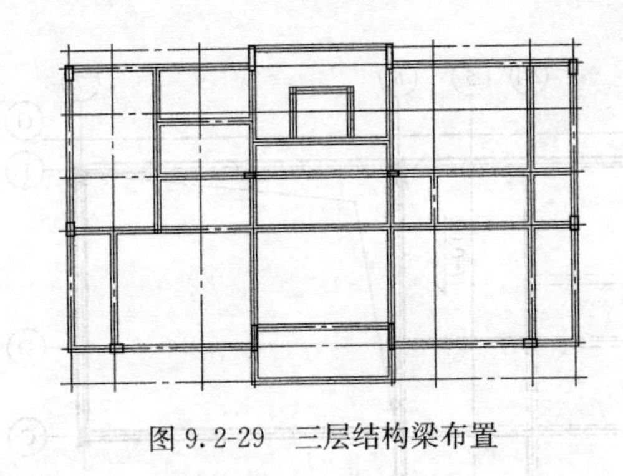
图 9.2-29　三层结构梁布置

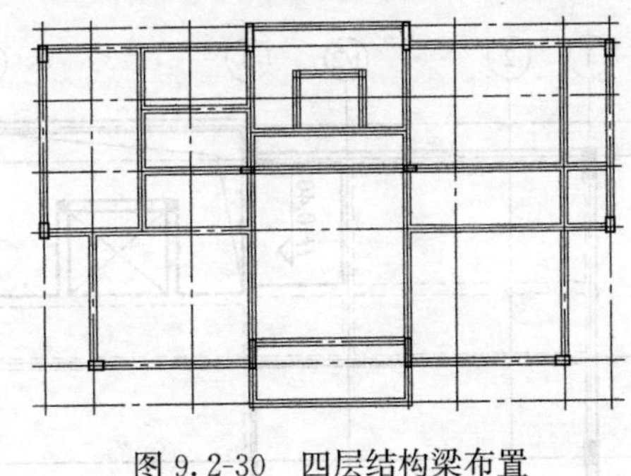
图 9.2-30　四层结构梁布置

9.2.7　建立楼板

使用 Revit 的“楼板”命令建立楼板，并根据施工图修改部分板面标高。被楼板盖住的梁线会自动变为虚线。

1）楼板布置图

图 9.2-31～图 9.2-35 为楼板平面布置图，按照平法规则，板厚标注的范围为所标注的楼板，板面标高标注的范围须根据梁线的虚实关系确定。其中，未标明的板厚为h=100mm。

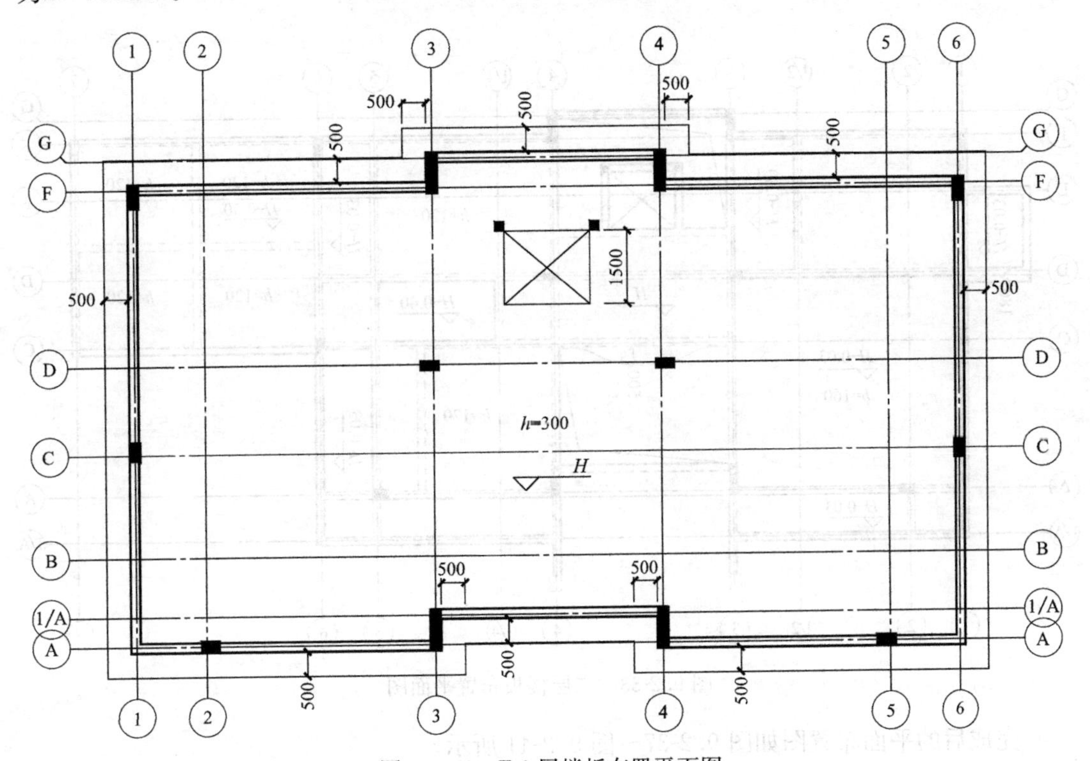

图 9.2-31　F-1 层楼板布置平面图

2）布置楼板

点击“结构→结构→楼板→楼板：结构”。在图 9.2-33“二层楼板布置平面图”中，有一曲线楼板，可通过选择“曲线边界”来绘制（图 9.2-36）。

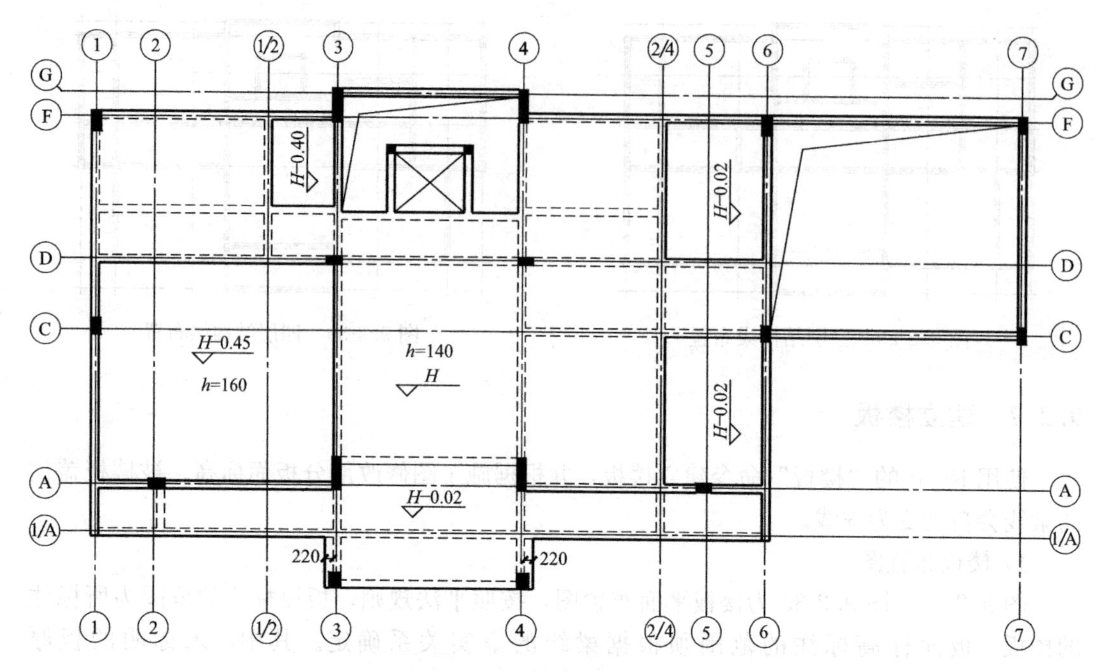

图 9.2-32　首层楼板布置平面图

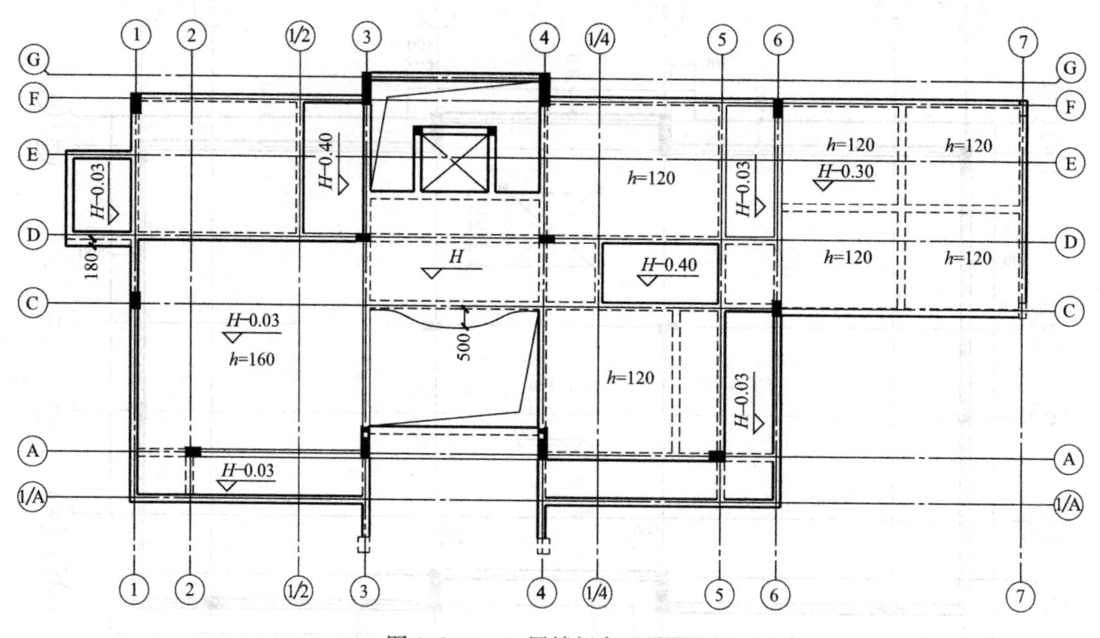

图 9.2-33　二层楼板布置平面图

完成后的平面布置图如图 9.2-37～图 9.2-41 所示。

9.2.8　建立屋顶

别墅项目的建筑立面图如图 9.2-42 所示。该别墅的屋顶为一个复杂坡屋顶，二层楼面处有一个简单坡屋顶。现在以复杂的坡屋顶为例说明坡屋顶建模步骤。

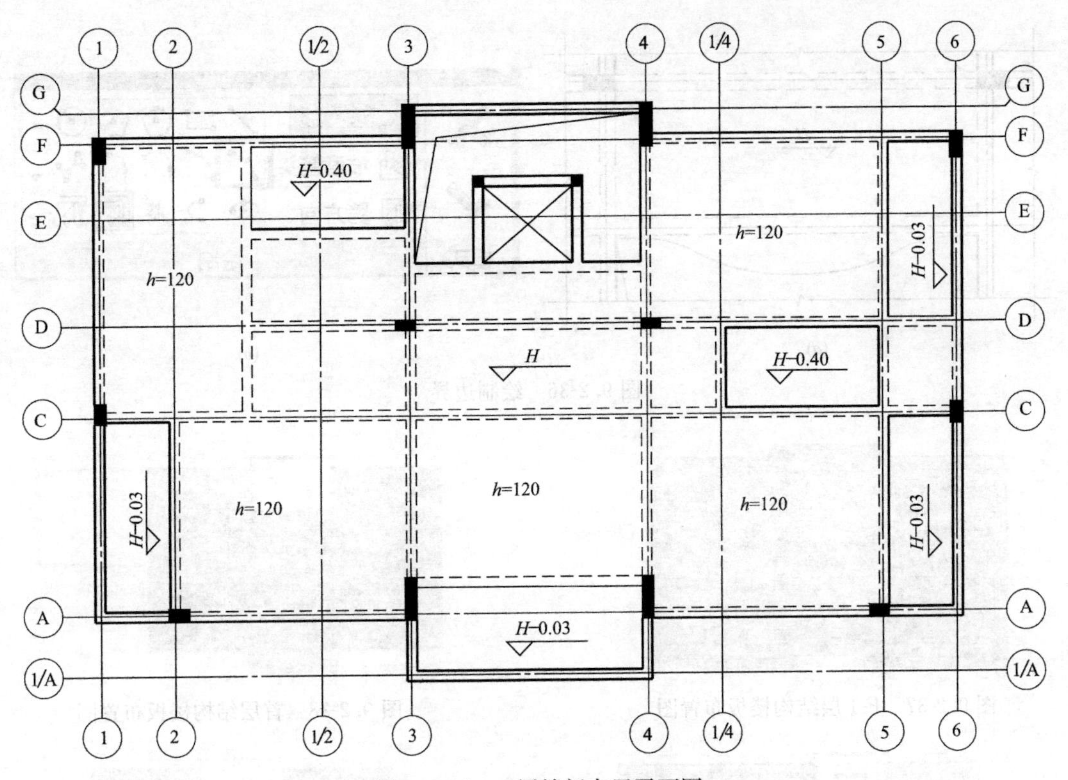

图 9. 2-34　三层楼板布置平面图

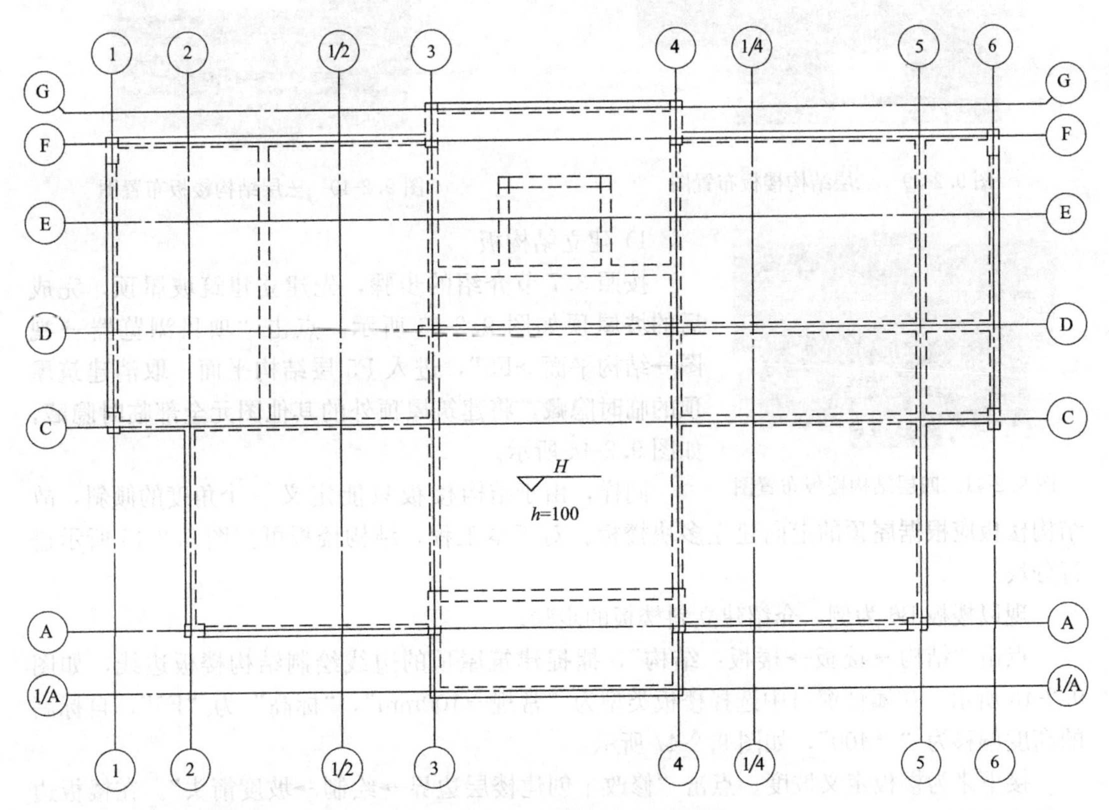

图 9. 2-35　四层楼板布置平面图

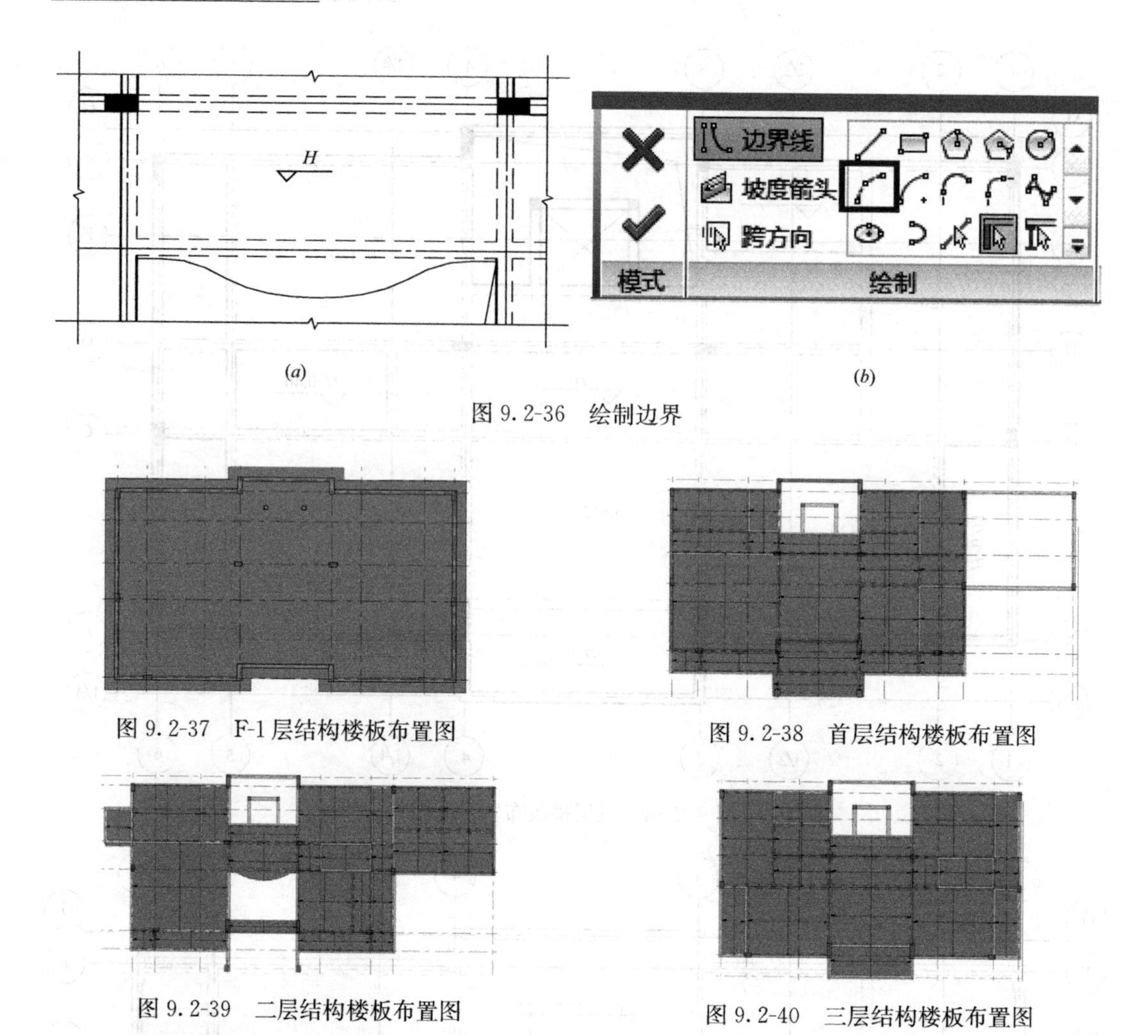

(a)　　(b)

图 9.2-36　绘制边界

图 9.2-37　F-1 层结构楼板布置图

图 9.2-38　首层结构楼板布置图

图 9.2-39　二层结构楼板布置图

图 9.2-40　三层结构楼板布置图

图 9.2-41　四层结构楼板布置图

1）建立结构板

按照 3.7 节介绍的步骤，先建立建筑坡屋顶，完成后的坡屋顶如图 9.2-43 所示。点击“项目浏览器→视图→结构平面→F5”，进入 F5 层结构平面。取消建筑屋顶的临时隐藏，将建筑屋顶外的其他图元全部临时隐藏，如图 9.2-44 所示。

同样，由于结构楼板只能定义一个角度的倾斜，故结构楼板应根据屋顶的走向建立多块楼板。对于本工程，结构楼板可按图 9.2-45 所示进行分块。

现以楼板 B6 为例，介绍建立斜楼板的步骤。

点击“结构→楼板→楼板：结构”，捕捉建筑屋顶的边线绘制结构楼板边线，如图 9.2-46 所示。在属性窗口中选择楼板类型为“常规－100mm”，“标高”为“F5”，自标高的高度偏移为“－400”，如图 9.2-47 所示。

接下来为楼板定义坡度。点击“修改｜创建楼层边界→绘制→坡度箭头”。在楼板边界线内绘制坡度箭头，同样要注意，坡度箭头的尾部一定要与楼板的左边线相交，如图

图 9.2-42　别墅立面图

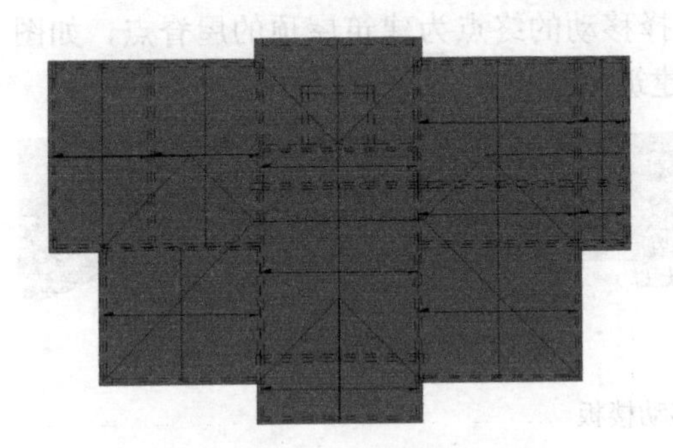

图 9.2-43　坡屋顶视图

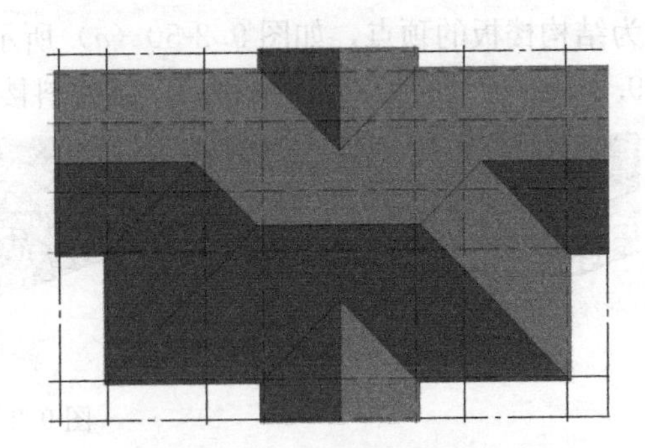

图 9.2-44　隔离建筑屋顶

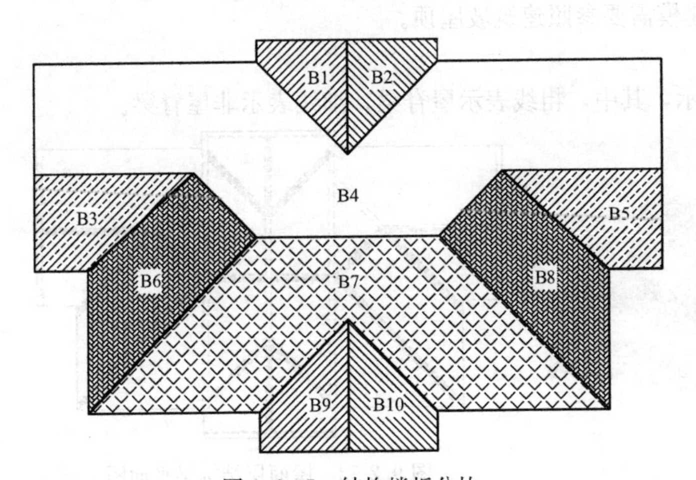

图 9.2-45　结构楼板分块

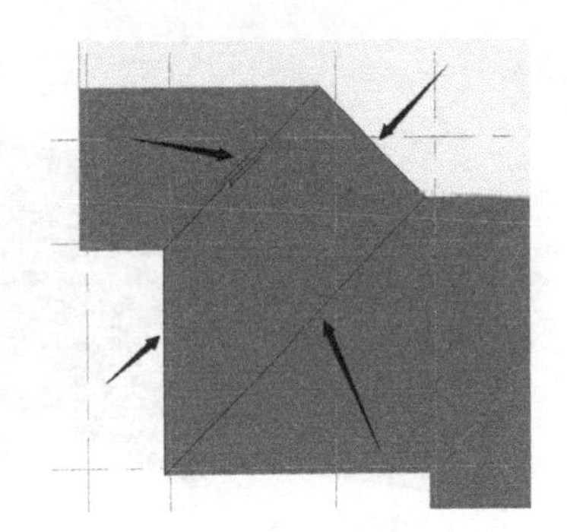

图 9.2-46　捕捉边线

9.2-48 所示，否则定义的起坡点不正确。在坡度箭头的属性窗口中，修改“指定”为“坡度”，修改“坡度”为“22°”，如图 9.2-49 所示。

点击“修改｜创建楼层边界→模式→确定”，完成楼板边线编辑。

点击“项目浏览器→视图→立面→东”进入立面视图。在立面图中，可以看到错开的结构楼板和建筑屋顶。点击“修改→修改→移动”，选择结构楼板，并选择移动的起始点

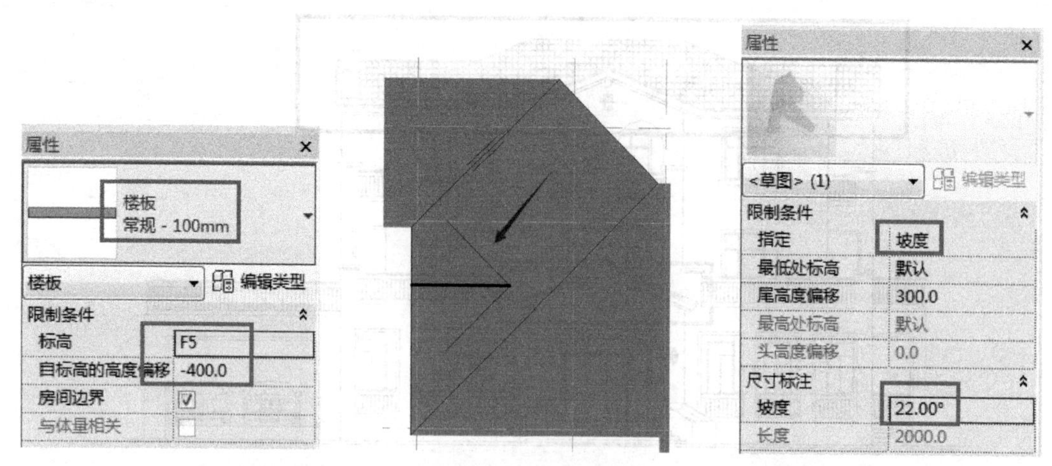

图 9.2-47　定义板厚和标高　　图 9.2-48　坡度箭头　　图 9.2-49　定义坡度数值

为结构楼板的顶点，如图 9.2-50（*a*）所示，选择移动的终点为建筑屋顶的屋脊点，如图 9.2-50（*b*）所示。完成偏移后，结构斜楼板与建筑屋顶相重合。

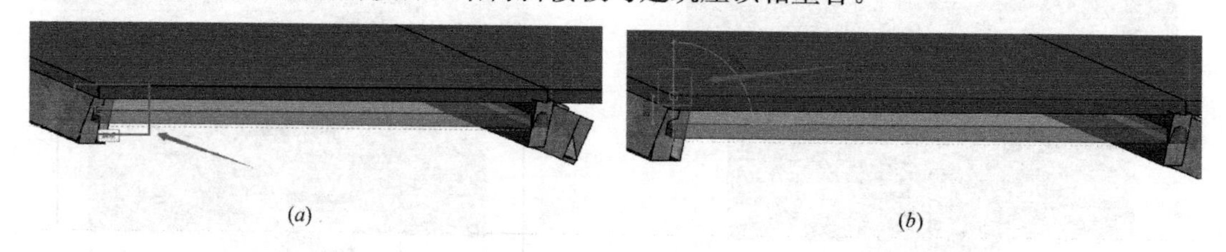

图 9.2-50　移动楼板

用同样的方法建立其他结构斜楼板，完成结构坡屋顶建模，如图 9.2-51 所示。建筑坡屋顶暂时不要删掉，屋顶梁的建模需要参照建筑坡屋顶。

2）建立结构梁

结构梁平面图如图 9.2-52 所示，其中，粗线表示屋脊梁，细线表示非屋脊梁。

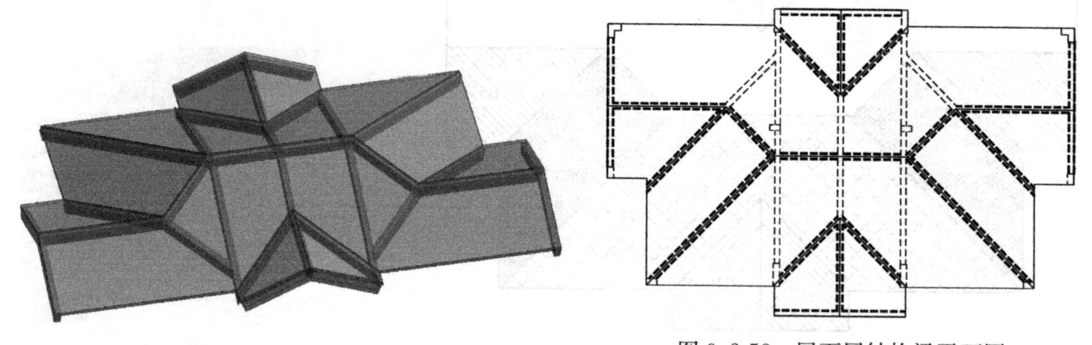

图 9.2-51　结构坡屋顶　　图 9.2-52　屋面层结构梁平面图

点击"项目浏览器→视图→三维视图→3D"，点击"视图→图形→可见性/图形"，进入图形可见性修改设置，勾选"屋顶"，确保屋顶类型的图使用 Revit 的临时隐藏功能，将除了前面所建立的建筑屋顶外的其他构件，全部临时隐藏，如图 9.2-53 所示。

点击"结构→结构→梁"，在属性栏中选择类型为"矩形梁 200×400"，在梁布置信息栏（点击了梁布置命令才会出现）中，选择"放置平面"为"标高 F5"，勾选"三维捕捉”和“链”，如图9.2-54所示。

在属性栏中定义梁的“Y轴偏移值”为“100”，按逆时针方向捕捉屋面的两个角度，建立结构梁。由于设置了偏心，此时建立的结构梁与屋面板平齐，如图9.2-55所示，无需再使用“对齐”命令进行对齐。注意：由于设置的偏移值为100，故布置梁时应按逆时针方向，若设置的偏移值为−100，则布置梁时应按顺时针方向。

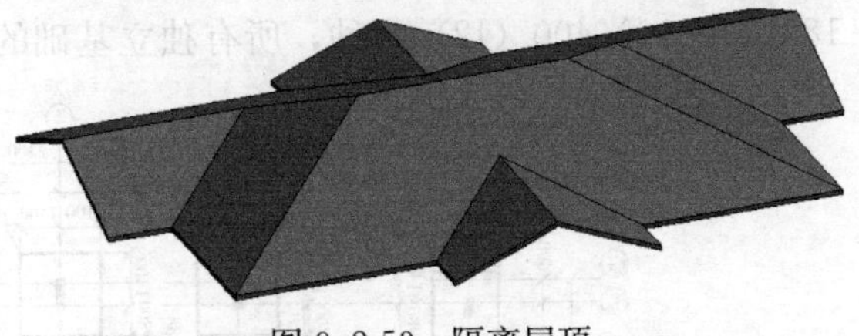

图9.2-53　隔离屋顶

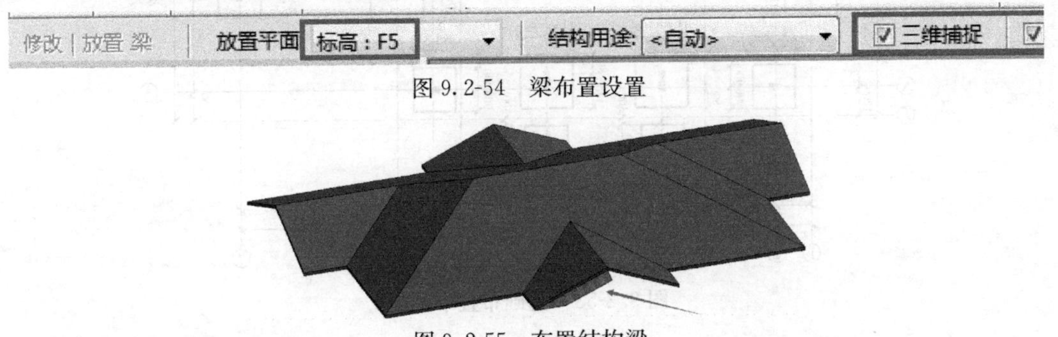

图9.2-54　梁布置设置

图9.2-55　布置结构梁

用同样的方法对齐其他斜梁，完成后的斜梁如图9.2-56所示。

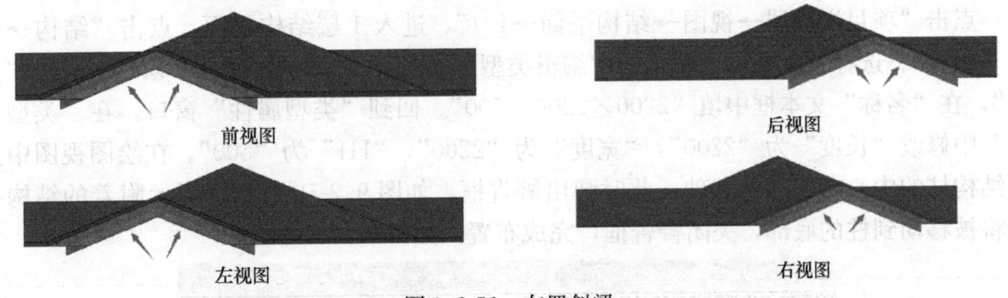

图9.2-56　布置斜梁

图9.2-57　结构屋脊梁模型

接下来建立屋脊梁，为避免捕捉时的干扰，临时隐藏所有斜梁，用建立斜梁的方法捕捉屋脊端点，根据图9.2-55中结构梁的位置，建立屋脊梁。完成后的屋脊梁模型如图9.2-57所示。

完成屋脊梁建模后，进行其他非屋脊梁斜梁的建模。非屋脊梁为水平梁，按普通楼面梁的建模方法在平面视图中建模即可，此处不再赘述。

9.2.9　独立基础建模

1）独立基础平面图

本工程案例为三层框架结构，根据地基条件，基础选为独立基础。基础布置图如图9.2-58所示。所有基础均为1阶平台型独立基础，基础尺寸分为2200×2200×500（J1）、

1800×1800×400（J2）两种，所有独立基础的形心皆与其对应的结构柱形心重合。

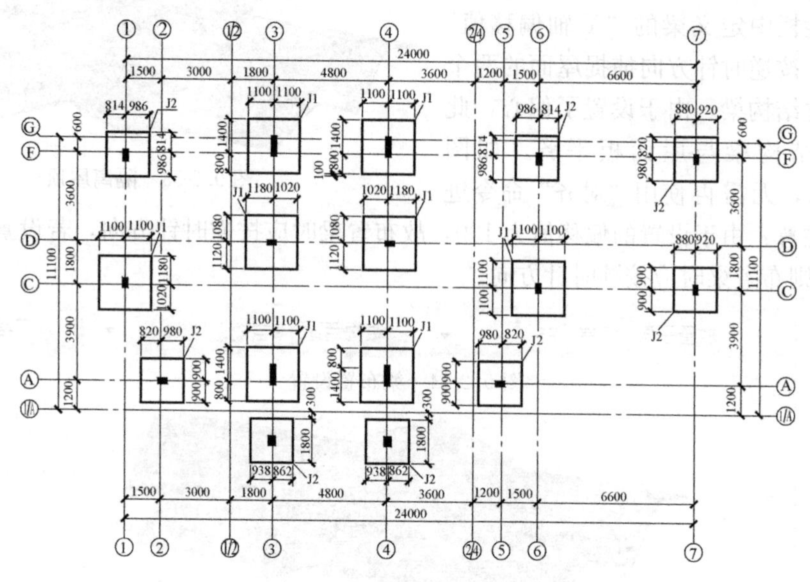

图 9.2-58　基础布置平面图

2）独立基础布置

使用 3.2.1 的方法进行独立基础建模，或加载自定义的独立基础族。

点击“项目浏览器→视图→结构平面→F-1”，进入-1 层结构平面。点击“结构→基础→独立”。选择独立基础族，点击“编辑类型”，在弹出的“类型属性”窗口中点击“复制”，在“名称”文本框中填“2200×2200×500”。回到“类型属性”窗口，在“类型参数”中修改“长度”为“2200”，“宽度”为“2200”，“H1”为“500”。在绘图视图中选择结构柱的中心布置独立基础，此时弹出警告框，如图 9.2-59 所示，提示附着的结构基础将被移动到柱的底部，关闭警告框，完成布置，如图 9.2-60 所示。

图 9.2-59　警告框

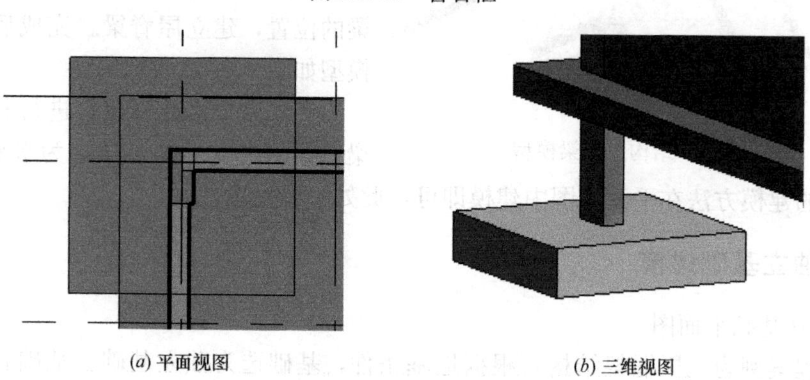

(a) 平面视图　　(b) 三维视图

图 9.2-60　完成基础布置

根据图 9.2-58，用同样的方法完成其他独立基础的布置，完成后的独立基础三维视图如图 9.2-61 所示。至此，完成全部几何模型建模，结构模型三维视图如图 9.2-62 所示。

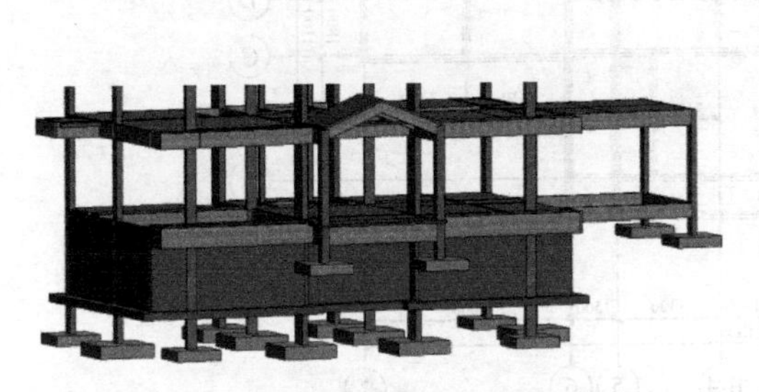

图 9.2-61　独立基础三维视图

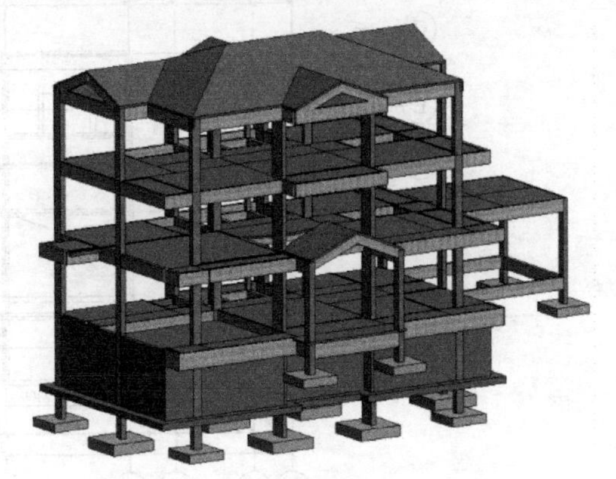

图 9.2-62　结构模型三维视图

9.3　施工图标注

9.3.1　视图组织

几何模型完成后，可以进行施工图的绘制。

绘制施工图前，由于需要在同一个结构平面上绘制模板图、板配筋图、梁配筋图，为方便管理，需要对视图进行组织。参照 2.2.1 进行浏览器组织设置（图 9.3-1）。

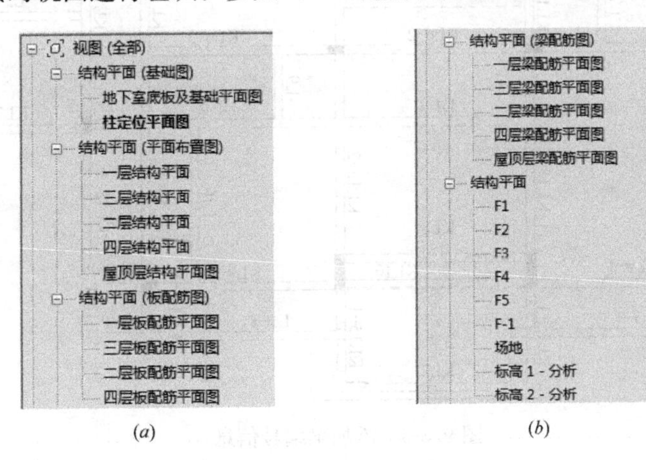

图 9.3-1　视图组织

9.3.2　模板标注

本小节以二层结构平面图为例介绍在 Revit 中绘制模板图的步骤。

1）添加尺寸标注

点击“项目浏览器→视图→结构平面→二层结构平面”，进入二层结构平面。点击“注释→尺寸标注→线性”，为轴线添加标注，完成标注后如图 9.3-2 所示。

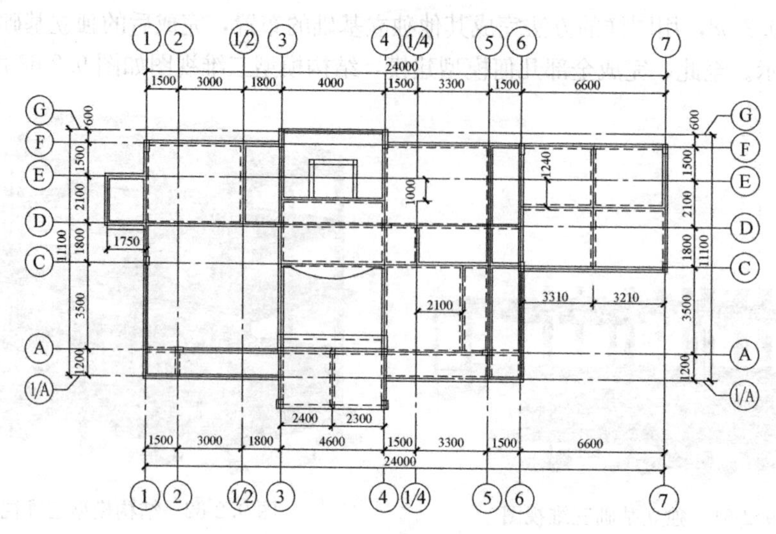

图 9.3-2　完成标注后的视图

2）添加梁编号信息

选择梁构件，根据图 9.3-3 在属性栏中添加梁编号信息，如在“梁编号”中填入“KL”，在“梁序号”中填入“1”。

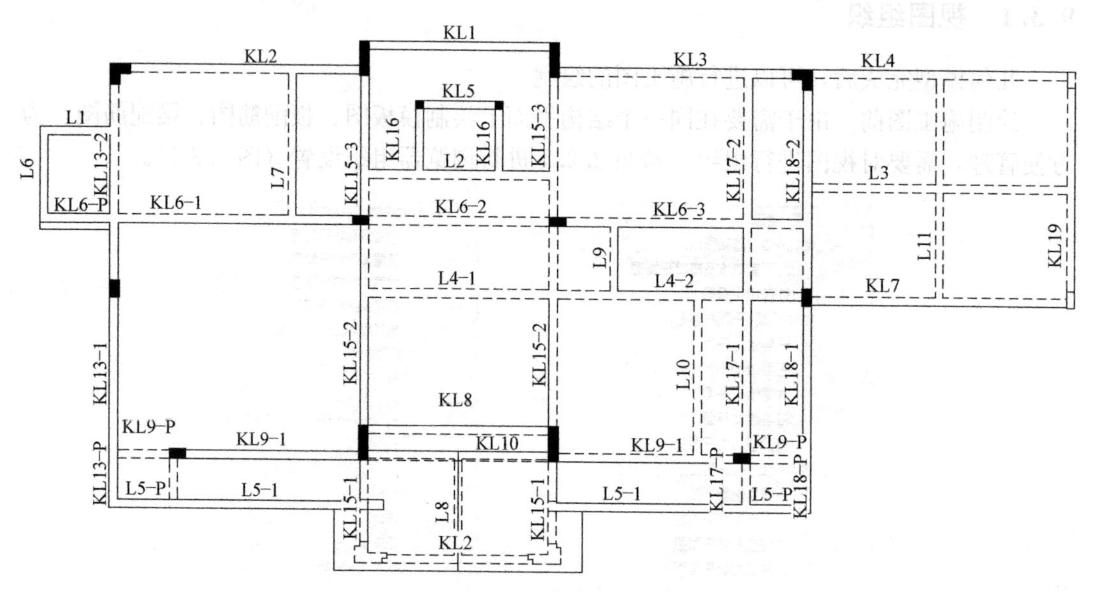

图 9.3-3　添加梁编号信息

3）梁截面标注

加载梁截面标记族。点击“注释→标记→全部标记”，在弹出的对话框中选择“梁截面标注”标签，点“确定”，如图 9.3-4 所示。

所有梁均完成梁截面标注，如图 9.3-5 所示。

4）梁编号标注

梁编号的标注与梁截面的标注相类似，加载梁编号标记族，点击“注释→标记→梁注释”，可同时标注梁编号与梁截面（图 9.3-6），并且自动分开在梁的两侧。

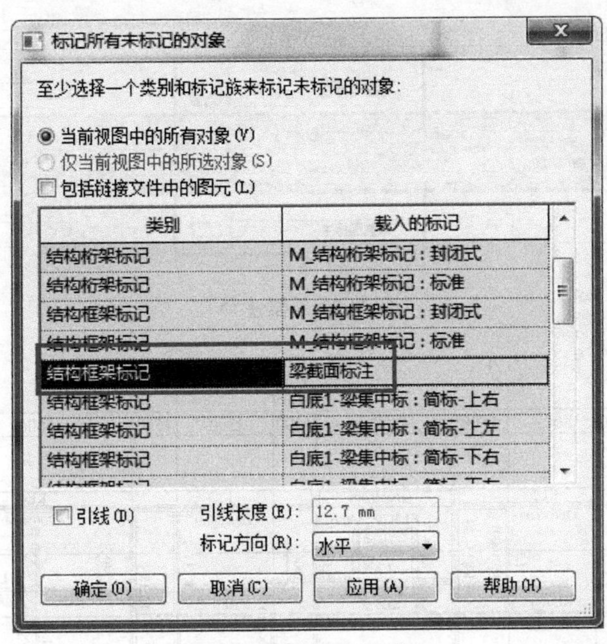

图 9.3-4　选择标注类型

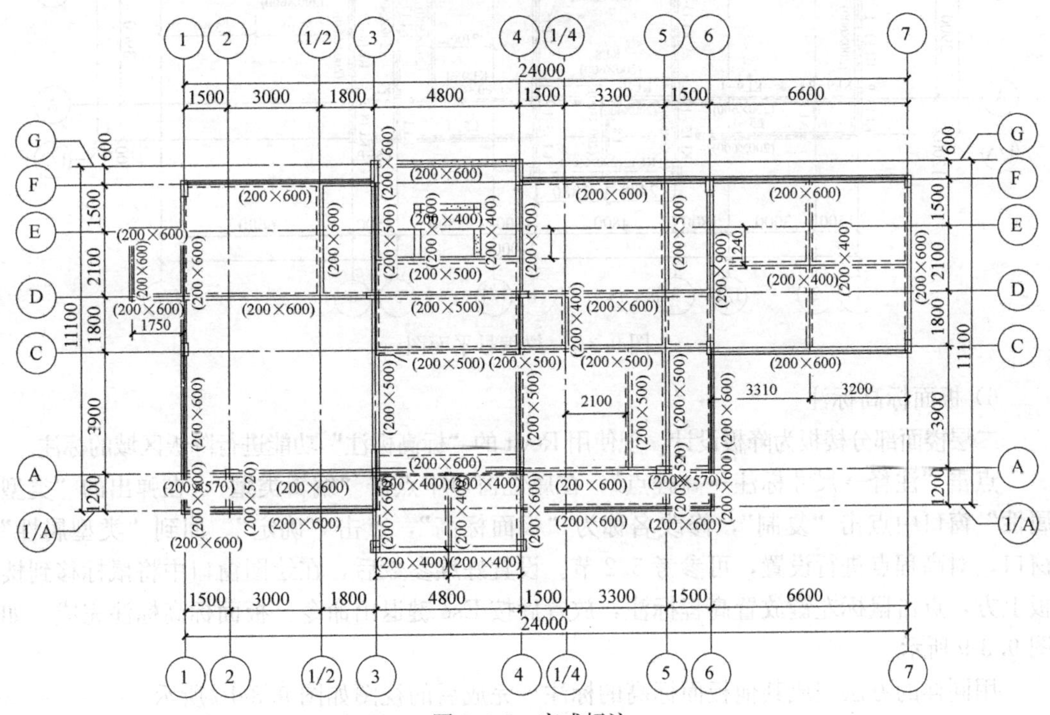

图 9.3-5　完成标注

完成编号标注和截面标注后，梁编号标签与梁截面标签部分重叠，需手动进行避让处理，处理完毕后如图 9.3-7 所示。

5）板厚标注

在楼板中添加“板厚”项目参数，并填入相应数值。新建标签读取该项目参数，并进行标注，如图 9.3-8 所示。

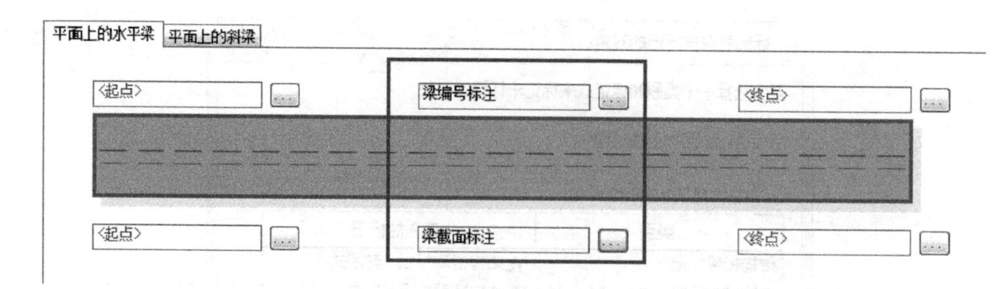

图 9.3-6 梁注释

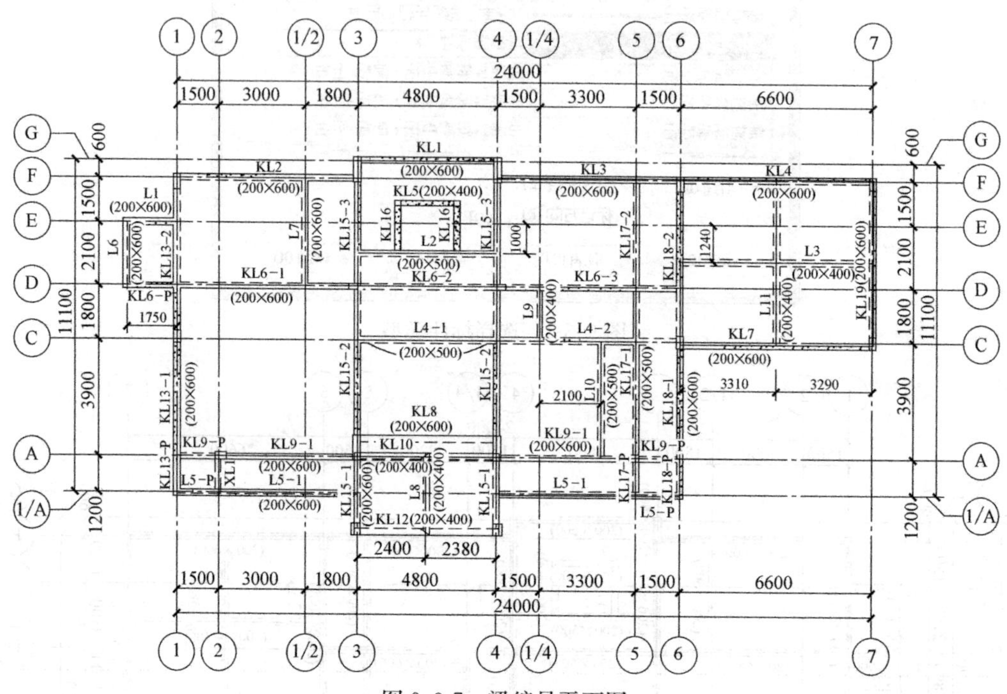

图 9.3-7 梁编号平面图

6）板面标高标注

二层楼面部分楼板为降板设计，现使用 Revit 的“标高标注”功能进行降板区域的标注。

点击“注释→尺寸标注→高程点”，在属性窗口中点击“编辑类型”，在弹出的“类型属性”窗口中点击“复制”，修改名称为“板面标高”，点击“确定”。回到“类型属性”窗口，对高程点进行设置，可参考 5.2 节。设置好族参数后，在绘图窗口中将鼠标移到楼板上方，点击鼠标左键放置高程标注，放置后按 Esc 键退出命令。板面标高标注完成，如图 9.3-9 所示。

用同样的方法完成其他板面标高的标注。完成后的视图如图 9.3-10 所示。

7）板开洞标记

Revit 无法自动为开洞的楼板添加开洞符号，可使用 Revit 的详图线进行开洞符号的标注。

点击“管理→设置→其他设置”，在下拉菜单中选择“线样式”，并新建名为“楼板开洞”的线样式，在“线样式”框中修改“楼板开洞”样式的线宽、线颜色和线型图案，如将“线宽”改为“8”，“线颜色”改为“紫色”。点击“注释→详图→详图线”，并选择线样式为“楼板开洞”。为开洞的楼板添加开洞符号，如图 9.3-11 所示。

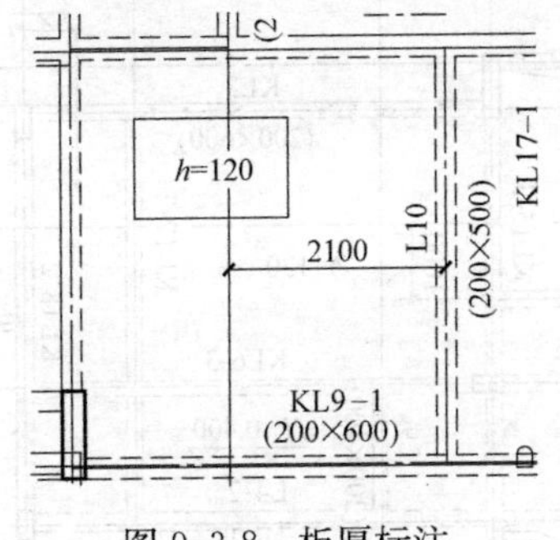

图 9.3-8 板厚标注

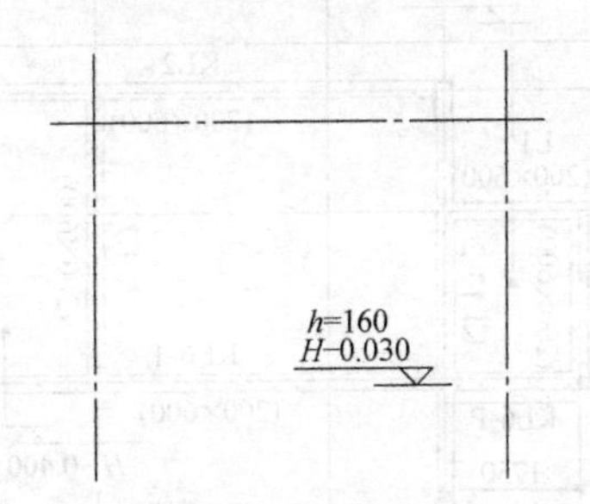

图 9.3-9 板面标高标注

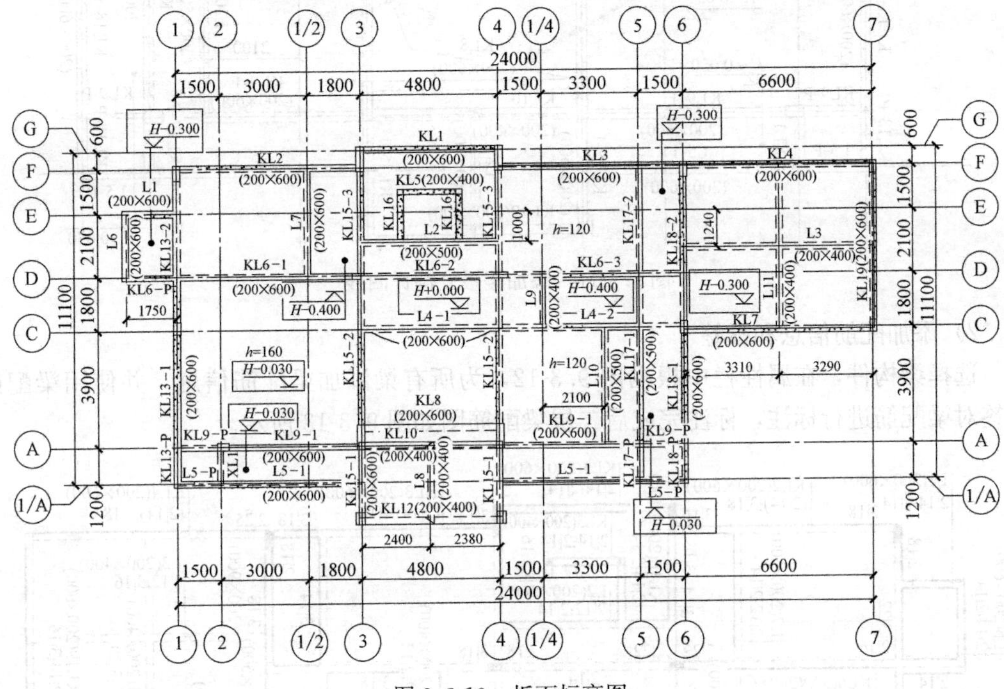

图 9.3-10 板面标高图

9.3.3 梁配筋标注

加载梁配筋相关标签。

结构二层平面图的梁配筋图如图 9.3-12 所示。

1）尺寸标注

点击“项目浏览器→视图→结构平面（梁配筋图）→二层梁配筋平面图”，“二层梁配筋平面图”中没有包括标注尺寸在内的任何标注信息。由于 9.3.2 已对“二层结构平面图”进行了尺寸标注，为避免重复的工作，使用复制的方法从“二层结构平面图”复制尺寸标注到“二层梁配筋平面图”：点击“项目浏览器→视图→结构平面（平面布置图）→二层结构平面”，选择轴网的尺寸标注，使用 Ctrl+C 进行复制。点击“项目浏览器→视图→结构平面（梁配筋图）→二层梁配筋平面图”，回到二层梁配筋平面图，点击“修改｜尺寸标注→剪贴板→粘贴→与同一位置对齐”，完成粘贴。

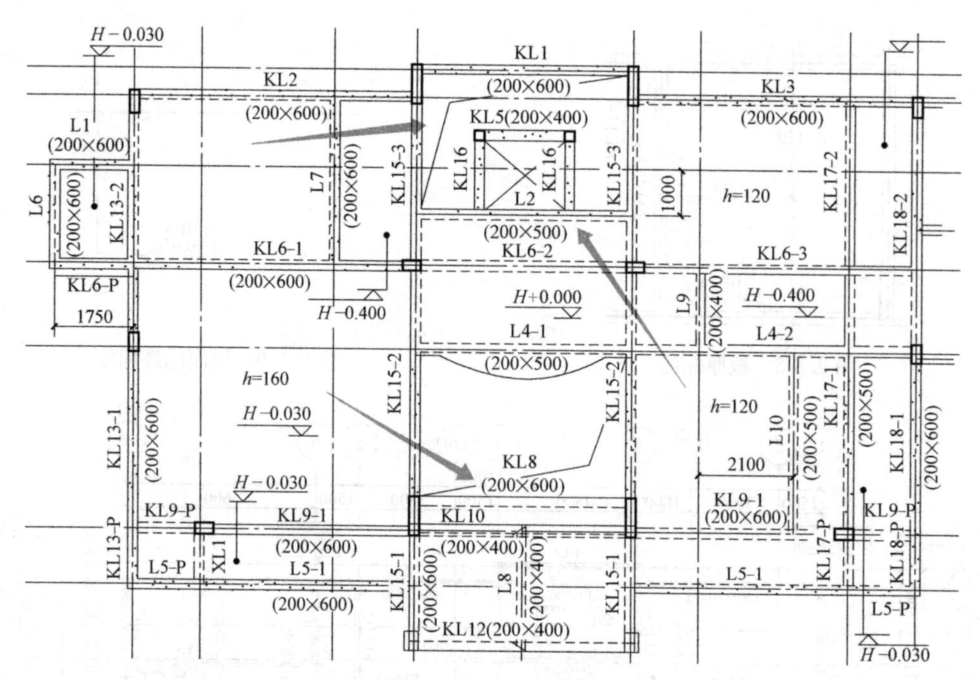

图 9.3-11　添加楼板开洞详图线

2）添加配筋信息和标签

选择梁构件，在属性栏中根据图 9.3-12，为所有梁添加梁配筋信息，并使用梁配筋标签对梁配筋进行标注，标注完成后二层梁配筋图如图 9.3-13 所示。

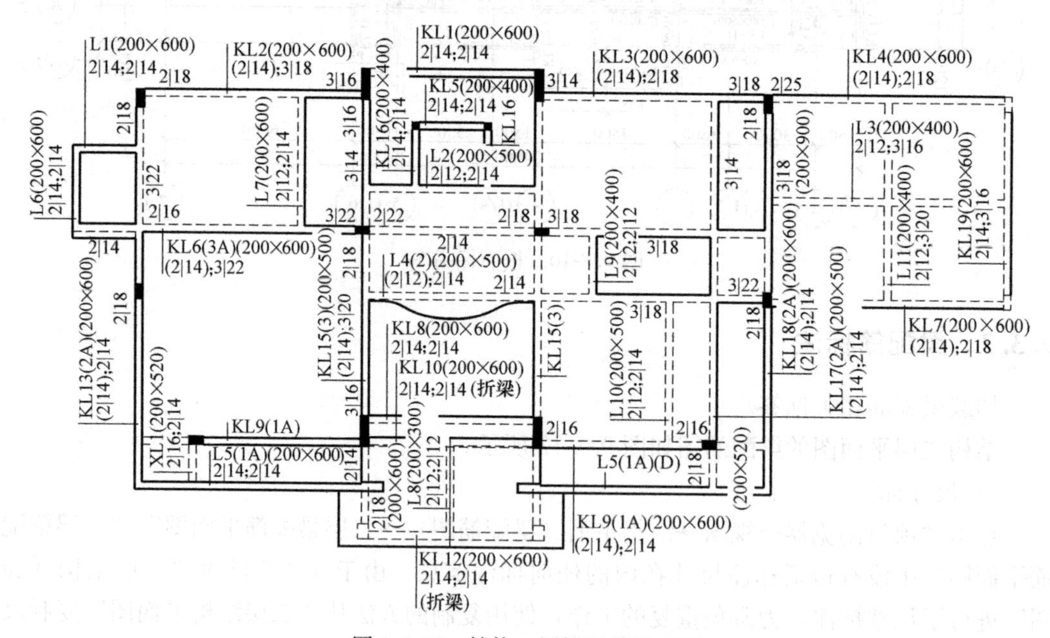

图 9.3-12　结构二层梁配筋平面图

9.3.4　板配筋标注

结构二层平面图的板配筋图如图 9.3-14 所示。本小节使用标记族绘制楼板钢筋，部分楼板配筋采用填充进行表达。

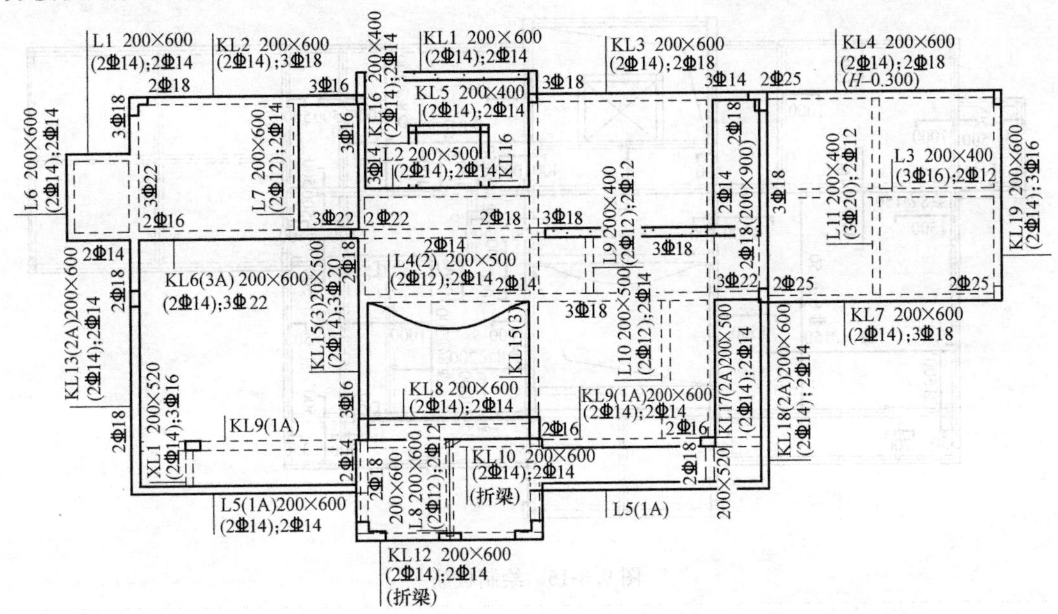

图 9.3-13 梁配筋平面图

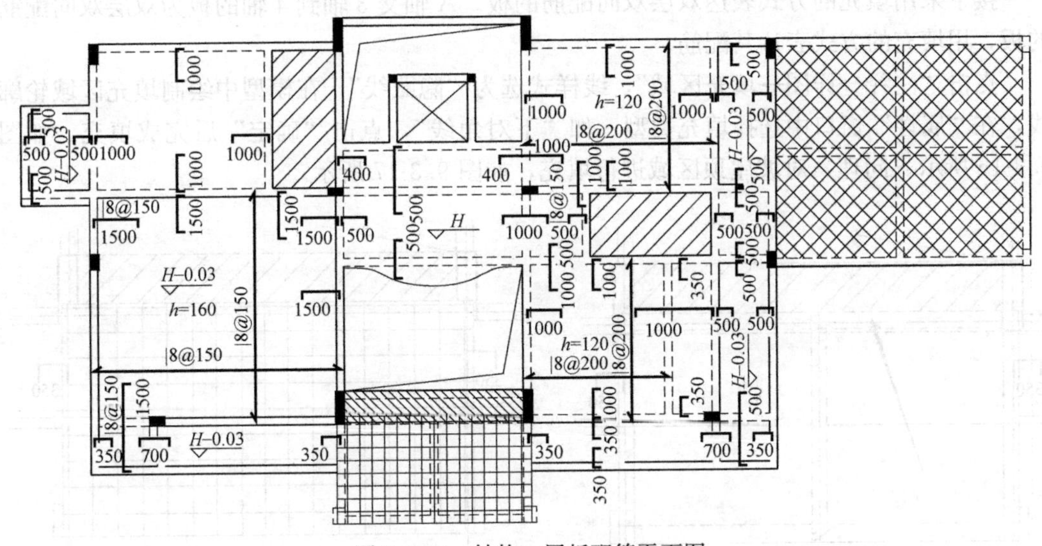

图 9.3-14 结构二层板配筋平面图

1）复制信息

点击“项目浏览器→视图→结构平面（板配筋图）→二层板配筋平面图”。与“二层梁配筋平面图”的成图方法相类似，使用复制的方法从“二层结构平面图”复制尺寸标注、开洞符号、标高标注、板厚标注到“二层板配筋平面图”。

2）绘制板钢筋

加载板负筋标记族和板底筋标记族。点击“注释→详图→构件→详图构件”，在属性栏中选择族类型为“板负筋”，参考 6.1 节的方法绘制板负筋和板底筋，完成后的板配筋图如图 9.3-15 所示。

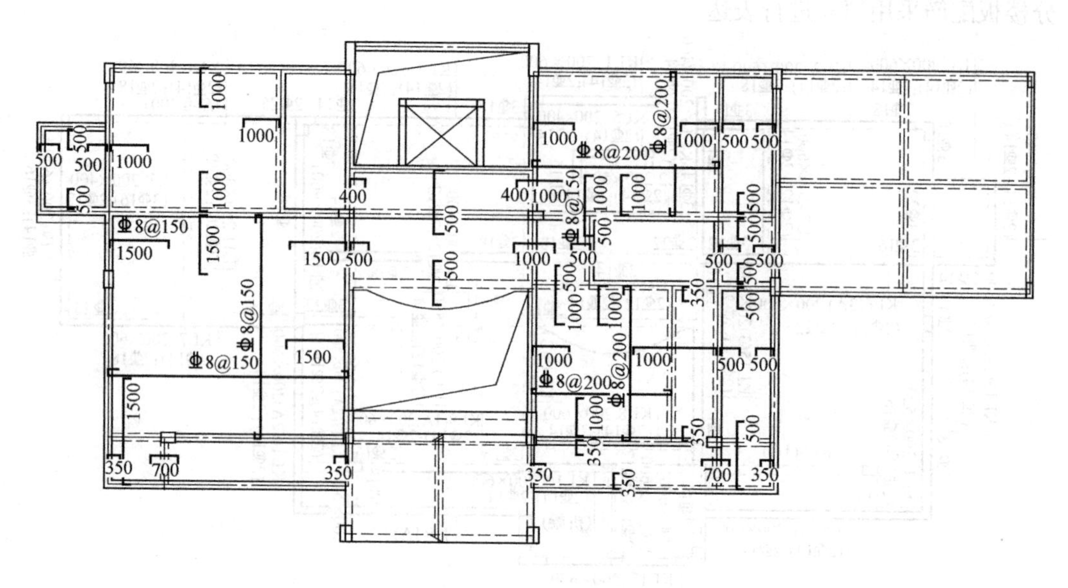

图 9.3-15　绘制板筋

3）区域填充

接下来用填充的方式表达双层双向配筋的板。A 轴交 3 轴到 4 轴的板为双层双向配筋的板，用填充的方式表达其配筋。

点击“注释→详图→填充区域”，线样式选为“隐藏线”，在模型中绘制填充区域轮廓线，在“属性”窗口中选择填充类型，如“下对角线”，点击“确定”后完成填充，如图 9.3-16 所示。同理，对坡屋顶区域进行填充，如图 9.3-17 所示。

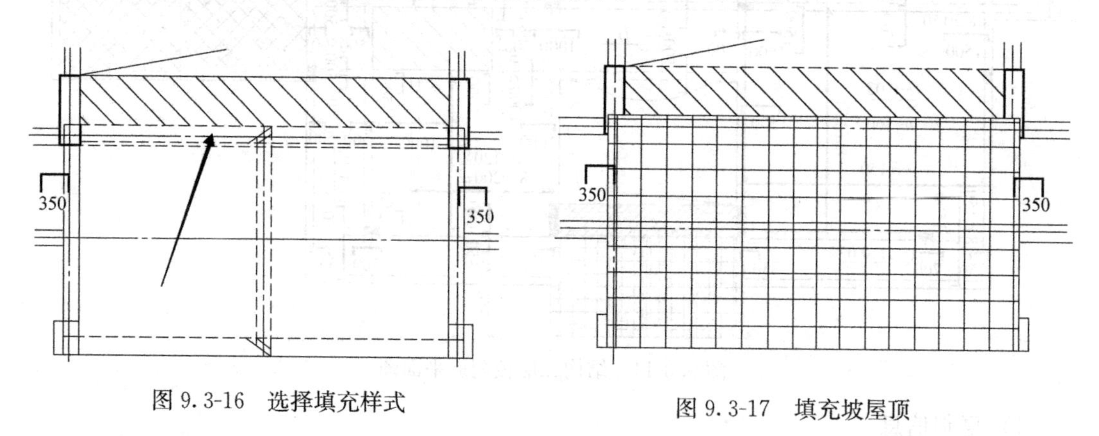

图 9.3-16　选择填充样式

图 9.3-17　填充坡屋顶

4）自动填充

二层结构平面中厕所板和车库顶板的板面标高与楼层标高不同，可用视图过滤器实现自动填充。设置视图过滤器时，在“过滤器列表”中选择“结构”，并在类别中勾选“楼板”，在过滤条件中选择“自标高的高度偏移”，在数值框中填“－400”，如图 9.3-18 所示，点击“确定”。

填充图案可以选择为对角线，如图 9.3-19 所示。同理，建立一个板面标高为“－300”的过滤器，名称为“车库顶板”，选择填充样式为交叉线，如图 9.3-20 所示。

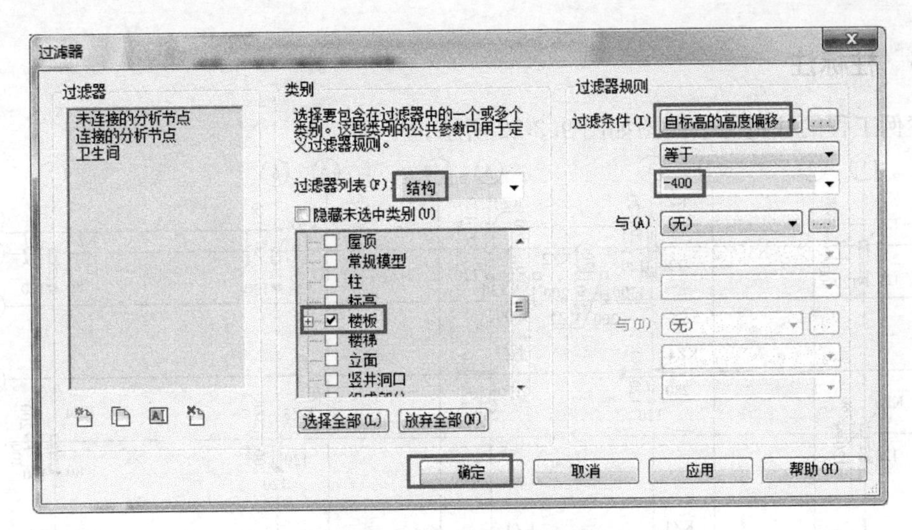

图 9.3-18 设置过滤条件

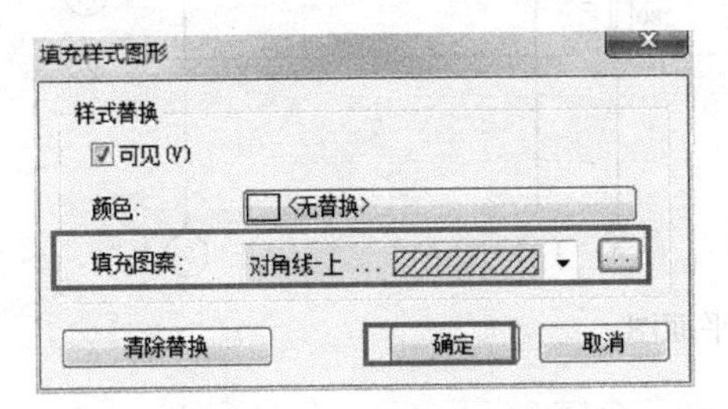

图 9.3-19 选择填充样式

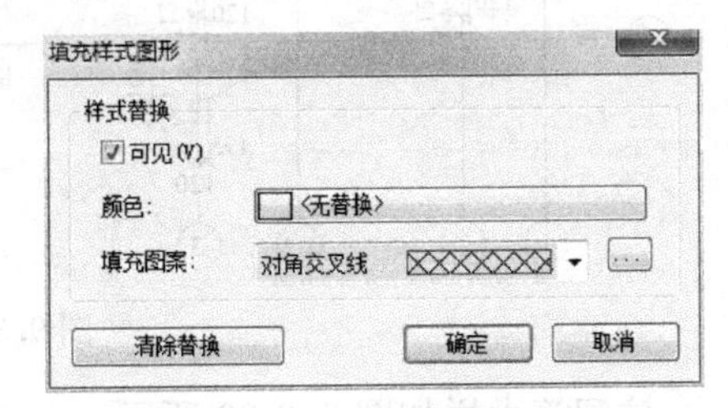

图 9.3-20 建立车库顶板填充样式

至此，板配筋图完成，如图 9.3-21 所示。

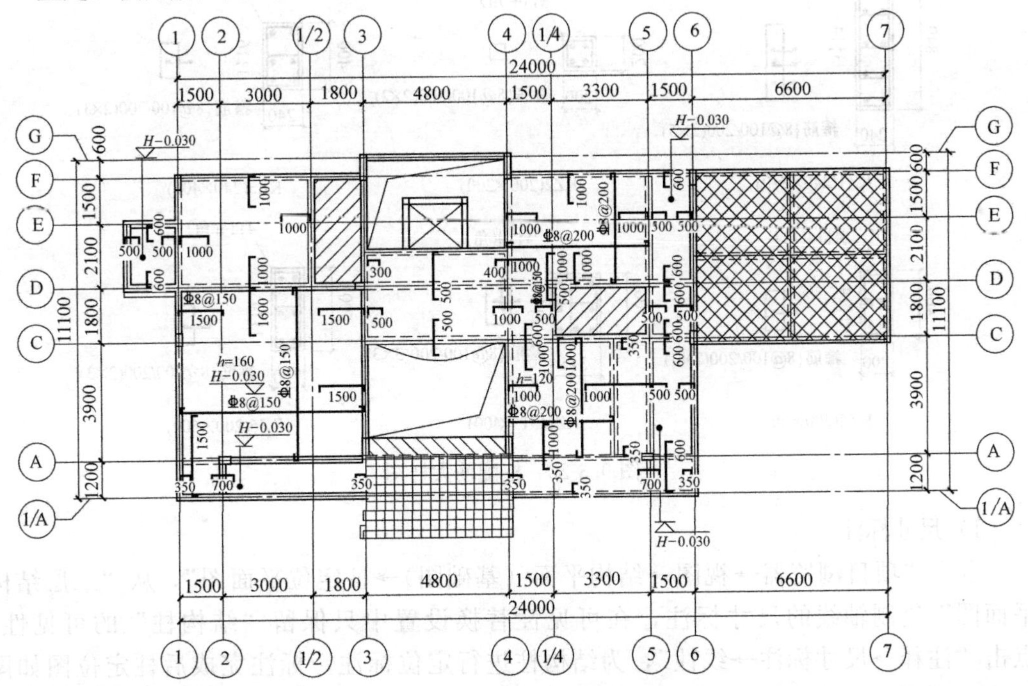

图 9.3-21 二层板配筋平面图

9.3.5 柱标注

案例工程的柱定位平面图如图 9.3-22 所示。

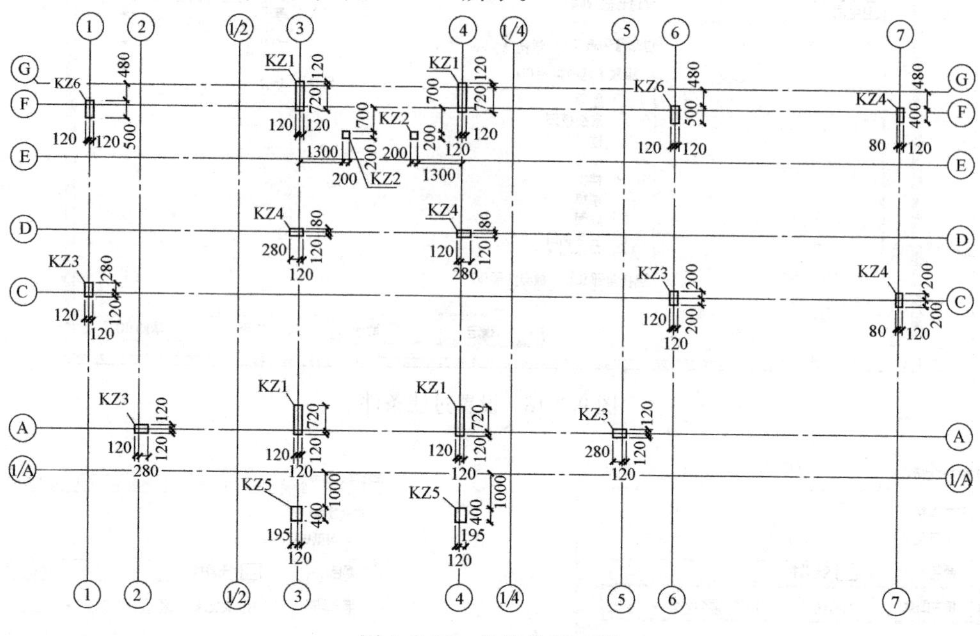

图 9.3-22 柱定位平面图

柱配筋大样如图 9.3-23 所示。

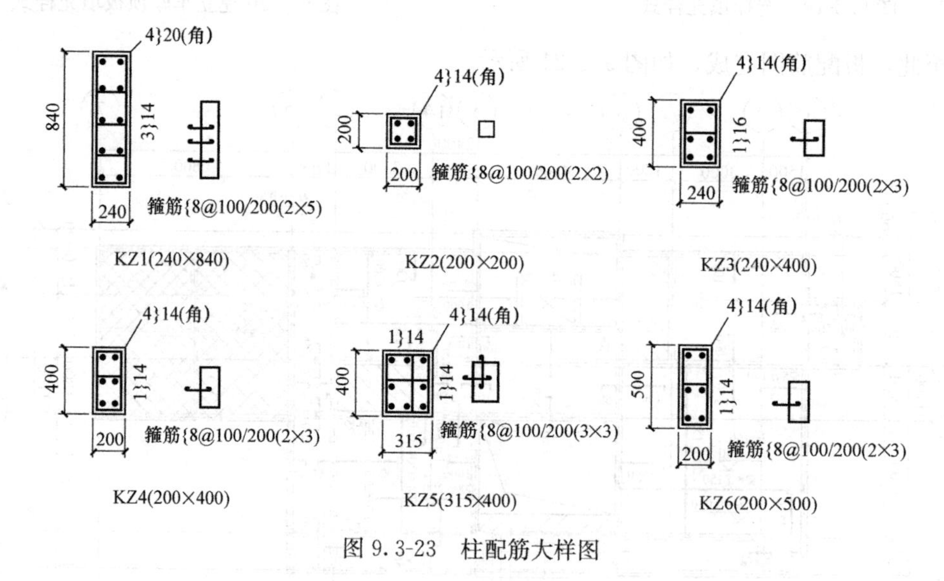

图 9.3-23 柱配筋大样图

1）尺寸标注

点击“项目浏览器→视图→结构平面（基础图）→柱定位平面图”，从“二层结构平面图”复制轴线的尺寸标注，在可见性替换设置中只保留“结构柱”的可见性。点击“注释→尺寸标注→线性”，为结构柱进行定位标注。标注完成后柱定位图如图 9.3-24 所示。

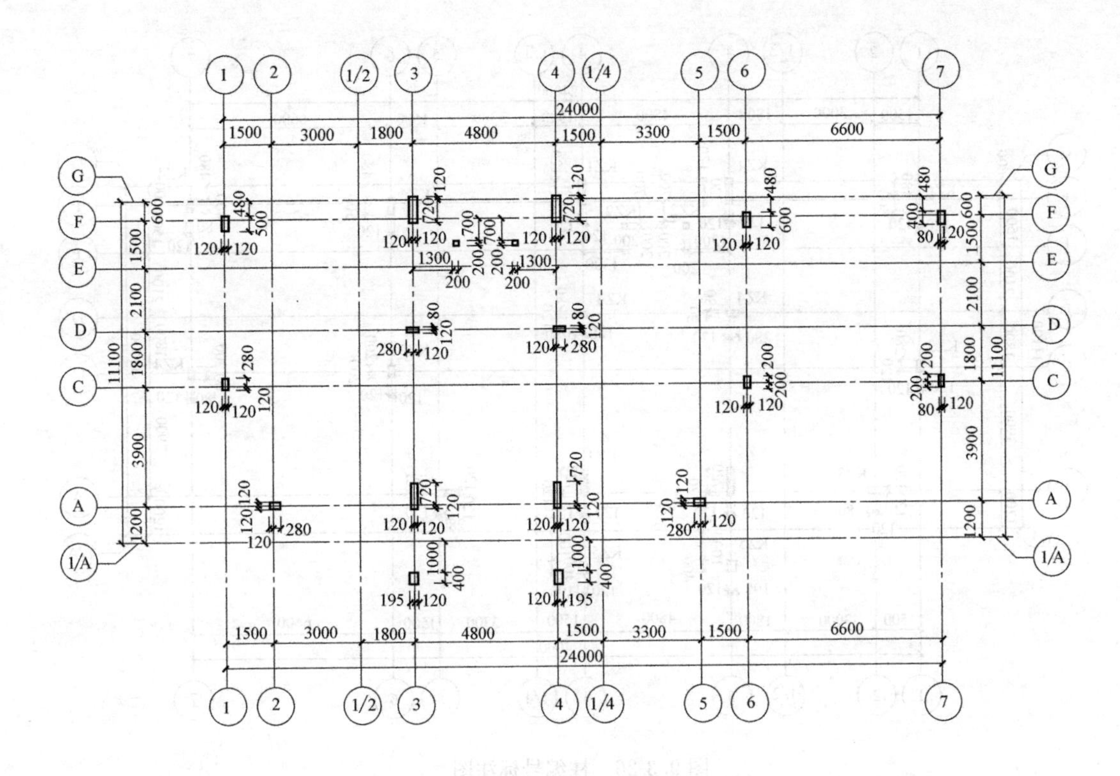

图 9.3-24　柱定位标注

2）柱编号

加载柱编号族。根据图 9.3-23，在柱子的属性窗口中填写柱的编号信息。使用“修改→剪贴板→匹配类型属性”命令将填好的柱信息复制到其他配筋相同的柱中。点击“注释→标记→全部标记”，在“载入的标记”中选择“柱编号”，勾选“引线”，点“确定”，如图 9.3-25 所示。

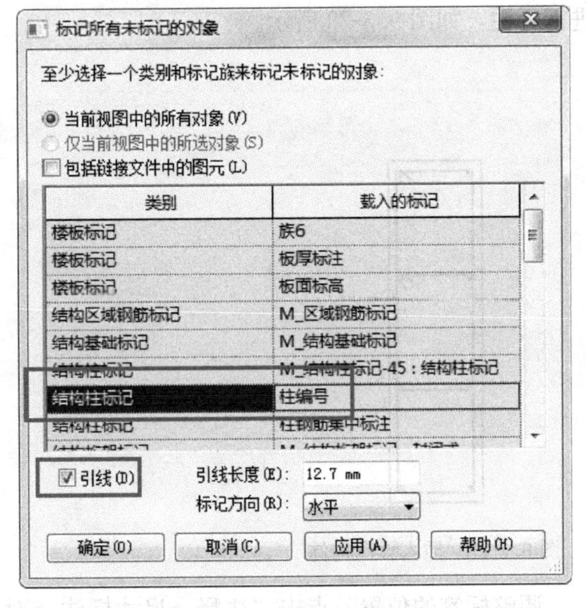

图 9.3-25　选择标注类型

适当移动标注位置，完成柱编号标注，如图 9.3-26 所示。

3）柱配筋大样

加载柱配筋大样族和相应标记族。

点击“视图→创建→绘图视图”，在弹出的窗口中将名称改为“KZ1”，将比例改为“1：20”。选择“注释→详图→构件→详图构件”，并选择柱配筋详图构件，根据图 9.3-23 调整配筋大样族的参数，修改后柱配筋大样如图 9.3-27 所示。

选择“项目浏览器→注释符号→柱信息标签”、“项目浏览器→注释符号→柱配筋大样

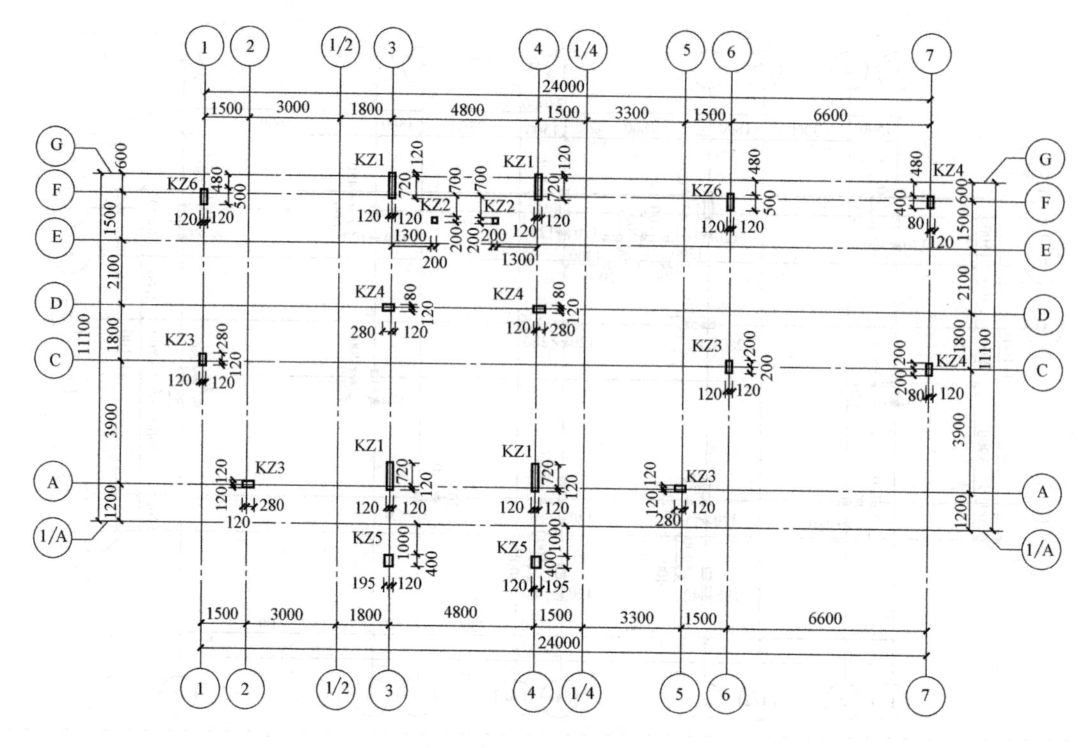

图 9.3-26　柱编号标注图

宽边纵筋标注”、“项目浏览器→注释符号→柱配筋大样高边纵筋标注”，并对柱配筋大样进行标注，如图 9.3-28 所示。

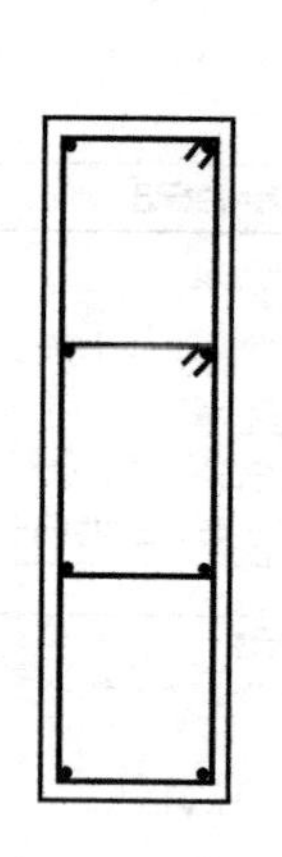

图 9.3-27　插入详图构件

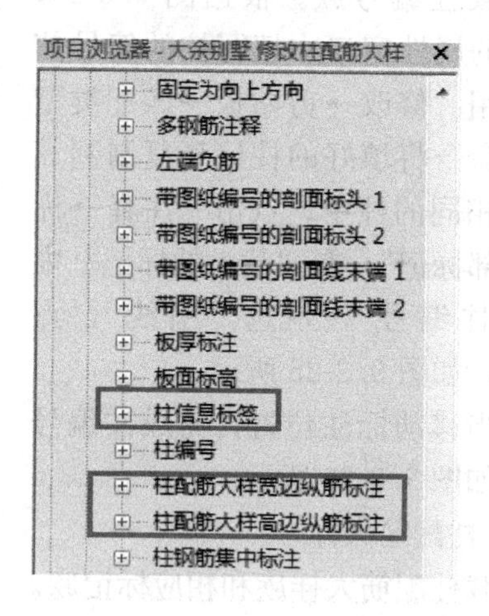

图 9.3-28　标注柱配筋大样

调整标签的位置，点击“注释→尺寸标注→对齐”，对大样进行尺寸标注。用同样的方法完成 KZ2～KZ6 的配筋大样，如图 9.3-29 所示。

9.3.6　独立基础标注

案例工程的基础定位平面图如图 9.3-30 所示。

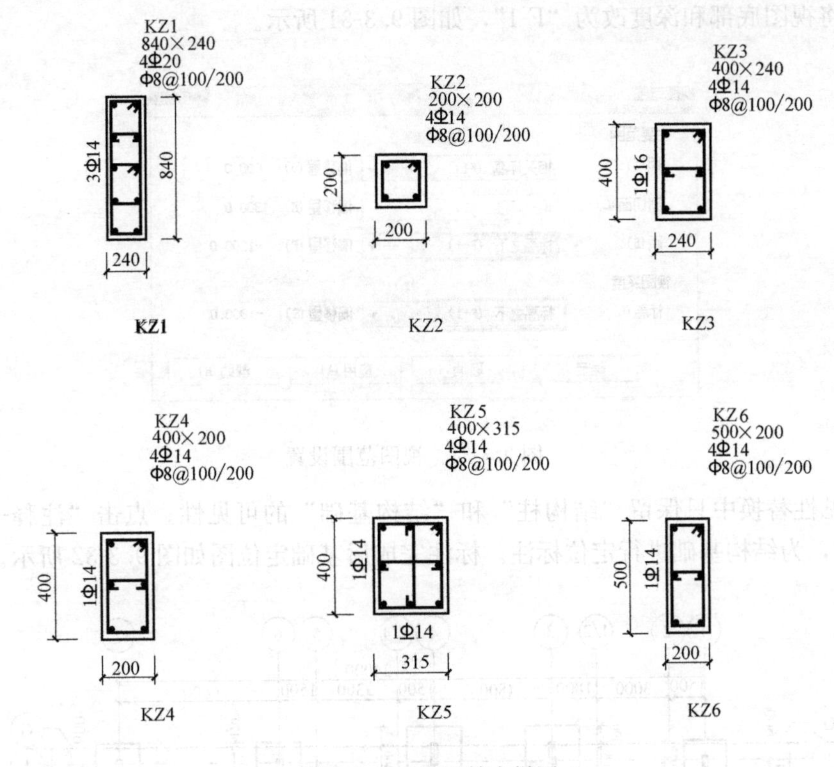

图 9.3-29　柱配筋大样图

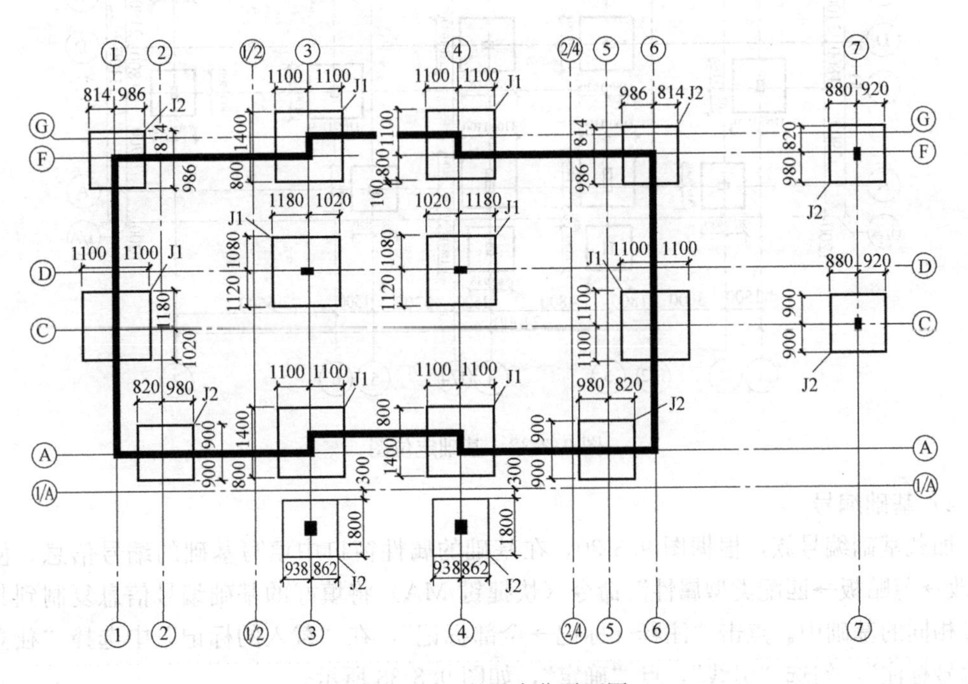

图 9.3-30　基础定位平面图

1）尺寸标注

点击“项目浏览器→视图→结构平面（基础图）→地下室底板及基础平面图”。设置视图范围，将视图底部和深度改为“F-1”，如图 9.3-31 所示。

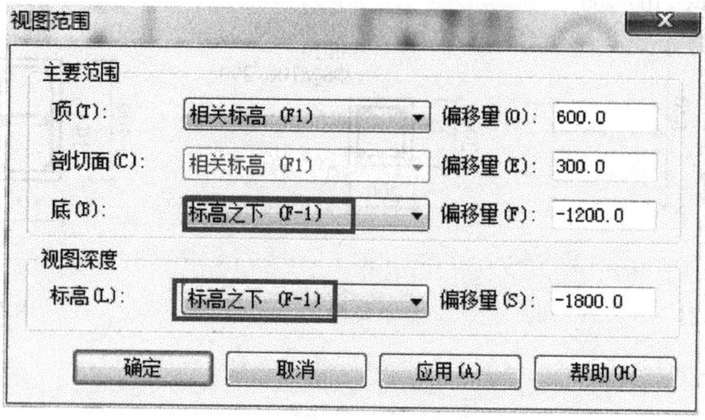

视图范围
主要范围
顶(T): 相关标高 (F1) 偏移量(O): 600.0
剖切面(C): 相关标高 (F1) 偏移量(E): 300.0
底(B): 标高之下 (F-1) 偏移量(F): -1200.0
视图深度
标高(L): 标高之下 (F-1) 偏移量(S): -1800.0
确定 取消 应用(A) 帮助(H)

图 9.3-31　视图范围设置

在可见性替换中只保留“结构柱”和“结构基础”的可见性。点击“注释→尺寸标注→线性”，为结构基础进行定位标注。标注完成后基础定位图如图 9.3-32 所示。

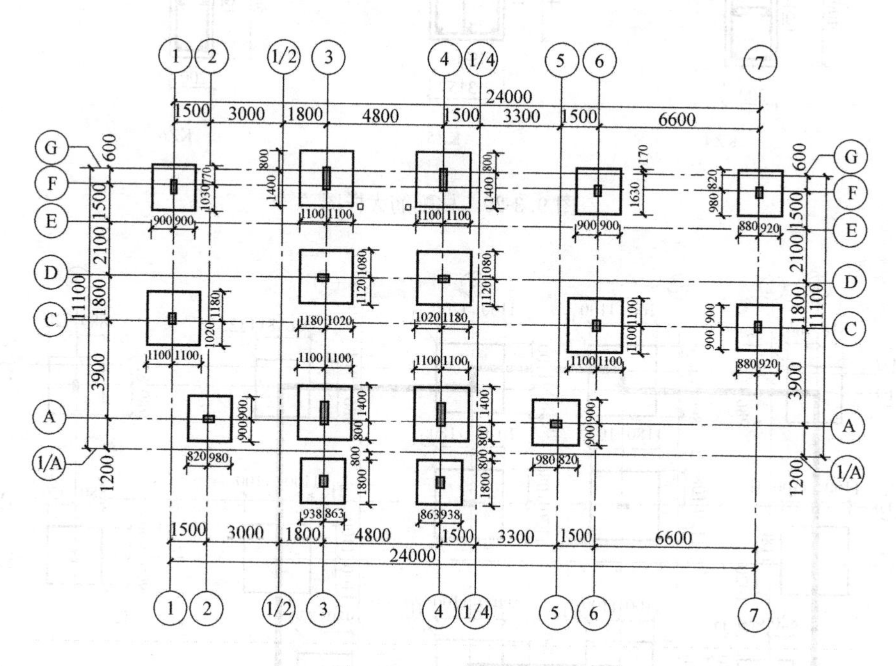

图 9.3-32　基础定位图

2）基础编号

加载基础编号族，根据图 9.3-30，在基础的属性窗口中填写基础的编号信息。使用“修改→剪贴板→匹配类型属性”命令（快捷键 MA）将填好的基础编号信息复制到其他编号相同的基础中。点击“注释→标记→全部标记”，在“载入的标记”中选择“独立基础编号标注”，勾选“引线”，点“确定”，如图 9.3-33 所示。

适当移动标注位置，完成基础编号标注，如图 9.3-34 所示。

3）基础明细表

本案例通过明细表形成基础截面及配筋表，并绘制基础大样。根据表 9.3-1 在基础的

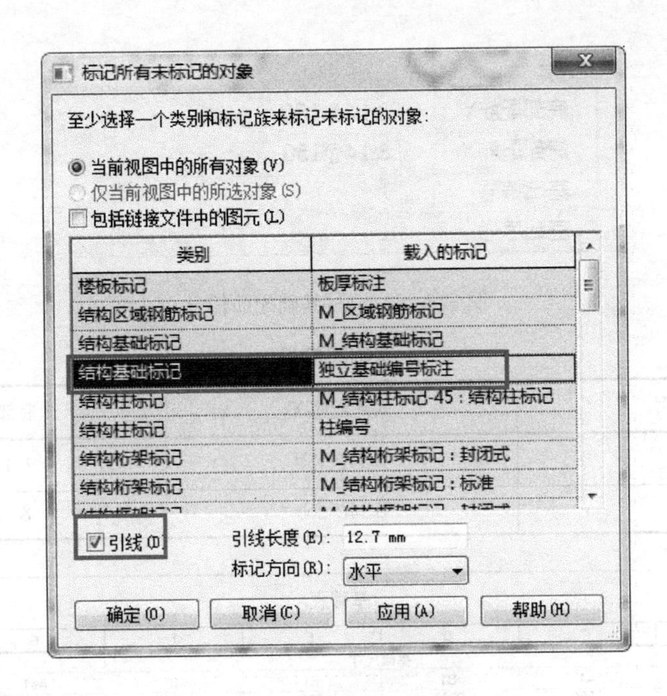

图 9.3-33　选择标记类型

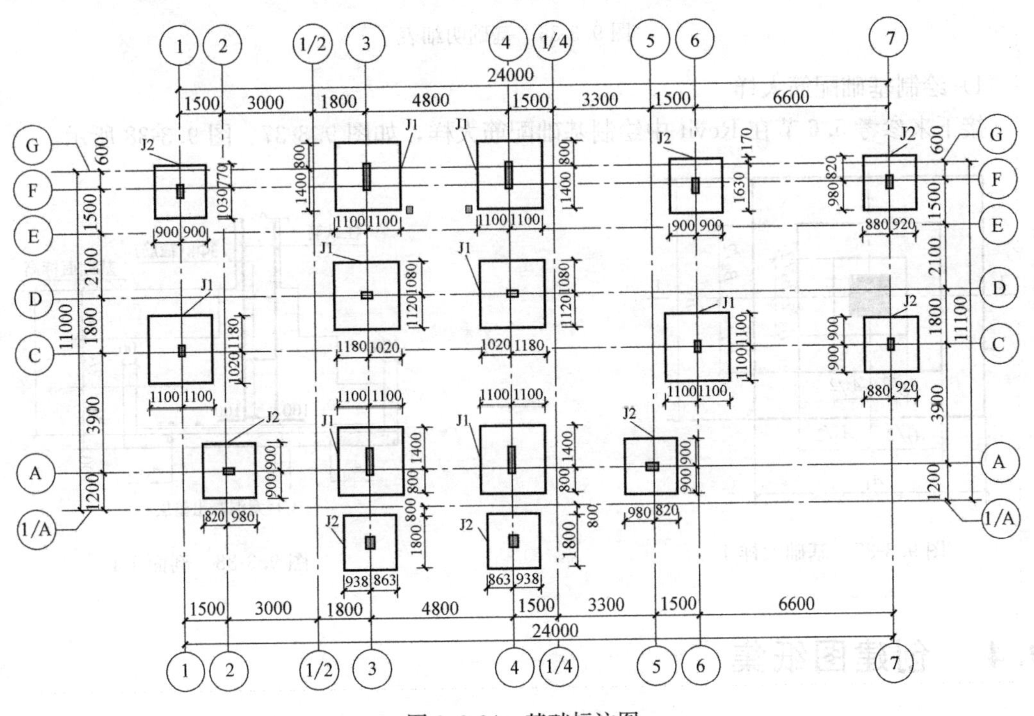

图 9.3-34　基础标注图

属性窗口中填写基础的配筋信息，如图 9.3-35 所示。

点击“视图→创建→明细表→明细表/数量”，弹出“新建明细表”对话框，用第 5 章的方法新建基础配筋明细表，如图 9.3-36 所示。

文字	
底部配筋Y	&14@150
底部配筋X	&14@150
基础编号	J
基础序号	1

图 9.3-35　填写基础配筋信息

基础配筋表　　**表 9.3-1**

编　　号	底部配筋 X	底部配筋 Y
J1	&14@150	&14@150
J2	&14@200	&14@200

<基础表>							
A	B	C	D	E	F	G	H
基础编号		基础尺寸				基础配筋	
编号	序号	A1	B1	H1	H	As1	As2
J	1	2200	2200	500	500	Φ14@150	Φ14@150
J	2	1800	1800	400	400	Φ14@200	Φ14@200

图 9.3-36　基础明细表

4）绘制基础配筋大样

接下来参考 5.6 节在 Revit 中绘制基础配筋大样，如图 9.3-37、图 9.3-38 所示。

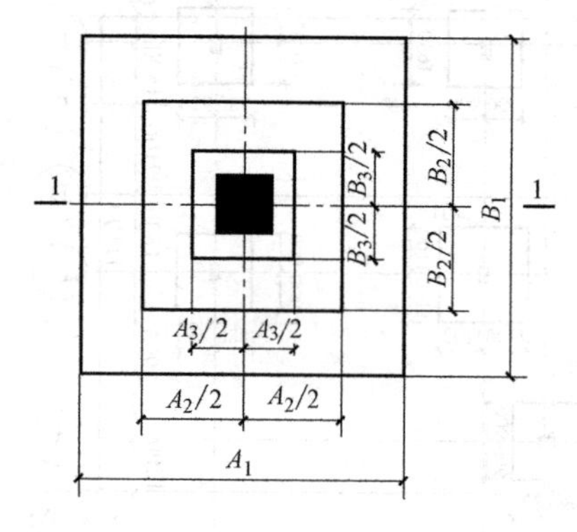

图 9.3-37　基础大样 1

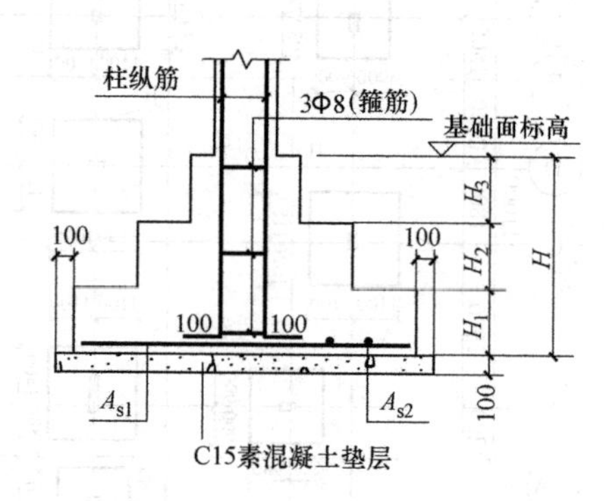

图 9.3-38　剖面 1-1

9.4　创建图纸集

本案例使用明细表制作结构标高表。点击“视图→创建→明细表→明细表/数量”，弹出“新建明细表”对话框，制作标高表，如图 9.4-1 所示。

完成标高表后，选择合适的图框创建图纸视图，并将相应的视图和说明添加到图中。完成后的图纸视图如图 9.4-2～图 9.4-6 所示。

<结构标高表>	
A	B
楼层	标高
F5	12.350
F4	10.150
F3	6.850
F2	3.550
F1	-0.050
F-1	-3.350

图 9.4-1　结构标高表

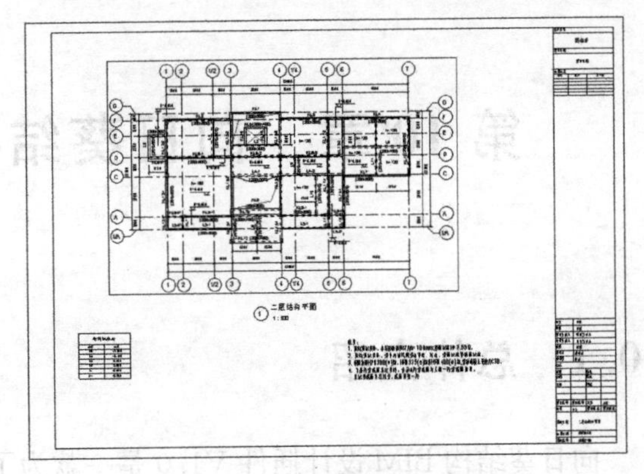

图 9.4-2　二层结构平面图

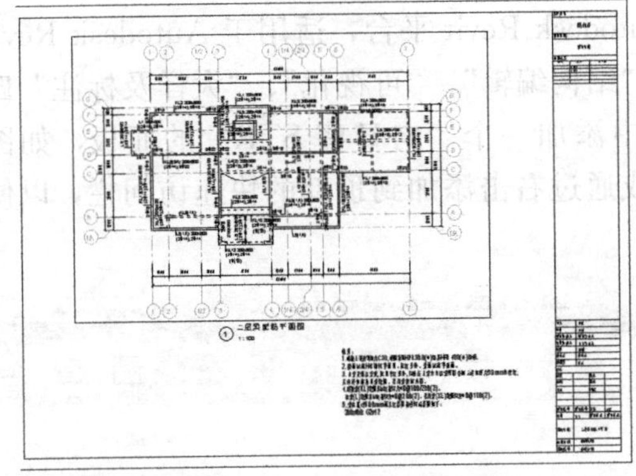

图 9.4-3　二层梁配筋平面图

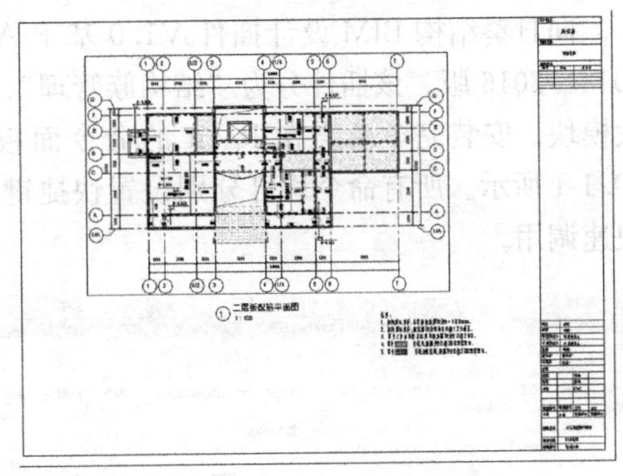

图 9.4-4　二层板配筋平面图

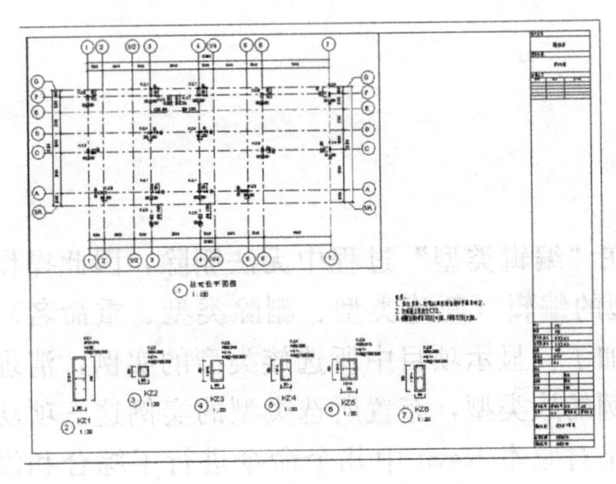

图 9.4-5　柱定位平面图

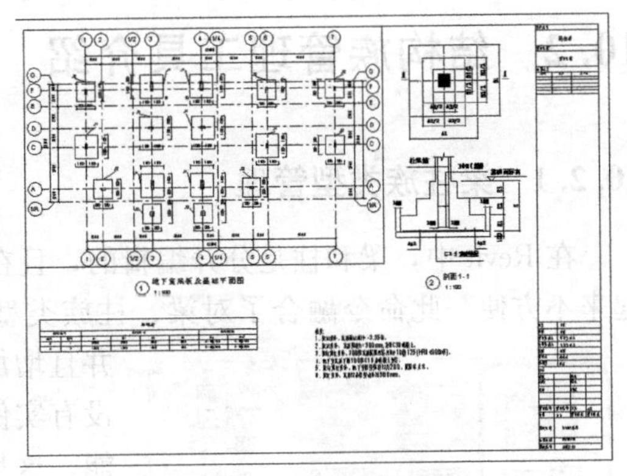

图 9.4-6　基础配筋图

第 10 章　向日葵结构 BIM 软件简介

10.1　总体介绍

向日葵结构 BIM 设计插件 V1.0 是一款为了方便结构专业对 Revit 模型进行操作的工具集插件集合，可有效简化操作流程，提高工作效率。

向日葵结构 BIM 设计插件 V1.0 基于 Autodesk Revit 平台，适用于 Autodesk Revit 2014～2016 版。该插件分为“结构族管理”、“结构编辑”、“可视化”、“大样及标注”四大模块。安装完毕后会在 Revit 的命令面板中添加一个“向日葵 STR”的面板，如图 10.1-1 所示。所有命令均可分别设置快捷键或通过右击添加到顶部的快速访问栏，以便快速调用。

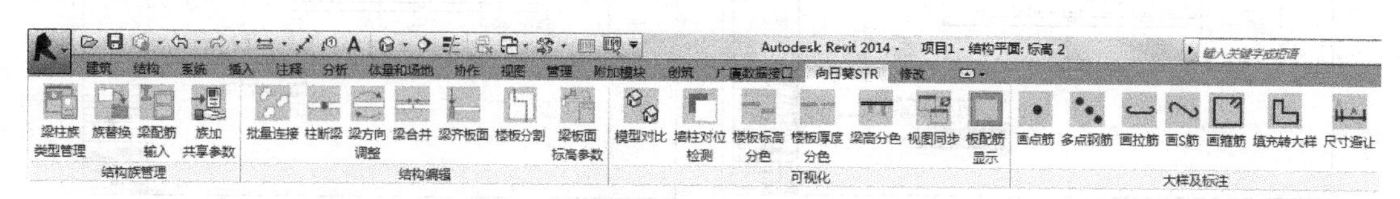

图 10.1-1　向日葵结构 BIM 设计插件

10.2　结构族管理工具介绍

10.2.1　梁柱族类型管理

在 Revit 中，梁和柱是分开编辑的，且在“编辑类型”过程中无法删除，因此操作起来不方便。此命令融合了对梁、柱族类型的编辑（新建类型、删除类型、重命名），并且增加了：显示项目中所选族类型的实例，清理没有实例的族类型，布置所选类型的实例这三项功能。这是对原本 Revit 中几个命令进行了综合和添加，大大简化了操作的复杂性，提高了工作效率（图 10.2-1）。

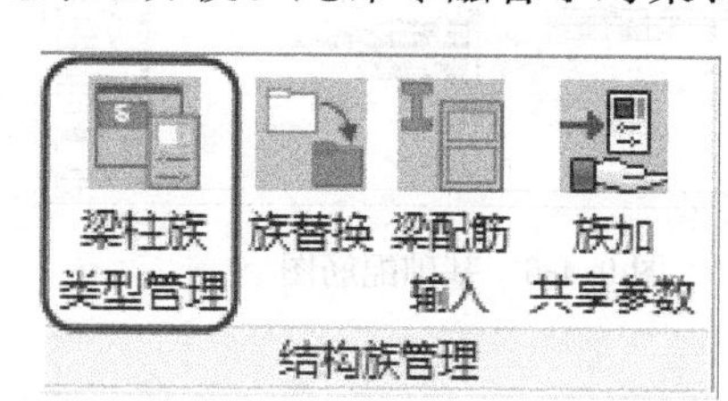

图 10.2-1　梁柱族类型管理命令图标

命令界面如图 10.2-2 所示，在类型编辑过程中单击参数时，可以在右侧预览框中直观看到参数的影响范围（虚线表示所选参数变动后的梁截面）。

10.2.2　族替换

建模时，族的更新和替换是常有的事。如何快速地把旧的族类型替换成新的，成为一

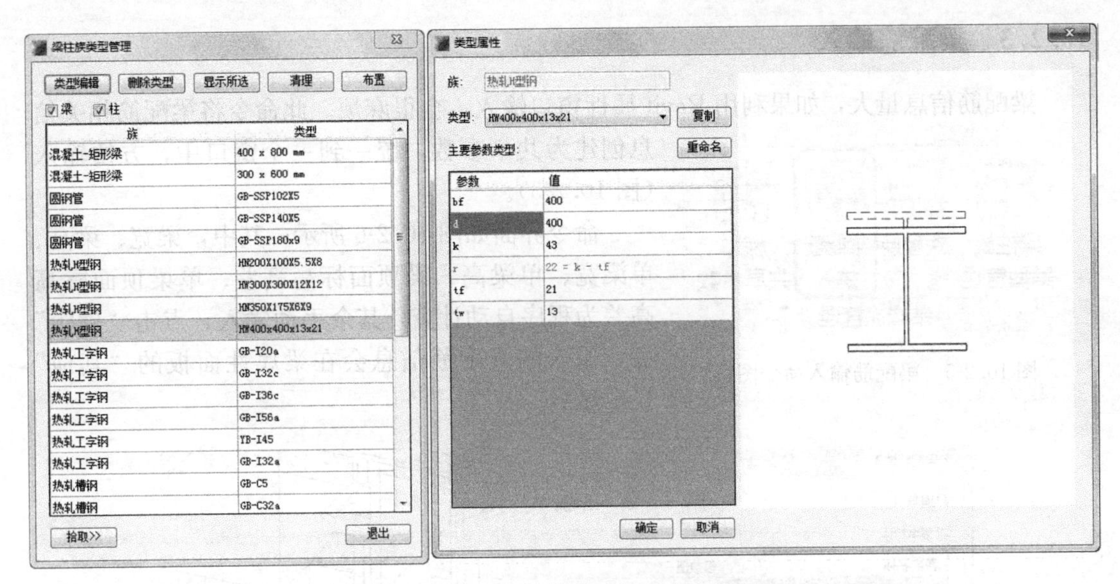

图 10.2-2　梁柱族类型管理命令界面

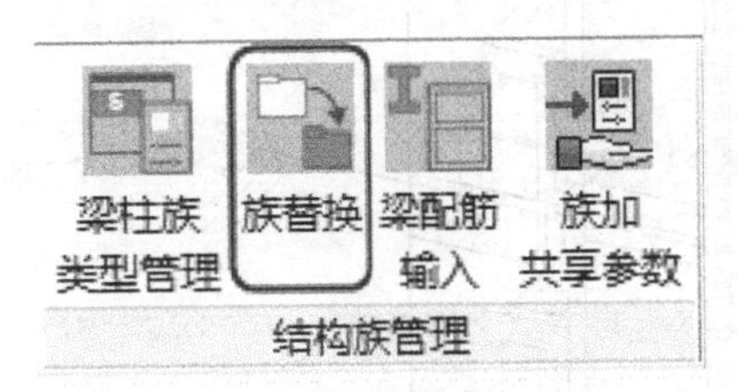

图 10.2-3　族替换命令图标

个难题。在 Revit 的操作中，所选的多个实例只能替换成同一类型。如果要把同一类型的全部实例替换成另一个类型，需要在项目浏览器中，找到需要替换的族类型，右击鼠标点击“选择全部实例”，然后在“属性”窗口下进行替换，操作十分烦琐。此命令可以对梁、柱、常规模型的类型进行批量的族类型替换，大大缩短了族替换的时间，提高了工作效率（图 10.2-3）。

命令界面如图 10.2-4 所示。

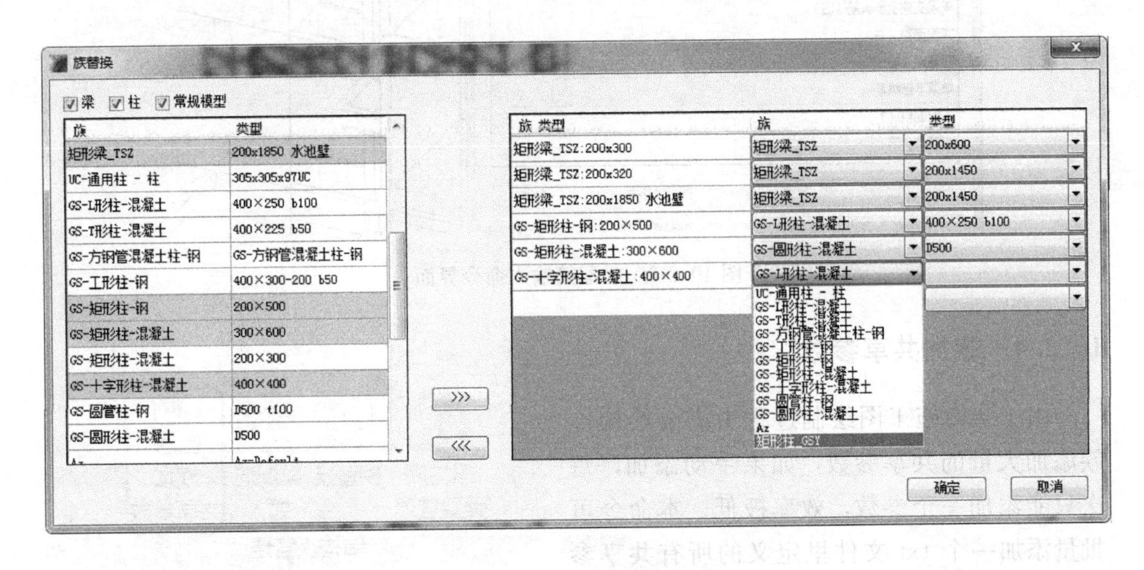

图 10.2-4　族替换命令界面

10.2.3 梁配筋输入

梁配筋信息量大，如果利用 Revit 属性窗口输入，会很麻烦。此命令将梁配筋相关信息创建为共享参数，统一到一个窗口中，方便输入（图 10.2-5）。

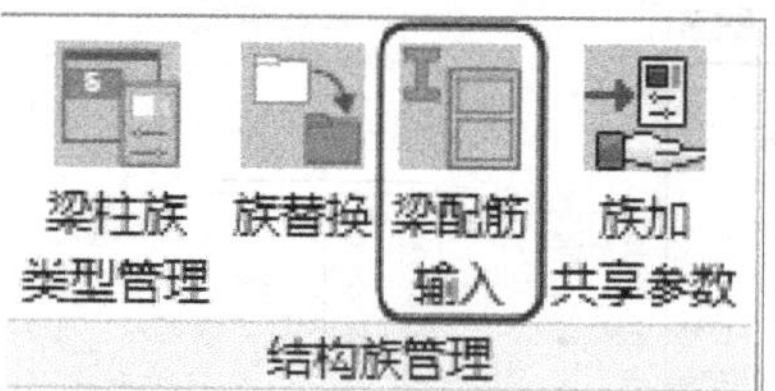

图 10.2-5 梁配筋输入命令图标

命令界面如图 10.2-6 所示，其中，梁宽、梁高、单梁宽、单梁高、梁顶面标高高差、单梁顶面标高高差为程序自动计算，其余手动输入。点击“确定”后，输入的梁配筋信息会在梁属性面板的“其他”栏中显示。

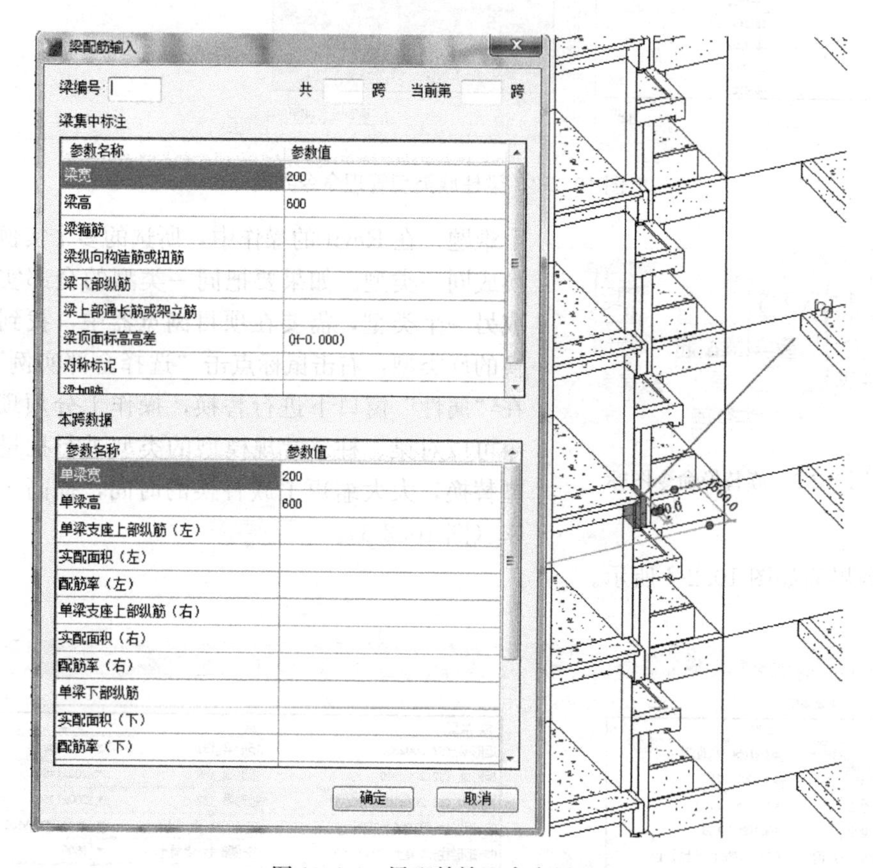

图 10.2-6 梁配筋输入命令界面

10.2.4 族加共享参数

由于结构施工图绘制过程中需要给构件族添加大量的共享参数，如果手动添加，每次只能添加一个参数，效率极低。本命令可批量添加一个 txt 文件里定义的所有共享参数，非常快捷（图 10.2-7）。

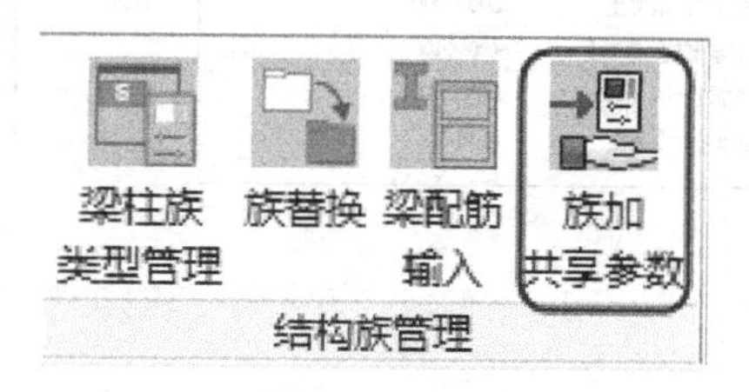

图 10.2-7 族加共享参数命令图标

10.3　结构构件编辑工具介绍

10.3.1　批量连接

建完模型后，常常需要处理墙、梁、柱、板之间的剪切问题，以便满足出图的需要。Revit自带的连接功能无法批量处理，需要一个个点选，且连接过程中无法确定剪切的优先级，经常要手动切换连接顺序，十分麻烦。此命令把墙、梁、柱、板之间的剪切关系进行细分，对所选的物体进行批量的剪切处理，大大提高了工作效率。

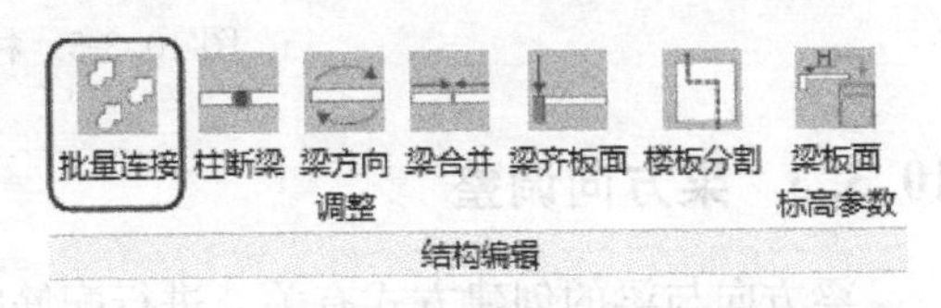

图10.3-1　批量连接命令图标

命令界面如图10.3-2所示。该命令对准确计算构件的工程量也有作用。连接前后的效果见图10.3-3、图10.3-4。

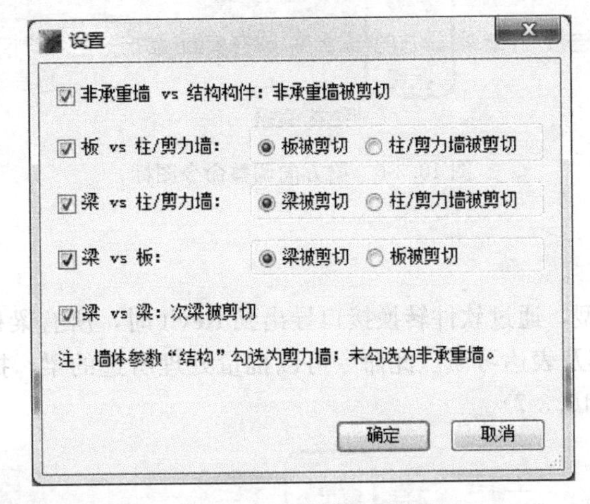

图10.3-2　批量连接命令界面

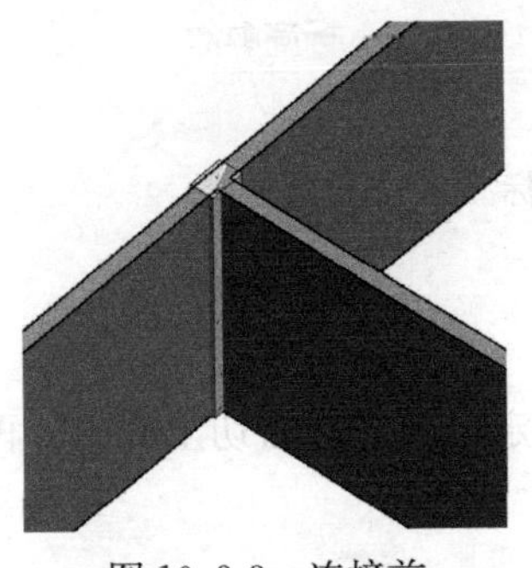

图10.3-3　连接前

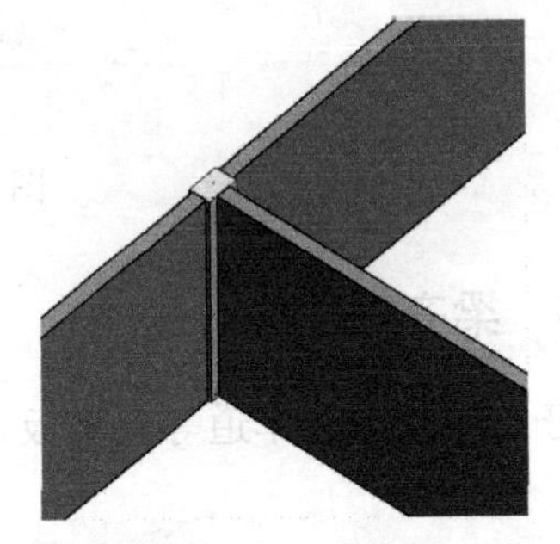

图10.3-4　连接后

10.3.2　柱断梁

按规范的建模要求，梁在柱子处应该断开。但实际建模的时候，往往为了方便，多跨梁用一根梁建模。本命令可批量将梁在柱子相交处断开（图 10.3-5）。

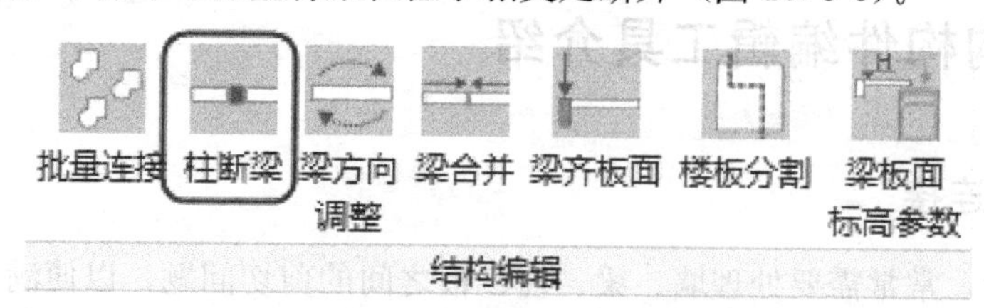

图 10.3-5　柱断梁命令图标

10.3.3　梁方向调整

梁方向与梁的创建方式有关，进行配筋时，如果一开始没有注意到梁的方向，标注的左负筋有时候会显示在右边。此命令简化了把方向相反的梁旋转 180°的步骤，且可以一次进行多根梁的旋转，提高了工作效率（图 10.3-6）。

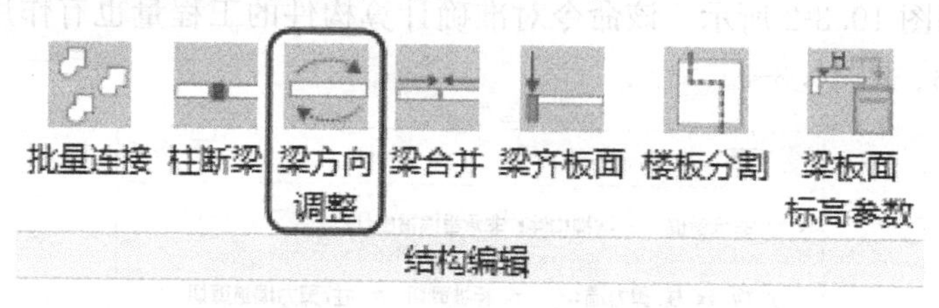

图 10.3-6　梁方向调整命令图标

10.3.4　梁合并

有些结构计算模型，通过软件转换接口导出到 Revit 时，所有梁相交处均被打断（包括次梁），不符合建模及表达习惯。此命令可以批量处理所选的梁，把共线且类型相同的梁合并成一条梁（图 10.3-7）。

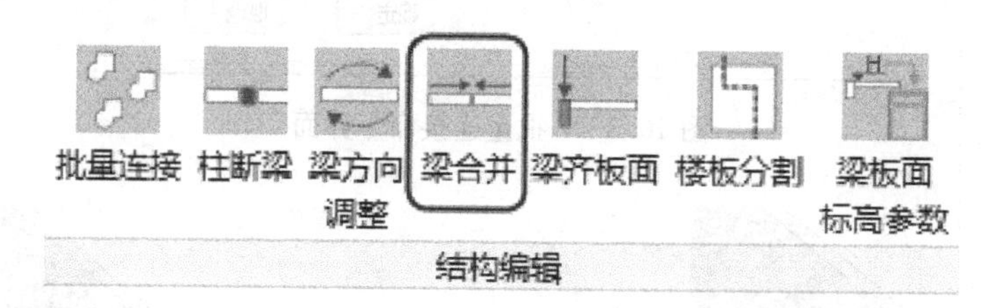

图 10.3-7　梁合并命令图标

10.3.5　梁齐板面

对于坡屋顶或者车道等斜楼板，其下方的斜梁较难定位，一般需切出剖面，再竖向旋

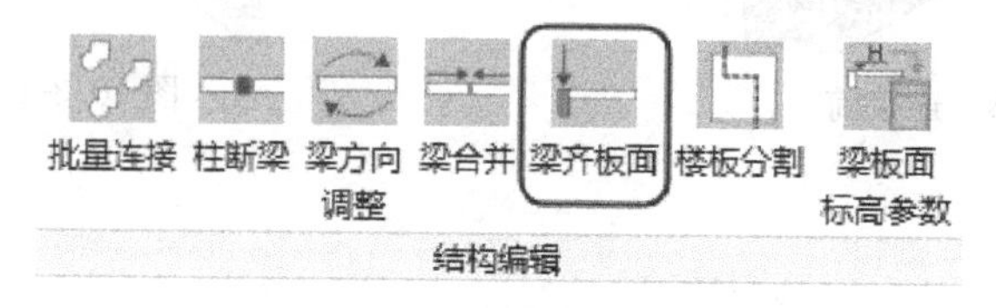

图 10.3-8　梁齐板面命令图标

转水平梁形成斜梁。本命令直接拾取斜楼板面进行对齐，简单且精确。效果如图 10.3-9 所示，对于编辑子图元形成的斜楼板同样适用。

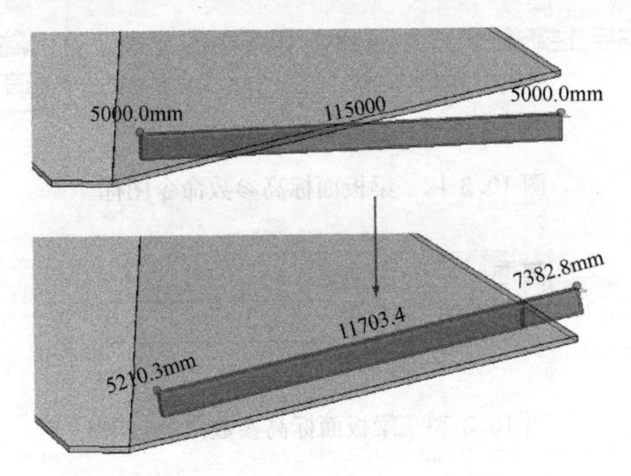

图 10.3-9 梁齐板面命令效果

10.3.6 楼板分割

建模初期，同一高度，相同厚度的楼板一般是统一建模的。但随着项目的进展，楼板需要进行各种分割。Revit 的常规做法是复制多一块楼板，再分别编辑边界。此过程虽然并不复杂，但十分烦琐。本命令用详图线直接对楼板进行分割，使楼板分割的过程简单高效（图 10.3-10）。楼板分割命令效果见图 10.3-11。

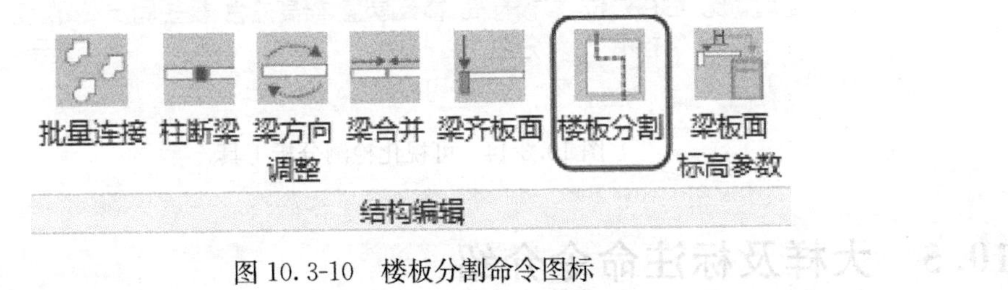

图 10.3-10 楼板分割命令图标

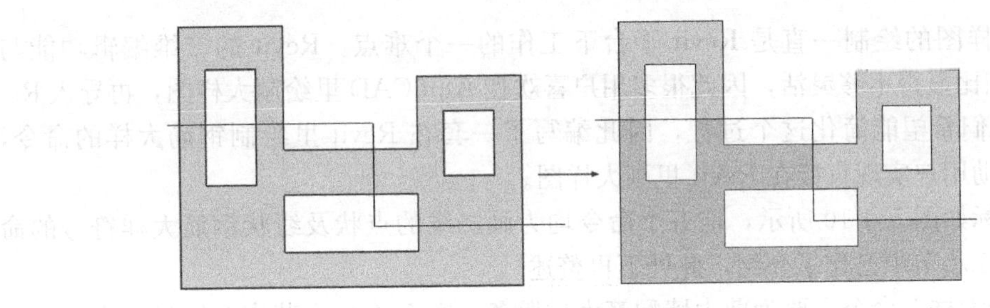

图 10.3-11 楼板分割命令效果

10.3.7 梁板面标高参数

结构施工图中，梁板面标高有固定的标注方式，跟 Revit 直接标注“高程点坐标”的方式不太一样。本命令将梁板面的标高信息自动读取，并将数值写入共享参数，表达形式与施工图常用一致（图 10.3-12、图 10.3-13）。

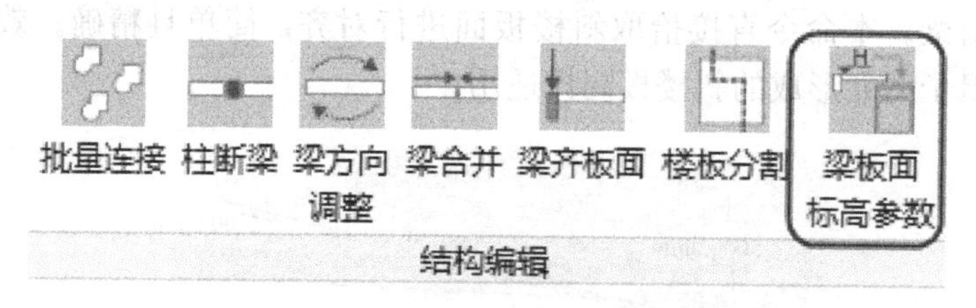

图 10.3-12 梁板面标高参数命令图标

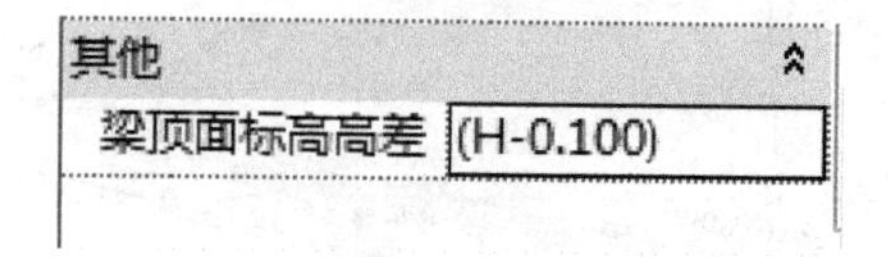

图 10.3-13 梁板面标高参数命令效果

10.4 可视化检测分析工具介绍

在向日葵结构 BIM 软件中，可视化检测分析工具所占比重较大，本书第 6 章已作了专门的介绍，此处不再赘述（图 10.3-14）。

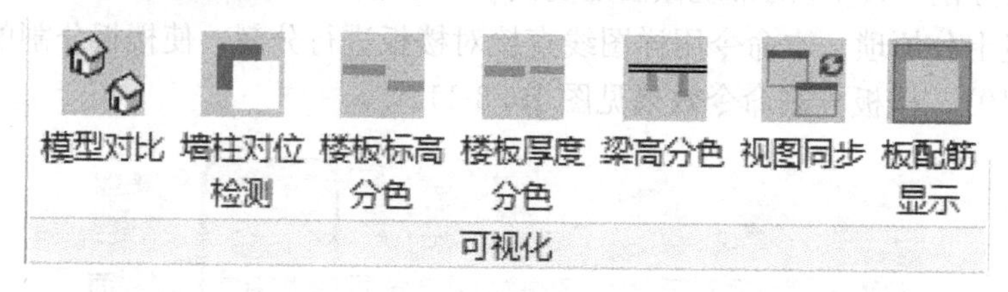

图 10.3-14 可视化检测分析工具

10.5 大样及标注命令介绍

结构大样图的绘制一直是 Revit 平台下工作的一个难点。Revit 的二维编辑功能与 AutoCAD 相比显得不够灵活，因此很多用户喜欢在 AutoCAD 里绘制大样图，再导入 Revit 布图。我们希望能简化这个过程，因此编写了一套在 Revit 里绘制钢筋大样的命令，希望可以帮助用户实现直接在 Revit 里画大样图。

命令图标如图 5.4-10 所示，前五个命令均为画二维的点状及线状钢筋大样符号的命令，在 5.4.5 小节中已作了介绍，此处不再赘述。

“填充转大样”命令主要为剪力墙配筋大样服务。在 5.4.3 小节中介绍过剪力墙边缘构件的表达，建议采用填充区域来表示。本命令可直接将填充区域转换为大样图里的线条，并标注出主要尺寸，用户只需在其中添加钢筋符号（使用前几个画钢筋符号的命令），即可形成大样图（图 10.3-15）。

最后一个“尺寸避让”命令则是为了解决 Revit 尺寸标注密集处不会自动避让的缺陷而编写的命令，该命令受 Revit API 所限，仅适用于 2016 版以上。其效果如图 10.3-16 所示。

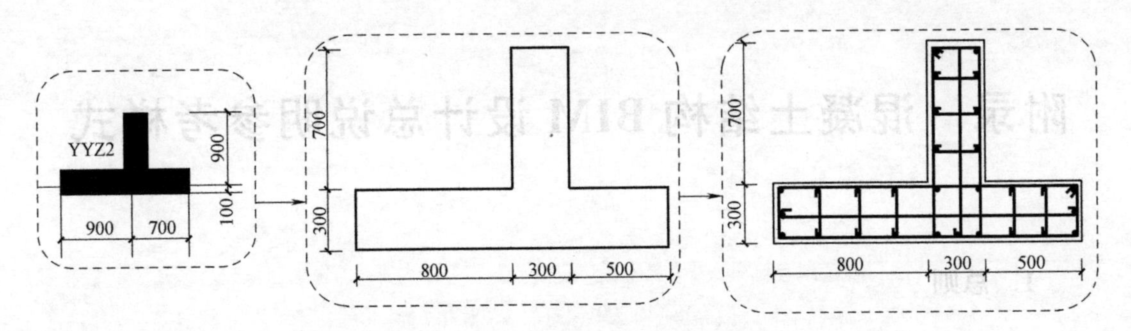

图 10.3-15　填充转大样效果示意

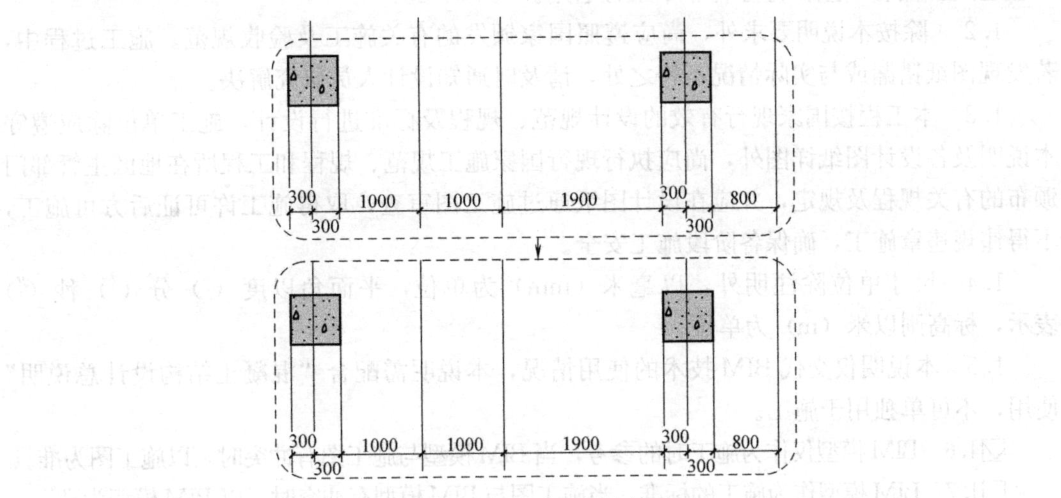

图 10.3-16　尺寸避让效果示意

附录　混凝土结构 BIM 设计总说明参考样式

1　总则

1.1　在本说明中，有□符号者，凡划“☑”为本工程采用。没有“□”符号者为本工程通用。仅有“□”符号者非本工程通用。

1.2　除按本说明要求外，尚应遵照国家颁发的有关施工及验收规范。施工过程中，若发现图纸错漏或与实际情况不符之处，请及时通知设计人员研究解决。

1.3　本工程按国家现行有效的设计规范、规程及标准进行设计，施工单位除应遵守本说明及各设计图纸详图外，尚应执行现行国家施工规范、规程和工程所在地区主管部门颁布的有关规程及规定，并应在设计图纸通过施工图审查，取得施工许可证后方可施工，不得违规违章施工，确保各阶段施工安全。

1.4　尺寸单位除注明外，以毫米（mm）为单位，平面角以度（°）分（′）秒（″）表示，标高则以米（m）为单位。

1.5　本说明仅交代 BIM 技术的使用情况，本说明需配合“混凝土结构设计总说明”使用，不可单独用于施工。

☑1.6　BIM 模型仅作为施工时的参考，当 BIM 模型与施工图有冲突时，以施工图为准。

□1.7　BIM 模型作为施工的标准，当施工图与 BIM 模型有冲突时，以 BIM 模型为准。

1.8　对于 BIM 模型中未涉及的信息，应参照施工图进行施工或向设计人员确认后再施工。

1.9　本项目 BIM 设计的应用方法为方法一。

方法一：在传统二维施工图完成之后进行 BIM 三维翻模

方法二：在传统二维施工图设计过程中，同时进行 BIM 三维翻模

方法三：全专业全过程利用 BIM 技术直接进行三维设计

1.10　本项目中 BIM 应用点为：

☑结构梁板柱模型建模　　□模型用于审图　　□与暖通碰撞检查

□结构墙身大样建模　　□设计变更　　□与电气碰撞检查

☑部分结构施工图出图　　☑与建筑碰撞检查　　□工程量统计

□全部结构施工图出图　　□与给水排水碰撞检查

1.11　本项目 BIM 设计的设计阶段为施工图设计，对应建模深度＿L3＿的内容。该设计深度包含的内容见表 1.11-1 和表 1.11-2。

设计深度等级表　　**表 1.11-1**

等级			深度要求
L1	概念级	规划设计	具备基本形状，粗略的尺寸和形状，包括非几何数据，仅线、面积、位置
L2	方案级	初步设计	近似几何尺寸，形状和方向，能够反映物体本身大致的几何特性。主要外观尺寸不得变更，细部尺寸可调整，构件宜包含几何尺寸、材质、产品信息等

续表

等级			深度要求
L3	设计级	施工图设计	物体主要组成部分必须在几何上表述准确，能够反映物体的实际外形，保证不会在施工模拟和碰撞检查中产生错误判断，构件应包含几何尺寸、材质、产品信息等。模型包含信息量与施工图设计完成时的CAD图纸上的信息量应该保持一致
L4	施工级	施工图深化	详细的模型实体，最终确定模型尺寸，能够根据该模型进行构件的加工制造，构件除包括几何尺寸、材质、产品信息外，还应附加模型的施工信息，包括生产、运算、安装等方面

建模深度的专业内容　　表1.11-2

建模深度	L1	L2	L3	L4
板	物理属性，板厚、板长、宽、表面材质颜色	类型属性，材质，二维填充表示	材料信息，分层做法，楼板详图，附带节点详图（钢筋布置图）	板材生产信息，运输进场信息、安装操作单位
梁	物理属性，梁长宽高，表面材质颜色	类型属性，具有异形梁表示详细轮廓，材质，二维填充表示	材料信息，梁标识，附带节点详图（钢筋布置图）	生产信息，运输进场信息、安装操作单位
柱	物理属性，柱长宽高，表面材质颜色	类型属性，具有异形柱表示详细轮廓，材质，二维填充表示	材料信息，柱标识，附带节点详图（钢筋布置图）	生产信息，运输进场信息、安装操作单位
梁柱节点	不表示，自然搭接	表示锚固长度，材质	钢筋型号，连接方式，节点详图	生产信息，运输进场信息、安装操作单位
墙	物理属性，墙厚、长、宽、表面材质颜色	类型属性，材质，二维填充表示	材料信息，分层做法，墙身大样详图，空口加固等节点详图（钢筋布置图）	生产信息，运输进场信息、安装操作单位
预埋及吊环	不表示	物理属性，长、宽、高物理轮廓。表面材质颜色。类型属性，材质，二维填充表示	材料信息，大样详图，节点详图（钢筋布置图）	生产信息，运输进场信息、安装操作单位
基础	不表示	物理属性，基础长、宽、高基础轮廓。表面材质颜色。类型属性，材质，二维填充表示	材料信息，基础大样详图，节点详图（钢筋布置图）	材料进场日期、操作单位与安装日期
基坑工程	不表示	物理属性，基坑长、宽、高、表面	基坑维护结构构件长、宽、高及具体轮廓，节点详图（钢筋布置图）	操作日期，操作单位
钢柱	物理属性，钢柱长宽高，表面材质颜色	类型属性，根据钢材型号表示详细轮廓，材质，二维填充表示	材料要求，钢柱标识，附带节点详图	操作安装日期，操作安装单位
桁架	物理属性，桁架长宽高，无杆件表示，用体量代替，表面材质颜色	类型属性，根据桁架类型搭建杆件位置，材质，二维填充表示	材料信息，桁架标识，桁架杆件连接构造。附带节点详图	操作安装日期，操作安装单位
钢梁	物理属性，梁长宽高，表面材质颜色	类型属性，根据钢材型号表示详细轮廓，材质，二维填充表示	材料信息，钢梁标识，附带节点详图	操作安装日期，操作安装单位
柱脚	不表示	柱脚长、宽、高用体量表示，二维填充表示	柱脚详细轮廓信息，材料信息，柱脚标识，附带节点详图	操作安装日期，操作安装单位

1.12　本项目的专业内协同方式采用：

☐基于工作集的协同

☑基于链接的协同

1.13　本项目的专业间协同方式采用：

☐基于工作集的协同

☑基于链接的协同

2　设计依据

2.1　采用国家现行有效的设计规范、规程、统一标准、标准图集、工程建设标准强制性条文。作为不能违反的法规，同时考虑工程所在地区实际情况采用地区性规范。

2.2　本工程BIM结构设计遵循的主要标准、规范、规程：

☑建筑工程设计信息模型交付标准　☑民用建筑信息模型设计标准（北京地方标准）

☑广东省建筑设计研究院BIM标准　☑国标建筑工程信息模型应用统一标准

2.3　本工程结构设计采用的BIM软件名称/软件版本号/编制单位/授权号分别为 Revit ；2014版； Autodesk公司。

3　模型基本情况

3.1　本项目BIM模型的建模深度达到等级一的要求。

模型详细程度等级表　　表3.1-1

子项＼详细等级	等级一	等级二	等级三
结构柱	大概尺寸	材质与类型，精确尺寸	实际施工的柱模型
结构梁	大概尺寸	材质与类型，精确尺寸	实际施工的梁模型
预留洞	大概尺寸	精确尺寸、标高信息	实际预留洞口
剪力墙	大概尺寸	墙体的类型、精确厚度、具体形状	实际施工的墙体模型
楼梯	大概尺寸	楼梯的类型、精确厚度、具体形状	实际施工的楼梯模型
楼板	楼梯的基本尺寸、形状	精确厚度、楼板类型	实际施工的楼板模型
钢节点连接样式	连接点的样式的类似形状	连接样式型号，具体形状	实际施工的节点模型
基坑	大致形状、尺寸、位置	精确形状、尺寸、坐标位置	实际施工的基坑模型

3.2　本项目包含的模型几何信息满足深度等级 3.0 的要求。

本项目包含的模型非几何信息满足深度等级 3.0 的要求。

BIM模型几何信息深度等级表　　表3.2-1

序号	信息内容	深度等级				
		1.0	2.0	3.0	4.0	5.0
1	结构体系的初步模型表达结构设缝主要结构构件布置	√	√	√	√	√
2	结构层数，结构高度	√	√	√	√	√
3	主体结构构件：结构梁、结构板、结构柱、结构墙、水平及竖向支撑等		√	√	√	√
4	基本布置及截面		√	√	√	√

续表

序号	信息内容	深度等级				
		4.0	5.0	1.0	2.0	3.0
5	空间结构的构件基本布置及截面，如桁架，网架的网格尺寸及高度等		√	√	√	√
6	基础的类型及尺寸，如桩、筏板、独立基础等		√	√	√	√
7	主要结构洞定位、尺寸			√	√	√
8	次要结构构件深化：楼梯、坡道、排水沟、集水坑等			√	√	√
9	次要结构细节深化：如节点构造、次要的预留孔洞			√	√	√
10	建筑围护体系的结构构件布置			√	√	√
11	钢结构深化				√	√
12	精细化构件细节组成与拆分，如钢筋放样及组拼，钢构件下料				√	√
13	预埋件，焊接件的精确定位及外形尺寸				√	√
14	复杂节点模型的精确定位及外形尺寸				√	√
15	施工支护的精确定位及外形尺寸				√	√
16	构件为安装预留的细小孔洞					√

BIM模型非几何信息深度等级表 **表3.2-2**

序号	信息内容	深度等级				
		1.0	2.0	3.0	4.0	5.0
1	项目结构的基本信息，如设计使用年限，抗震设防烈度，抗震等级，设计地震分组，场地类别，结构安全等级，结构体系等	√	√	√	√	√
2	构件材质信息，如混凝土强度等级，钢材强度等级	√	√	√	√	√
3	结构荷载信息，如风荷载、雪荷载、温度荷载、楼面恒活荷载	√	√	√	√	√
4	构件的配筋信息，钢筋构造要求信息，如钢筋锚固、截断要求		√	√	√	√
5	防火、防腐要求		√	√	√	√
6	对采用新技术、新材料的做法说明及构造要求，如耐久性要求、保护层厚度等		√	√	√	√
7	其他设计要求的信息		√	√	√	√
8	工程量统计信息：主体材料分类统计，施工材料统计信息				√	√
9	工料机信息				√	√
10	施工组织及材料信息				√	√
11	建筑物的各设备设施及构件的维修与运行信息					√

3.3 采用BIM建模的结构部分包括

☑塔楼　　　　　□地下室

☑裙楼　　　　　□基础

3.4 本项目各BIM模型的名称及包含的结构部分：

各BIM模型名称及包含的结构部分 **表3.4-1**

模型文件名	包含的结构部分
2013-2-116-Fanhai-S-UG. rvt	地下室
2013-2-116-Fanhai-S-Tower1. rvt	1#塔楼
2013-2-116-Fanhai-S-Tower2. rvt	2#塔楼
2013-2-116-Fanhai-S-Podium. rvt	1#、2#裙房

3.5　使用 BIM 模型出施工图时信息的表达方式

3.5.1　结构梁

☑梁截面以☑参数□文字表达

☑梁分跨以☑参数□文字表达

☑梁配筋以☑参数＋标签□参数＋明细表□文字□实体表达

3.5.2　结构板

☑板厚以☑参数□文字表达

☑板标高以□参数＋标签□参数＋明细表□文字☑软件自生成表达

☑板配筋以□参数＋标签□参数＋明细表□文字☑详图表达

☑3.5.3　结构柱

结构柱截面以☑参数□文字□详图表达

结构柱编号以☑参数□文字表达

结构柱配筋以□参数＋标签□参数＋明细表□文字☑详图□实体表达

□3.5.4　剪力墙

□墙身编号以□参数＋标签□文字表达

□边缘构件编号以□参数＋标签□文字表达

□边缘构件配筋以□详图□实体表达

☑3.5.5　独立基础

☑独立基础编号以☑参数□文字表达

☑独立基础配筋以☑参数＋明细表□文字□详图表达

□3.5.6　条形基础

□条形基础编号以□参数□文字表达

□条形基础配筋以□参数＋明细表□文字□详图表达

□3.5.7　桩基础

□基础配筋以□参数□文字□详图表达

□3.5.8　筏板基础

□筏板板厚以□参数□文字表达

□筏板标高以□参数＋标签□参数＋明细表□文字□软件自生成表达

□筏板配筋以□参数＋标签□参数＋明细表□文字□详图表达

3.6　存放于 BIM 模型中的文件包括

□目录	☑基础配筋图	☑梁配筋图	□审图单位校审意见
□总说明	☑平面布置图	☑竖向构件定位图	□本单位校审意见
☑基础定位图	☑板配筋图	☑竖向构件配筋图	
☑楼梯定位图	☑楼梯配筋图	☑设计变更单	

3.7　BIM 模型可用于

☑碰撞检查	□结构出图	□现场施工
☑结构出图辅助	□工程算量	□项目运营管理

4　建模标准

4.1　项目 BIM 建模标准

4.1.1　总要求

☑BIM 模型包含所有需要的结构构件
☑BIM 模型包含所有定义的楼层
☑每一层的结构构件及空间分别建模
☑结构构件使用正确的对象创建
☑构件类型符合约定
☑模型中没有多余的构件
☑模型中没有重复或重叠的构件
☑构件与建筑楼层关联
☑模型及构件包含必要的属性信息、编码信息
☑模型及构件的分类、命名合规范要求
☑柱和梁如实表达偏位关系
☑梁和板如实表达标高关系
☑结构中包含为机电预留的开洞
☑对象之间无显著冲突
☑建筑和结构专业模型无碰撞冲突
☑开洞与建筑结构构件无冲突

4.1.2　结构梁

☑结构梁按实际☑截面、☑标高进行建模

☑结构梁的分段方式为：□按节点☑按梁跨

4.1.3　结构板

☑楼板分块方式：☑同计算板块□按截面变化情况

☑中间板轮廓至支座中线（一般为轴线），边支座至混凝土结构外轮廓

4.1.4　结构柱

☑结构柱按实际☑截面、☑标高进行建模

☑每一层的结构柱分别建模，同一结构柱图元无跨越两层或以上

4.1.5　结构墙

☑结构墙按实际☑截面、☑标高进行建模

☑每一层的结构墙分别建模，同一结构墙图元无跨越两层或以上

4.2　族信息

BIM 模型主要采用的梁族包括：

矩形混凝土内工形钢　（☑院标□自建）　矩形梁　（☑院标□自建）
H 形变截面梁 ☑（院标□自建）　______　（☑院标□自建）

☑BIM 模型主要采用的柱族包括：

L 形柱　（☑院标□自建）　T 形柱　（☑院标□自建）
矩形柱　（☑院标□自建）　______　（☑院标□自建）

☑BIM 模型主要采用的基础族包括：

台阶形-1 阶-平形　（☑院标□自建）　台阶形-2 阶-平形　（☑院标□自建）
台阶形-1 阶-矩形杯口　（☑院标□自建）　______　（☑院标□自建）

☑BIM 模型主要采用的详图族包括：

板负筋　（☑院标□自建）　板底筋　（☑院标□自建）
______　（☑院标□自建）　______　（☑院标□自建）

☑4.3　共享参数信息

☑BIM 模型中包含的梁共享参数有：

梁顶面标高高差、梁配筋率、梁跨数、梁编号、梁纵向构造筋或扭筋、梁箍筋、梁序号、

梁跨号、梁下部纵筋、梁上部通长筋或架立筋、梁高、梁宽。

☑BIM 模型中包含的板共享参数有：

板厚、板面标高。

☑BIM 模型中包含的柱共享参数有：

柱角筋、柱编号、柱纵筋、柱箍筋类型、柱箍筋、柱序号、
截面 H 边中部筋、截面 B 边中部筋、柱截面高、柱截面宽。

☑BIM 模型中包含的剪力墙共享参数有：

墙厚、墙类型、墙编号。

☑BIM 模型中包含的独立基础共享参数有：

一承台长度 A1、一承台宽度 B1、二承台长度 A2、二承台宽度 B2、一承台高度 H1、二承台高度 H2、总高度 H、锥形顶部长度 TA1、锥形顶部宽度 TB1、锥形底部长度 BA1、
锥形底部宽度 BB1、底部配筋 X、底部配筋 Y、基础编号、基础序号。

☑BIM 模型中包含的条形基础共享参数有：

基础编号、基础序号、基础宽度、翼缘端部高、翼缘根部高、1 号钢筋、
2 号钢筋、基础梁编号、基础梁序号、基础梁总跨数、基础梁宽、基础梁高、
基础梁底部通长筋、基础梁顶部通长筋、基础梁箍筋、基础梁左底筋、基础梁右底筋。

☑BIM 模型中包含的桩基础共享参数有：

基础编号、基础序号。

☑BIM 模型中包含的筏板基础共享参数有：

筏板厚度、筏板序号。

5 出图方式

□5.1 通过 CAD 出图

☑5.2 部分通过 CAD 出图

采用 CAD 出图的图纸为：图纸目录、总说明、剪力墙配筋图、桩基础定位及配筋图；
☑其余图纸采用 BIM 软件出图。

□5.3 全 BIM 软件出图

6 交付模型要求

6.1 设计单位应保证交付物的准确性。

6.2 交付物的几何信息和非几何信息应有效传递。

6.3 交付物中的 BIM 模型深度应满足相应深度的要求。

6.4 交付物中的图纸和信息表格宜由 BIM 模型生成。

6.5 交付物中的信息表格内容应与 BIM 模型中的信息一致。

6.6 交付物的交付内容、交付格式、模型的后续使用和相关的知识产权应中合同中明确规定。

6.7 针对报审的交付物应包含相关审查、审批的信息，其信息内容应符合相关规定。

参考文献

[1] GB/T 50001—2010 房屋建筑制图统一标准 [S]

[2] 欧特克公司 . Autodesk Revit 2014 帮助文档，2014

[3] 何波等 . Revit 与 Navisworks 实用疑难 200 问 [M]. 北京：中国建筑工业出版社，2015

[4] 刘济瑀. 勇敢走向 BIM2.0 [M]. 北京：中国建筑工业出版社，2015

[5] GB 50007—2011 建筑地基基础设计规范 [S]. 北京：中国建筑工业出版社，2011

[6] 何波等. Revit 与 Navisworks 实用疑难 200 问 [M]. 北京：中国建筑工业出版社，2015

[7] Autodesk Asia Pte Ltd. Autodest Revit 2013 族达人速成 [M]. 上海：同济大学出版社，2013

[8] Autodesk Asia Pte Ltd. Autodest Revit Structure 2012 [M]. 上海：同济大学出版社，2012

[9] 欧特克公司 . Autodesk Revit 2014 帮助文档，2014

[10] 刘济瑀 . 勇敢走向 BIM2.0 [M] . 北京：中国建筑工业出版社，2015

[11] 兔几 . Revit 协同设计时工作集与链接应用心得 [EB/OL] . http：//wenku. baidu. com/link? url=pw5vhliDdyVaRtF-Zt6btOsCmjmou9Ih46igkGRG0bxxi1JTcFeu24QLwur1Pp-eivkicDhDOW97UKoH-JBIA5UvKywiNnwrXYF9eh1cF3bK，2015

[12] 05SG105 民用建筑工程设计互提资料深度及图样 [S]

[13] Autodesk，Inc. Revit Structure 创建混凝土结构施工图白皮书 [R/OL]

[14] 清华大学 BIM 课题组. 中国建筑信息模型标准框架研究 [M]. 北京：中国建筑工业出版社，2011

[15] 方婉蓉. 基于 BIM 技术的建筑结构协同设计研究 [D]：武汉：武汉科技大学，2013

[16] 杨科，徐鹏，车传波，康登泽 . 基于 BIM 的多专业协同设计探索系列研究之二—多专业协同设计工作流程在 Revit 系列软件中的应用 [J] . 四川建筑科学研究，2013 (02)

[17] 王磊，余深海 . 基于 Revit 的 BIM 协同设计模式探讨 [J] . 全国现代结构工程学术研讨会，2014